U0352622
2013
Office
轻松办公
Word/Excel/PowerPoint
三合一办公应用
超值
视频版
启典文化 黄文莉 编著
中国铁道出版社
CHINA RAILWAY PUBLISHING HOUSE

内 容 简 介

这是一本关于如何使用 Word、Excel 和 PowerPoint 办公软件辅助职场人士轻松办公的工具书。该书以当前最新的 2013 版本为操作平台，通过“知识点+实例操作+技巧”的模式进行讲解，其主要内容包括：Office 2013 功能简介与共性操作、创建符合指定页面效果的办公文档、合理利用表格和图表对象丰富办公文档、Word 2013 高级办公操作、Excel 商务表格数据的编辑与美化、数据的整理与计算轻松搞定、用“图”展示数据，使结果更清晰、在 PowerPoint 中创建同一风格的演示文稿、幻灯片中动画的演绎、演示文稿的放映与管理、Word 办公综合案例、Excel 办公综合案例、PowerPoint 商务演示综合案例。

本书最后 3 章通过办公案例的方式具体讲解了 Word、Excel 和 PowerPoint 在商务办公中的实战应用，让读者能够通过学习，最终达到办公应用的目的。

本书主要定位于希望快速掌握各种办公操作的初、中级用户，特别适合办公人员、文秘、财务人员、公务员。此外，本书不仅适用于各类家庭用户、社会培训学员使用，还可作为各大中专院校及各类电脑培训班的办公教材使用。

图书在版编目（CIP）数据

Office 2013 轻松办公：Word/Excel/PowerPoint 三合一办公应用：超值视频版 / 启典文化，黄文莉编著. — 北京：中国铁道出版社，2015.4
ISBN 978-7-113-19941-8

Ⅰ. ①O… Ⅱ. ①启… ②黄… Ⅲ. ①办公自动化—应用软件 Ⅳ. ①TP317.1

中国版本图书馆 CIP 数据核字(2015)第 024131 号

书　　名：Office 2013 轻松办公——Word/Excel/PowerPoint 三合一办公应用（**超值视频版**）
作　　者：启典文化　黄文莉　编著

策　　划：武文斌　　**读者热线电话**：010-63560056
责任编辑：张　丹　　**封面设计**：多宝格
责任印制：赵星辰

出版发行：中国铁道出版社（北京市西城区右安门西街 8 号　邮政编码：100054）
印　　刷：北京鑫正大印刷有限公司
版　　次：2015 年 4 月第 1 版　2015 年 4 月第 1 次印刷
开　　本：787mm×1092mm　1/16　**印张**：19.5　**字数**：369 千
书　　号：ISBN 978-7-113-19941-8
定　　价：45.00 元（附赠光盘）

阅读说明

现在的社会是一个高度信息化的社会，无论是工作节奏还是生活节奏都体现出高效、快捷的特性，因此，许多人都选择了使用电脑来辅助完成工作，Office 软件以其功能强大、操作简单被广大用户所青睐。

为此我们编写了这本《Office 2013 轻松办公——Word/Excel/PowerPoint 三合一办公应用》，下面先来了解一下本书的结构和阅读说明。

二级标题

二级标题+内容说明，让读者一目了然本节主讲内容。

光盘素材

本书光盘中包含了书中案例讲解对应的全部素材和效果文件，方便读者上机操作。另外还免费 Office 2013 常用组件的基础教学视频，以及非本书提供的 Word、Excel 和 PowerPoint 在实战中的综合应用案例视频，此外，还附送大量实用的、专业的模板，读者稍加修改即可制作出需要的文档、表格或演示文稿。

操作步骤

本书案例步骤采用一步一图的形式，配合步骤小标题，让操作更清晰，学习更直观。

6.1 在单元格中自动使用颜色和图标管理数据

使用条件格式功能对数据进行管理操作

在数据处理过程中，可能需要突出显示所关注的单元格或单元格区域、强调特定数值、使用颜色刻度、数据条和图标集来直观地显示数据等。通过为单元格设置条件格式，可以根据该条件是否成立来更改单元格的格式。

6.1.1 突出显示数据

在单元格中如果要突出显示一些数据，如大于某个值的数据、小于某个值的数据、等于某个值的数据等，可以在“样式”组中单击“条件格式”按钮，选择“突出显示单元格规则”菜单，在弹出的子菜单中选择对应的命令即可。

具体可以分为如下几种情况。

- 大于：为单元格或单元格区域中大于设定值的数据设置格式。
- 小于：为单元格或单元格区域中小于设定值的数据设置格式。
- 介于：为单元格或单元格区域中介于设定值范围的数据设置格式。
- 等于：为单元格或单元格区域中等于设定值的数据设置格式。
- 文本包含：为单元格或单元格区域中与设定值相似的文本设置格式。
- 发生日期：为单元格或单元格区域中与设定日期相似的日期数据设置格式。
- 重复值：为单元格或单元格区域中出现重复的数值设置格式。

提示 Attention

相同单元格的多个条件格式规则

如果为多个单元格区域设置了多个条件格式规则，越靠后设置的条件格式规则，其优先级别越高，即越先执行，例如，A2 单元格的值为 3，为该单元格先设置大于 0 的显示规则为红色填充，然后为其设置等于 3 的显示规则为黄色填充，则该单元格最后显示的填充色为黄色。

在本实例中，由于设置大于和设置等于的显示规则是一样的，因此无论先设置哪个规则，其作用效果是一样的。

下面通过在“员工工资表”工作簿中将员工当月应发工资在6500元（包括6500元）以上的数据用红色填充颜色突出显示出来为例，讲解使用条件格式的突出显示单元格规则的方法，其具体操作如下。

操作演练：突出指定范围的应发工资

\素材\第 6 章\员工工资表.xlsx
\效果\第 6 章\员工工资表.xlsx

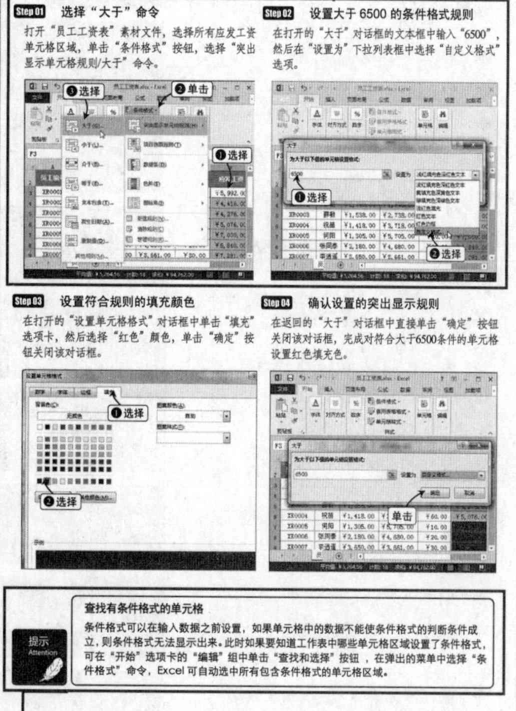
Step 01 选择“大于”命令

打开“员工工资表”素材文件，选择所有应发工资单元格区域，单击“条件格式”按钮，选择“突出显示单元格规则/大于”命令。

Step 02 设置大于 6500 的条件格式规则

在打开的“大于”对话框的文本框中输入“6500”，然后在“设置为”下拉列表框中选择“自定义格式”选项。

Step 03 设置符合规则的填充颜色

在打开的“设置单元格格式”对话框中单击“填充”选项卡，然后选择“红色”颜色，单击“确定”按钮关闭该对话框。

Step 04 确认设置的突出显示规则

在返回的“大于”对话框中直接单击“确定”按钮关闭该对话框，完成对符合大于6500条件的单元格设置红色填充色。

提示 Attention

查找有条件格式的单元格

条件格式可以在输入数据之前设置，如果单元格中的数据不能使条件格式的判断条件成立，则条件格式无法显示出来。此时如果要知道工作表中哪些单元格区域设置了条件格式，可在“开始”选项卡的“编辑”组中单击“查找和选择”按钮，在弹出的菜单中选择“条件格式”命令，Excel 可自动选中所有包含条件格式的单元格区域。

操作演练

通过“操作演练”和“实战演练”板块，分别对知识点进行实战操作和汇总应用，读者可以根据操作步骤轻松进行实战练习，以达到快速掌握知识点的目的。

拓展小栏目

本书不仅对知识点本身进行介绍，对于与该知识点相关的扩展知识和技巧，本书采用“提示”、“技巧”和“读者提问”小栏目进行罗列，让读者更全面、深入地掌握和应用该知识。

本书内容

本书从共性操作、知识讲解和办公案例三大部分，共 13 章，对 Word、Excel 和 PowerPoint 这 3 大组件进行了系统讲解。

全书各章节具体需要掌握的知识要点提示如下图所示：

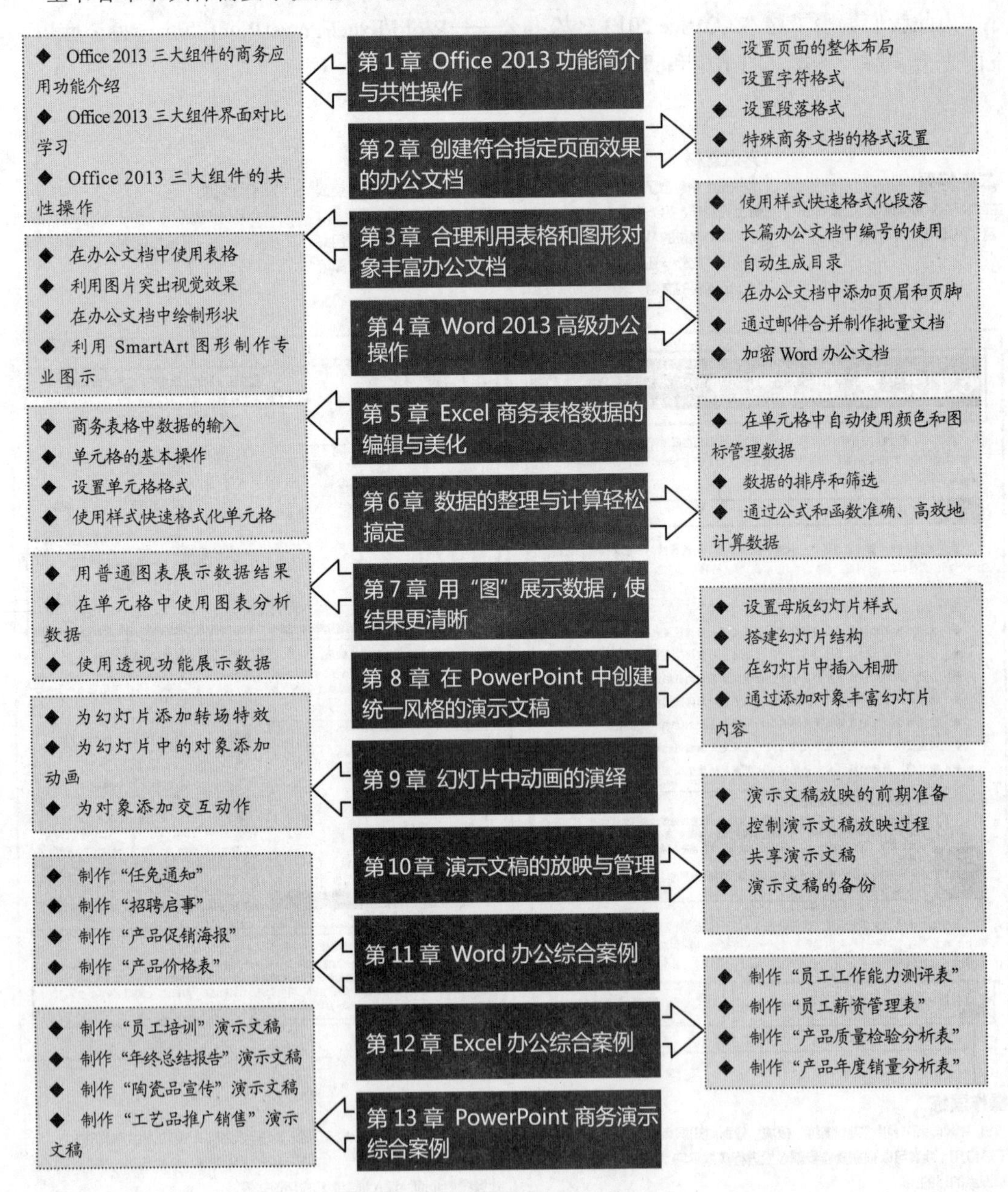

学到什么

❶ 快速创建各种办公文档

随着计算机的普及，Word 组件被越来越广泛地应用于我们的工作中。通过对本书的学习，可以根据不同的需要，快速创建符合需求的办公文档。

××光电科技有限公司

招聘启事

一、公司简介

××光电科技有限公司是一个基础研究与应用研究并重，并且具有较强技术研发实力、从事国际前沿高分子有机发光平面显示技术研究的公司，是四川省发展与改革委员会重点支持的高新技术企业。公司拥有世界一流的高端研发和测试设备，具有良好的科研环境和创业氛围。

此外，公司还汇聚了多名国内外一流的行业高级管理人员和研发人员，他们呈现出高学历、高素质及年轻化的特点。公司的经营及研发工作正朝气蓬勃地步入正轨。根据公司科研发展及人力资源培养需求，现面向国内外诚意招聘高素质的研究人员。

二、招聘职位

序号	学科	研究领域	研究方向

❷ 快速制作商务表格和图表

由于 Excel 强大的数据处理与分析功能，使其备受职场达人的青睐。通过对本书的学习，读者可以快速制作出各种类型的商务表格，并用图表对其数据进行分析，快速得到需要的结果。

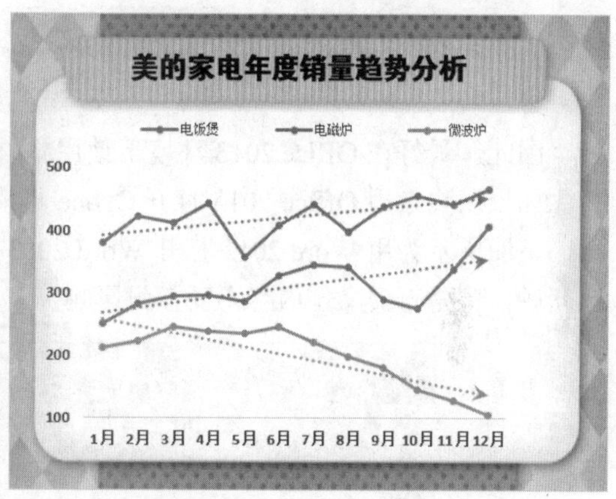

❸ 制作精美、专业的商务演示文稿

随着 PPT 演示技术的改善和发展，演示文稿被越来越广泛地应用于我们的工作中。通过对本书的学习，可以根据不同的需要，创建各种精美、专业的商务演示文稿。

❹ 制作视频

为了更好地保护自己的劳动成果或者在特殊的节日为客户制作贺卡，可以将演示文稿创建为视频。通过对本书的学习，读者能够通过 PowerPiont 2013 快速创建视频。

运行环境

本书以 2013 版本介绍有关使用 Word、Excel 和 PowerPoint 轻松办公的知识和操作，对于本书中所有的素材、源文件以及模板文件，如果：

- 使用 Office 2010 打开，有可能出现效果不一致的情况。
- 使用 Office 2003 打开，有可能出现不能识别文件格式的错误提示，如下图所示。

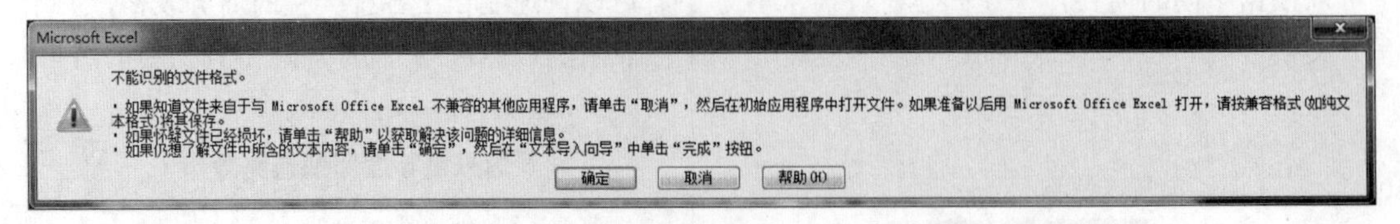

因此，最好在 Office 2013 环境下使用本书中提供的各种文件。

如果用户使用 Office 2013 打开 Office 早期版本的文件，在标题栏会出现“[兼容模式]”字样，下图所示为用 Word 2013 打开 Word 2003 格式的文件效果，这是高版本和低版本之间的兼容问题，但是查阅文件内容不受任何影响。

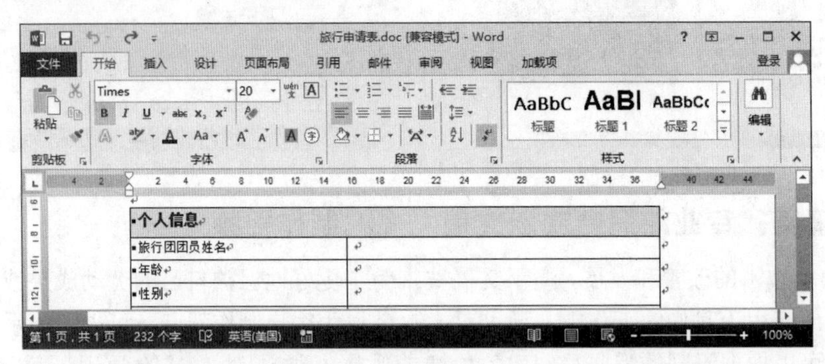

此外，要确保 Office 2013 能够正常安装和使用，用户的计算机中必须是 Windows 7、Windows 8 等高版本的操作系统。

读者对象

本书主要定位于希望快速掌握各种办公操作的初、中级用户，特别适合办公人员、文秘、财务人员、公务员。此外，本书也适用于各类家庭用户、社会培训学员使用，也可作为各大中专院校及各类电脑培训班的教材使用。

由于编者经验有限，加之时间仓促，书中难免会有疏漏和不足之处，恳请专家和读者不吝赐教。

编　者

2015 年 1 月

目 录

第 3 章 合理利用表格和图形对象丰富办公文档

第 4 章 Word 2013高级办公操作

第 5 章 Excel商务表格数据的编辑与美化

Chapter 1

Office 2013 功能简介与共性操作

根据模板新建“商业传单”文档

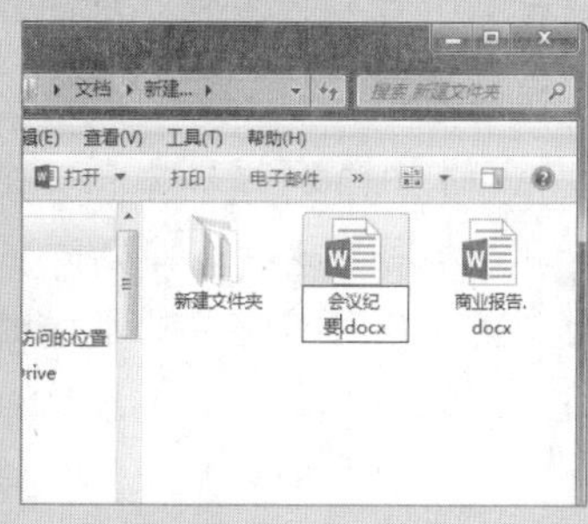

重命名文档名称为“会议纪要”

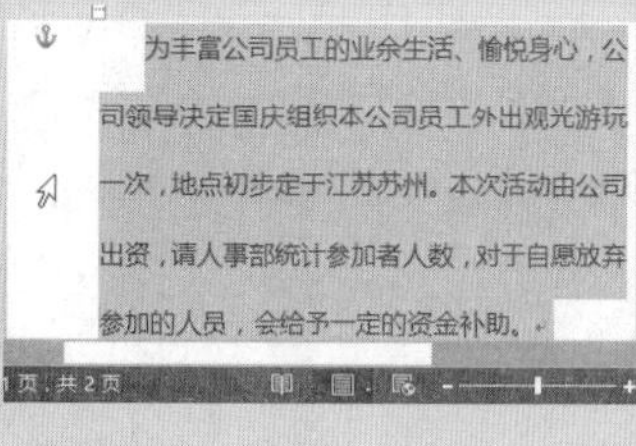

选择整段文本内容

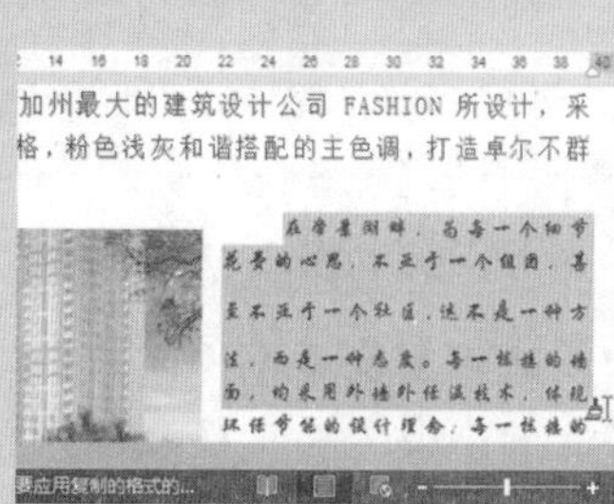

用格式刷快速复制格式

1.1 Office 2013 三大组件的商务应用功能介绍

Office 2013 三大组件的商务应用方向

Office 2013包括Word、Excel、PowerPoint、Access、Outlook、OneNote、InfoPath、Publisher和Lync等组件，其中最为常用的是Word、Excel和PowerPoint这三大组件，下面将对Office 2013中的这三大组件进行介绍。

1.1.1 Word——办公文档处理

Word是Office系列软件中使用范围最广、研发历时最久、功能组件最为成熟的一款文档制作、编辑组件。

通过Word 2013，不仅可以进行常规的文字输入、编辑、排版和打印等操作，还能插入图形、声音和视频，从而制作出美观、精致的办公文档和商业文档。此外，使用Word 2013提供的各种模板，还能快速地创建和编辑各种专业文档。

Word在办公文档方面的主要功能与特点如下。

◆ **编辑排版**：在 Word 2013 中，可输入、编辑各类文字并制作文字效果；可插入其他软件制作的信息；可制作表格；可编辑图形及数学公式；可使用拼写和语法检查功能辅助检查文档。

◆ **应用模板**：在 Word 2013 的模板库和 Microsoft Office Online 官方网站上提供了信函、简历、传真、标签、卡片、日历等多种模板，如图 1-1 所示。使用它们，用户可以方便地创建出各种具有专业水准的文档。

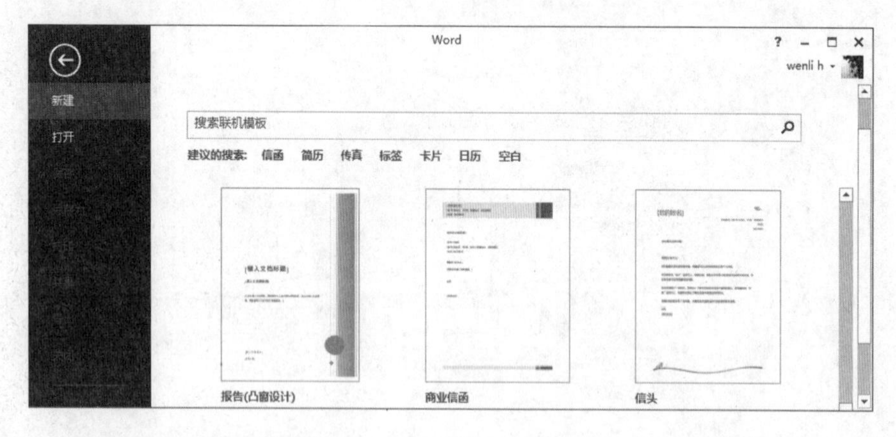

图1-1　Word中提供的模板

◆ **邮件合并**：为了减少重复工作，提高办公效率，可以使用 Word 中的邮件合并功能，与其他格式的办公文档交换及合并数据。

◆ **共享文档**：可将文档保存在公共管理服务器中，与同事共享办公文档，以便辅助自动化办公工作。

1.1.2 Excel——各类商务表格制作

Excel 2013是用于进行数字运算和预算的组件，除了可以使用该组件创建和维护电子表格外，还可以对各种数据进行处理、统计分析和辅助决策操作，因此广泛地应用于管理、统计财经、金融等众多领域。

Excel在表格制作方面的主要功能与特点如下。

◆ **制作、编辑与美化表格**：使用 Excel 可以制作各类商务办公所需的表格，如考勤表、工资表、档案表和销售数据表等。创建好表格内容后，可对其中数据进行字体、样式等设置，还可对单元格和表格进行美化，如图 1-2 所示。

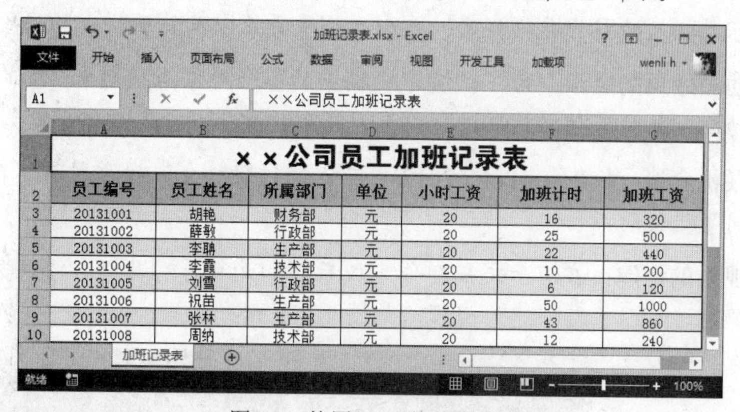

××公司员工加班记录表

员工编号	员工姓名	所属部门	单位	小时工资	加班计时	加班工资
20131001	胡艳	财务部	元	20	16	320
20131002	薛敏	行政部	元	20	25	500
20131003	李聃	生产部	元	20	22	440
20131004	李霞	技术部	元	20	10	200
20131005	刘雪	行政部	元	20	6	120
20131006	祝苗	生产部	元	20	50	1000
20131007	张林	生产部	元	20	43	860
20131008	周纳	技术部	元	20	12	240

图1-2　使用Excel美化表格

◆ **公式与函数运算**：使用 Excel 还可进行公式与函数的编辑运算，如加、减、乘、除等常规运算，以及常用的统计、逻辑等多种函数运算。

◆ **图表的应用**：在 Excel 中可以将数据转换为各种形式的可视性图表并显示出来，这样增强了数据的可读性，有利于数据的统计和分析，如图 1-3 所示。

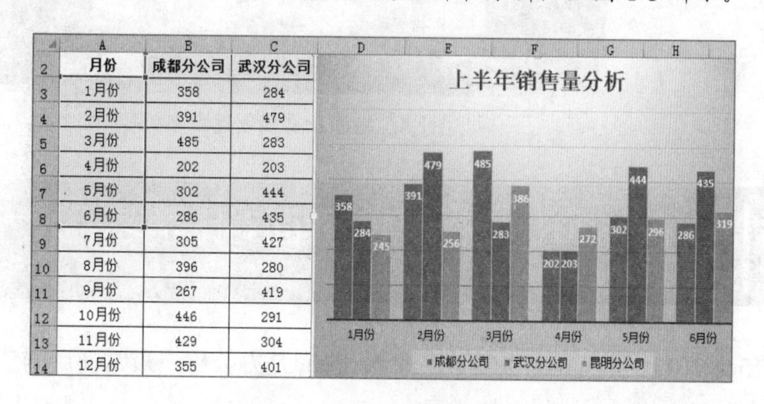

月份	成都分公司	武汉分公司
1月份	358	284
2月份	391	479
3月份	485	283
4月份	202	203
5月份	302	444
6月份	286	435
7月份	305	427
8月份	396	280
9月份	267	419
10月份	446	291
11月份	429	304
12月份	355	401

图1-3　使用Excel制作图表

◆ **分析和管理数据**：在 Excel 中可以对数据进行排序和筛选，通过简单的操作即可对复杂的数据进行统计和分析。

1.1.3 PowerPoint——商务幻灯片演示

PowerPoint是一种用于制作商业演讲、广告宣传、产品发布和会议流程等电子演示文稿的组件，所制作的演示文稿可以通过计算机进行播放。

在PowerPoint中，不仅可以输入文字、插入表格和图片、添加多媒体文件，还可以设置幻灯片的动画效果和放映方式，以此制作出高水准的商务演示文稿。此外，PowerPoint 2013还可以在网上发布幻灯片或者联机会议等。

PowerPoint在制作演示文稿方面的主要功能与特点如下。

◆ **文字、图片的设置**：在 PowerPoint 中可以对输入的文字进行艺术效果的设置，也可对插入的图片进行裁剪、组合、效果更正以及外观样式的设置。

◆ **动画效果的展示**：为了让演示文稿中的各个对象活跃起来，可以为其添加不同的动画，并对其动画效果进行设置，得到视觉上的全新体验。

◆ **联机会议**：在 PowerPoint 2013 中可以通过联机会议的方式与不在同一地点的公司同事进行同步会议。

◆ **视频的创建**：在演示文稿制作完成后，如无须再对其进行修改，同时也方便他人观看，可以将其创建为视频，如图 1-4 所示。

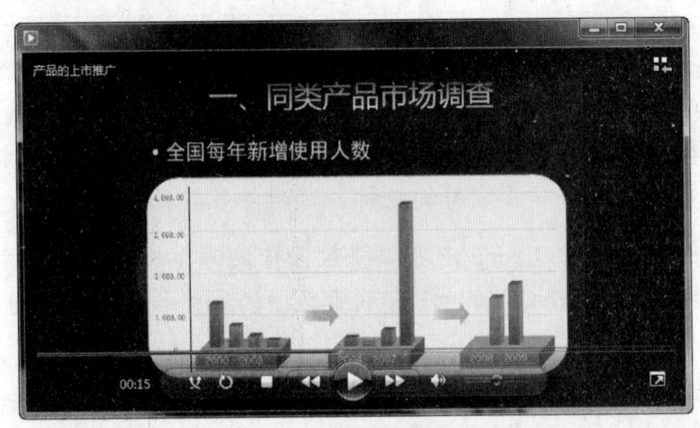

图1-4　将演示文稿创建为视频

1.2 Office 2013 三大组件界面对比学习

三大组件的界面学习

在Office 2013中，Word、Excel、PowerPoint是办公用户最常使用的三大组件，下面将对这3个常用组件的界面进行对比学习。

1.2.1 Office 2013 三大组件界面对比

Word 2013、Excel 2013和PowerPoint 2013组件的界面组成既有共同点也有不同点，其具体界面剖析如图1-5所示。

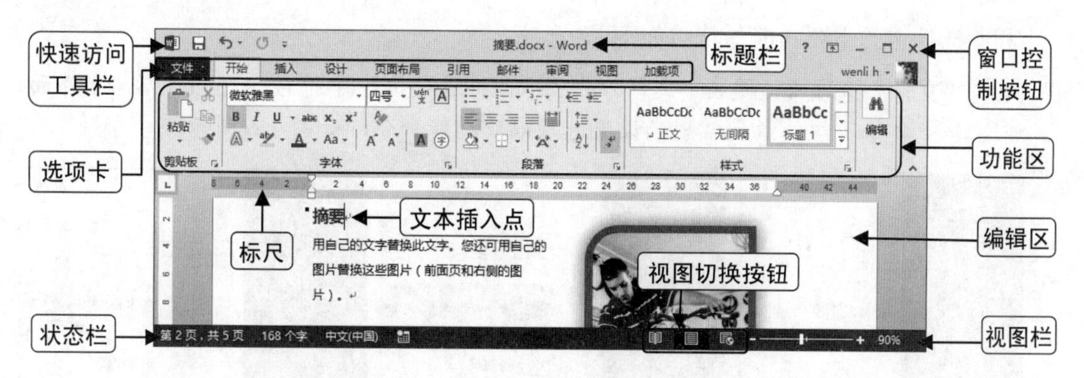

Word 2013工作界面

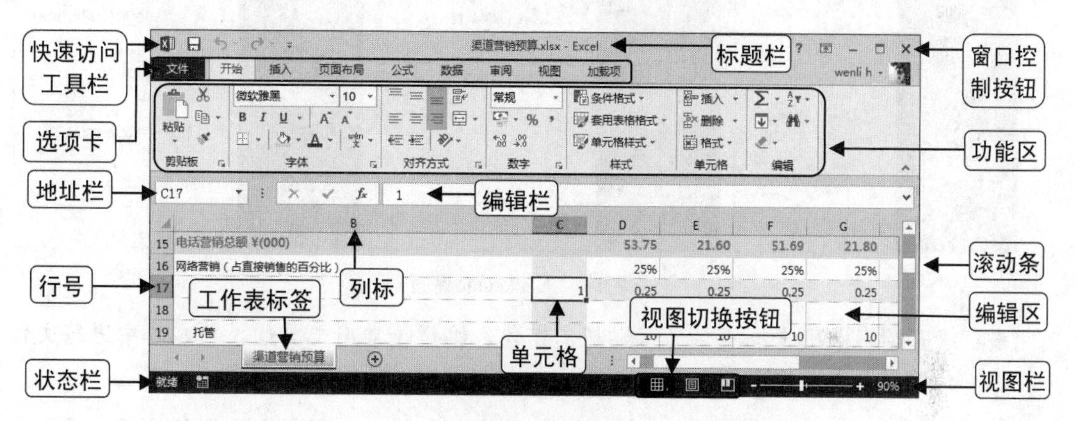

Excel 2013工作界面

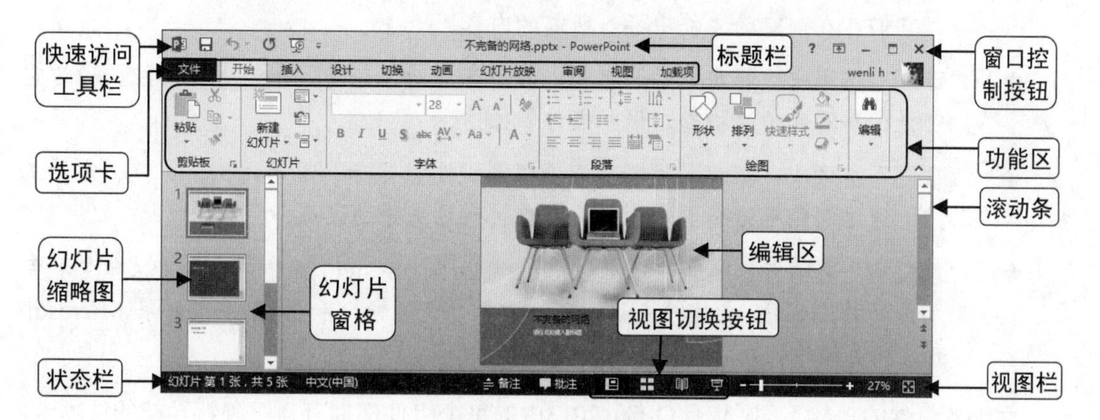

PowerPoint 2013工作界面

图1-5　Office 2013三大组件界面剖析

从图1-5中可以看出Word、Excel、PowerPoint的界面主要是由快速访问工具栏、标题栏、窗口控制按钮、选项卡、功能区、编辑区、状态栏和视图栏等部分组成。

除了“文件”、“开始”、“插入”、“审阅”、“视图”、“加载项”选项卡是3个组件都具备之外，其他选项卡将根据各组件特色功能的不同而有所区别。

相同选项卡的主要功能与特点如下。

◆ **“文件”选项卡**：单击“文件”选项卡，将进入该组件的 Backstage（后台）界面，其中集结了组件中最常规的设置选项以及功能命令，如图 1-6 所示。

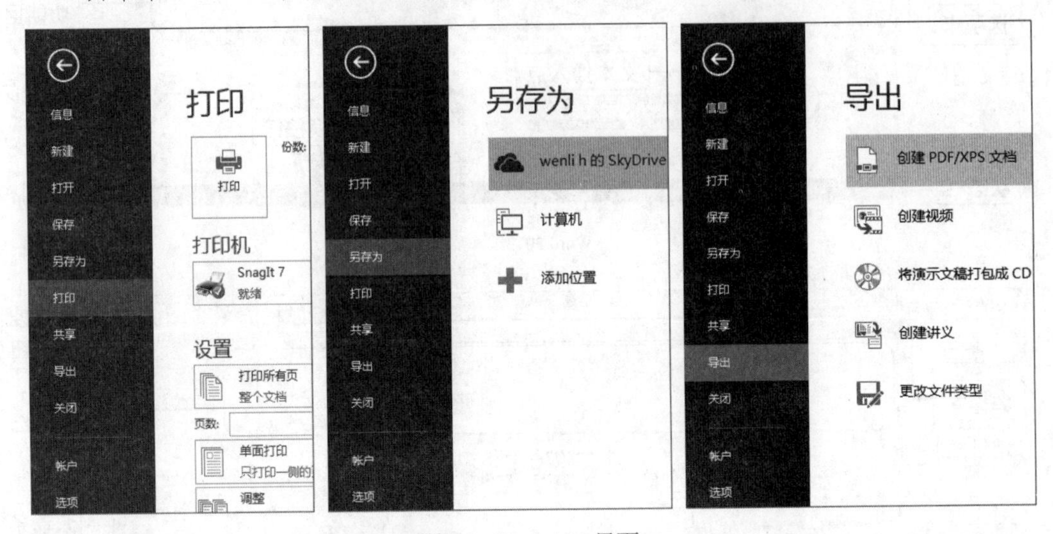

图1-6 Backstage界面

◆ **“开始”选项卡**：提供了剪贴板、字体、编辑等常用工具组，可在其中进行文件的常用编辑操作。

◆ **“插入”选项卡**：根据软件的不同，提供了表格、插图、文本和符号等工具组，通过它们可在创建的文件中插入所需的内容。

◆ **“审阅”选项卡**：根据软件的不同，提供了校对、语言、批注等工具组，通过它们可进行拼写和语法检查、保护文件等操作。

◆ **“视图”选项卡**：根据软件的不同提供了视图、显示、显示比例、窗口、宏等工具组，通过它们可进行显示方式、窗口排列方式等的设置。

◆ **“加载项”选项卡**：加载项是向 Microsoft Office System 程序添加自定义命令和专用功能的补充程序，安装补充程序可以添加自定义命令和功能，从而扩展 Microsoft Office 相关组件的功能。

由于各组件的功能不同，因此Office 2013中的每个组件都拥有自己独特功能的选项卡，不同功能选项卡的主要功能与特点如下。

◆ **Word 中的选项卡**：Word 中的“设计”、“页面布局”、“引用”、“邮件”选项卡主要用于文档处理，通过相关选项卡，用户可以轻松进行设置文档的格式、布局，引用目录以及邮件合并等操作，图 1-7 所示为其中的两个选项卡。

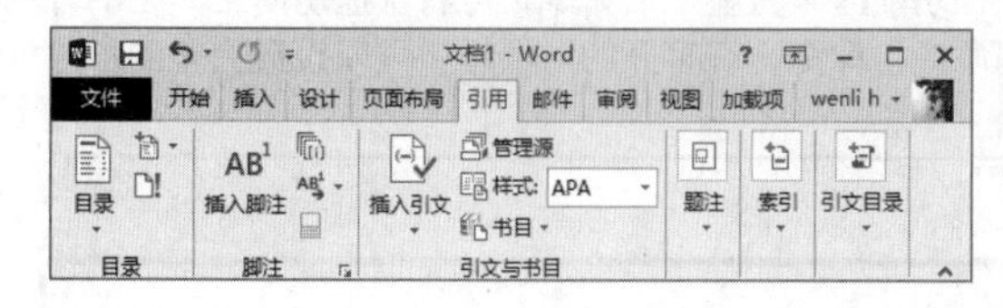

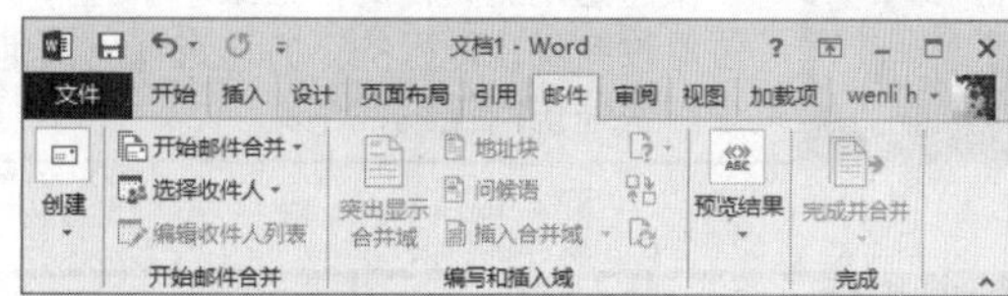

图1-7 “引用”和“邮件”选项卡

◆ **Excel 中的选项卡**：Excel 中的“公式”和“数据”选项卡是其特有的两个选项卡，通过“公式”选项卡可进行函数运算和数据计算；通过“数据”选项卡，可对表格中的数据进行排序、筛选、分类汇总等处理，图 1-8 所示为其中的两个选项卡。

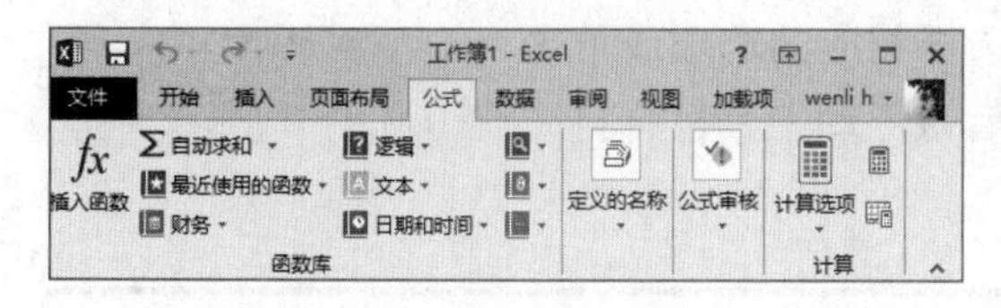

图1-8 “公式”和“数据”选项卡

◆ **PowerPoint 中的选项卡**：PowerPoint 中的“设计”、“切换”、“动画”、“幻灯片放映”选项卡除了可用于设置幻灯片的主题、背景、切换效果和动画效果外，还可观看演示效果和录制旁白，图 1-9 所示为其中的两个选项卡。

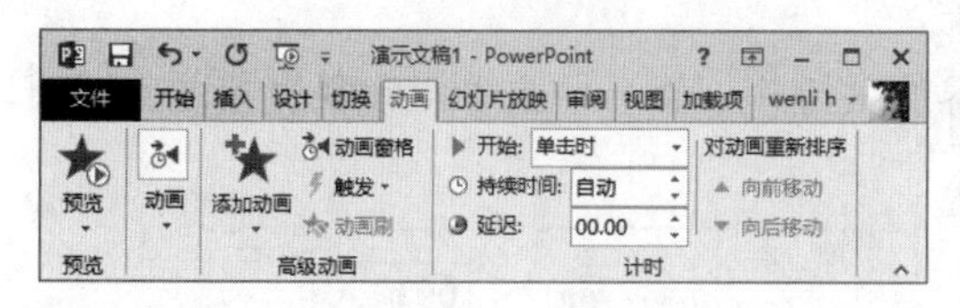

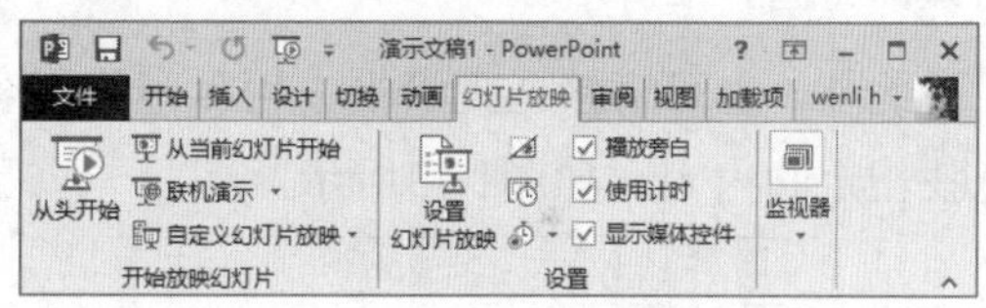

图1-9 “动画”和“幻灯片放映”选项卡

1.2.2 快速访问工具栏

Office 2013中的快速访问工具栏位于工作界面的左上方，它提供了用户最常用的工具按钮，如“保存”、“撤销”、“恢复”按钮等，单击相应按钮可执行对应的操作。

除了默认的几个按钮外，用户还可以根据自己的需要自定义设置快速访问工具栏中的按钮。单击快速访问工具栏右侧的下拉按钮，将弹出下拉菜单，如图1-10所示。在其中选择需要添加在快速访问工具栏中显示的按钮即可。

若需要撤销某个命令按钮在快速访问工具栏中的显示，可以在该菜单中再次选择该命令即可。

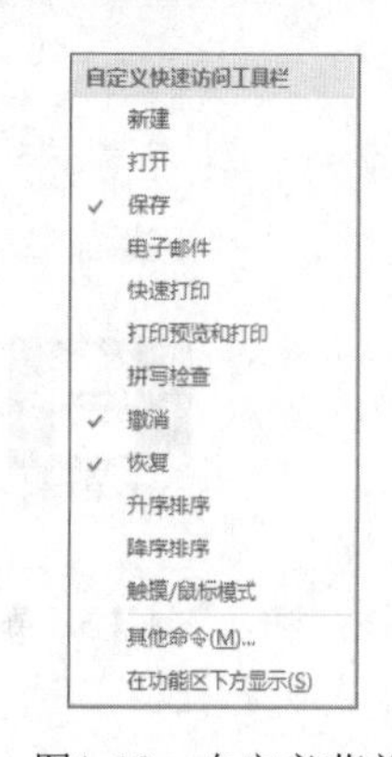

图1-10 自定义菜单

快速访问工具栏下拉菜单中其他命令的使用

在快速访问工具栏的下拉菜单中选择“在功能区下方显示”命令，可将快速访问工具栏的位置改变到功能区的下方；选择“其他命令”命令，在打开的对话框中可以设置更多的命令到快速访问工具栏中。

1.2.3 浮动工具栏

在Office 2013的三大组件中，若要对输入的文本进行字体格式设置，除了可通过功能区设置文本的格式外，还可使用浮动工具栏快速进行设置。

用户在工作界面选择了文本后，鼠标光标附近会自动显示出一个浮动工具栏，如图1-11所示，在其中直接选择相应的选项或单击对应的按钮可快速设置文本格式，设置完成后该浮动工具栏将自动消失。

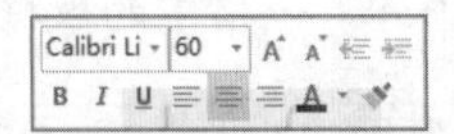

图1-11　浮动工具栏

1.2.4 Office 2013 中的“帮助”按钮

在工作界面的右上方以及大多数对话框中都有一个?按钮，它被称为“帮助”按钮，单击该按钮将打开对应的帮助窗口，在该窗口中用户可通过单击相应的超链接，查阅相关知识，如图1-12所示。

此外，也可直接在搜索框中输入查询内容的关键字，然后单击“搜索联机帮助”按钮，查找指定的内容，如图1-13所示。

图1-12　单击相应的超链接进行查找

图1-13　输入关键词进行查找

1.3 Office 2013 三大组件的共性操作

掌握三大组件共性操作的方法

Office 2013的三大组件不仅工作界面相似，而且各组件之间还具有许多相通的操作，只要掌握了一个组件的使用方法就能举一反三地对其他两个组件进行操作。下面就以Word 2013为例，介绍Office 2013各组件的共性操作。

1.3.1 启动与退出 Office 2013

要使用Office的各个组件进行工作，首先需要了解其启动与退出的方法，下面将分别对其进行介绍。

1. 启动程序

Office 2013安装完成后即可启动其中的任意组件，启动各组件的方法有如下几种。

- **通过命令启动**：选择“开始/所有程序/Microsoft Office 2013”命令，然后选择其中Office 组件选项，即可打开对应的组件，如图 1-14 所示。
- **通过文件启动**：如果计算机中有已保存的 Office 2013 文件，双击该文件即可打开对应的组件。
- **通过快捷方式启动**：如果桌面上有 Office 2013 组件的快捷方式图标，双击该图标可打开对应的组件，如图 1-15 所示；若快速启动栏中有 Office 2013 组件的快捷方式图标，单击该图标也可打开组件。

图1-14　通过命令启动组件

图1-15　通过快捷方式图标启动组件

2. 退出程序

使用完毕后，即可退出Office 2013的相关组件，其退出的方法有如下几种。

◆ **通过命令退出**：选择“文件/关闭”命令，如图 1-16 所示，或在标题栏空白处右击，在弹出的快捷菜单中选择“关闭”命令，如图 1-17 所示。

◆ **通过按钮退出**：单击 Office 2013 各组件标题栏右侧的“关闭”按钮。

◆ **通过快捷键退出**：在 Office 2013 各组件工作界面中按【Alt+F4】组合键。

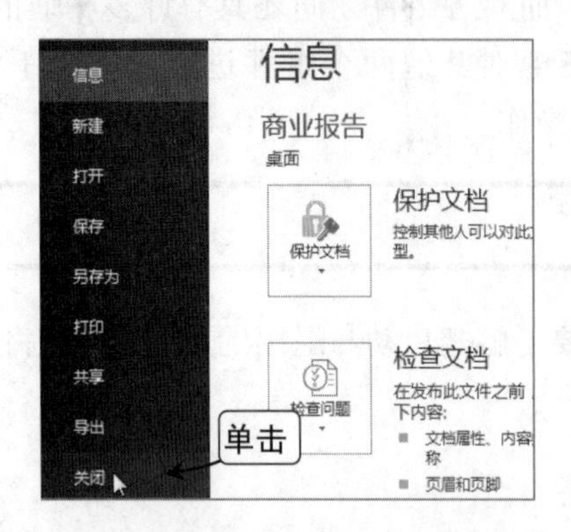

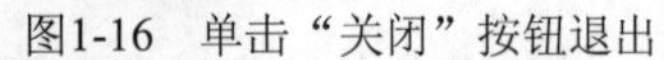
图1-16　单击“关闭”按钮退出

图1-17　选择“关闭”命令退出

1.3.2 新建空白和内容文档

在Office 2013中新建文档，有新建空白文档和新建内容文档两种，下面分别进行介绍。

1. 新建空白文档

在Office 2013中新建空白文档的方法如下。

◆ **通过开始界面**：启动组件（Word 2013）后，在开始界面中选择“空白文档”选项即可新建空白文档，如图 1-18 所示。

◆ **通过“新建”选项卡**：在工作界面中切换到“文件”选项卡中，单击“新建”选项卡，在右侧窗格中选择“空白文档”选项即可。

◆ **通过快捷键**：在打开组件后，按【Ctrl+N】组合键，即可新建一个空白文档。

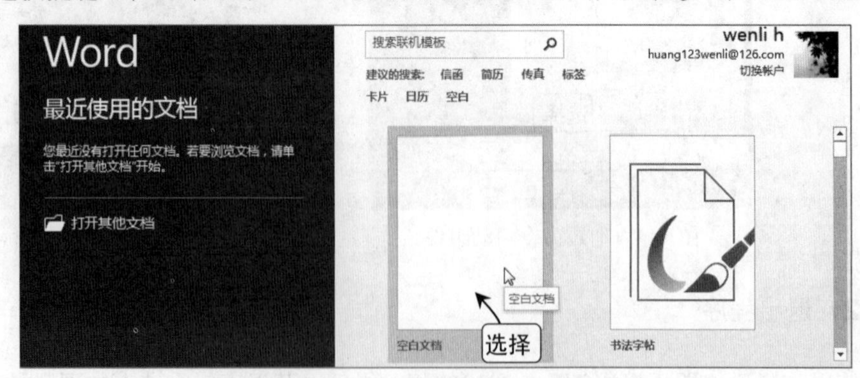

图1-18　通过开始界面新建空白文档

2．新建内容文档

在实际工作中，用户可以根据Office提供的各类模板快速新建具有内容的办公文档，例如，在Word中可以新建信函、传真、报告等格式的文档；在Excel中可以新建账单、销售报表、考勤表等工作表；在PowerPoint中可以新建宣传手册、营销计划等演示文稿。

下面以在Word 2013中根据商业传单模板创建文档为例，介绍新建内容文档的方法。

操作演练：根据模板新建文档

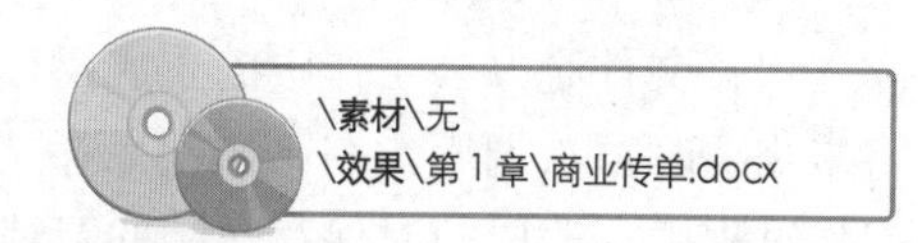

Step 01 启动 Word 2013

选择“开始/所有程序/Microsoft Office 2013/Word 2013”命令，打开Word 2013开始界面。

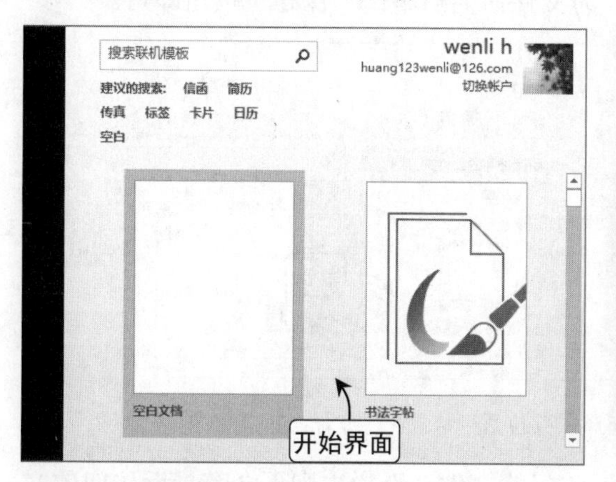

Step 02 选择模板

向下拖动右侧的滚动条，找到并选择“商业传单”命令。

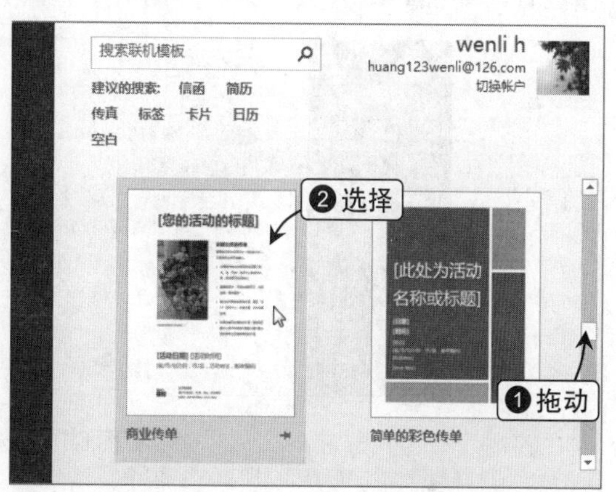

Step 03 创建模板

在打开的对话框中简略阅读该模板的相关信息后，单击“创建”按钮。

Step 04 完成新建

经过短暂的加载时间后，系统将自动根据该模板创建一个内容文档。

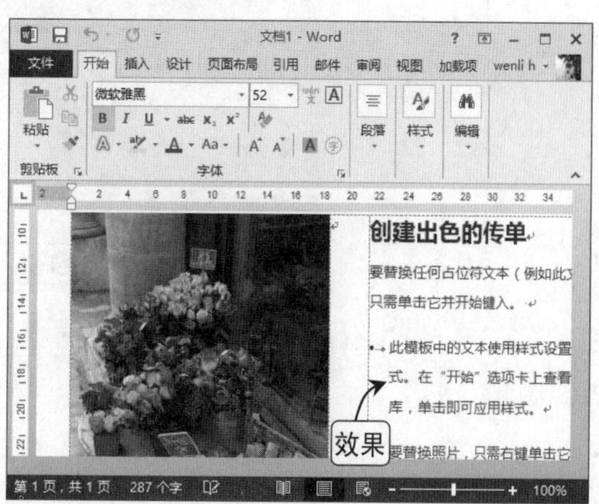

1.3.3 各类办公文件的基本操作与管理

了解办公文件的一些基本操作与管理方法，是学习Office 2013商务应用知识的基本要求，下面将分别进行讲解。

1. 保存文件

保存文件是办公工作中的重要操作，在新建文档后需要将其保存在计算机中，才能在将来需要时再次调用。在第一次保存文件时，应该为创建的文件选择保存位置并命名，在工作过程中，养成随时保存文档的习惯，可避免因死机或停电等意外情况造成的损失。

保存文件的方法为：在快速访问工具栏中单击“保存”按钮，或选择“文件/保存”命令，系统将自动切换到“另存为”选项卡，在“最近访问的文件夹”栏中选择文件的保存位置，如图1-19所示，在打开的对话框中，为文件命名后单击“保存”按钮即可。

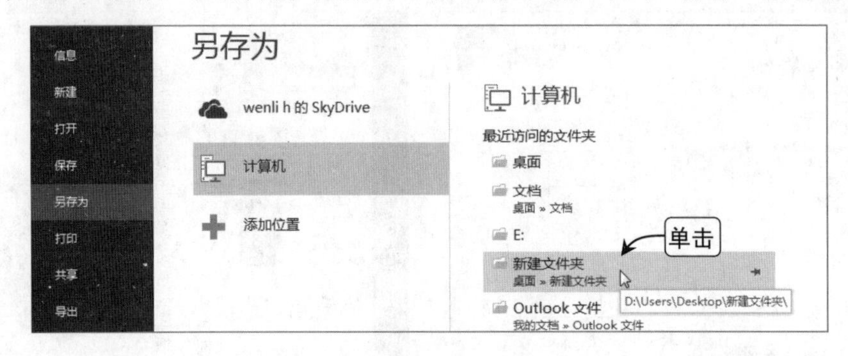

图1-19 选择保存位置

如果是第一次使用该组件，那么在“最近访问的文件夹”栏中则不会有最近访问的文件夹，此时，用户可以单击“浏览”按钮，在打开的“另存为”对话框中选择合适的保存位置并命名后，单击“保存”按钮即可，如图1-20所示。

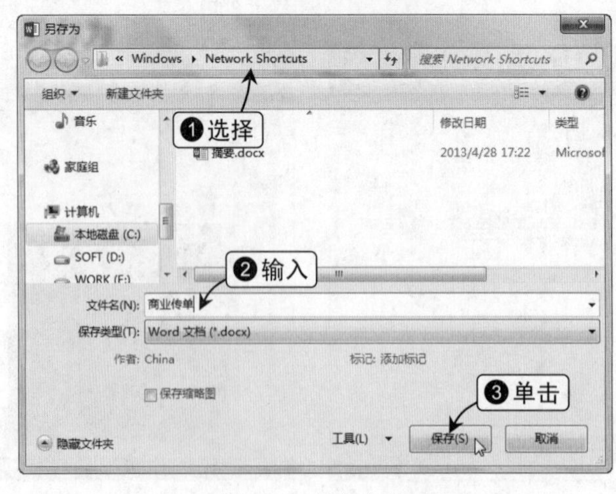

图1-20 保存文件

2. 打开文件

如果要对计算机中保存的文档进行编辑，首先需要将其打开，方法有如下两种。

- 在计算机中找到该文件后，双击该文件图标，可打开该文件。
- 在打开的组件中切换到“文件”选项卡，单击“打开”选项卡，再单击右侧的“浏览”按钮，在“打开”的对话框中找到该文件，单击“打开”按钮即可，如图 1-21 所示。

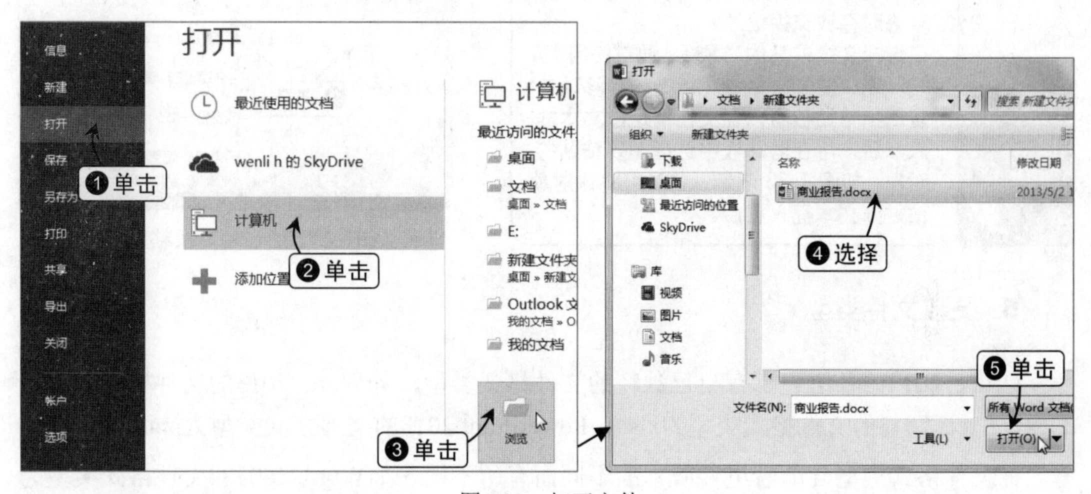

图1-21　打开文件

3. 重命名文件

用户可对关闭后已经保存在计算机中的文件进行重命名操作。在计算机中选择需要重新命名的文件，在该文件图标上右击，在弹出的快捷菜单中选择“重命名”命令，文件名将进入可编辑状态，此时可重新输入名称，如图1-22所示，完成后按下【Enter】键或在旁边的空白位置单击即可。

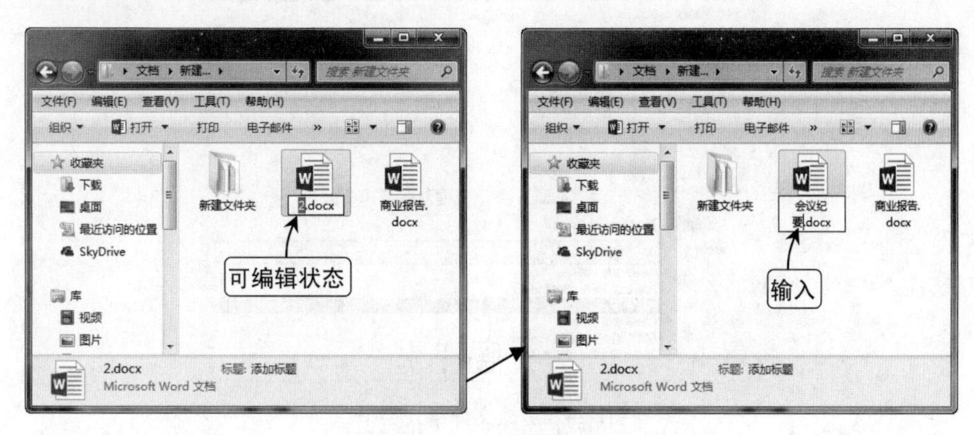

图1-22　重命名文件

4. 移动和复制文件

在计算机中选择需要移动或复制的文件，在该文件图标上右击，在弹出的快捷菜单中选择“剪切”或“复制”命令，在计算机目标位置的空白区域右击，在弹出的快捷菜单中选择“粘贴”命令，即可移动或复制文件。

> 提示 Attention
>
> **剪贴板的功能**
>
> 剪贴板是计算机内存中的一块区域，用来临时存放交换信息。
>
> 在选择文本或其他对象后，通过使用“剪切”或“复制”命令将所选内容移动或复制到剪贴板中，在文档中定位文本插入点后，可在剪贴板中选择需要粘贴的对象，如图 1-23 所示，此时可将该对象粘贴到文本插入点后。

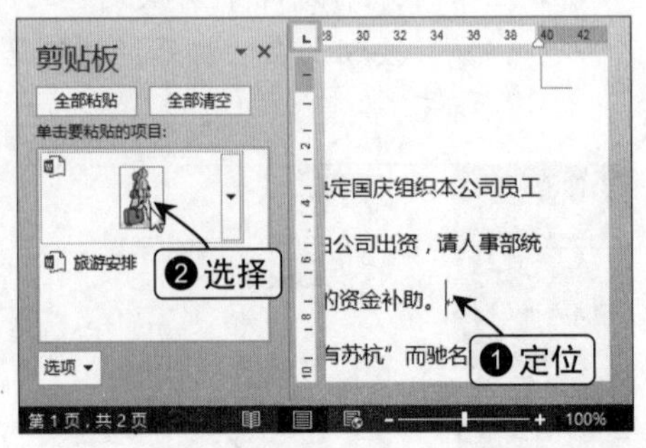

图1-23　通过剪贴板粘贴对象

5. 更改文件类型

Office 2013的各组件都有自己独特的文件格式类型，如Word 2013的文件格式类型为docx，Excel 2013的文件格式类型为xlsx，PowerPoint 2013的文件格式类型为pptx。

而文件格式类型会随着组件版本的不同而有所不同，如Word 2003的文件格式类型为doc，Excel 2003的文件格式类型为xls，PowerPoint 2003的文件格式类型为ppt。

在Office 2013的三大组件中，都可以通过另存文件来更改已保存文件的格式类型。打开文件，切换到“另存为”选项卡，打开“另存为”对话框，单击“保存类型”下拉列表框，在弹出的下拉列表中选择“Word 97-2003文档（*.doc）”选项，如图1-24所示，最后单击“保存”按钮即可。

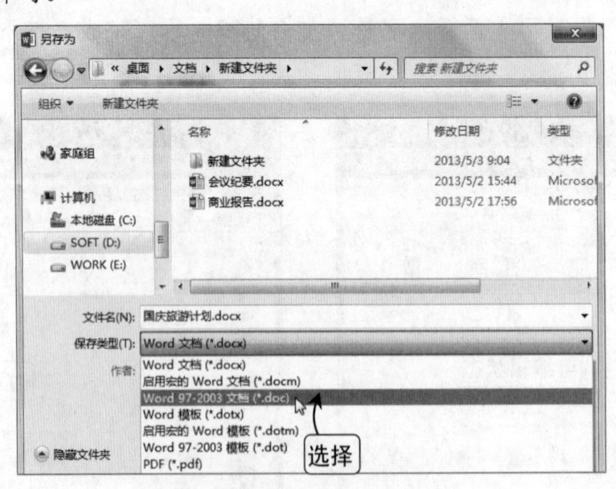

图1-24　更改文件格式类型

1.3.4 Office 各类文档中文本的操作

在Office 2013的三大组件中，文档的文本操作大多相同，其中包括文本的输入与编辑、文本的查找与替换等，下面将介绍各类文档中文本的基本操作方法。

1. 选择文本

在选择文本前，应先输入文本，其方法非常简单，通过单击将文本插入点定位到要输入文本的目标位置后，直接输入相应内容即可。

选择文本是对文档进行删除、移动、复制等操作的基础。选择文本可分为选择任意数量的文本、选择一行文本、选择一段文本和选择整篇文本等方式，选中的文本将会出现灰色底纹。

若需选择任意数量的文本，在文本的开始位置按住鼠标左键不放并进行拖动，直至文本结束位置释放鼠标即可；若需选择整行文本，则应将鼠标光标移动到该行左边的空白位置，当鼠标光标变为↗形状时，单击即可。

选择一整段文本的方法一般有如下几种：

◆ 将鼠标光标移动到段落左边的空白位置，当其变为↗形状时，双击鼠标，如图 1-25 所示。

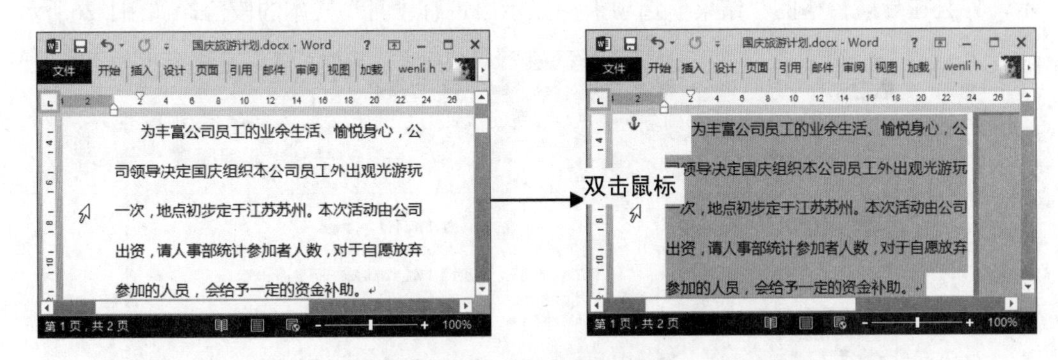

图1-25　选择整段文本

◆ 在需要选择的段落任意位置，连续快速单击 3 次。

◆ 将文本插入点定位到需要选择段落的段首，按住【Shift】键，再在该段末尾处单击。

选择整篇文档的方法一般有如下几种：

◆ 将文本插入点定位到文档中的任意位置，按【Ctrl+A】组合键。

◆ 将鼠标光标移动到文档左边的空白位置，当其变为↗形状时，连续单击 3 次。

◆ 将文本插入点定位到文档的开始位置，按住【Shift】键，单击文档的末尾位置。

2. 删除、移动与复制文本

选择文本后可对其进行删除、移动与复制等编辑操作。删除操作只需在选中文本后按【Delete】键即可，若没有选择文本，按【Delete】键将删除文本插入点之后的一个文字，按【Backspace】键将删除文本插入点之前的文字。

移动与复制文本的操作方法与移动文件的方法类似，它们同时都可以利用如下的简便方法进行复制与移动操作。

选择文本后，将鼠标光标移动到选中的文本上，当其变为↖形状时，按住鼠标左键不放，将文本拖动到目标位置后释放鼠标即可移动文本；若在拖动鼠标时按住【Ctrl】键不放则可复制文本。

3. 查找与替换文本

Office 2013的三大组件都有查找与替换文本功能，在文档的编辑过程中会经常用到该功能。用户在编辑文档的过程中可能会多次出现某个文本输入错误，使用查找功能可以快速查找出该信息，使用替换功能则可以帮助用户快速更正文本，从而提高工作效率。

在“开始”选项卡的“编辑”组中单击“查找”按钮，在打开的导航窗格中输入需要查找的文本，如“月”，此时，系统将在文档中自动进行查找，将查找结果以黄色高亮显示，并且在导航窗格的“结果”选项卡中显示出带有“月”文本的段落，如图1-26所示。

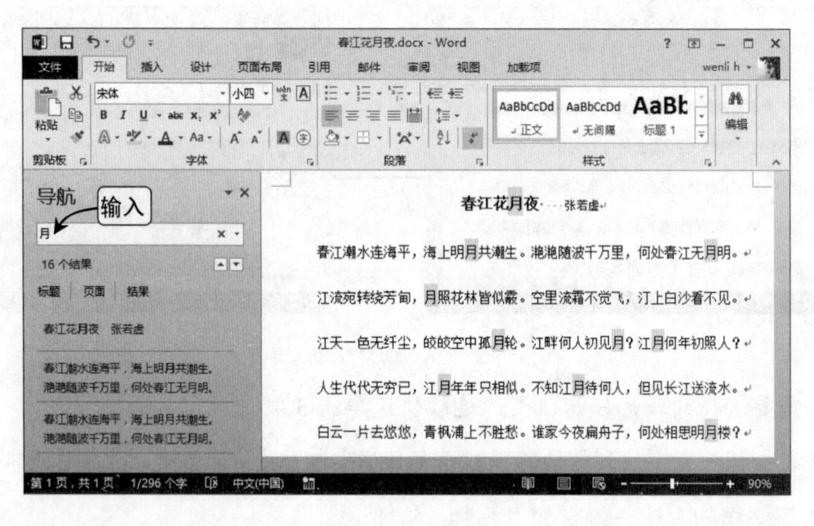

图1-26 查找文本

若需要替换查找的文本，可在“编辑”组中单击“替换”按钮，在打开的对话框的“替换为”文本框中输入替换后的文本，如“玉”，此时单击“替换”按钮可逐个替换灰色底纹显示的文本，单击“全部替换”按钮，将一次性替换所有查找到的文本，并打开提示对话框，提示替换的个数，单击“确定”按钮，如图1-27所示。

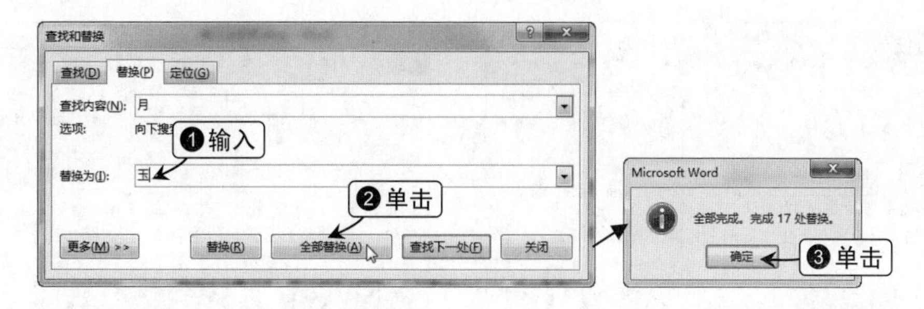

图1-27　替换文本

4．撤销与恢复操作

在进行文档编辑的过程中，难免会出现一些错误的操作，例如输入了错误的信息，或者误删了重要的文件内容等。出现这种情况后，应撤销之前的错误操作，而无须重新进行编辑。如果在撤销操作后，发现还是应该执行原来的操作，则可以对撤销的操作进行恢复。

撤销操作非常简单，通过以下3种方法都可回到上一步操作状态。

- 在执行错误操作后，按【Ctrl+Z】组合键可撤销上一步操作。
- 在快速访问工具栏中单击“撤销”按钮，可撤销上一步操作，连续单击该按钮可撤销最近执行过的多次操作。
- 单击“撤销”按钮右侧的下拉按钮，在弹出的下拉列表中选择要撤销的操作，如图 1-28 所示。

移动对象
四周型环绕
移动对象
移动对象
紧密型环绕
移动
移动
粘贴
剪切
键入 "0"
键入 "0"
键入 "9"
键入 "人事部"
5 操作撤消
选择

图1-28　选择撤销操作

恢复操作用于恢复被撤销的操作，在进行恢复操作前必须有过撤销操作，否则就不能进行恢复操作。在进行撤销操作后，可以通过以下两种方式进行恢复。

- 在执行撤销操作后，按【Ctrl+Y】组合键可恢复最近一步撤销操作，连续按该组合键可恢复多次撤销的操作。
- 在快速访问工具栏中单击“恢复”按钮，可恢复一次撤销操作，连续单击该按钮可恢复多次撤销操作。

5．快速复制文本格式

在Office相关组件中，当对文件中的某段文本或某个图形对象设置了格式后，需要对另外一个对象设置相同的格式时，可以使用“格式刷”按钮对格式进行复制操作。

将文本插入点定位到已设置格式的文本中，或将其放置在设置了格式的对象后，在“开始”选项卡的“剪贴板”组中单击“格式刷”按钮，此时鼠标光标将变为形状，选择其他需要复制格式的文本或对象，即可复制格式，如图1-29所示。

图1-29 复制格式

若有多个对象需要复制格式，可双击“格式刷”按钮，在为所有对象都复制格式后，再次单击“格式刷”按钮，退出格式刷功能。

1.3.5 自定义功能区

如果用户想要自己定义功能区，如进行增加、删减选项卡或组，调换选项卡位置等操作，都可以通过自定义功能区功能来实现。

下面以在“开始”选项卡中新建“常用命令”组并向其中添加“另存为”命令为例，介绍怎样自定义功能区，其具体操作如下。

操作演练：自定义功能组

Step 01 打开“Word 选项”对话框

启动Word 2013，在工作界面中切换到“文件”选项卡，单击“选项”按钮，打开“Word选项”对话框，切换到“自定义功能区”选项卡。

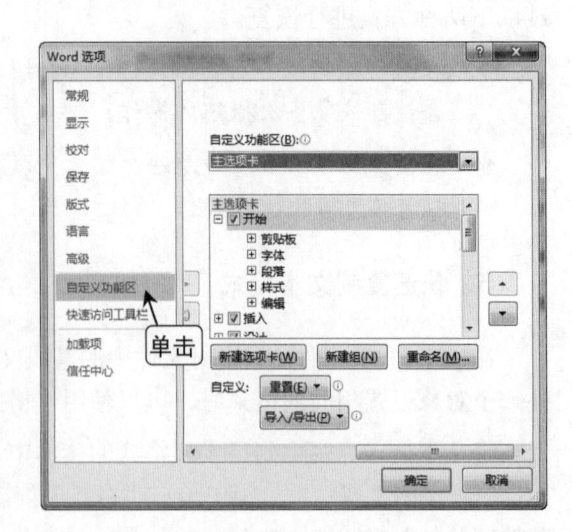

打开“Word 选项”对话框的其他方法

提示 Attention

在功能区的空白位置右击，在弹出的快捷菜单中选择“自定义功能区”命令，可快速打开“Word 选项”对话框，并自动切换到“自定义功能区”选项卡中。

Step 02 新建组

在“主选项卡”列表框中选择“开始”栏，单击“新建组”按钮。

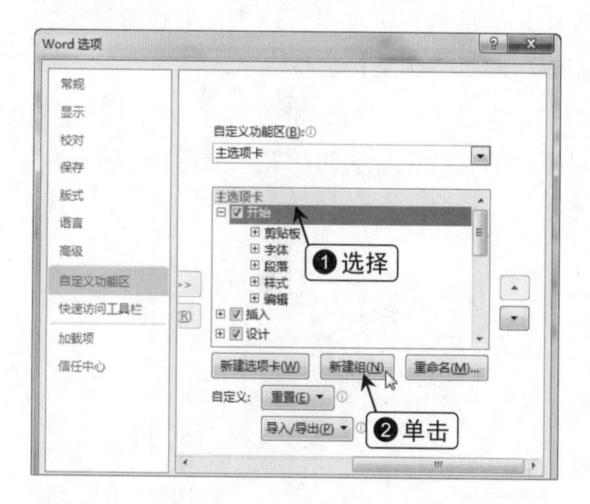

Step 03 重命名组

单击“重命名”按钮，打开“重命名”对话框，在“显示名称”文本框中输入文本“常用命令”，再单击“确定”按钮。

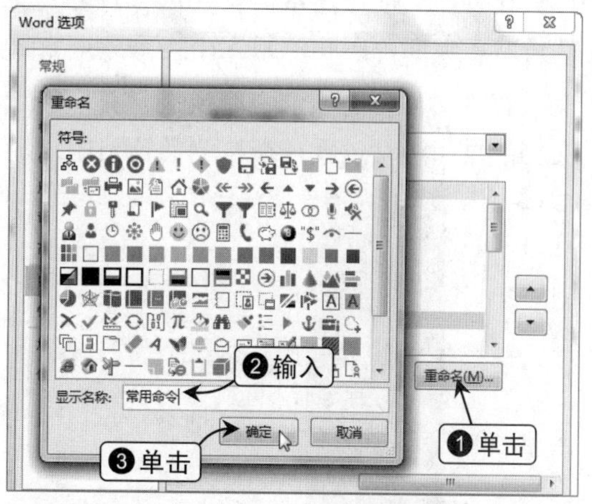

Step 04 添加命令

在“从下列位置选择命令”下拉列表中选择“常用命令”选项，在下方的列表框中选择“另存为”选项，单击“添加”按钮。

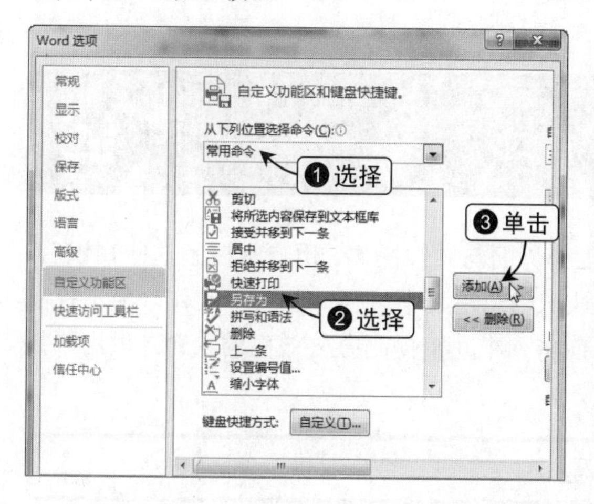

Step 05 完成设置

此时“另存为”命令将被添加到自定义的“常用命令”组中，单击“确定”按钮，完成组和命令的自定义添加操作。

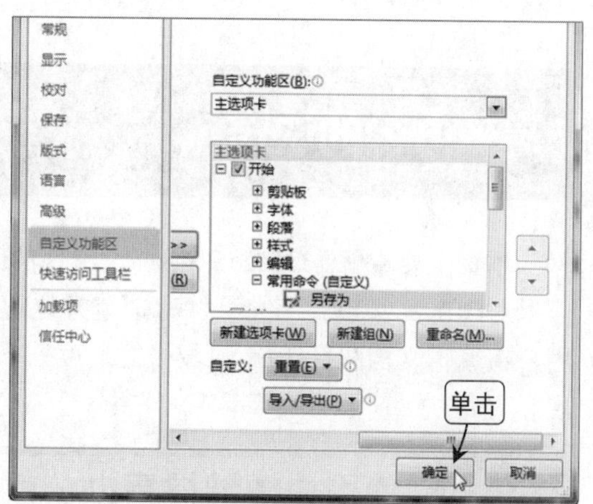

在“绘图工具 格式”选项卡中添加“常用命令”组及其命令后，工作界面的前后变化如图1-30所示。

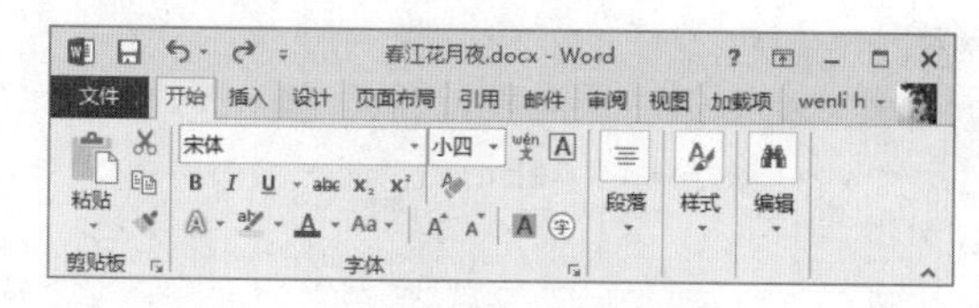

图1-30 在功能区添加“常用命令”组及“另存为”命令的前后对照效果

1.3.6 打印Office办公文件

在工作中，为了更好地阅览或使用办公文件，用户在编辑好文档后可以将其打印并装订。在打印之前，通常需要先进行打印预览操作，然后根据需要进行调整，并设置打印文档份数、页面范围和纸张大小等参数，设置完成后即可打印文档。

在“文件”选项卡中切换到“打印”选项卡，在其中可对打印份数、打印机以及打印文档的页面进行设置，在右侧的窗格中还能对打印的文档进行实时预览，如图1-31所示。

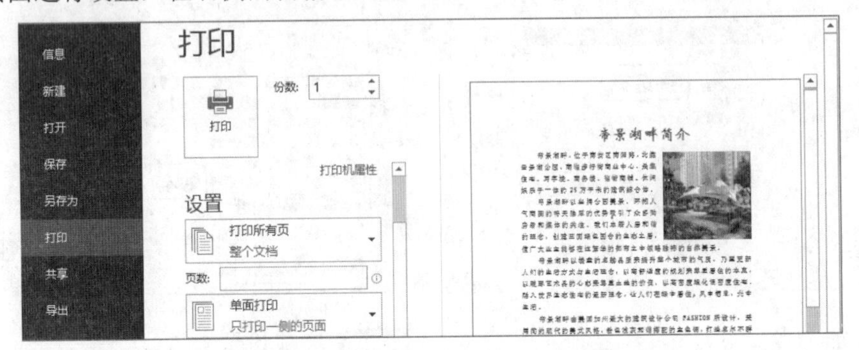

图1-31　对文档进行打印预览

单击“页面设置”超链接，在打开的“页面设置”对话框中可进行更多的打印设置，在设置完成后，单击“打印”按钮即可打印文档。

高效办公的诀窍

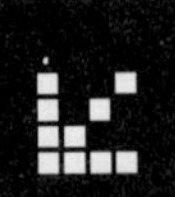

本章主要讲解了Office 2013三大组件的工作界面与共性操作，用户掌握了这些知识后，可以对Office 2013的三大组件有个全方位的认识以及在其中进行一些基本操作。为了提高用户在编辑文档和打印Excel表格的速度，下面将列举几个提高办公效率的诀窍，供用户拓展学习。

窍门1 使用快捷键提高办公效率

在Offcie 2013的三大组件中，只需按【Alt】键，功能区中的按钮或选项卡上就会显示各自的快捷键，如图1-32所示。

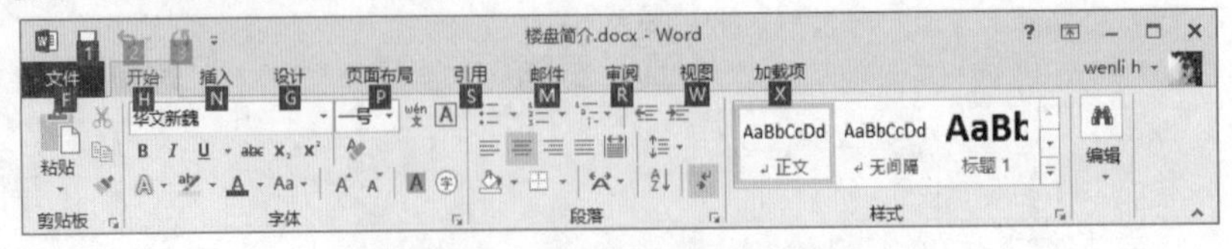

图1-32　功能区中显示的快捷键

根据提示，可以按相应的快捷键，进行对应的操作，若需要插入图片，则按【Alt】键后，再按【N】键，切换到“插入”选项卡，如图1-33所示，最后按【P】键，即可打开“插入图片”对话框，进行图片插入操作。

图1-33　“插入”选项卡中显示的快捷键

除了使用上述快捷键进行快速操作外，还可以使用其他常用的快捷键进行快速操作。

- **保存文件的快捷键**：在工作界面按【Ctrl+S】组合键，可快速保存文件；在工作界面按【F12】键，可打开“另存为”对话框保存文件。
- **重命名的快捷键**：选择文件后，按【F2】键可以进入文件名的编辑状态，此时可迅速进行文件的重命名操作。
- **复制的快捷键**：选择对象后，按【Ctrl+C】组合键可复制对象。
- **剪切的快捷键**：选择对象后，按【Ctrl+X】组合键可剪切对象。
- **粘贴的快捷键**：选择对象后，按【Ctrl+V】组合键可粘贴对象，若依次按【Alt】、【E】、【S】键，将打开如图 1-34 所示的“选择性粘贴”对话框，在其中可进行对象的选择性粘贴。

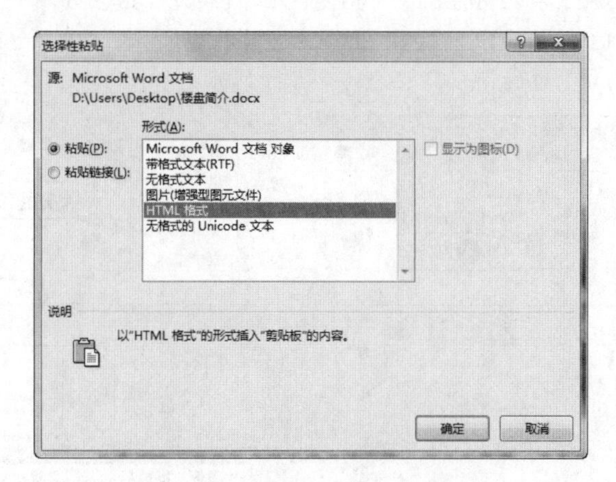

图1-34　“选择性粘贴”对话框

- **查找的快捷键**：在工作界面按【Ctrl+F】组合键，可打开导航窗格查找对象。
- **替换的快捷键**：按【Ctrl+H】组合键，可打开“查找和替换”对话框，并自动切换到“替换”选项卡，在其中可替换查找的对象。
- **定位的快捷键**：按【Ctrl+G】组合键，可打开“查找和替换”对话框，并自动切换到“定位”选项卡，在其中可定位页、批注、图形等对象。

窍门 2 Excel 表格的打印设置

在Excel 2013中，若只需打印工作表中的部分区域，可以选择打印区域后，切换到“页面布局”选项卡中，单击“页面设置”组中的“打印区域”按钮，在弹出的下拉列表中选择“设置打印区域”命令即可，如图1-35所示。

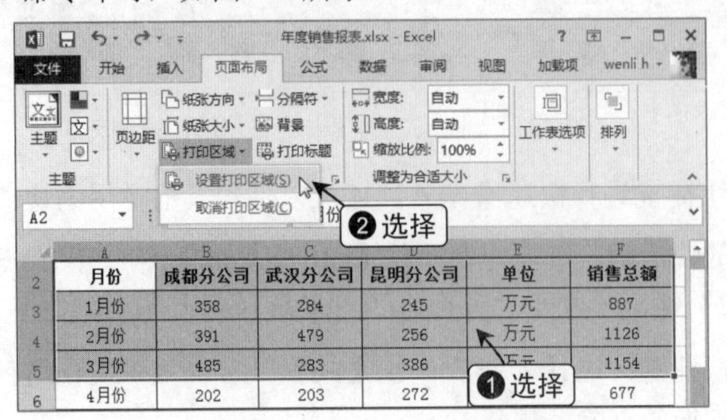

图1-35　设置打印区域

若表格的内容较多，需要分页打印时，可以为每页都设置打印标题，使数据和标题能够进行更好的对应。

要满足此要求，需在“页面布局”选项卡的“页面设置”组中单击“打印标题”按钮，在打开的“页面设置”对话框中将文本插入点定位到“顶端标题行”文本框中，然后在工作表中选择需要被重复打印的标题行，将该单元格区域的地址导入“顶端标题行”文本框中，最后在对话框中单击“确定”按钮即可，如图1-36所示。

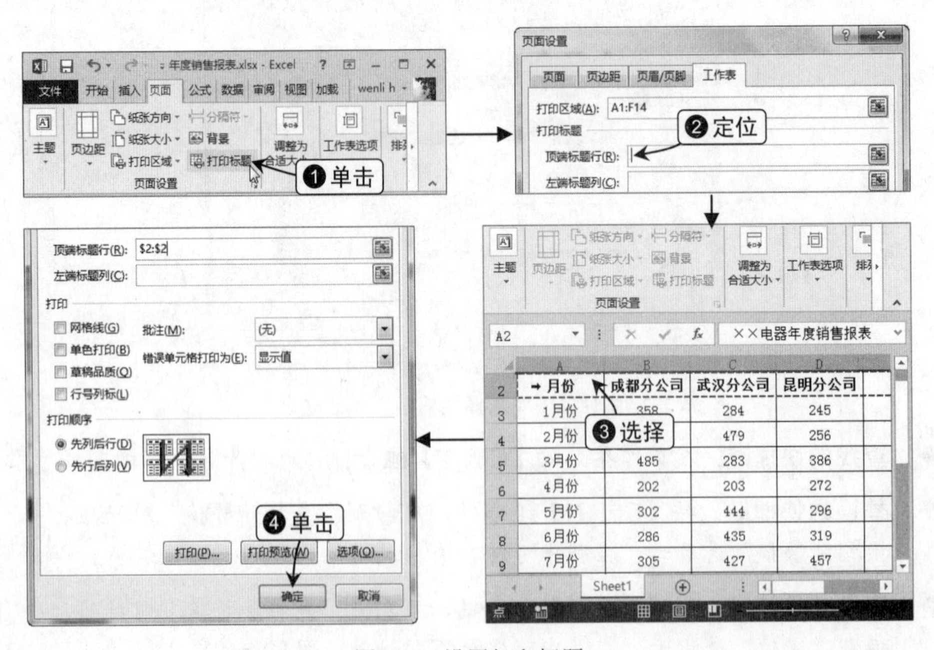

图1-36　设置打印标题

Chapter 2

创建符合指定页面效果的办公文档

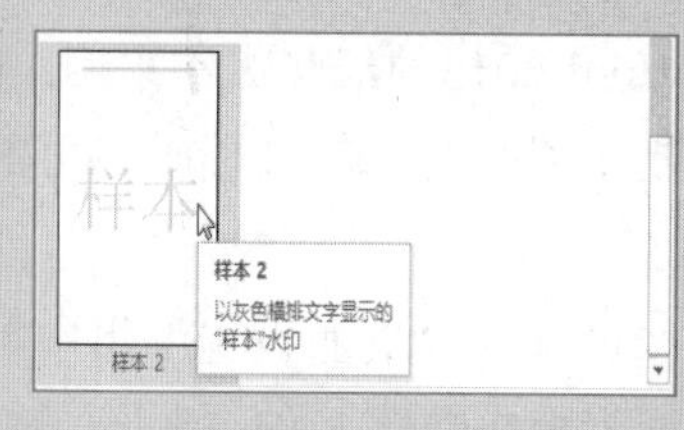

为文档使用内置的水印

提升字符的显示位置

在文档中使用艺术字

设置首字下沉效果

2.1 设置页面的整体布局

掌握页面大小、页边距、页面边框样式和页面背景的设置方法

为了使整个文档看上去更加美观，通常我们会对页面的整体布局进行设置。页面布局的设置包括页面大小、页面方向、页边距、页面边框、页面背景等效果的设置。

2.1.1 设置页面的大小和方向

页面大小设置主要包括调整纸张大小和设置页面边距两方面，而页面方向通常有横向和纵向两种。在Word 2013中，这些设置都可以在“页面布局”选项卡的“页面设置”组中完成。

在默认情况下，Word 2013的纸张大小采用A4纸（21厘米×29.7厘米），这是标准文档输出的纸张大小。在制作某些特殊的文档时，可能对纸张有特殊要求，此时用户便可以手动设置纸张的大小。

在“页面布局”选项卡的“页面设置”组中单击“纸张大小”按钮，在弹出的下拉菜单中即可选择相应的纸张大小选项，如图2-1（左）所示。

在“纸张大小”菜单中选择“其他页面大小”命令（或在“页面设置”组中单击“对话框启动器”按钮），在打开的“页面设置”对话框的“纸张”选项卡的“纸张大小”栏中也可以设置纸张大小，如图2-1（右）所示。

在“页面设置”对话框中切换到“页边距”选项卡，在“纸张方向”栏中，可以选择页面的方向，如图2-2所示。

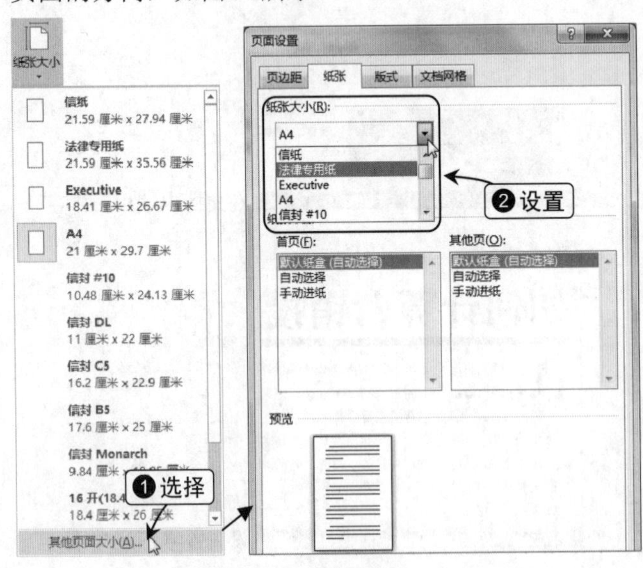

图2-1　设置纸张大小

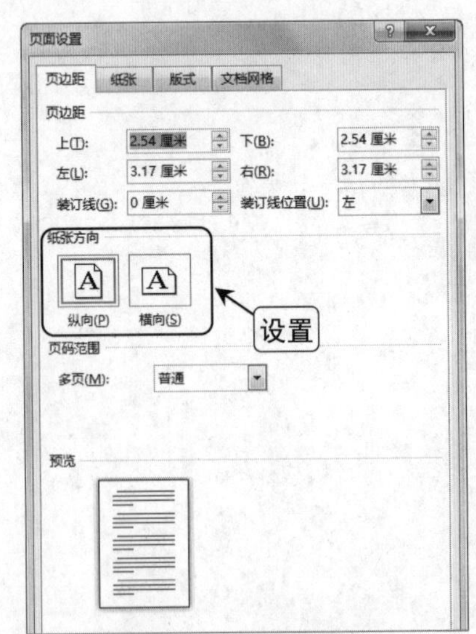

图2-2　设置纸张方向

2.1.2 设置页边距

每个页面都有它的版心，所谓版心，就是指正文中的各种对象允许出现在纸张中的范围。在Word文档中，版心是由页边距确定的。如图2-3所示为纵向和横向页面的版心，四周的空白部分为页边距。

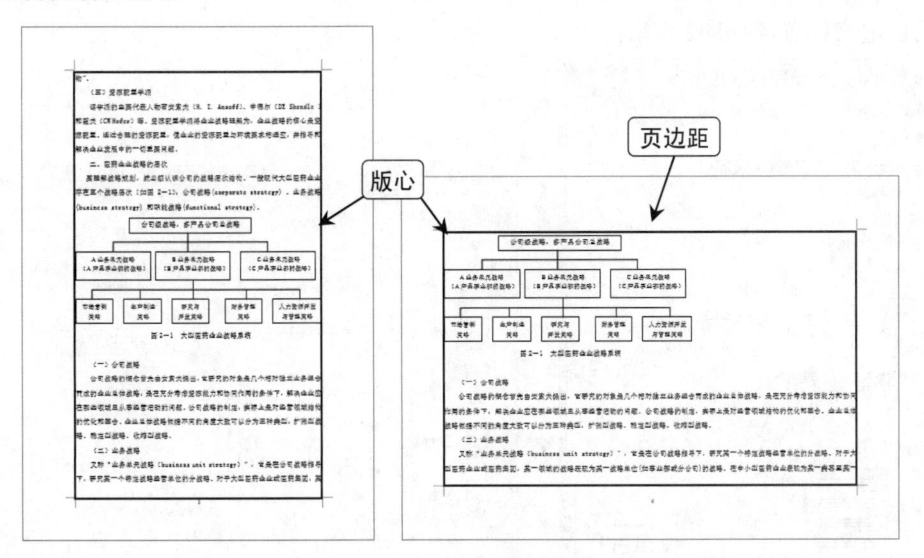

图2-3　纵向、横向页面的版心

当确定了一份文档使用的纸张大小后，通过设置四周的边距即可确定版心的大小。页面边距的设置与纸张大小设置的方法类似，可通过如2-4左图所示的“页边距”下拉菜单或如2-4右图所示的“页面设置”对话框的“页边距”选项卡进行设置。

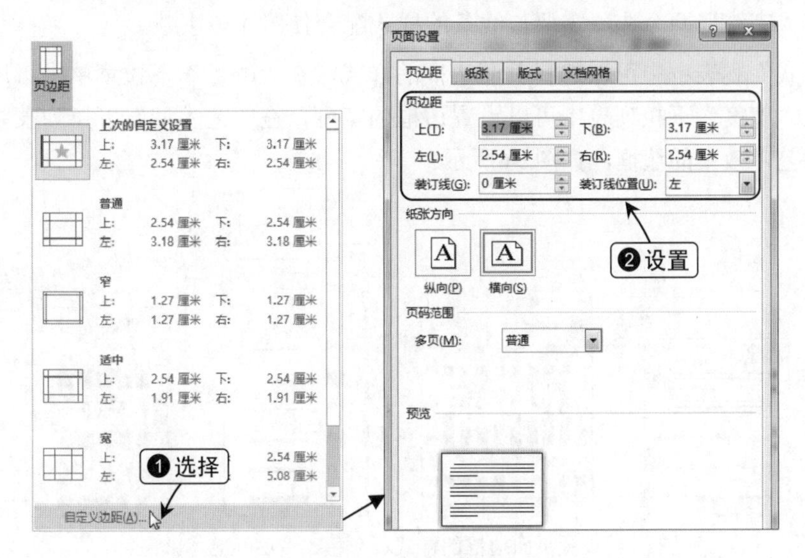

图2-4　设置页边距

2.1.3 设置页面边框

在“设计”选项卡的“页面背景”组中单击“页面边框”按钮，或者在“页面布局”选项卡的“页面设置”组中单击“对话框启动器”按钮，在打开的对话框的“版式”选项卡中单击下方的“边框”按钮，都可以打开“边框和底纹”对话框，在其中可对页面的边框进行自定义设置，如图2-5所示。

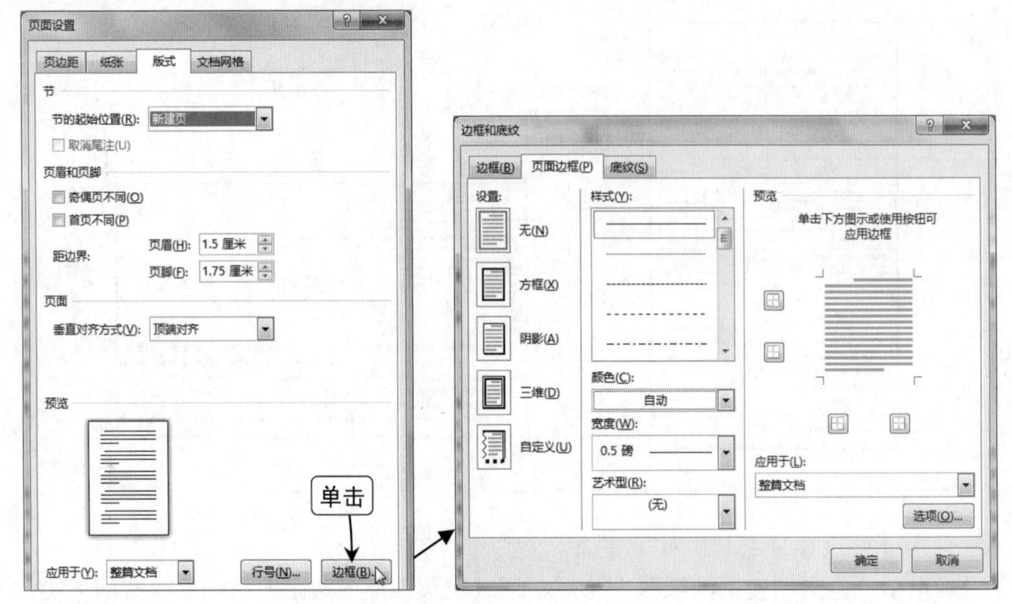

图2-5 设置页面边框

在“设置”栏可以选择应用边框的效果，当选择“无”选项时，表示取消页面边框，“阴影”和“三维”两个选项需要与线条的样式配合使用才可生效。

在“样式”列表框中可以选择页面边框的样式，在“颜色”下拉菜单中可以设置边框的颜色，在“宽度”下拉列表中可以设置边框的宽度，在“艺术型”下拉列表中可以为页面选择具有艺术效果的边框，如图2-6所示。

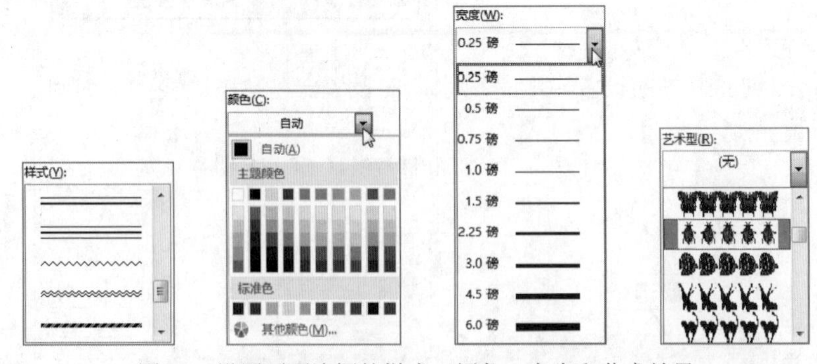

图2-6 设置页面边框的样式、颜色、宽度和艺术效果

在“预览”窗格中单击左侧和下方的4个按钮，或者单击图示四周，都可为页面选择性地添加边框，如图2-7所示。

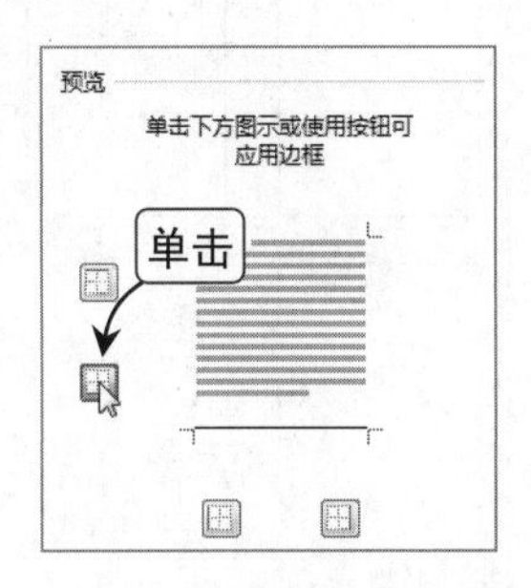

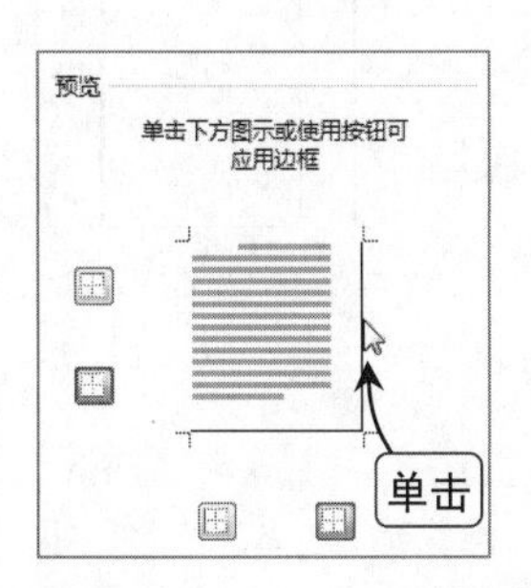

图2-7　为页面添加边框

若单击“选项”按钮，可打开“边框和底纹选项”对话框，在其中可以设置边框与页边或文字的距离，如图2-8所示。

在“测量基准”下拉列表框中可以选择“页边”或者“文字”选项，若选择“文字”作为与边框的测量基准，可在“选项”栏下设置其他参数。

边框和底纹选项的测量基准

若以页边作为测量基准，在“边距”栏中设置的所有数值都将以纸张的边沿为基准点，数值越小，页面边框距离纸张边沿越近；数值越大，越靠近版心。

若以文字作为测量基准，在“边距”栏中设置的数值大小以正文中文字为基准点，数值越小，距离版心越近；数值越大，距离版心越远。

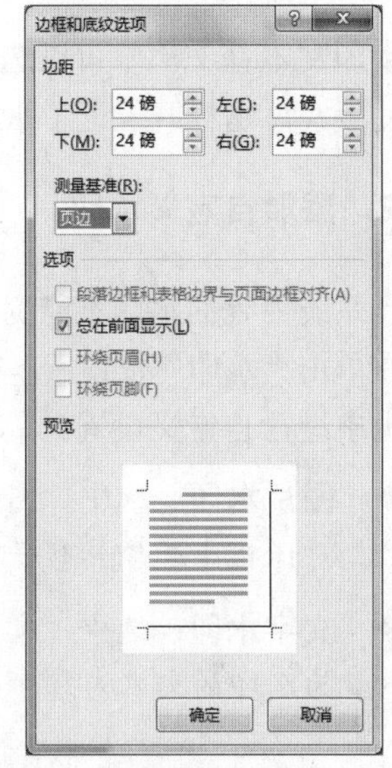

图2-8　“边框和底纹选项”对话框

2.1.4　设置页面背景

在Word中页面背景的设置主要是对水印的设置。在某些比较正式的商务文档中，可能需要对文档做特别说明或进行版权标识的处理，此时便可以使用Word的水印功能，在页面中添加相应的水印文本或图形。

1．添加系统内置水印

Word 2013中内置了机密、紧急和免责声明3种类别共12种文字水印，用户可在“设计”选项卡的“页面背景”组中单击“水印”按钮，在弹出的下拉菜单中选择相应的选项即可将其添加到文档中，如图2-9所示。

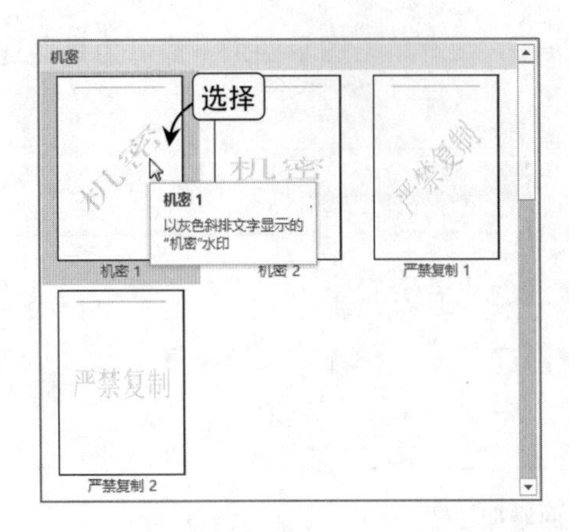

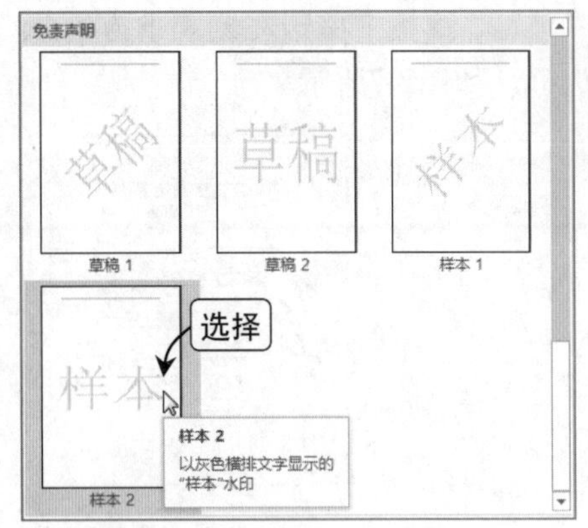

图2-9　添加系统内置水印

水印文本在文档中可以选择水平和倾斜两个版式，当水印文本内容过多时，通常采用倾斜的版式，这样既保证了水印文本的美观，也能让文本显示更完整。

2. 添加自定义水印

当系统内置的水印不能满足用户需求时，Word也为用户提供了自定义水印的功能，用户可在单击“水印”按钮后，在弹出的菜单中选择“自定义水印”命令，在打开的“水印”对话框中进行自定义设置。

- **图片水印**：选中“图片水印”单选按钮后，可单击“选择图片”按钮，在打开的对话框中选择具有一定意义的图片作为文档的水印，如图 2-10 所示。
- **文字水印**：选中“文字水印”单选按钮后，可在“文字”下拉列表中选择需要作为水印的文本内容，也可直接输入有关文本，如图 2-11 所示。

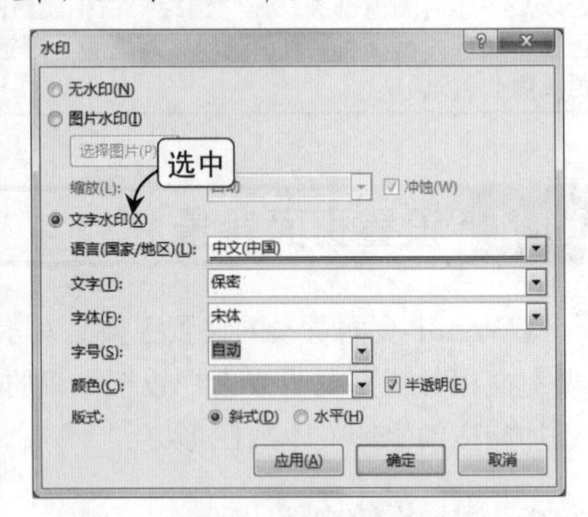

图2-10　添加图片水印　　　　图2-11　添加文字水印

提示 Attention

删除文档水印

为文档添加水印后，如果不再需要水印，可通过单击“水印”按钮，在弹出的菜单中选择“删除水印”命令将其删除。

2.2 设置字符格式

对文字的字体、字形、字号、颜色、效果等格式进行设置

设置字符格式，除了设置其字体、字形、字号、颜色等基本格式外，还能对文字进行阴影、映像、发光等效果的设置。

2.2.1 设置字符基本格式

默认情况下，在Word 2013中，字符的字体格式为“宋体、五号、黑色”，若要对其格式进行设置，可通过以下几种方法来完成。

◆ **通过“字体”组设置**：设置字符的基本格式，最常用的方法是在“开始”选项卡的“字体”组中进行设置，如图 2-12 所示。

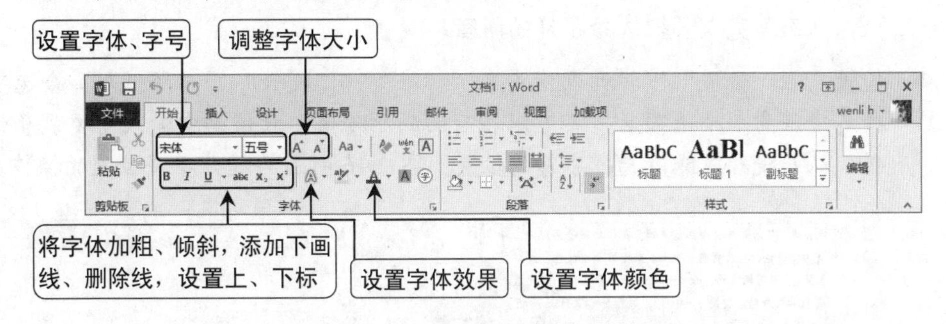

图2-12　“开始”选项卡的“字体”组

◆ **通过浮动工具栏设置**：在文档中选择文本后，在附近会出现一个浮动工具栏，如图 2-13 所示，在其中可对字体格式进行设置。

◆ **通过对话框设置**：在“字体”组中单击“对话框启动器”按钮，打开“字体”对话框，如图 2-14 所示，在“字体”选项卡中可对字体格式进行设置。

宋体　五号　样式

图2-13　浮动工具栏

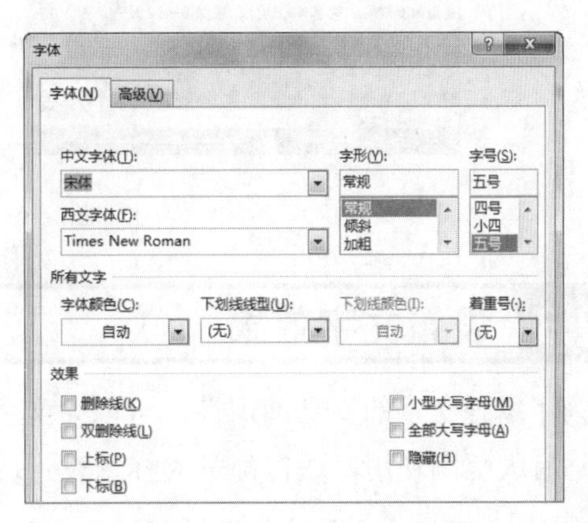

图2-14　“字体”对话框

2.2.2 设置字符间距

字符间距是字符与字符之间的距离，随着字体大小的变化而变化。字符间距的设置可以在“字体”对话框的“高级”选项卡中完成，如图2-15所示。

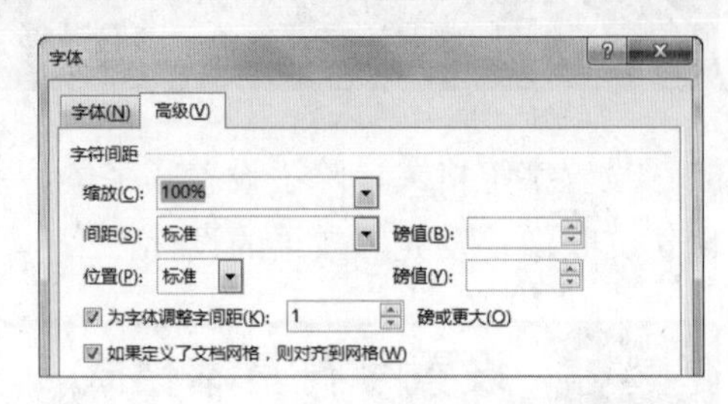

图2-15 “字体”对话框的“高级”选项卡

在“字符间距”栏中的各个参数的作用如下。

◆ **缩放**：在该下拉列表框中选择合适的选项可以横向改变选中文本的长度，而纵向高度不变。

◆ **间距**：在“间距”下拉列表框中有“标准”、“加宽”、“紧缩”3 个选项，选择其中任意一个选项后，都可以在后面的“磅值”数值框中输入需要调整到的数值，从而加宽或紧缩选择字符的间距。

◆ **位置**：在“位置”下拉列表框中有“标准”、“提升”、“降低”3 个选项，选择其中任意一个选项后，都可以在后面的“磅值”数值框中输入需要调整到的数值，从而提升或降低选择字符的位置。图 2-16 所示为提升字符位置的操作。

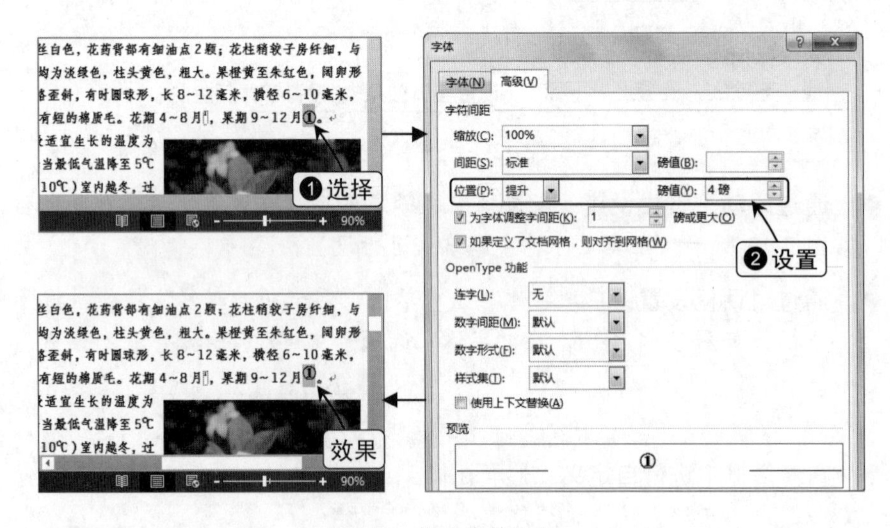

图2-16 提升字符位置

2.2.3 设置文字效果

为了增强文字的视觉冲击性，可以为文字设置如阴影、映像、发光等效果，但这种效果不适宜大范围使用，通常都是为标题设置这些效果。

在Word 2013中，系统预设了15种文本效果，选择文本后，在“字体”组中单击“文本效果和版式”按钮，在弹出的下拉菜单中选择一种合适的预设文本效果即可，如图2-17所示。

图2-17　为标题应用预设的文本效果

除了使用系统预设的文本效果外，用户还可以对其进行自定义，其方法有如下两种。

- **在下拉菜单中进行自定义：** 在“文本效果和版式”下拉菜单中有“轮廓”、“阴影”、“映像”和“发光”4 种设置文本效果的子菜单。图 2-18 所示为其中的两个子菜单，在其中可对文本效果进行自定义。

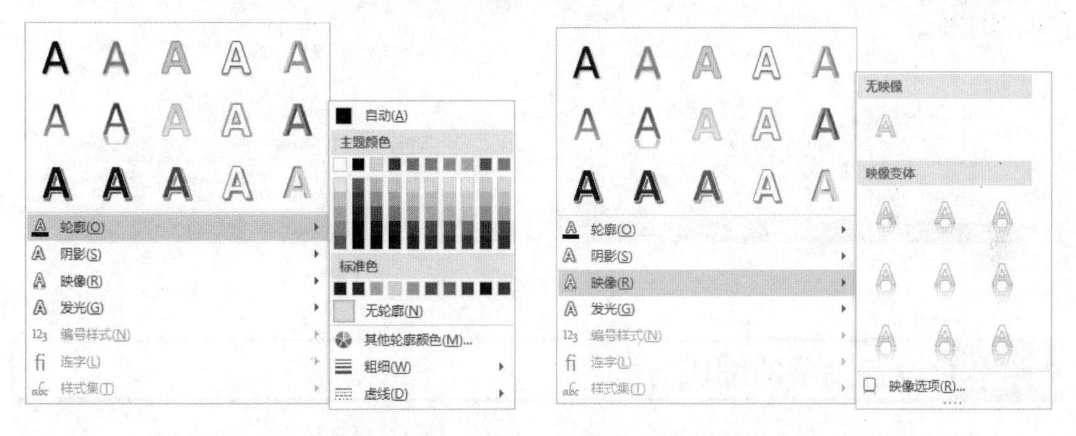

图2-18　“轮廓”和“映像”子菜单

- **在对话框中进行自定义：** 选择文本后，在其上右击，在弹出的快捷菜单中选择“字体”命令，打开“字体”对话框，单击下方的“文字效果”按钮，在打开的“设置文本效果格式”对话框中有“文本填充轮廓”和“文本效果”两个选项卡，在其中可对文本效果进行自定义，如图 2-19 所示。

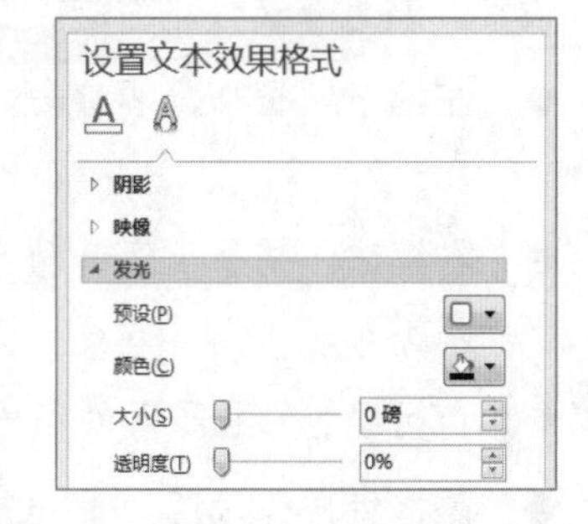

图2-19　“设置文本效果格式”对话框

2.3 设置段落格式

设置段落的对齐方式、缩进方式、段落间距与行间距

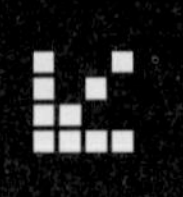

文档的段落格式设置主要包括段落的对齐方式、缩进方式、段落间距与行间距的设置，其中大部分设置可通过“段落”组来完成，而部分设置则需在“段落”对话框中进行。

2.3.1 设置段落的对齐方式

段落的对齐方式是指段落中的文本在文档中的分布位置，主要有左对齐、右对齐、居中对齐、两端对齐和分散对齐5种方式，在“开始”选项卡的“段落”组中都有对应的按钮，如图2-20所示。

图2-20 “段落”组

文档默认的段落对齐方式是两端对齐，将文本插入点定位到某个段落中，在“段落”组中单击相应的按钮，即可设置该段落的对齐方式，如图2-21所示。

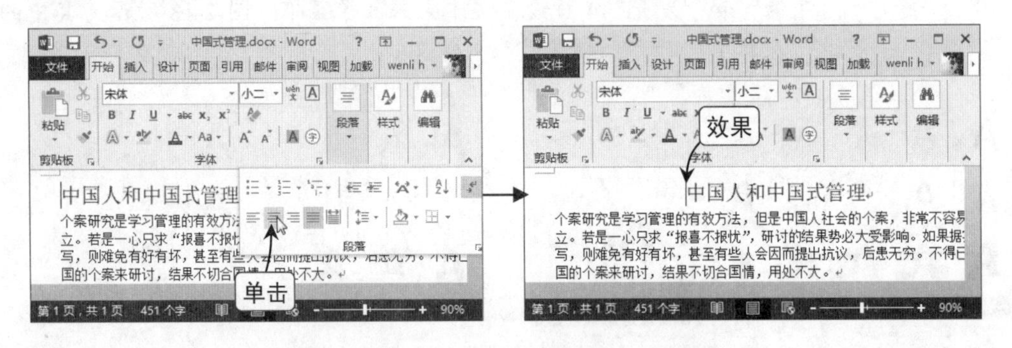

图2-21 将标题居中对齐

2.3.2 设置段落的缩进方式

为了使段落与段落之间的区别更加明显，在Word文档中通常都会对段落的缩进和间距进行设置。缩进方式有左缩进、右缩进、首行缩进和悬挂缩进4种，其具体含义如下。

- 左缩进：整个段落都向右缩进设定的字符宽度，并保持首行缩进或悬挂缩进的格式不变。
- 右缩进：整个段落都向左缩进设定的字符宽度，并保持首行缩进或悬挂缩进的格式不变。
- 首行缩进：将段落的第一行文本按设定的缩进量向右缩进一定的距离。
- 悬挂缩进：段落的第一行无缩进，而从第二行起到段落结束，每行向右缩进设定的字符宽度。

段落缩进方式的设置可从标尺上的滑块、“段落”组中的“减少缩进量”按钮和“增加缩进量”按钮以及“段落”对话框的“缩进和间距”选项卡进行。其中“段落”组中的“减少缩进量”按钮和“增加缩进量”按钮只能为当前文本插入点所在的段落设置左缩进格式，每单击一次该按钮，缩进量就会减少或增加一个字符宽度。

在“视图”选项卡的“显示”组中选中“标尺”复选框，如图2-22（左）所示，在文档的上方和左侧将分别显示出一条带刻度的标尺，在文档上方的标尺中有4个如图2-22（右）所示的滑块。

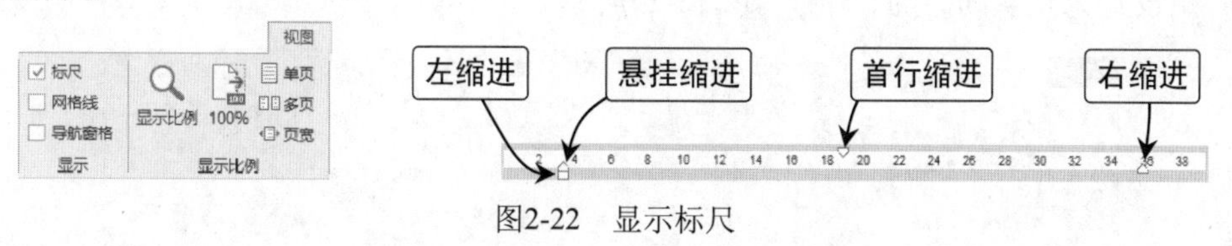

图2-22　显示标尺

在标尺中拖动相应的滑块可设置段落的缩进方式，如图2-23所示，为设置段落的首行缩进和右缩进。

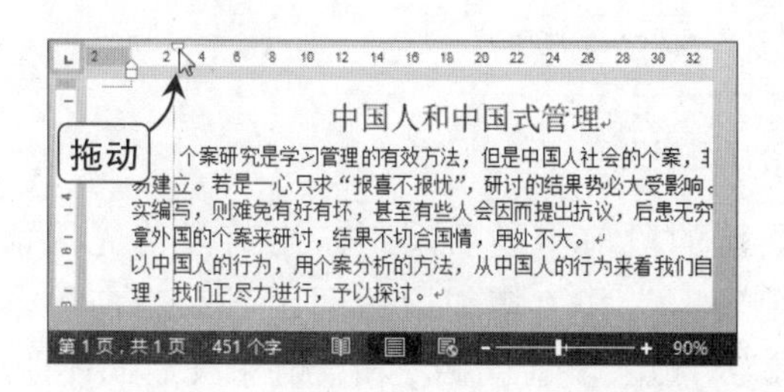

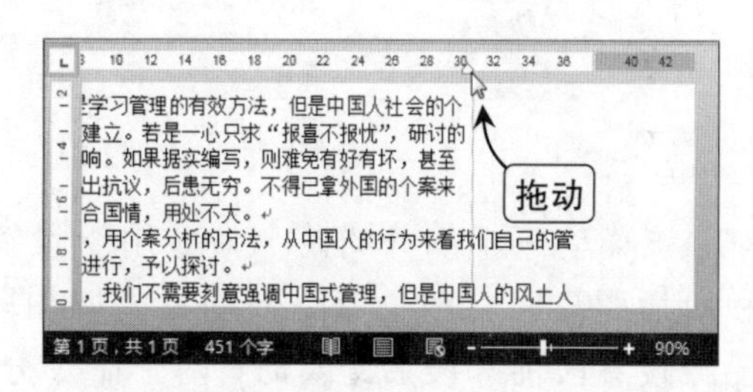

图2-23　设置段落首行缩进（左）和右缩进（右）

也可在“开始”选项卡的“段落”组中单击“对话框启动器”按钮，在打开的“段落”对话框的“缩进和间距”选项卡的“缩进”栏中对段落的缩进格式进行更细微的设置，如图2-24所示。

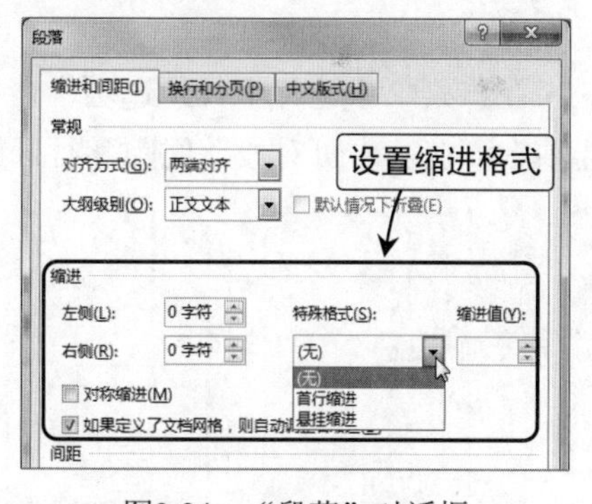

图2-24　“段落”对话框

- **“左侧”和“右侧”数值框**：通过这两个数值框可调整段落的左缩进和右缩进的值，以 0.5 个字符为单位。值为负数时表示段落文本内容向页面边距外移动的距离。
- **“特殊格式”下拉列表框**：单击该下拉列表框，可从弹出的下拉列表中选择段落的首行缩进或悬挂缩进的特殊格式。
- **“缩进值”数值框**：在“特殊格式”下拉列表框中选择一种格式选项后，可在该数值框中设置具体的缩进量，取值必须大于“0”。
- **“对称缩进”复选框**：选中该复选框后，其上方的“左侧”和“右侧”数值框将变为“内侧”和“外侧”数值框。其设置方式和效果与左缩进和右缩进相似。

2.3.3 设置段落间距与行间距

有时候为了使文档的结构看进来更美观合理，可以采用增加段落前后距离的方法来使段落与段落之间的区别更加明显。

将文本插入点放到要设置间距的段落中，单击“段落”组中的“行和段落间距”按钮，在弹出的下拉菜单中的上半部分用于设置段落的行间距，如选择“1.5”选项，表示将段落的行间距设置为默认间距的1.5倍，如图2-25所示。

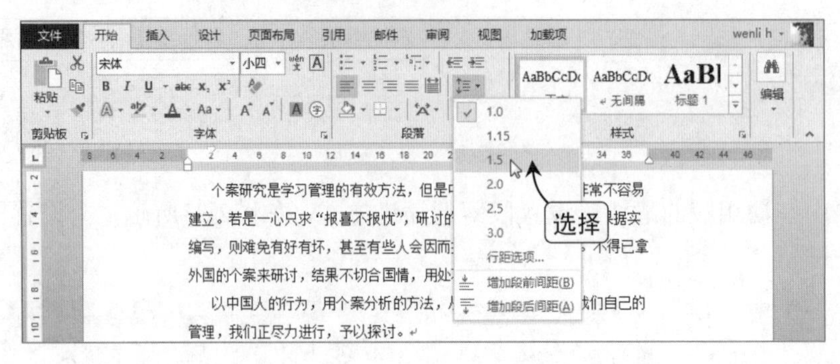

图2-25　1.5倍行距效果

该菜单下半部分的两个命令用于设置段落的段前与段后间距。当前段落无段前和段后距离时，两个命令分别为“增加段前间距”和“增加段后间距”；当前段落已经设置段前和段后距离时，两个命令分别为“删除段前间距”和“删除段后间距”，如图2-26所示。选择相应的命令即可为当前段落添加或删除段前段后距离，其默认值为12磅。

在该菜单中选择“行距选项”命令，可打开“段落”对话框，切换到“缩进和间距”选项卡，在其中可对段落间距和行间距进行更详细的设置，如图2-27所示。

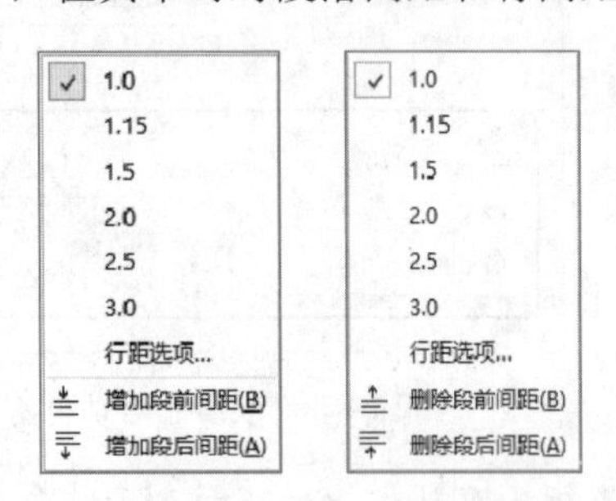

图2-26　通过按钮添加或删除段前和段后间距

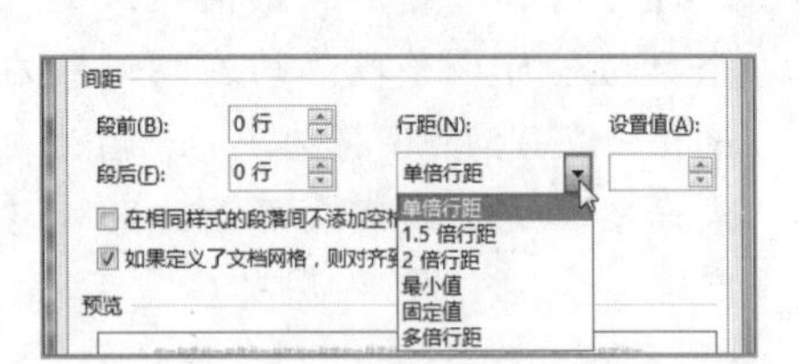

图2-27　间距的设置

◆　**“段前”与“段后”数值框**：分别用于设置段落之前和之后的空白距离，单位可以是“行”或“磅”。如果两个段落都设置了段前与段后间距，则两个段落之间的空白距离为前一个段落的段后距离与后一个段落的段前距离的总和。

◆　**“行距”下拉列表框**：在此下拉列表框中有“单倍行距”、“1.5 倍行距”、“最小值”和“多倍行距”等 6 个选项。当选择“多倍行距”、“最小值”或“固定值”选项时，可在右侧的“设置值”数值框中设置行距的实际值。

读者提问
Q+A

Q：为什么我在文档中插入的图片显示不完全，只有很小的一部分呢？

A：这种情况多数原因是由于段落格式造成的。如果将段落的行距设置为固定值，且设置的段落间距的高度小于图片的高度，则插入的图片只能显示与行距值相等高度的部分，超出部分将不能显示，可通过调整段落间距值或更改图片的版式来解决。

2.4 特殊商务文档的格式设置

设置文本分栏、首字下沉及纵横混排效果

为了使文档版面美观而且显得更专业，用户会采用分栏的方法来将文本隔开，或者设置首字下沉效果。在纵向排版文档时，有时也会涉及纵横混排样式。

2.4.1 设置分栏

在“页面布局”选项卡的“页面设置”栏中单击“分栏”按钮，在弹出的下拉菜单中可以为选中的文本设置分栏，如图2-28所示，选择“更多分栏”命令，在打开的“分栏”对话框中可以对文本的分栏进行更详细的设置。

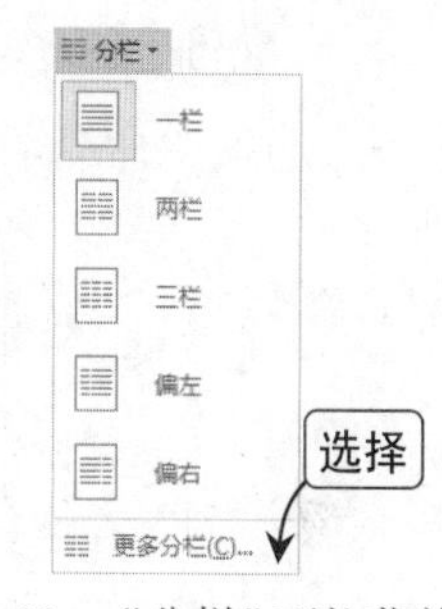

图2-28　“分栏”下拉菜单

在“栏数”数值框中可以输入“1”～“8”的数值，在“宽度和间距”栏下可对宽度和间距进行自定义设置，并在右侧对设置的效果进行实时预览。

对选择的文本进行如图2-29（左）所示的设置将得到如图2-29（右）所示的效果。

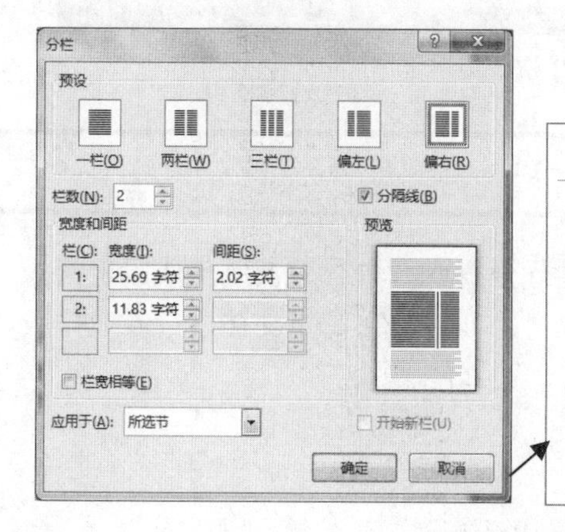

1、媒体投放计划：绿仙草晚安奶定位在中高档奶，做广告选择媒体时也要与此相吻合，电视广告无疑为首选，而平时的促销活动也应结合广告同时进行，一方面可以提高活动效果，另一方面，促销活动进行时也是做广告的黄金时期。因此，整个广告活动应结合电视广告和报纸广告进行。电视广告做长期的宣传，提高绿仙草的知名度和形象；报纸广告比较灵活，结合促销活动进行。同时我们将另辟溪径，可以与各大高校进行合作，通过对他们自身的一些活动进行赞助来进行定位宣传。

2、平面广告表现：以感性诉求和理性诉求相结合的方式，采用广告来体现产品的功能。文案：在喧嚣的城市夜空，也能让你在美梦中飞翔。

3、电视广告表现：主要表达家庭成员之间的亲情，以小女孩为主演，以绿仙草晚安奶为媒介，以父女亲情的渲染来感化受众。广告片要强调的创意是：利用小女孩的天真可爱，以“妞妞关心爸爸的身体健康”为心理诉求，以妞妞希望周末可以和爸爸妈妈一起去动物园玩作为广告的表现中心。

图2-29　对文本进行分栏设置

2.4.2 设置首字下沉

为了使文本排版更有个性，可以使用首字下沉的方式来达到效果，这种效果一般在海报、杂志、报纸等排版时使用比较频繁，如图2-30所示。

如何计算营销投资回报率

中国拥有庞大且不断增长的消费群体，尽管很多跨国企业希望提升在华的销售额，但它们无法计算在华营销投资回报率，原因在于缺乏相关的数据。由于缺乏营销投资回报率的真实数据，跨国企业常将其他地区的广告、促销、展示和打折模式照搬至中国。由于文化及商业差异过大，效果往往不尽如人意。

简单来说，若要在中国市场中运营并取得成功，就必须收集各项促销活动的数据，并严格规范营销投资回报率的计算方法。我们认为，计算营销战略的投店销售人员的奖励等。简而言之，这是为了从投资回报率评估中剔除不相关的营销活动。

4.计算投资回报率。根据基准数据和营销活动销量的差距可算出投资回报率。为此，必须细心计算总成本（包括薪酬、第三方费用、店内促销支出和营销支出），并将其与活动产生的增量销售相比较。

开展盈亏平衡分析时，首先需明确活动的预期支出，如花200万美元做电视广告。其次，确定该支出需要取得的观众渗透率。也许经常观看节目的人数为1000万人，其中1/4的人看到了赞助商，其中约10%

图2-30　使用首字下沉排版效果的杂志

在“插入”选项卡的“文本”组中单击“首字下沉”按钮，在弹出的下拉菜单中选择“下沉”选项即可。若对下沉效果不满意，可以再次打开“首字下沉”下拉菜单，选择“首字下沉选项”命令，在打开的对话框中对各参数进行自定义设置即可，如图2-31所示。

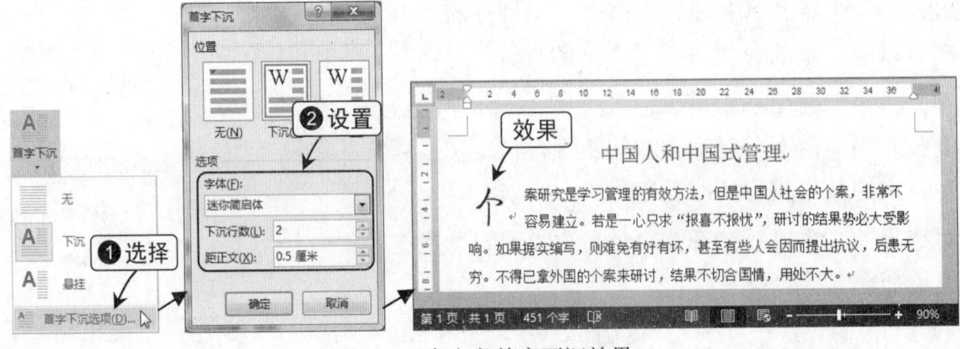

图2-31　自定义首字下沉效果

办公演练　排版“股市简报”文档

某证券公司每期都会有专业人士对股市行情进行分析，并由行政部制作成股市简报，用于资料的备份和公司内部杂志的出版。这就要求对每期的股市简报文档进行专业排版，其具体操作方法如下。

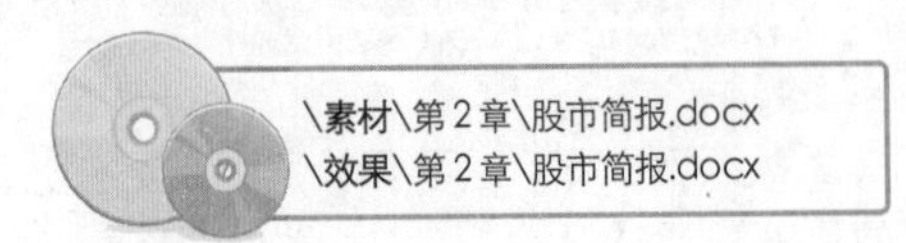

Step 01 设置标题格式

打开“股市简报”素材文件，选择标题文本，在“开始”选项卡中将其字体格式设置为“黑体、小初”，并单击“段落”组中的“居中”按钮。

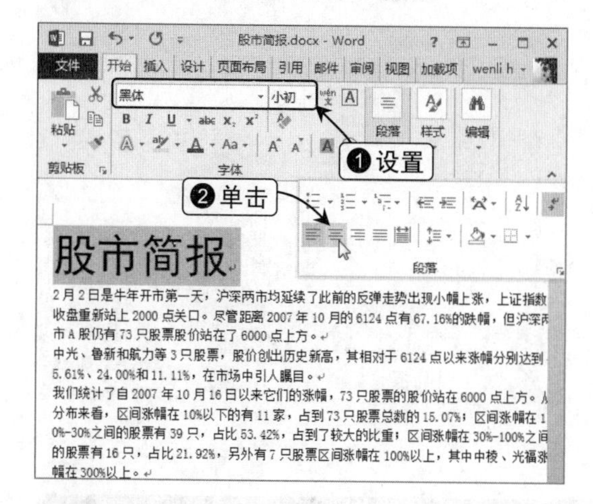

Step 02 设置标题段落间距

在标题上右击，在弹出的快捷菜单中选择“段落”命令，打开“段落”对话框，在其中将段前和段后间距分别设置为“0.5行”和“1行”。

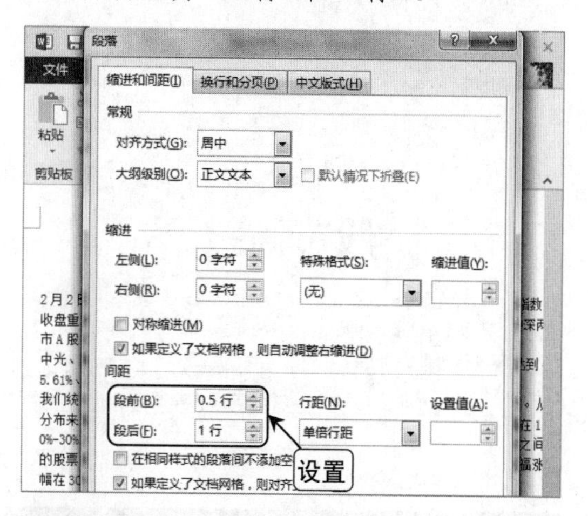

Step 03 设置正文段落格式

将文本插入点定位到第一段正文中，打开“段落”对话框，将其缩进方式设置为“首行缩进”，段前和段后都为“0.5行”，行距为“1.5倍行距”。

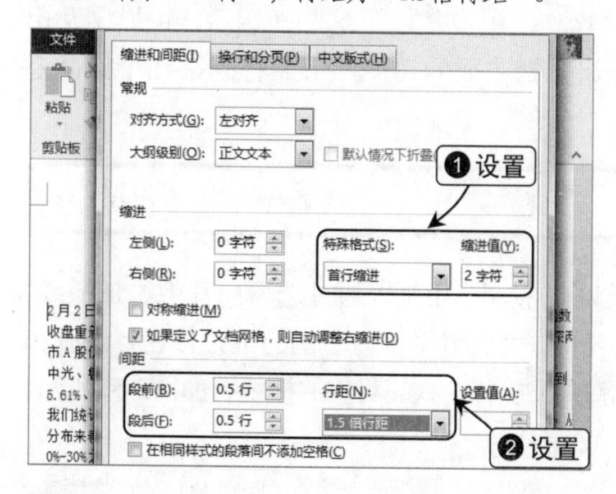

Step 04 复制段落格式

单击“剪贴板”组中的“格式刷”按钮，将鼠标光标移动至第二段段首，按住鼠标左键不放并拖动鼠标至文档末尾，释放鼠标，复制第一段段落格式。

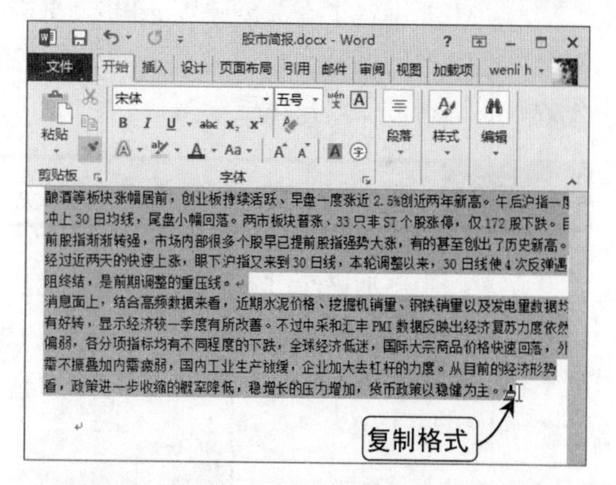

Step 05 设置分栏

选择全部正文文本，切换到“页面布局”选项卡，单击“分栏”按钮，在弹出的下拉菜单中选择“更多分栏”命令，在打开的对话框中选择“两栏”选项，并将间距设置为“3字符”，单击“确定”按钮。

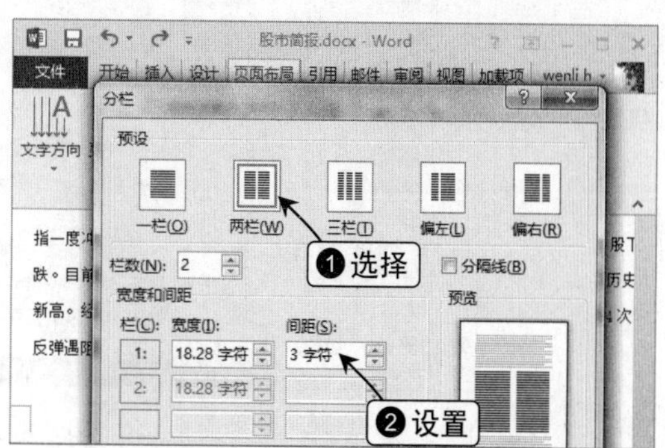

Step 06 设置首字下沉

将文本插入点定位到第一段正文中，切换到“插入”选项卡，在“文本”组中单击“首字下沉”按钮，在弹出的下拉菜单中选择“下沉”选项。

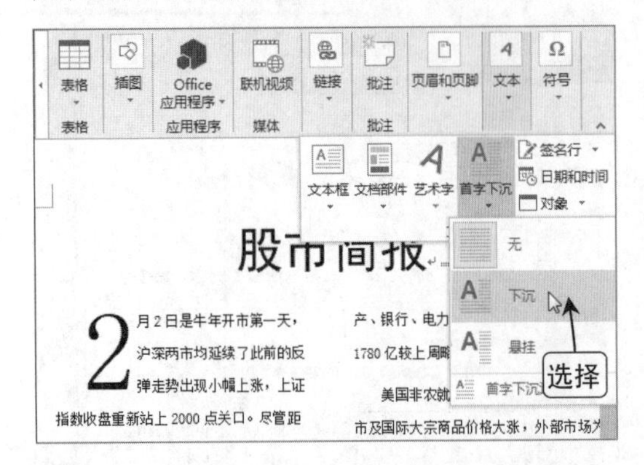

Step 07 设置页边距

切换到“页面布局”选项卡，在“页面设置”组中单击“页边距”按钮，在弹出的下拉菜单中选择“窄”选项，完成本案例的最后设置。

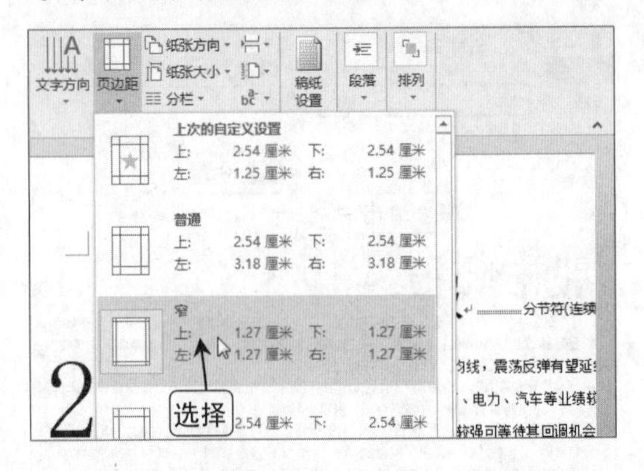

高级办公的诀窍

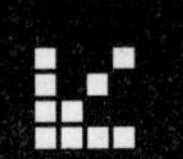

本章主要讲解了有关创建Word办公文档的操作，用户掌握了这些知识后，可以创建出符合自己需求的办公文档。为了提高用户在编辑文档方面的速度，下面将列举几个提高办公效率的诀窍，供用户拓展学习。

窍门 1 在办公文档中添加横线

在文档中添加横线，除了可以通过手动绘制的方法外，还可以通过选项向其中添加横线。将文本插入点定位在标题末尾，在“段落”组中单击“边框”按钮右侧的下拉按钮，在弹出的下拉菜单中选择“横线”选项，此时将会在标题下方出现一条灰色的横线，如图2-32所示。

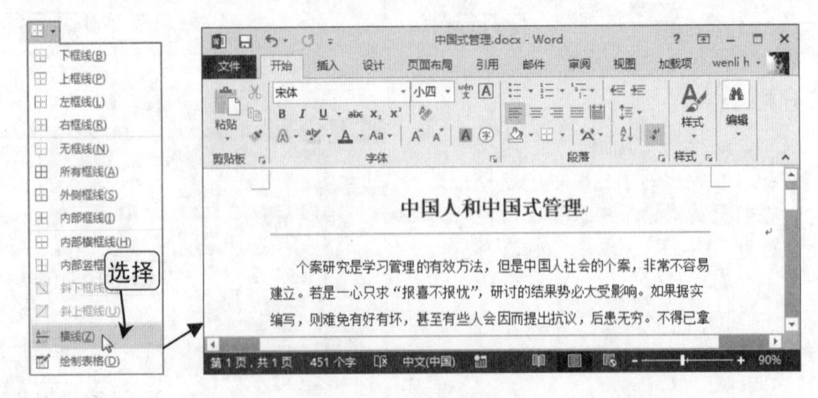

图2-32 添加横线

双击横线，在打开的“设置横线格式”对话框中可以对横线的宽度、高度、颜色等格式进行设置。若在“设置横线格式”对话框中做如图2-33（左）所示的设置，将会得到如图2-33（右）所示的效果。

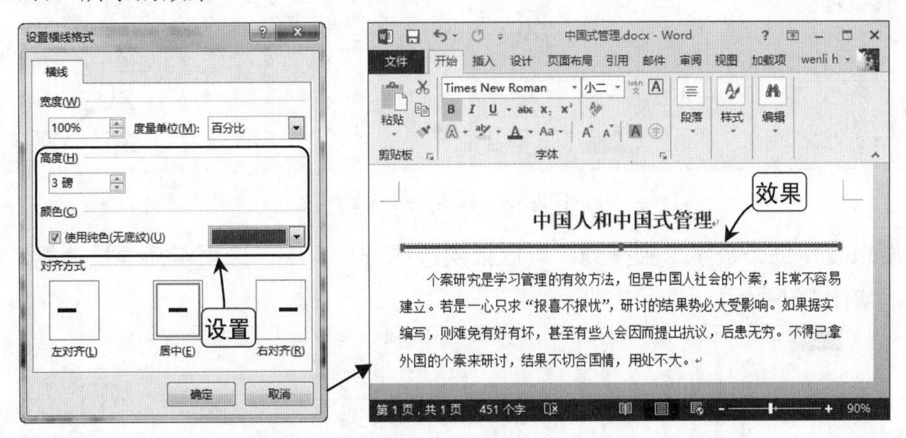

图2-33　设置横线格式

窍门 2　文档的纵横混排

在制作杂志、报纸等特殊文档时，可能会综合运用竖排、横排等各种排版方式，通过纵横混排，既可以在文档中插入横排的文本，又可以插入竖排的文本，非常实用。

在文档纵向排列时，文档中的数字还是会水平排列，这时就可以使用纵横混排功能来解决这一问题。

选择需要纵向排列的文本，在“开始”选项卡的“段落”组中单击“中文版式”按钮，在弹出的下拉列表中选择“纵横混排”选项，如图2-34所示。

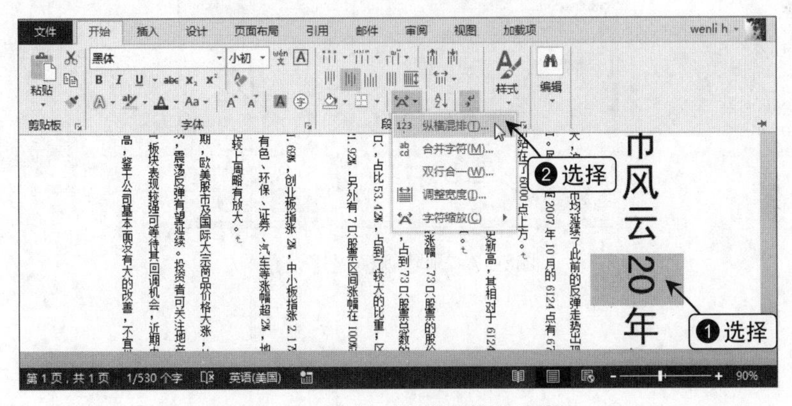

图2-34　选择“纵横混排”选项

此时，将会打开“纵横混排”对话框，单击“确定”按钮，可得到如图2-35（右）所示的效果。

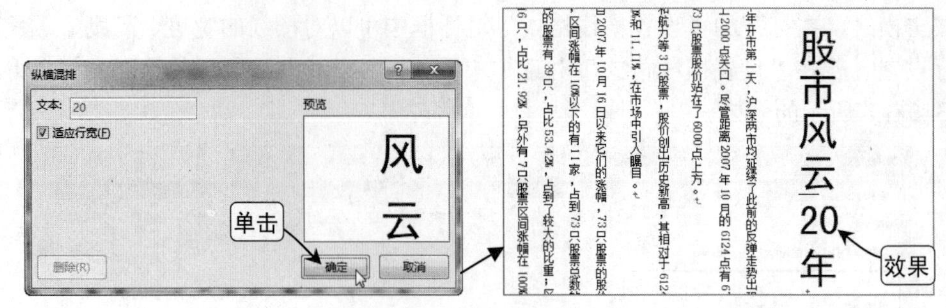

图2-35 纵横混排标题

如果想要使每个数字单独排列，可以依次选择一个数字，应用纵横混排功能，达到预期效果，如图2-36所示。

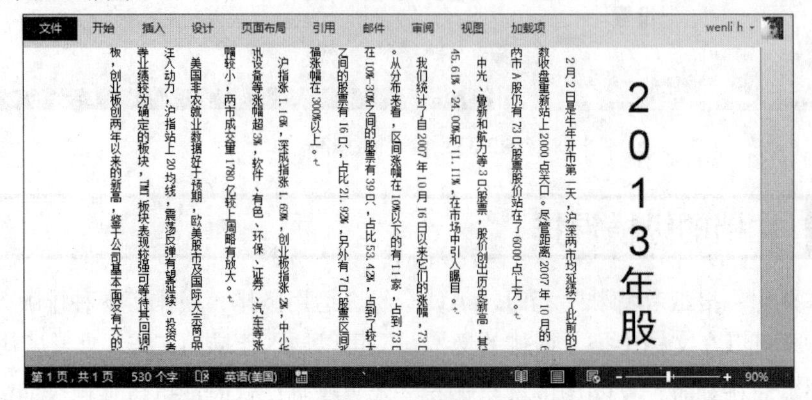

图2-36 纵横混排

在使用了纵横混排功能后，若要取消某些文字的“纵横混排”设置，只需选择该文字后，在“纵横混排”对话框中单击“删除”按钮即可，如图2-37所示。

图2-37 删除纵横混排设置

Chapter 3

合理利用表格和图形对象丰富办公文档

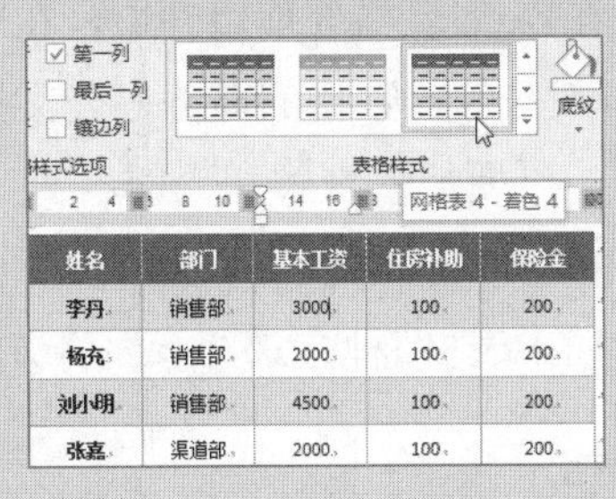

姓名	部门	基本工资	住房补助	保险金
李丹	销售部	3000	100	200
杨充	销售部	2000	100	200
刘小明	销售部	4500	100	200
张嘉	渠道部	2000	100	200

为基本待遇表套用格式

在旅游安排文档中插入剪贴画

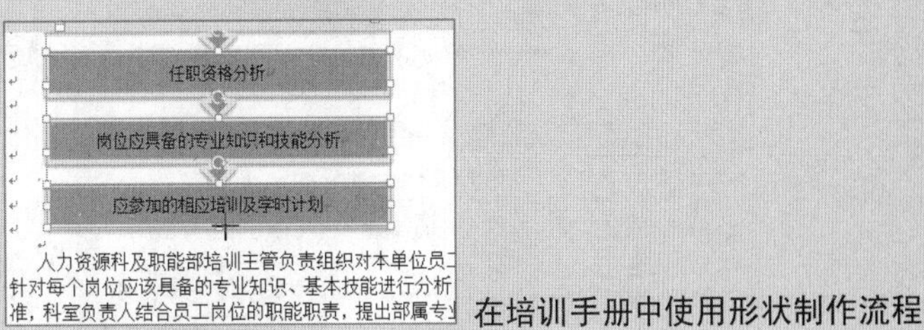

在培训手册中使用形状制作流程

在文档中添加 SmartArt 图形

3.1 在办公文档中使用表格

在 Word 中创建表格并设置表格的结构和外观

在Word 2013中除了能进行文档的基本输入与编辑操作外，还能完成很多复杂的操作。如通过插入表格，调整表格的结构和外观制作出图文并茂的办公文档，下面将详细讲解这方面的知识。

3.1.1 在 Word 中创建表格

表格是由多个单元格按行、列方式组合而成的一种表达方式，主要用于显示各种数据信息。它不仅仅运用在Excel表格处理组件中，在Word文字处理组件中也能发挥一定作用，例如，使用Word编写某些包含数据的商务办公文档时，可以在文档中插入表格，将数据直观而清晰地展示出来，以便他人理解和查阅。

在Word文档中插入表格的方法有自动插入、插入自定义表格、手动绘制、插入Excel电子表格和根据样式插入表格5种方式，下面将分别进行讲解。

1. 自动插入表格

在Word工作界面中切换到“插入”选项卡，在“表格”组中单击“表格”按钮，在“插入表格”栏中移动鼠标光标可以快速选择8行10列以内的任意表格，单击即可将选择的表格插入到文本插入点处，插入的表格会根据页面大小自动调整宽度并根据当前文本的字号调整高度，如图3-1所示。

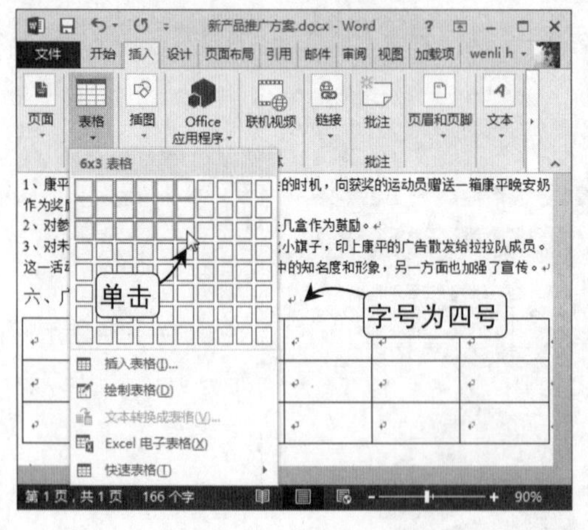

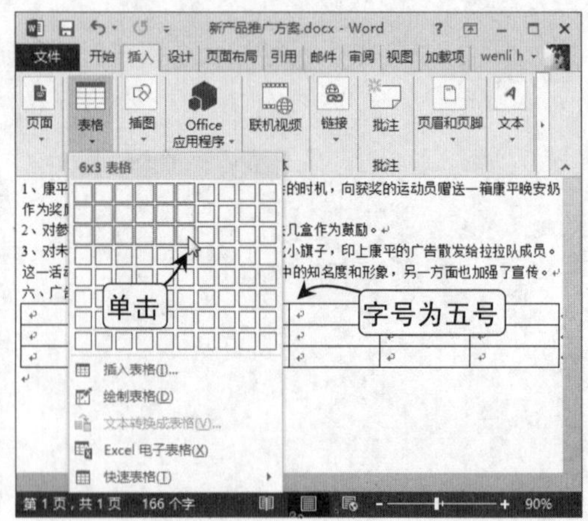

图3-1 当前文本的字号不同时插入的表格效果

2. 插入自定义表格

通过自动插入表格方式插入的表格行列数有限，可能无法满足用户的需求，而通过“插入表格”对话框可以在文档中插入自定义行列数的表格，还能根据实际情况自由调整表格大小，其具体操作方法如下。

将文本插入点定位在合适的位置，在“插入”选项卡的“表格”组中单击“表格”按钮，在弹出的下拉菜单中选择“插入表格”命令，在打开的对话框中输入要插入表格的行列数，将“固定列宽”的数值设置为“2.5厘米”，单击“确定”按钮即可，如图3-2所示。

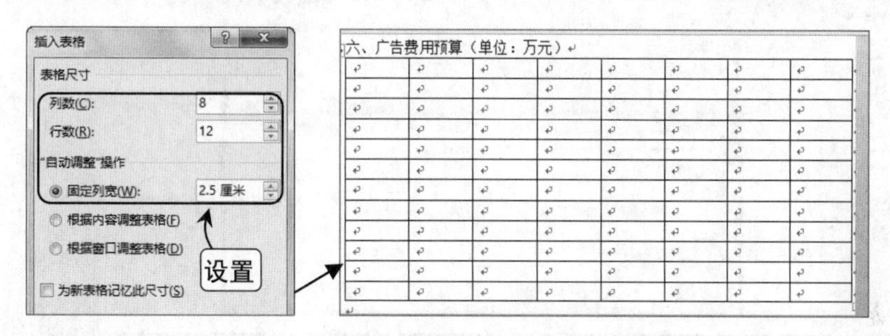

图3-2　插入自定义行列数及列宽的表格

3. 手动绘制表格

除了使用上述两种方法插入表格之外，Word 2013中还提供可绘制表格的功能，使用该功能可以手动绘制出灵活多变的表格。

在“表格”下拉菜单中选择“绘制表格”选项，当鼠标光标变为✎形状时，在文档中的合适位置按住鼠标左键不放并拖动鼠标，待出现的虚框大小合适后释放鼠标可生成表格表框，如图3-3所示。

在边框边缘的任意位置按住鼠标左键不放，向下、向右或斜向拖动即可绘制表格中的竖线、横线或斜线，如图3-4所示。

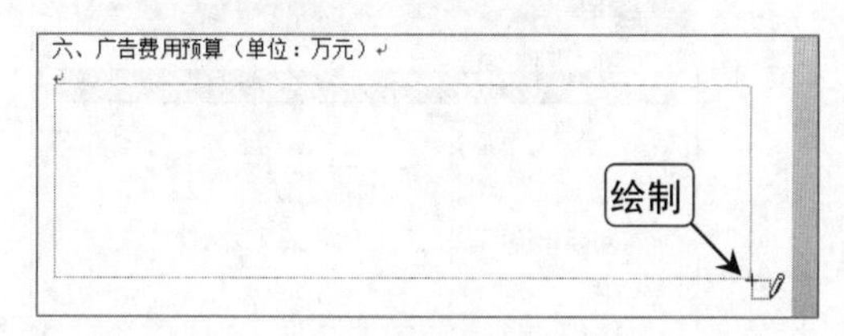

图3-3　绘制表格表框

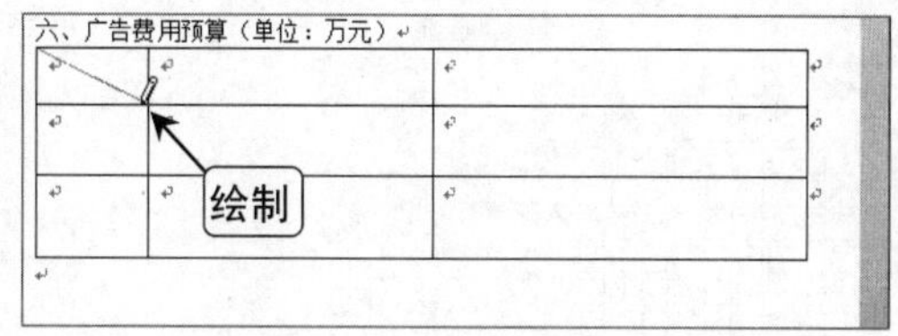

图3-4　绘制表格结构

Q：怎样在斜线单元格中输入文本内容呢？

A：在斜线单元格中不能直接单击进行文本内容的输入，用户必须手动绘制两个文本框，并将两个文本框分别放置在斜线单元格中的适合位置，然后在文本框中输入不同的文本内容。

4. 插入 Excel 电子表格

Excel作为一款专业的电子表格制作组件，在表格制作方面自然拥有Word所不及的优势，因此，用户在Word中直接插入Excel电子表格，可以更得心应手地进行数据的输入和管理。

在文档的合适位置定位文本插入点，在“表格”下拉菜单中选择“Excel电子表格”命令，此时工作界面将变为Excel工作界面，如图3-5所示。

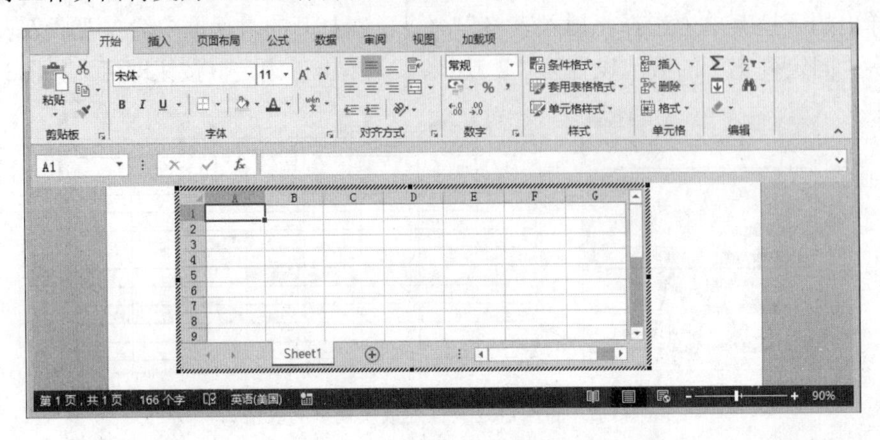

图3-5　Excel工作界面

拖动虚线框上的黑色控制点可调整表格大小，在文档的任意空白位置单击，可退出Excel表格编辑状态，若还需在Excel表格中进行编辑，可双击Excel表格进入编辑状态。

5. 根据样式插入表格

在Word中还可以根据样式快速插入表格，该方法非常简单，只需在“表格”下拉菜单中选择“快速表格”命令，在弹出的子菜单中选择一种满意的表格，即可在文本插入点处插入一个带样式的表格，如图3-6所示。

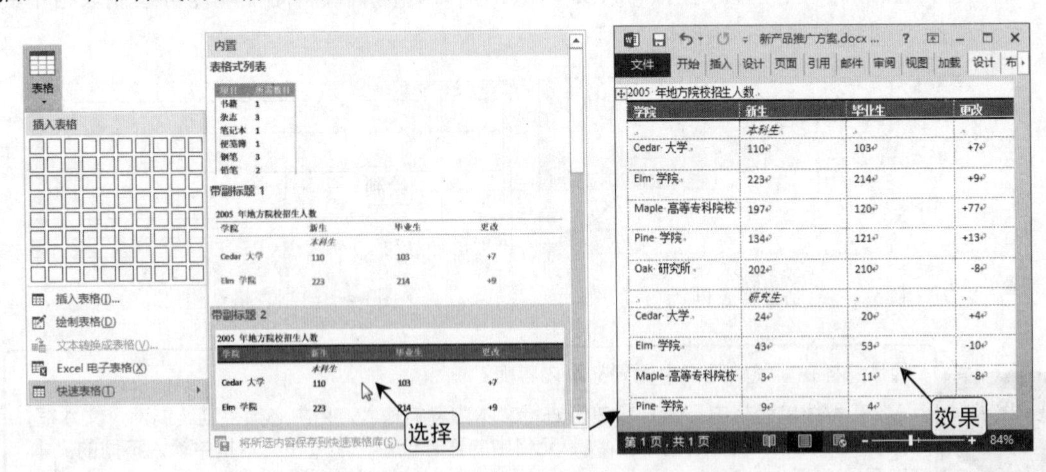

图3-6　插入带有样式的表格

将已制作好的表格保存到快速表格库中

当用户制作了某个表格后，如果以后还要多次使用相同结构的表格，可将其保存到快速表格库中，以方便以后直接使用，其操作方法是：选中已经制作好的整个表格，单击“表格”按钮，在“快速表格”子菜单中选择“将所选内容保存到快速表格库”命令即可。

除了通过插入表格的方式创建表格外，还可以将文本转换为表格。当文档中的一段文本包含多个逗号、句号、制表符或其他指定符号时，可将文本内容按指定的符号为边界，将其转换为一行多列的表格；当一部分文本中包含多个段落标记，且每个段落中含有数量相同且结构相似的符号时，可将这部分文本转换为特定行数与列数的表格。

选中该文本，在“表格”下拉菜单中选择“文本转换成表格”命令，在打开的对话框中默认所有参数，单击“确定”按钮即可，如图3-7所示。

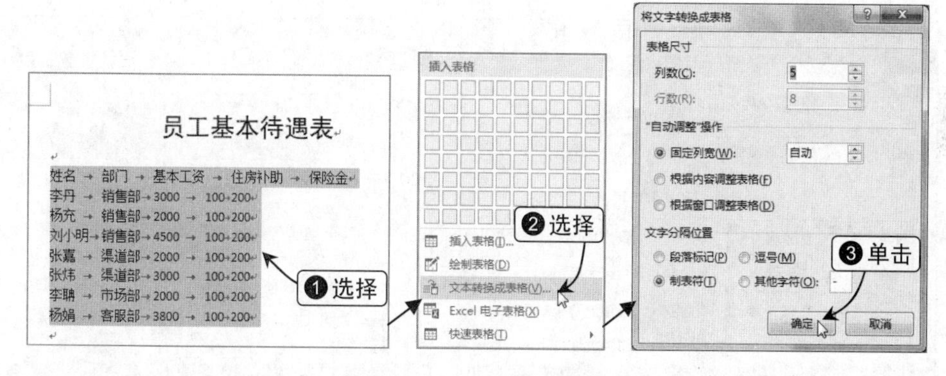

图3-7　将文本转换成表格

其最终效果如图3-8所示。

员工基本待遇表

姓名	部门	基本工资	住房补助	保险金
李丹	销售部	3000	100	200
杨充	销售部	2000	100	200
刘小明	销售部	4500	100	200
张嘉	渠道部	2000	100	200
张炜	渠道部	3000	100	200
李聃	市场部	2000	100	200
杨娟	客服部	3800	100	200

图3-8　转换成表格的效果

将文本转换为表格时的行列数控制

通常将包含多个段落标记的文本区域转换为表格时，表格的行数是由系统控制的。如果列数的值不足以容纳一个段落中的所有字段，将以列的倍数增加表格的行数。

如果包含多个段落标记的文本区域中某一个段落中的文本分隔符（如制表符、空格、逗号等）的数量和结构方式与其他段落不同，则生成的表格仅有一列。

3.1.2 调整表格结构

创建表格后可在表格中输入所需的内容，除此之外，用户还可对表格进行适当的调整，如调整行高列宽、合并单元格、设置对齐方式等。

1. 调整行高列宽

输入表格内容后，表格的行高和列宽可能与输入的内容并不协调，用户需要对表格的行高和列宽进行适当调整。调整行高与列宽的常用方法有以下4种。

- **手动调整：** 将鼠标光标移动到表格中任意相邻的两行（两列）的分隔线上，当其变为÷（⫲）形状时，向上、下（左、右）拖动鼠标可改变单元格的行高（列宽），如图 3-9 所示。

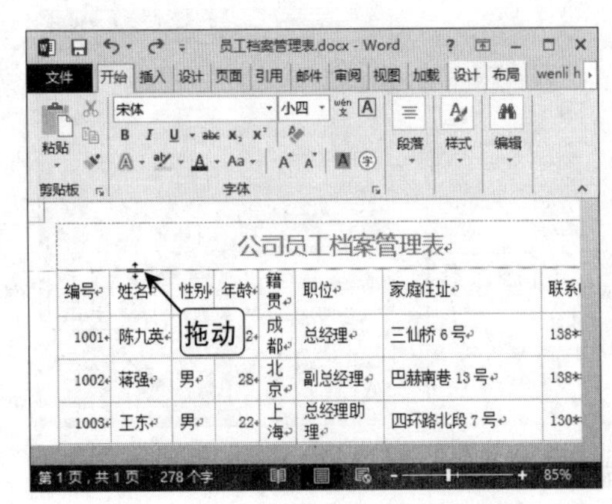

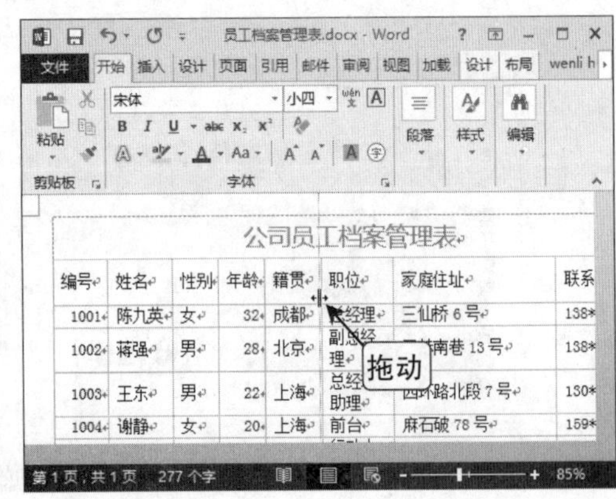

图3-9　手动调整行高、列宽

- **通过标尺调整：** 将文本插入点定位到表格中的任意单元格中时，文档编辑区上方和左侧的标尺都将发生改变。将鼠标光标移动到上方或左侧标尺上的特定位置，当鼠标光标变为双向箭头时，按下鼠标左键并进行拖动，可调整表格的行高或列宽，如图 3-10 所示。

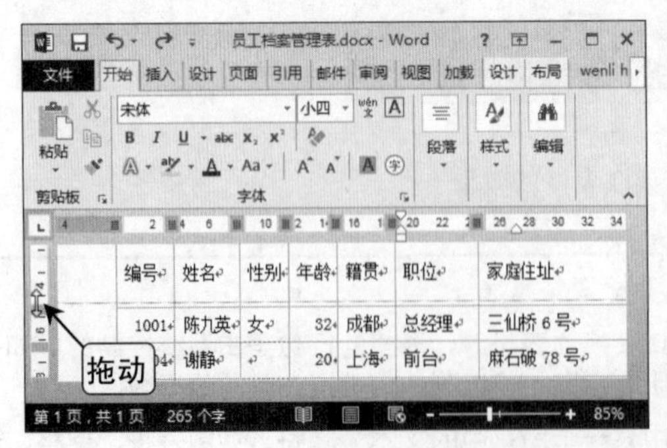

图3-10　通过标尺调整表格行高（左）与列宽（右）

◆ **通过组调整**：在“表格工具 布局”选项卡的“单元格大小”组中的“高度”和“宽度”数值框中输入合适的数值，可快速调整行高和列宽，如图3-11所示。

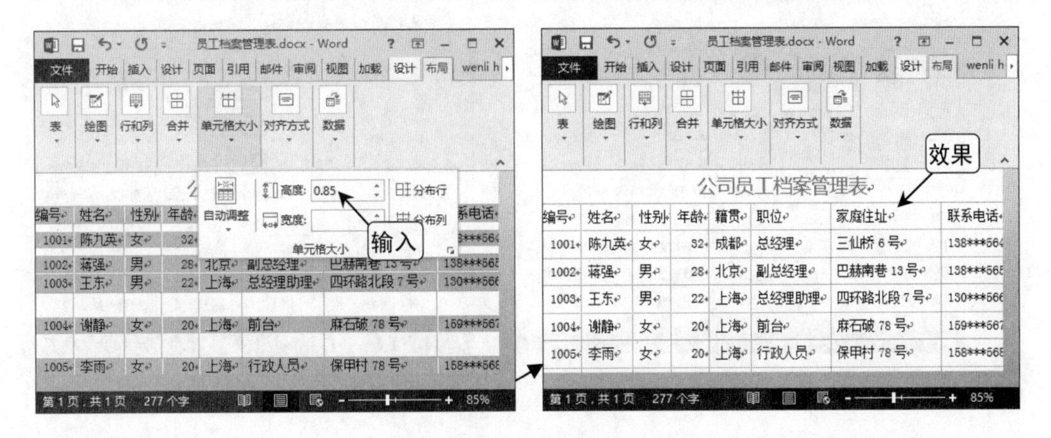

图3-11　设置统一行高

◆ **通过对话框调整**：在“单元格大小”组中单击“对话框启动器”按钮，在打开的“表格属性”对话框中可调整表格的行高、列宽，如图3-12所示。

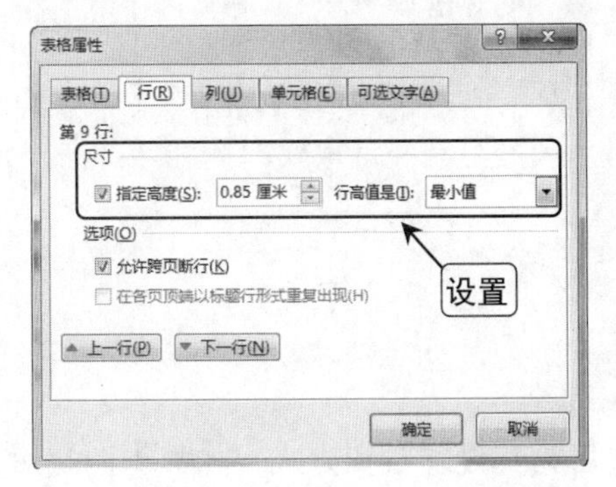

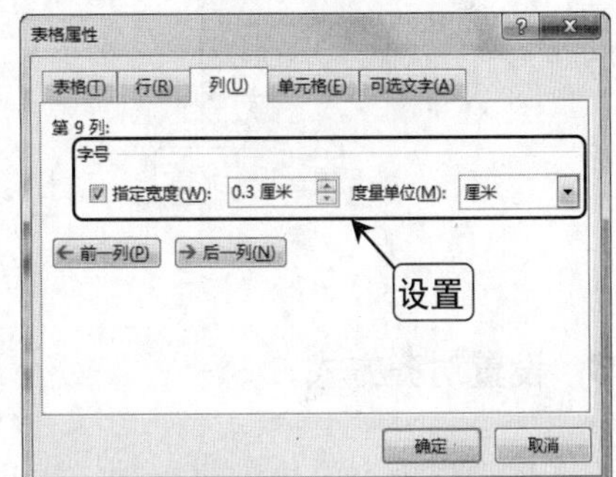

图3-12　设置统一行高（左）、列宽（右）

Q：插入的表格行高过大，无论使用何种方法都不能缩小是什么原因？

A：在Word中的表格的行高同时会受到单元格的段落格式影响，可通过缩小段落间距（段前、段后和间距等选项）来解决，也可在“表格属性”对话框的“行”选项卡中将行高设置为固定值（在“行高值是”下拉列表框中选择“固定值”选项）。

2. 合并单元格

若表格的相邻单元格中输入的数据有重复时，可以通过合并单元格功能来减少重复输入数据的麻烦。选择需要进行合并的单元格区域，在“表格工具 布局”选项卡的“合并”组中单击“合并单元格”按钮即可，如图3-13所示。

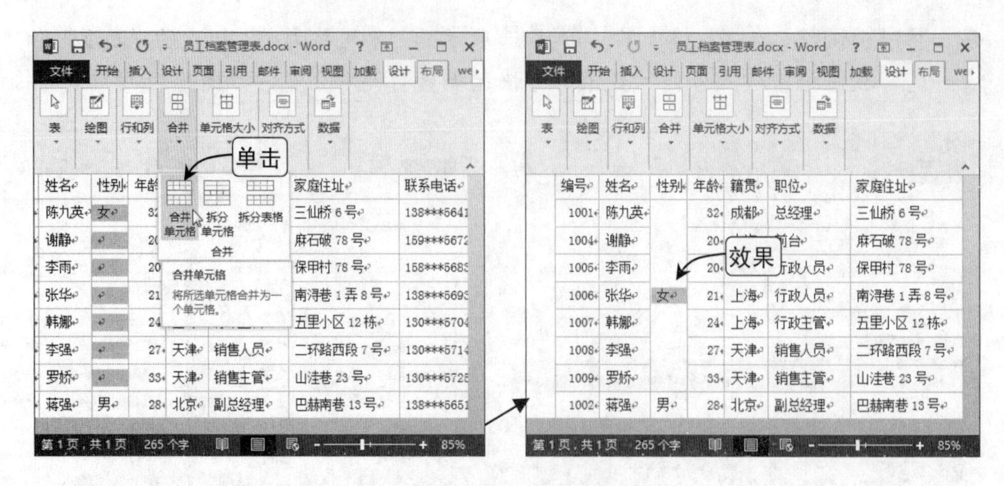

图3-13　合并单元格

若要拆分单元格，可以在选择单元格后，在“合并”组中单击“拆分单元格”按钮，在打开的对话框中输入拆分的行列数，再单击“确定”按钮即可，如图3-14所示。

图3-14　拆分单元格

3. 设置对齐方式

为了使表格内容的排列更美观，用户可为其设置对齐方式，如靠上两端对齐、水平居中、靠下右对齐等。选择需要设置对齐方式的单元格或单元格区域，在“表格工具 布局”选项卡的“对齐方式”组中单击相应的按钮即可，如图3-15所示。

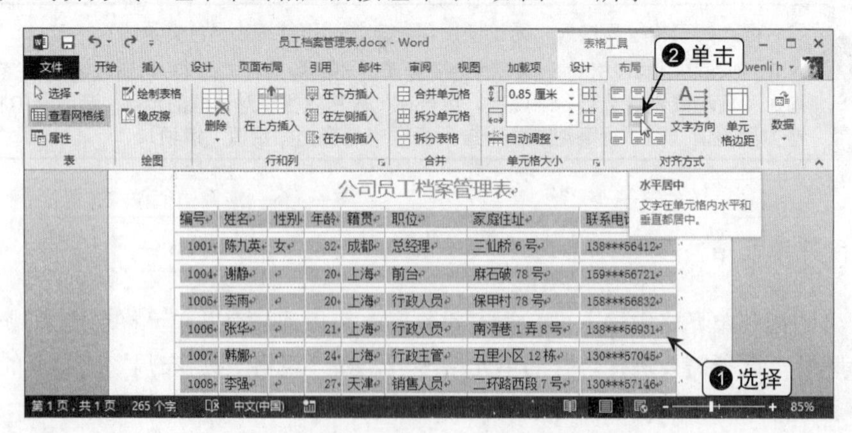

图3-15　设置对齐方式

3.1.3 设置表格外观

要改变表格的外观效果，除了套用系统内置的表格样式外，还可以通过设置表格的边框和底纹来实现。

1. 套用系统内置的表格样式

Word 2013提供了100多种内置表格样式供用户选择，将文本插入点定位到表格中的任意位置，再将鼠标光标移动到“表格工具 设计”选项卡的“表格样式”组的列表框中的任意选项，可看到应用该样式后的效果，如图3-16所示。单击列表框右下角的“其他”按钮，可看到更多的样式选项，如图3-17所示。

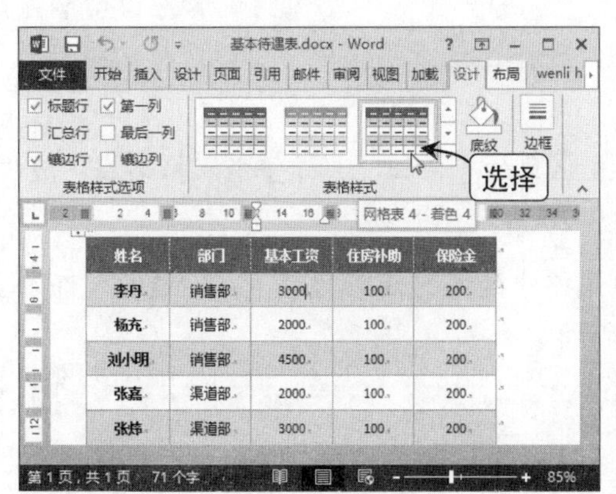

图3-16 预览内置样式效果

图3-17 内置样式

2. 设置表格边框样式

表格边框样式的设置，可以在“表格工具 设计”选项卡的“边框”组中进行，其中各项命令或按钮的作用如图3-18所示。

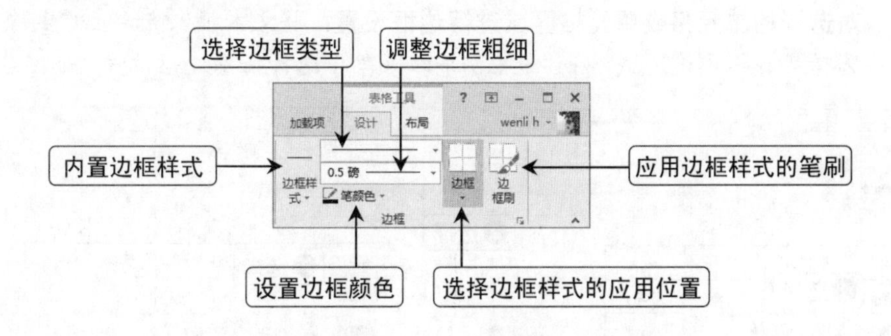

图3-18 “边框”组

当设置了边框样式、边框类型、边框粗细、边框颜色中的任意一项参数时，鼠标光标都会变为形状，此时将其移动至需要设置边框样式的位置，沿着边框线绘制即可应用选择的边框样式，如图3-19所示。

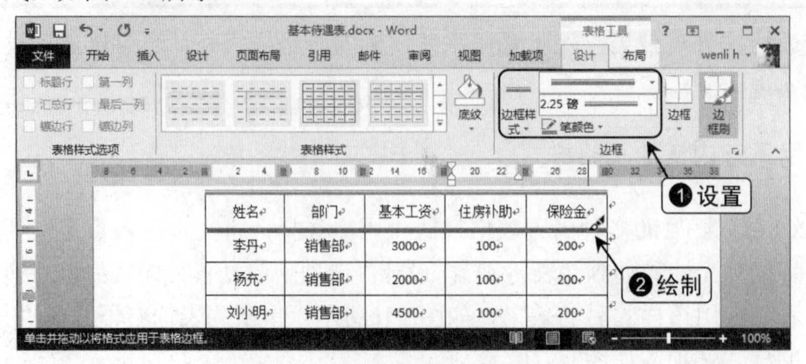

图3-19　通过边框刷应用边框样式

当设置了边框参数后，单击“边框”按钮，在弹出的下拉菜单中可以选择边框样式应用的位置，此时有以下3种情况可以分析。

◆ **对整个表格进行边框设置**：单击表格左上角的⊞按钮，选择整个表格后在“边框”下拉菜单中选择任意边框位置，如图 3-20 所示。

◆ **对选择的行或列进行边框设置**：选中表格中的某行或某列后，在“边框”下拉菜单中选择任意边框位置，如图 3-21 所示。

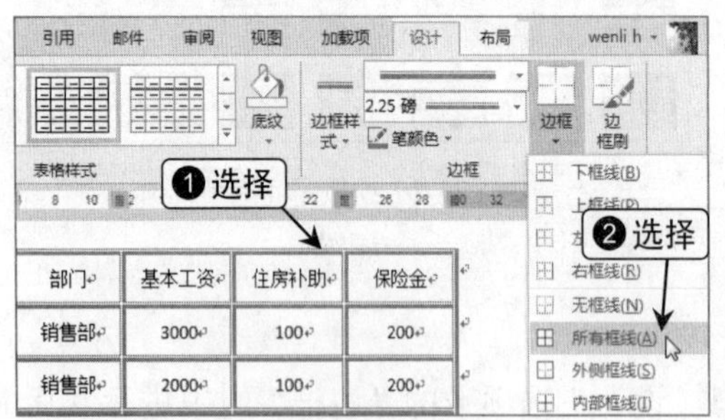

图3-20　为整个表格的所有边框应用样式　　图3-21　为选择行的外侧边框应用样式

◆ **对选择的单元格或单元格区域进行边框设置**：将文本插入点定位在某个单元格或选择某些单元格区域，在“边框”下拉菜单中选择任意边框位置，如图 3-22 所示。

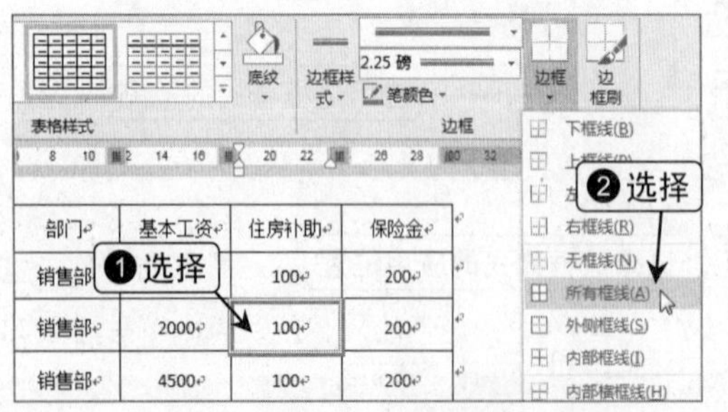

图3-22　为选择的单元格（左）或单元格区域（右）应用边框样式

3．设置表格底纹效果

有时为了突显某个单元格或者改变表格的外观样式，会为单元格或表格设置底纹效果，该效果可在“表格工具 设计”选项的“边框样式”组的底纹下拉菜单中完成。

选择单元格或表格后，单击“底纹”按钮，在弹出的下拉菜单中选择一种满意的颜色即可，若对该下拉菜单中的颜色都不满意，可以选择“其他颜色”命令，在打开的对话框中自定义颜色，如图3-23所示。

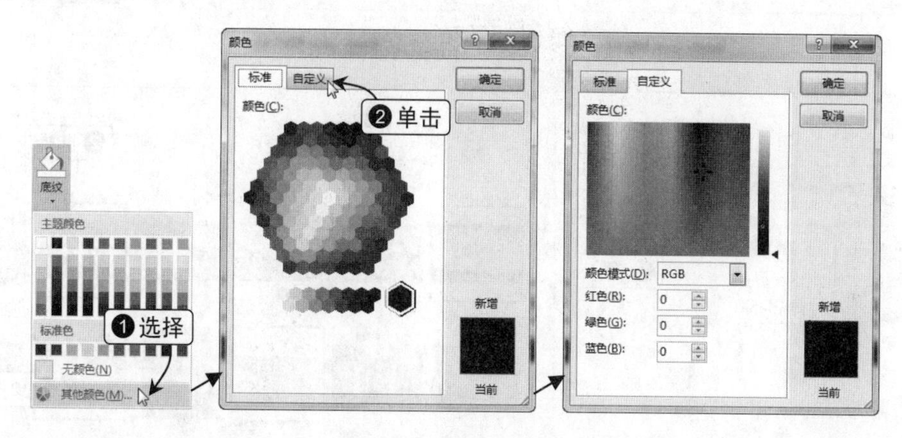

图3-23　设置底纹颜色

3.2 利用图片突出视觉效果

在文档中插入并编辑图片

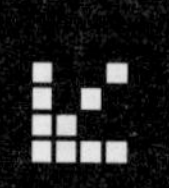

通常，一篇美观的商务文档中不仅有文字、表格等内容，还应有精美的图片，图文搭配才能使文档更生动、更吸引人，下面讲解如何在Word 2013中插入与编辑图片。

3.2.1 在办公文档中插入图片

在Word 2013中有插入计算机中保存的图片、插入联机图片和插图屏幕截图3种插入图片的方法，下面将逐一进行介绍。

- **插入计算机中保存的图片**：在“插入”选项卡的“插图”组中单击“图片”按钮，在打开的“插入图片”对话框中选择需要的图片后，单击“确定”按钮，即可在Word文档的文本插入点处插入该图片，如图3-24所示。
- **插入联机图片**：插入联机图片能大大地节省用户寻找素材的时间，在“插图”组中单击“联机图片”按钮，打开“插入图片”对话框，在其中有3种插入联机图片的方法，任意选择一种方法即可进入相应的对话框查找图片。图3-25所示为插入Office.com剪贴画中的图片。

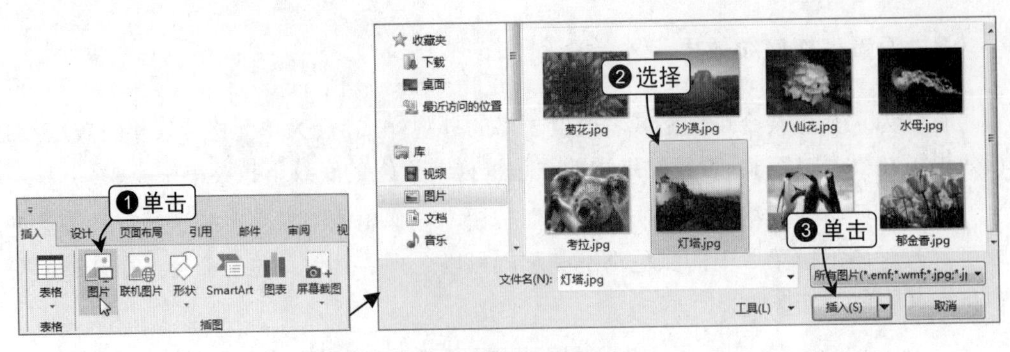

图3-24　插入计算机中保存的图片

图3-25　插入Office.com剪贴画

◆ **插入屏幕截图**：除了插入计算机中保存的图片和联机图片外，还可以插入屏幕截图。在“插图”组中单击“屏幕截图”按钮，在弹出的下拉列表的“可用视图”栏中选择需要的选项，即可将其作为图片插入 Word 文档中，如图 3-26 所示。

图3-26　插入屏幕截图

插入屏幕截图的注意事项

在使用插入屏幕截图功能时，必须保证所需插入的图片能够出现在“可用视窗”栏内，因为屏幕截图功能只可截取未被最小化到任务栏中的程序的图片。

3.2.2 简单处理图片

在文档中插入图片后，其颜色、样式、位置和大小等可能并不符合当前文档的制作需求，此时，用户可在“图片工具 格式”选项卡的“调整”、“图片样式”、“排列”和“大小”组中对图片进行简单的处理。

在文档中插入图片后，“图片工具 格式”选项卡就被激活，出现在功能区中，如图3-27所示。

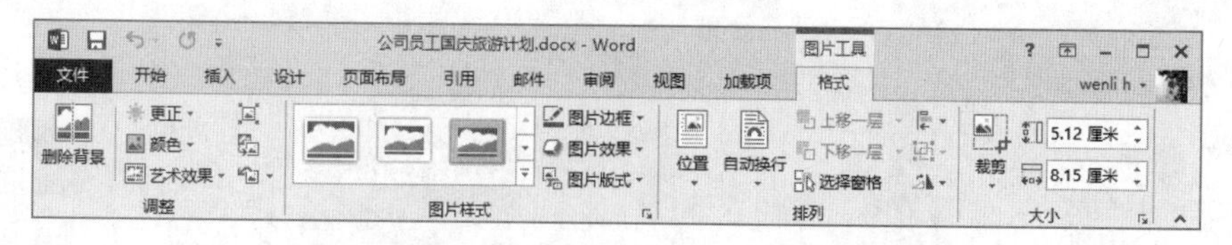

图3-27　“图片工具 格式”选项卡

下面将以在“公司员工国庆旅游计划”文档中调整图片的大小、文本环绕方式、位置以及外观样式为例，讲解简单处理图片的具体方法。

操作演练：调整图片格式

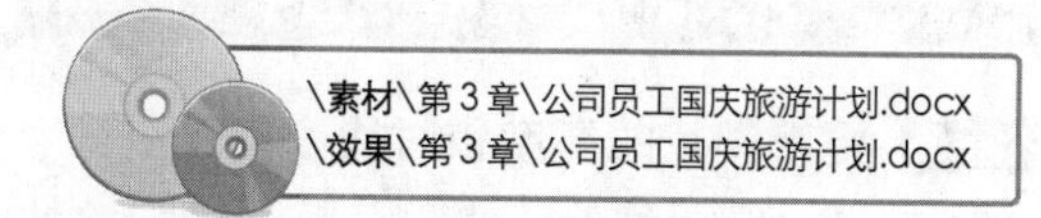

Step 01 调整图片大小

打开“公司员工国庆旅游计划”素材文件，选择第一张图片，将鼠标光标移动至其右上角的白色控制点处，按住【Shift】键，向左下方拖动鼠标，等比例缩小图片。

Step 02 设置文字环绕方式

保持该图片的选择状态，单击出现在其右上角的“布局选项”按钮，在布局选项库的“文字环绕”栏中选择“四周型环绕”选项。

Step 03 调整图片位置

向右拖动图片，当图片上方和右侧出现一根绿色线条时，释放鼠标。选择第二张图片，切换到“图片工具 格式”选项卡。

Step 04 设置图片效果

单击“图片效果”按钮，在“柔化边缘”子菜单中选择“10磅”选项，并为本页剩余的3张图片应用相同的图片效果。

Step 05 更正图片的亮度和对比度

选择下一页文档中的第一张图片，在“调整”组中单击“更正”按钮，选择“亮度: +20%对比度: +20%”选项。

Step 06 应用图片样式

保持该图片的选择状态，在图片样式库中选择“柔化边缘矩形”选项，并为剩余的两张图片应用相同的图片样式。

提示 Attention

在“布局”对话框中设置图片格式

在布局选项库中单击“查看更多”超链接可以打开“布局”对话框，在其中可对图片的位置、文字环绕方式和大小进行更多的调整。

3.3 在办公文档中绘制形状

在 Word 文档中插入与设置形状

当文档中有了图片后，形状的应用会使整个文档变得更加丰富多彩，在Word 2013中为用户提供了很多不同种类的形状，用户可根据需要选择并设置形状。

3.3.1 绘制形状

Word 2013中的形状包含线条、矩形、基本形状、箭头汇总、公式形状、流程图、星与旗帜及标注8种类型。

在“插入”选项卡的“插图”组中单击“形状”按钮，在弹出的下拉列表中选择一种需要的形状选项，当鼠标光标变成十字形时，按住鼠标左键在文档中拖动绘制形状，如图3-28所示，或者单击添加形状。

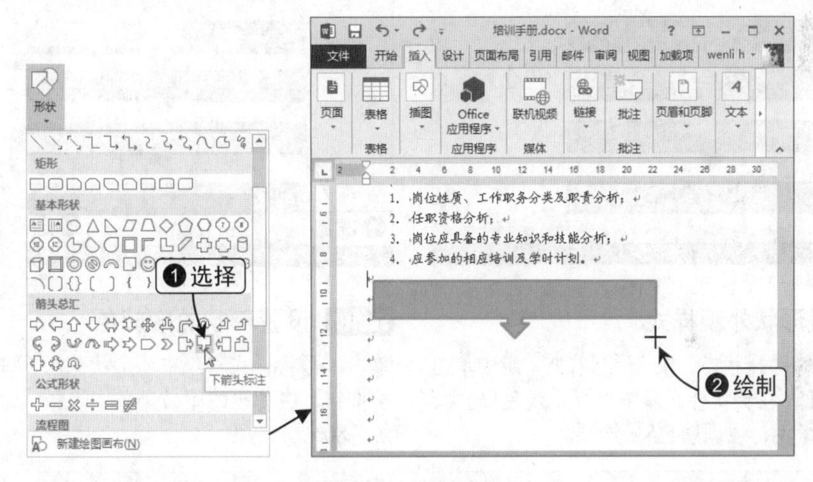

图3-28　绘制形状

提示 Attention

在画布中绘制形状

在“形状”下拉列表中选择“新建绘图画布”选项，在文档中的文本插入点处会出现一个带有白色边框的画布，然后选择形状选项，在画布中绘制形状，在其中绘制的多个形状将会捆绑在一起，且不能移出画布的范围。

3.3.2 设置形状格式

在文档中绘制形状后，就需要为形状设置格式，包括调整形状的外形结构、设置形状的外观样式等。若有需要也可以在形状上添加文本，这会使形状所表达的含义更加明确。

下面将以在“培训手册”文档中的形状上添加文字并设置形状格式为例，讲解设置形状格式的具体方法。

操作演练：设置形状格式

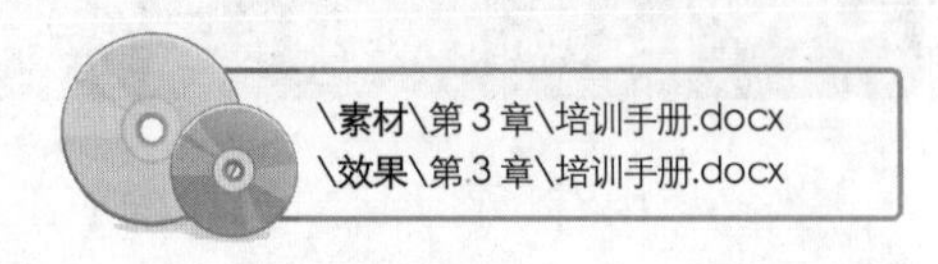

Step 01 输入文本

打开“培训手册”素材文件，选择第一个形状，按空格键或【Enter】键在形状中定位文本插入点，输入文本，用相同的方法在其他形状中输入合适的文本。

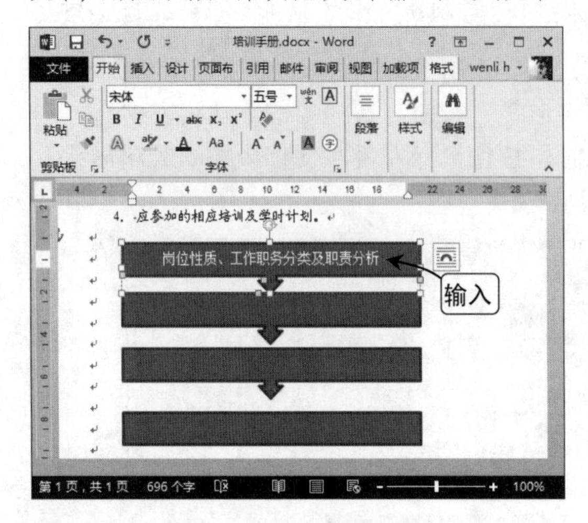

Step 02 设置形状对齐方式

同时选择4个形状，切换到“形状工具 格式”选项卡，在“排列”组中单击“对齐”按钮，选择“纵向分布”选项。

Step 03 设置形状外观样式

保持4个形状的选择状态，在“形状样式”组中单击“其他”按钮，在形状样式库中选择“浅色1轮廓，彩色填充-水绿色，强调颜色5”选项。

Step 04 设置形状轮廓颜色

单击“形状样式”组中“形状轮廓”按钮右侧的下拉按钮，在弹出的下拉菜单中选择“橙色，着色6，淡色80%”选项。

Step 05 设置字体颜色

保持形状的选择状态，在“艺术字样式”组中单击“文本填充”下拉按钮，在弹出的下拉菜单中选择“黑色，文字1”选项。

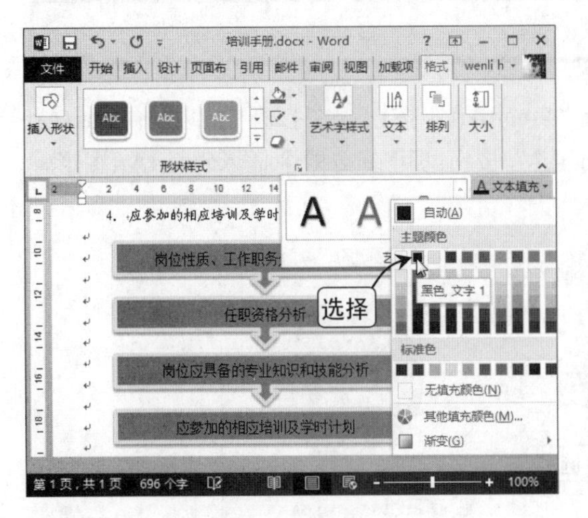

Step 06 调整形状的宽度和高度

向左拖动形状右侧的白色控制点，统一调整形状的宽度并向下拖动最下方形状中间的控制点，调整形状高度，使一个形状箭头稍微被下一个形状遮挡。

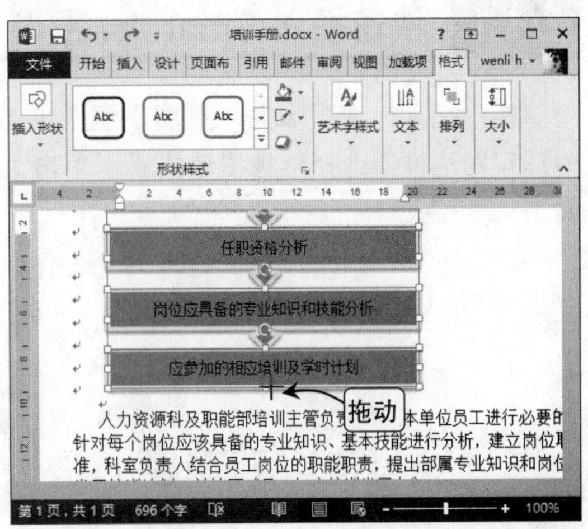

Step 07 调整形状排列顺序

选择第三个形状，在“排列”组中单击“上移一层”下拉按钮，选择“置于顶层”选项，再分别选择第二个和第一个形状，将其置于顶层。

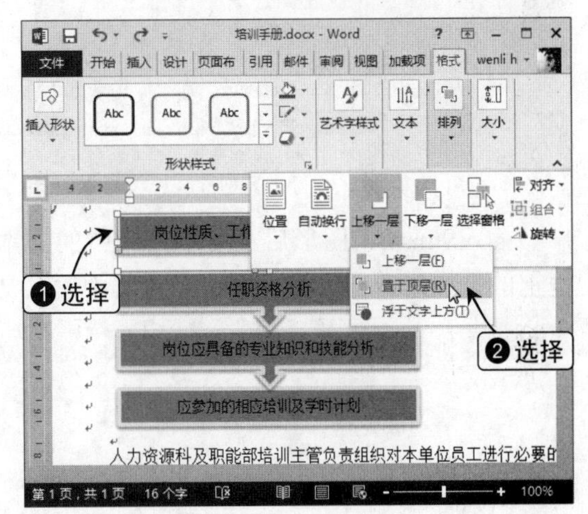

提示 Attention

在形状上添加文字的方法

在形状上添加文字的方法有两种，一种是直接在形状上添加文字，默认情况下字体颜色为“白色”，对齐方式为“居中”；另一种方法是在形状上添加文本框并输入文字，其字体颜色为“黑色”，对齐方式为“两端对齐”。

提示 Attention

更改形状外形结构

当插入形状后，在形状的边缘会出现一个黄色控制点，拖动该控制点，可以更改形状的外形结构。

3.4 利用 SmartArt 图形制作专业图示

在文档中插入并设置 SmartArt 图形

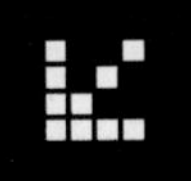

通常情况下，用户在Word文档中绘制的形状比较简单，若想制作出精美且具有专业水

准的图示，则需要使用系统提供的SmartArt图形来编辑完成。

SmartArt图形是信息和观点的视觉表现形式，可帮助用户迅速绘制出美观的公司组织结构图、产品生产流程图和采购流程图等图示。

3.4.1 快速插入 SmartArt 图形

在“插入”选项卡的“插图”组中单击“SmartArt”按钮，在打开的“选择SmartArt图形”对话框中选择一种图形样式，单击“确定”按钮即可在文档中插入SmartArt图形，如图3-29所示。

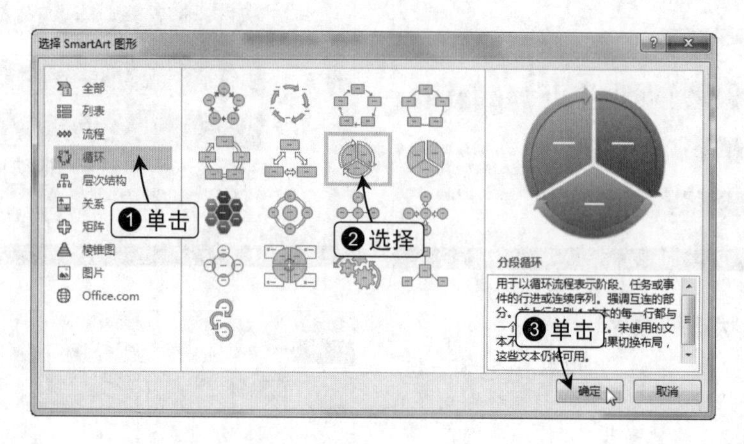

图3-29　插入SmartArt图形

插入SmartArt图形后，可单击其中的文本占位符，直接输入文本，也可以单击左侧边框上的按钮，打开文本窗格，在其中输入文本，如图3-30所示。

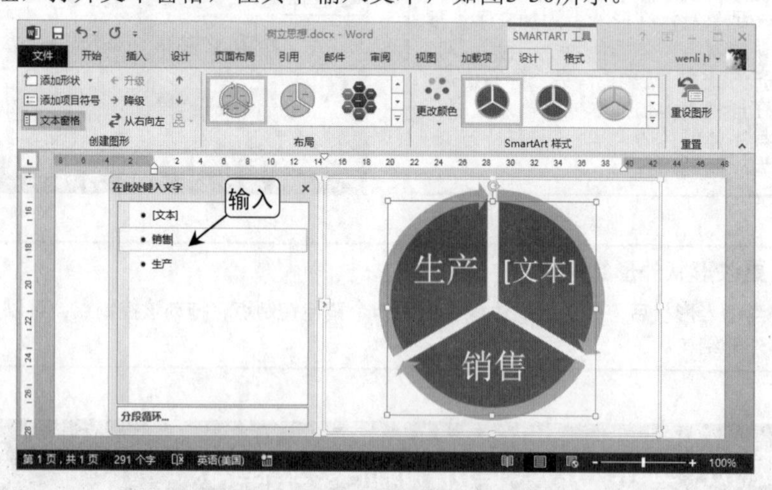

图3-30　在SmartArt图形中输入文本

在“SMARTART工具 设计”选项卡的“创建图形”组中单击“文本窗格”按钮也可以打开文本窗格，再次单击该按钮可关闭文本窗格。

3.4.2 更改图示布局和样式

插入SmartArt图形后将激活SMARTART工具组，包括“SMARTART工具 设计”和“SMARTART工具 格式”选项卡，在其中可编辑SmartArt图形的布局和样式等。

在“SMARTART工具 设计”选项卡中可为SmartArt图形添加和调整形状，更改布局和设置样式等，如图3-31所示。

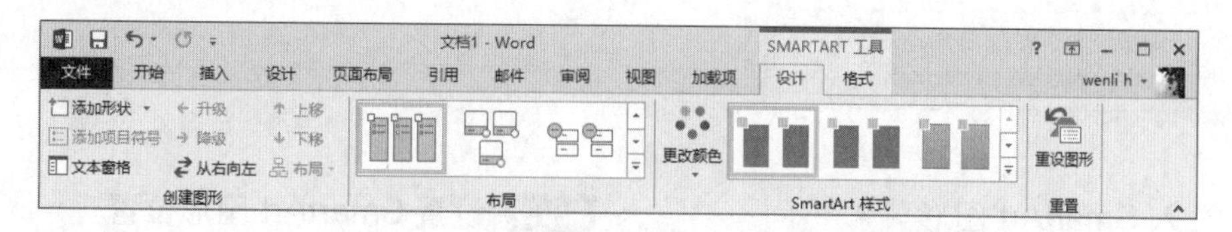

图3-31　“SMARTART工具 设计”选项卡

- “添加形状”按钮：单击该按钮，在弹出的下拉列表中可选择为SmartArt图形添加形状的位置。
- “布局”组：可在该组中为SmartArt图形重新定义布局样式。
- “更改颜色”按钮：单击该按钮，可在弹出的下拉列表中为SmartArt图形设置颜色。
- SmartArt样式库：可在其中为SmartArt图形选择外观样式。
- “重设图形”按钮：单击该按钮，将取消对SmartArt图形的所有操作，恢复到插入时的状态。

在“SMARTART工具 格式”中可设置SmartArt图形的形状、形状样式、艺术字样式及形状的排列和大小，如图3-32所示。

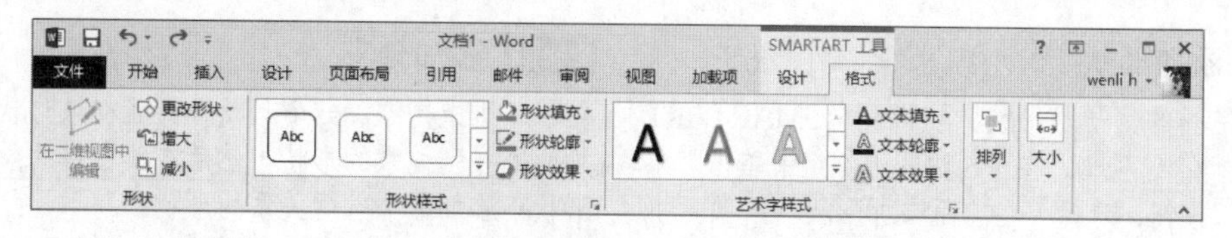

图3-32　“SMARTART工具 格式”选项卡

- “形状”组：可在其中更改SmartArt图形中的形状以及调整形状的大小。
- “形状样式”组：可在该组中为SmartArt图形中选择的形状设置外观样式。
- “艺术字样式”按钮：可在该组中为选择的文字应用样式。
- “排列”组：可在其中可设置SmartArt图形的文字环绕方式和对齐方式。
- “大小”组：在其中可调整SmartArt图形和形状的高度与宽度。

办公演练　在“公司简介”文档中制作公司组织结构图

通过SMARTART工具组，用户可在Word文档中轻松编辑SmartArt图形，制作出美观精致的图示。下面将以在“公司简介”文档中创建公司组织结构图为例，介绍在Word 2013中插入并设置SmartArt图形的布局和样式的具体方法。

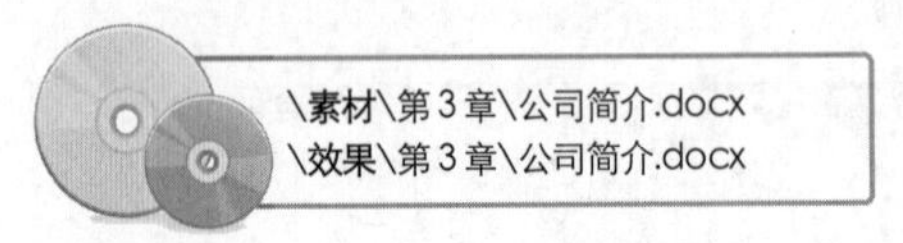

Step 01 插入 SmartArt 图形

打开“公司简介”素材文件，切换到“插入”选项卡，在“插图”组中单击“SmartArt”按钮，在打开的对话框中插入“层次结构”SmartArt图形。

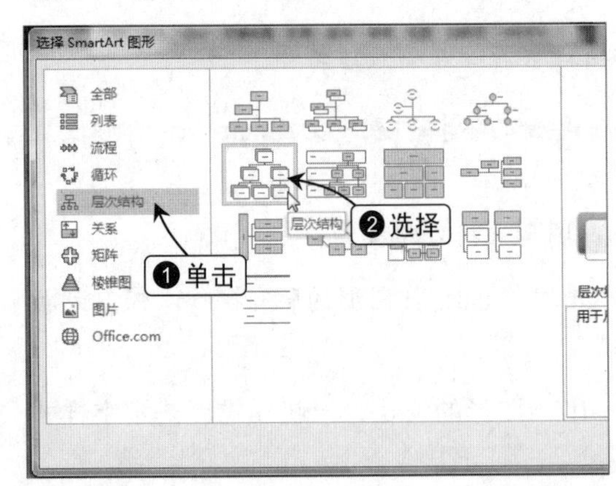

Step 02 设置 SmartArt 图形位置

切换到“SMARTART工具 格式”选项卡，在“排列”组中单击“位置”按钮，在弹出的下拉菜单中选择一种合适的选项，并向上移动该SmartArt图形。

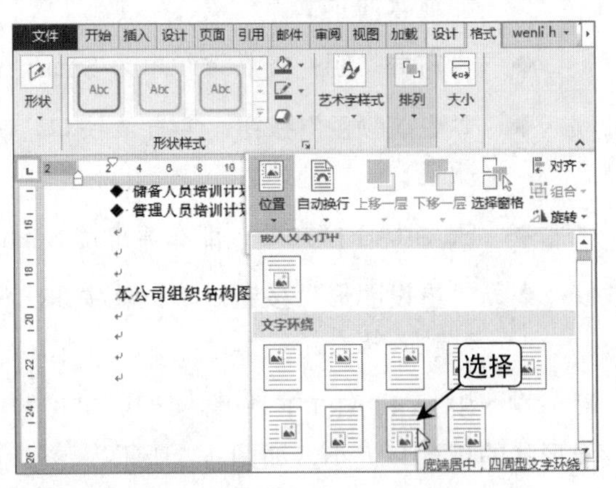

Step 03 添加形状

选择第二排的第一个形状，切换到“SMARTART工具 设计”选项卡，在“创建图形”组中单击“添加形状”按钮，选择“在前面添加形状”选项。

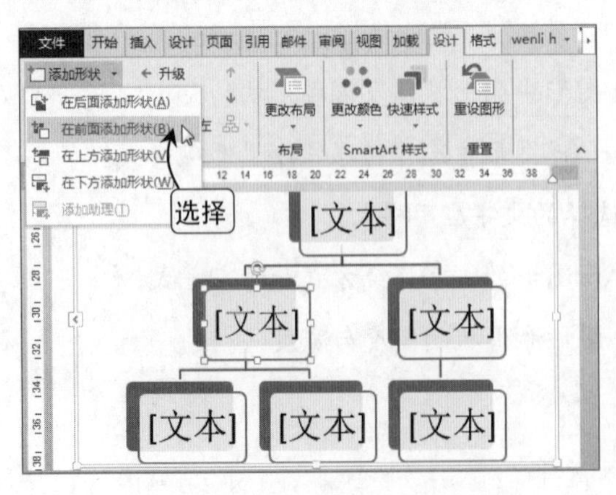

Step 04 添加分支

在第二排中再添加一个形状，并且在该形状下方添加两个并列关系的形状，然后在第三排的最后一个形状下添加两个并列关系的形状。

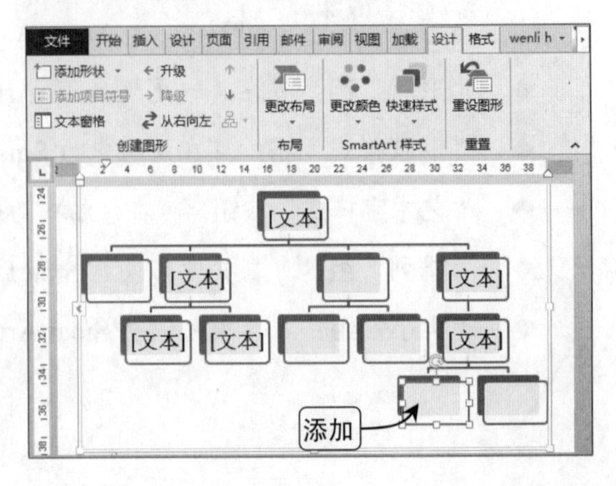

Step 05 添加文本

在有文本占位符的形状上单击，输入合适的文本，在没有文本占位符的形状上按空格键定位文本插入点，输入文本。

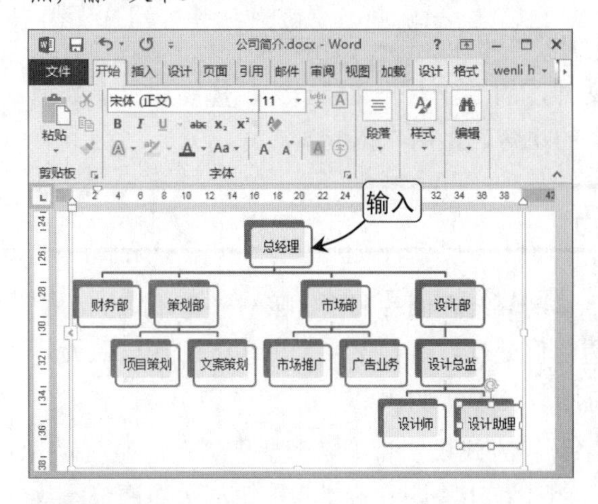

Step 06 更改颜色

选择整个SmartArt图形，切换到“SMARTART工具 设计”选项卡，单击“更改颜色”按钮，在弹出的下拉列表中选择“渐变循环-着色5”选项。

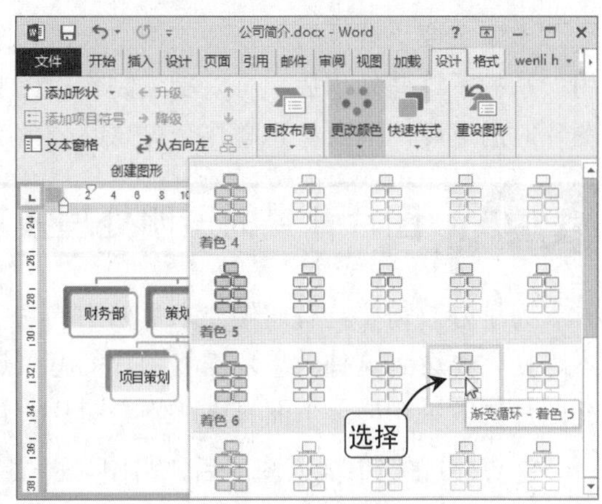

Step 07 应用外观样式

在“SmartArt样式”组列表框中的“文档的最佳匹配对象”栏中选择“白色轮廓”选项。

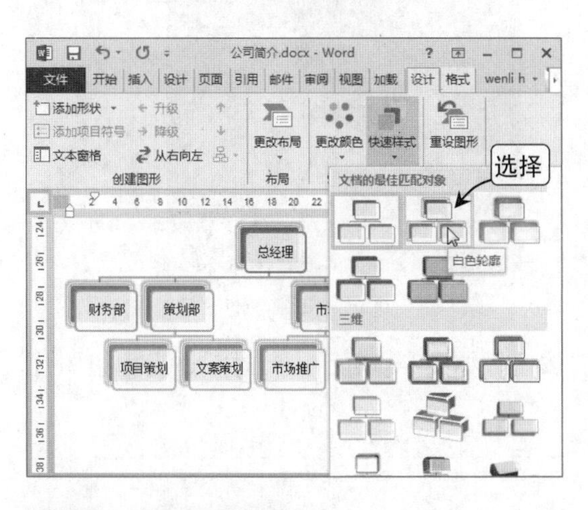

Step 08 更改形状

选择“总经理”形状，切换到“SMARTART工具 格式”选项卡，在“形状”组中单击“更改形状”按钮，在弹出的下拉列表中选择“椭圆”选项。

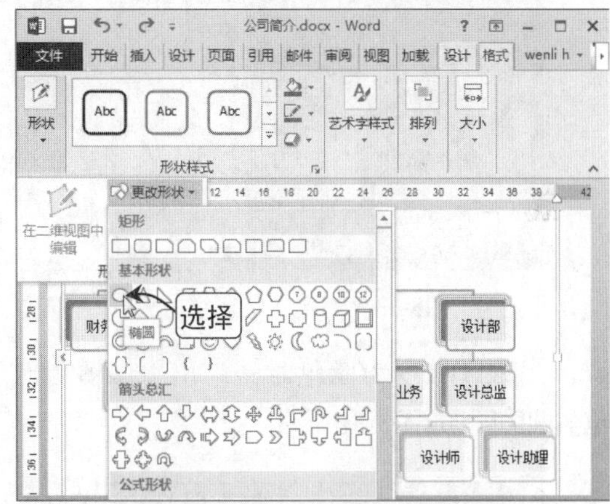

Step 09 设置形状样式

在“形状样式”组的列表框中选择“细微效果-蓝色，强调颜色1”选项，完成本案例的全部操作。

在 SmartArt 图形中添加图片

插入带有图片占位符的 SmartArt 图形，单击其中的图片占位符，可打开“插入图片”对话框插入图片。

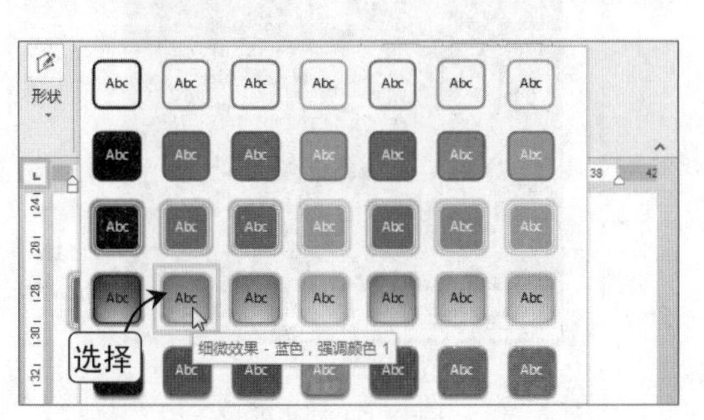

高效办公的诀窍

本章主要讲解了有关办公文档中表格、图片、形状和SmartArt图形的插入和编辑操作，用户掌握了这些知识后，可以独立制作出图文并茂的专业办公文档。为了提高用户在处理图片时的速度，下面将列举几个提高办公效率的诀窍，供用户拓展学习。

窍门 1 图片背景的透明处理技巧

为了办公需要，有时候要求文档中的文字紧密环绕在图片周围，形成一个不规则的文本路径，要达到这种效果，需将图片的背景透明化处理，否则文字紧密环绕图片与四周环绕图片的效果一样。下面将讲解删除图片背景的具体操作方法。

在Word文档中插入图片后，将图片的文字环绕方式设置为“紧密型环绕”，如图3-33所示。在“图片工具 格式”选项卡的“调整”组中单击“删除背景”按钮，适当调整图片四周的白色控制点，让需要保留的图片完全显示在方框内，紫色区域表示将被删除的区域，单击“标记要删除的区域”按钮，在需要删除的图片区域单击，如图3-34所示。

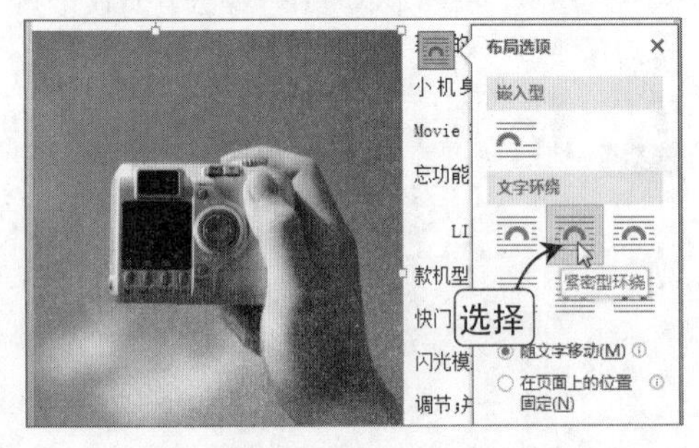

图3-33 设置文字环绕方式

图3-34 标记需要删除的区域

当该区域变为紫色时，单击“保留更改”按钮，如图3-35所示。此时，适当调整图片位置即可，如图3-36所示。

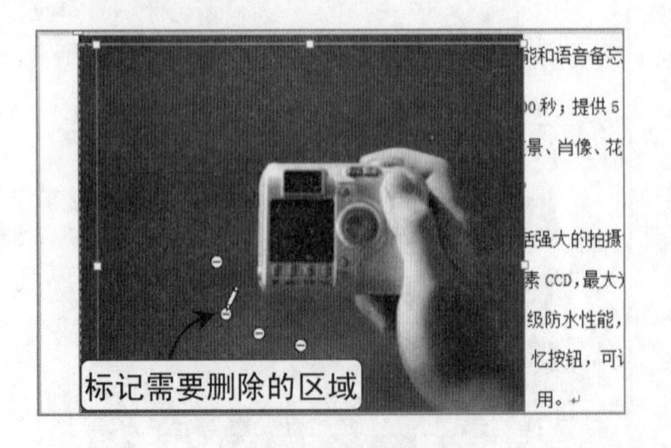

图3-35 保留更改

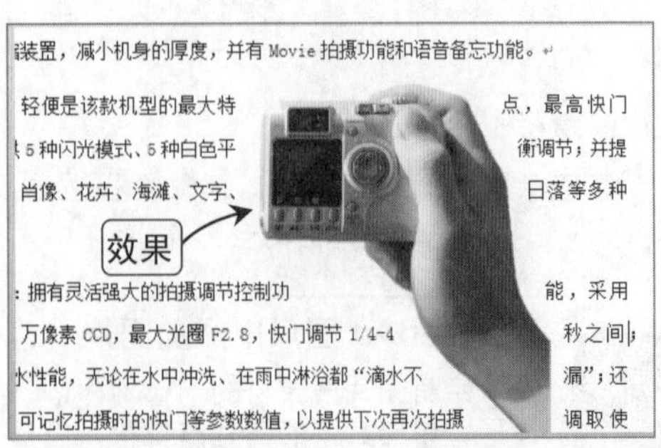

图3-36 最终效果

使图片背景透明的其他方法

若插入的图片背景比较单一，可以在“调整”组的“颜色”下拉菜单中选择“设置透明色”选项，当鼠标光标变为✐形状时，在背景上单击即可。

窍门2　将图片裁剪成形状

在Word 2013中除了中规中矩地将图片裁剪为矩形外，还可以将图片裁剪为符合用户需求的特殊样式。

选择图片后，在“图片工具 格式”选项卡的“大小”组中单击“裁剪”下拉按钮，在弹出的下拉菜单中的“裁剪为形状”子菜单中选择一种需要的形状选项即可，如图3-37所示。

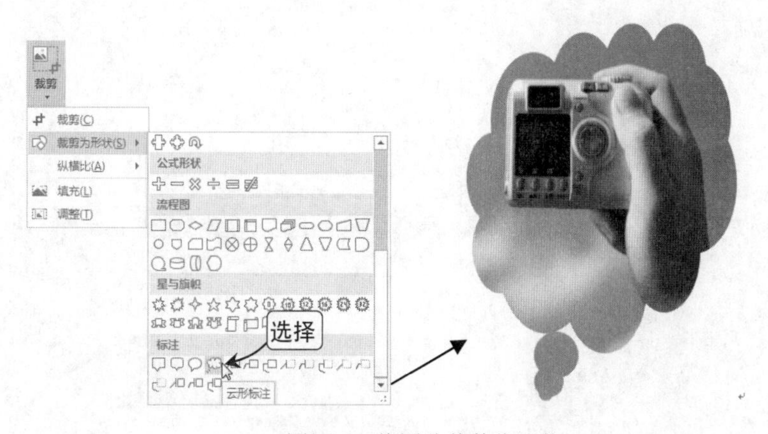

图3-37　将图片裁剪为形状

Chapter 4

Word 2013 高级办公操作

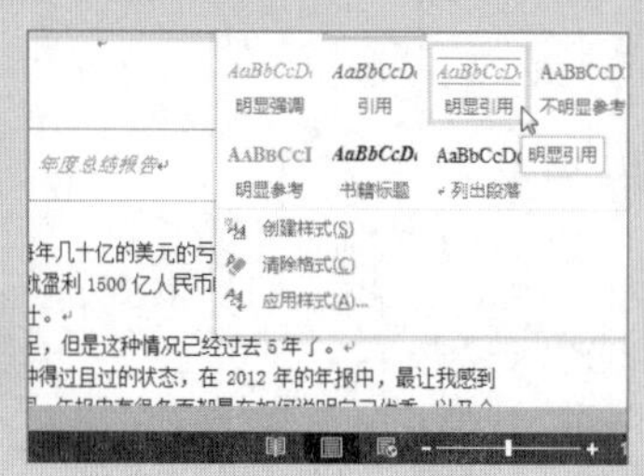

为年度总结报告套用内置段落样式

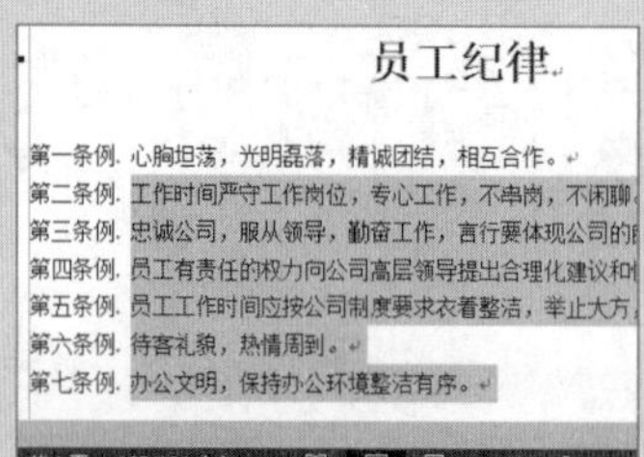

为员工纪律内容添加编号

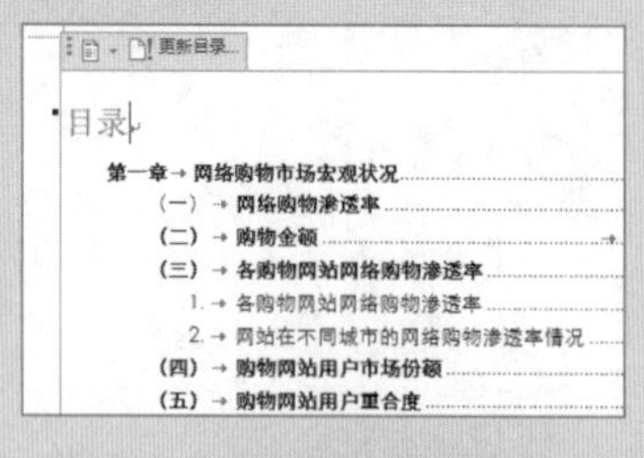

自动提取文档的目录

制作茶文化节企划书

4.1 使用样式快速格式化段落

掌握套用段落样式和自定义段落样式的方法

为了节省设置文本段落的时间，快速打造专业的办公文档，我们可以为其套用预设或自定义的段落样式，这能大大提高办公效率。

4.1.1 自动套用段落样式

在“开始”选项卡的“样式”组中单击“其他”按钮，即可打开段落的样式库，在其中预设有15种段落样式，如图4-1所示。

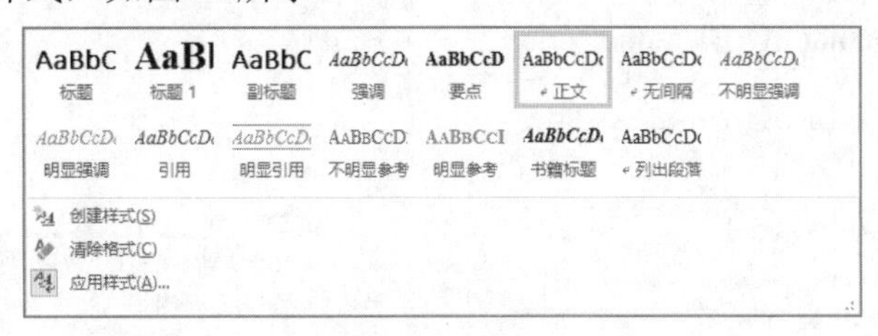

图4-1　段落样式库

选择需要应用段落样式的文本，或将文本插入点定位在需要应用段落样式的文本中，将鼠标光标悬停在样式库的某个样式上，被选择的文本会实时预览样式效果，如图4-2所示，以方便用户选择，在自己满意的段落样式上单击即可应用该样式。

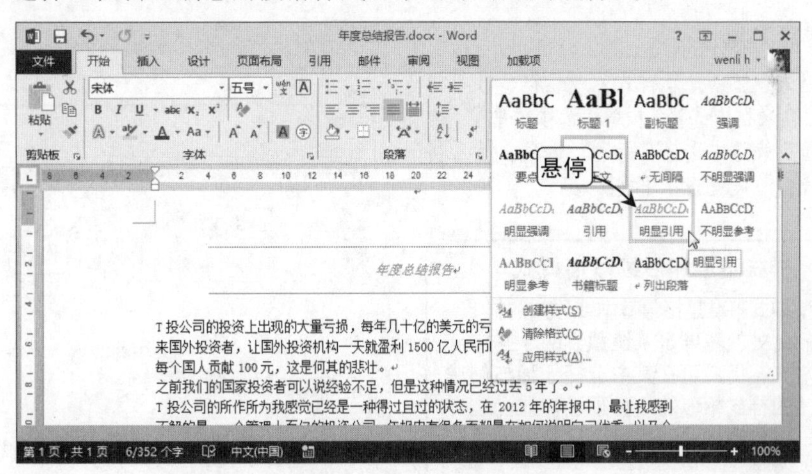

图4-2　预览段落样式

4.1.2 自定义段落样式

若段落样式库中的样式不能满足办公需求，用户可以自定义一个段落样式后，将其保存在样式库中以方便下次使用，其具体操作方法如下。

操作演练：为年终总结报告设置段落样式

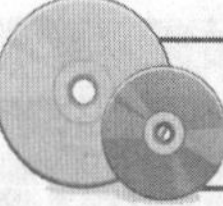

\素材\第 4 章\年终总结报告.docx
\效果\第 4 章\年终总结报告.docx

Step 01 选择“创建样式”命令

打开“年终总结报告”素材文件，选择标题文本，在“开始”选项卡“样式”组的样式库中选择“创建样式”命令。

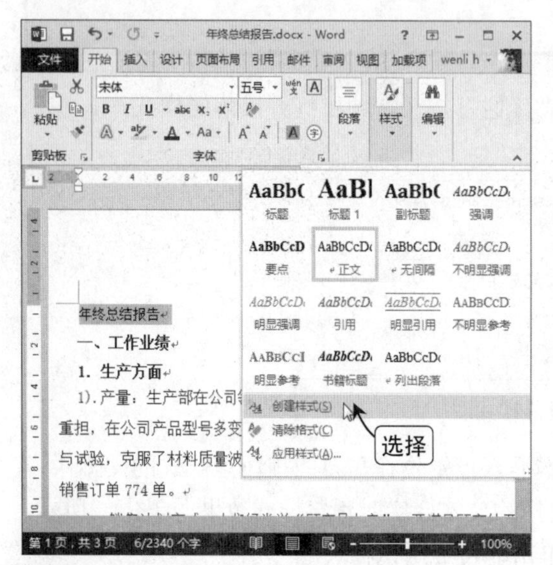

Step 02 命名创建的样式

在打开的“根据格式设置创建新样式”对话框的“名称”文本框中输入创建样式的名称，再单击“修改”按钮。

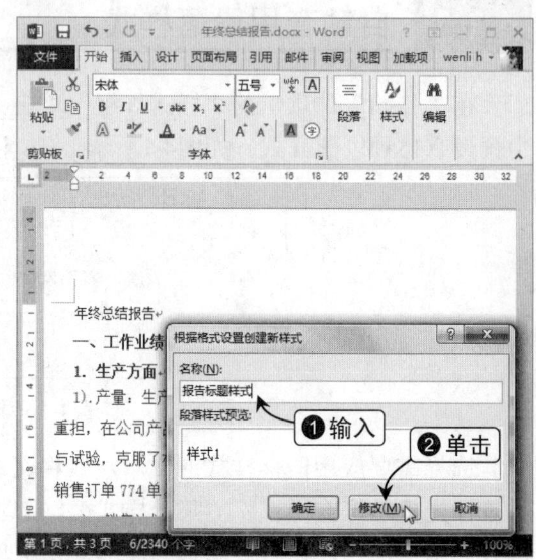

Step 03 设置段落属性

打开“根据格式设置创建新样式”对话框，在“样式类型”下拉列表框中选择“段落”选项，并在“样式基准”下拉列表框中选择“标题”选项，然后将“后续段落样式”设置为“正文”。

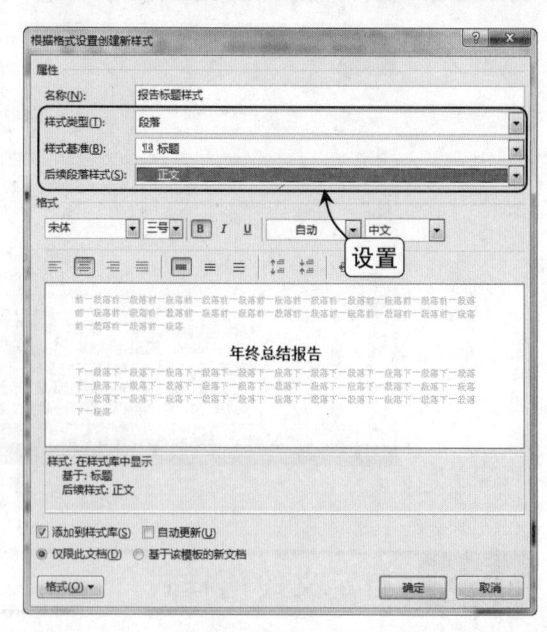

提示 Attention

样式基准和后续段落样式

样式基准是指最基本或原始的样式，此处的基准是系统预设的一些样式，用户可在其中选择一种与创建的样式相似的一种预设样式，这样在创建样式时就可以尽量少地做修改了。

后续段落样式是指创建样式之后的段落的格式，如创建的是标题那么此处就是副标题或者正文。

Step 04 设置字体格式

在“格式”栏中单击“字体”下拉按钮，在弹出的下拉列表中选择“华文中宋”字体，并将其字号设置为“26”磅。

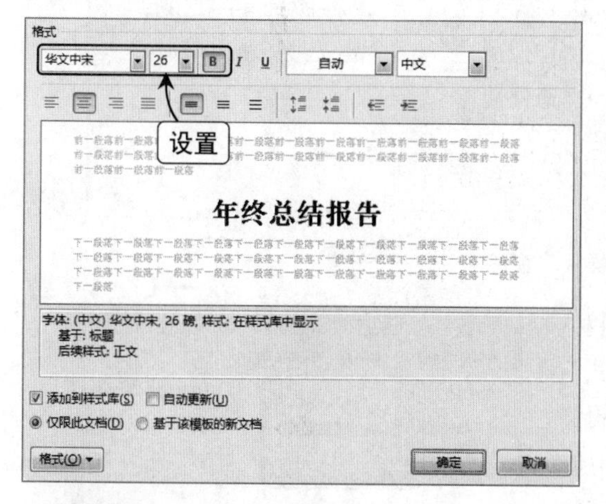

Step 05 完成段落样式的创建

单击下方的“格式”按钮，选择“段落”命令，在打开的对话框中将段前和段后设置为0，并将行距设置为多倍行距，依次单击“确定”按钮。

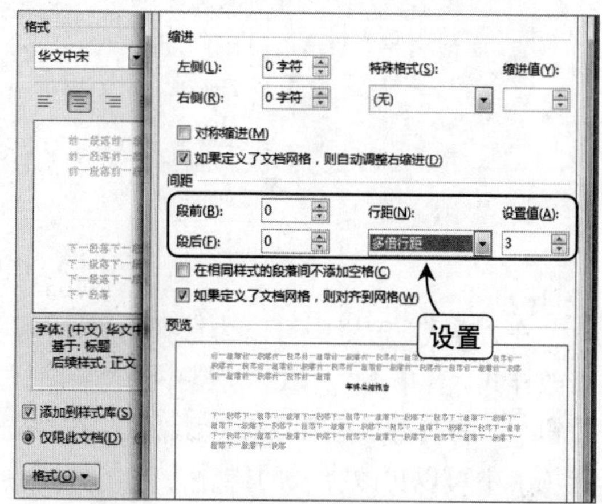

4.1.3 修改和管理段落样式

自定义段落样式后可在段落样式库中查看到该样式，若需要修改，可在该样式上右击，在弹出的快捷菜单中选择“修改”命令，弹出“修改样式”对话框，即可对该样式进行修改，如图4-3所示。

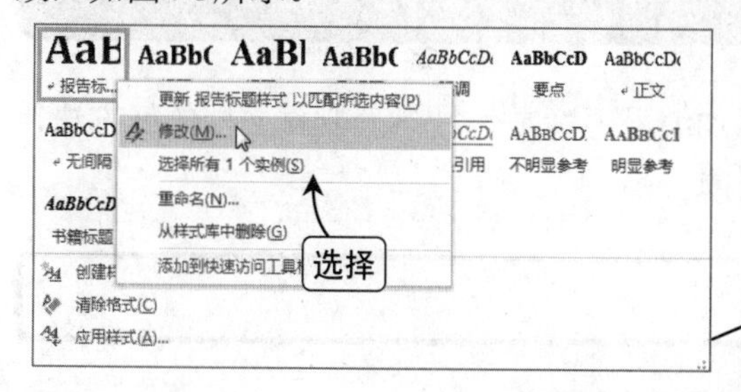

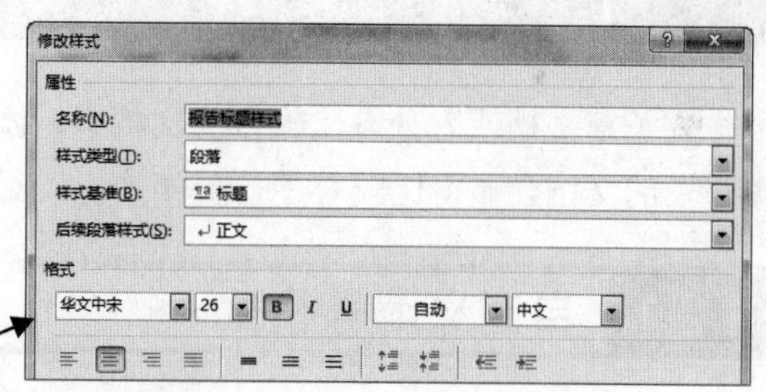

图4-3 修改自定义的段落样式

在段落样式库中选择“清除格式”选项，即可将选择文本应用的段落样式清除。选择不同的文本后，在样式库中选择“应用样式”命令，可以打开“应用样式”窗格，在“样式名”文本框中可以通过输入样式的名称来寻找需要的样式，也可单击其下拉按钮，在弹出的下拉列表框中选择需要的样式，如图4-4所示。

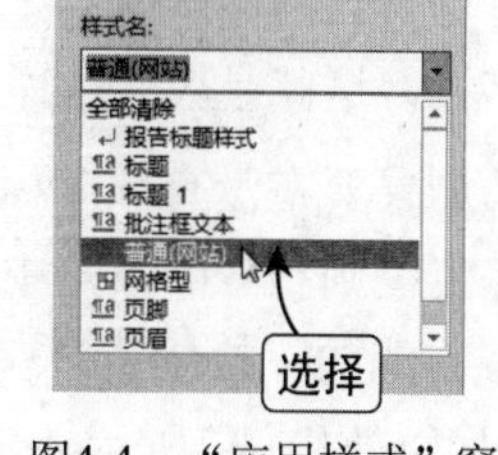

图4-4 “应用样式”窗格

若在“应用样式”窗格中单击“样式”按钮，将打开“样式”窗格，其中可以对所有预设和创建样式的具体格式进行预览，如图4-5所示。

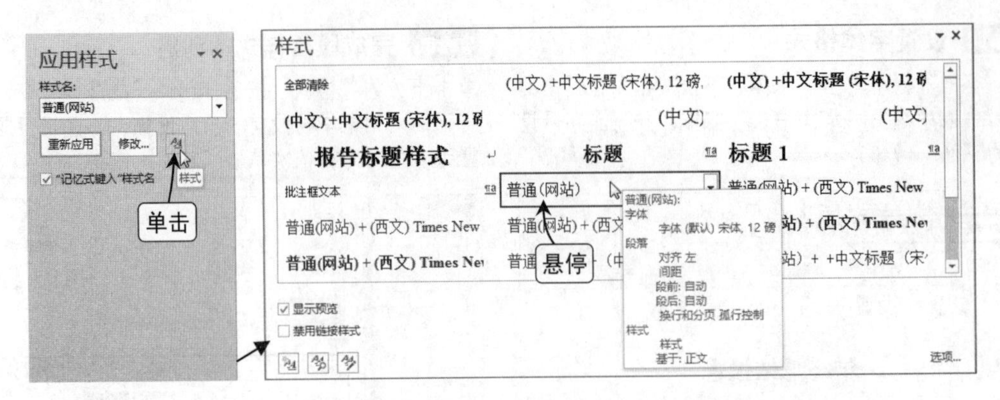

图4-5　“样式”窗格

在“样式”窗格中可以为选择的文本应用和修改样式。若单击“样式”窗格中的“管理样式”按钮，将打开“管理样式”对话框，在“编辑”选项卡中可以更改样式的排序方式，如图4-6所示，也可以新建或修改样式，切换到“设置默认值”选项卡，还可以对文档的字体和段落进行默认设置。

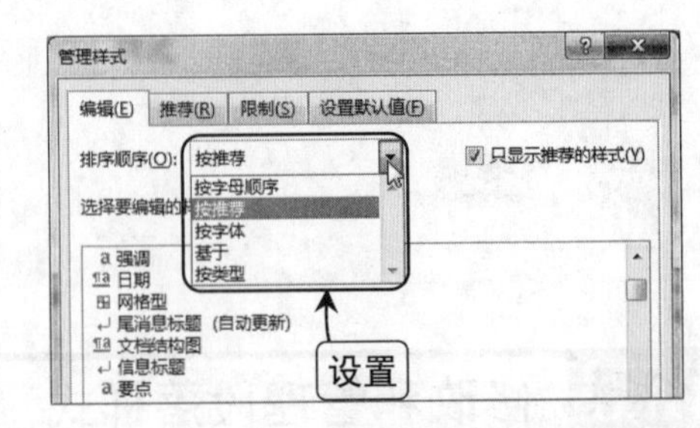

图4-6　“管理样式”对话框

4.2 长篇办公文档中编号的使用

为文档添加自定义编号和多级编号

在长篇文档或者分段比较多的文档中，添加编号无疑是一种条理制作文档的好方法，编号后的文档会显得比较有序，更便于他人阅读。

4.2.1 自定义编号格式

默认情况下，在以“1.”、“A.”、“第一、”、“①、”等可表示顺序的字符开头的段落末尾按【Enter】键，在下一行行首会自动产生如“2.”、“B.”、“第二、”、“②、”等字符，这就是Word的自动编号功能。

如果要在没有顺序标识的段落中应用编号，可将文本插入点定位到相应的段落中，在“段落”组中单击“编号”按钮右侧的下拉按钮，在弹出的下拉菜单中选择一种编号样式即可，如图4-7所示。

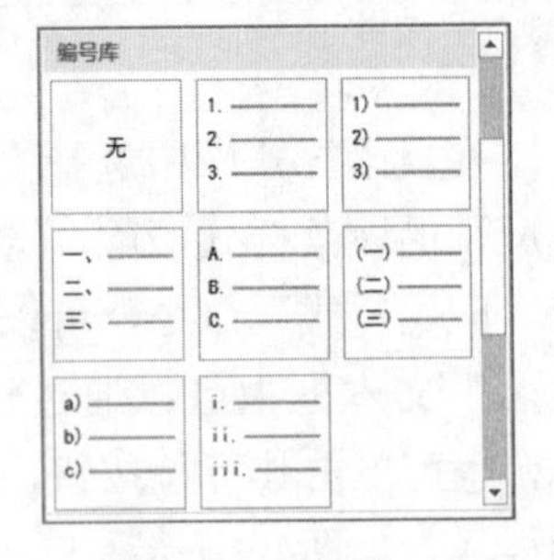

图4-7　编号库

与项目符号类似，编号样式也可由用户自定义。例如，用户在编写“员工纪律”文档时，想要Word自动为其编号并生成如“第X条例”样式的编号（其中的“X”为“一”、

“二”、“三”……），可通过如下设置达到目的。

操作演练：为员工纪律添加编号

\素材\第 4 章\员工纪律.docx
\效果\第 4 章\员工纪律.docx

Step 01 定位文本插入点

打开“员工纪律”素材文件，将文本插入点定位到第一段正文中。

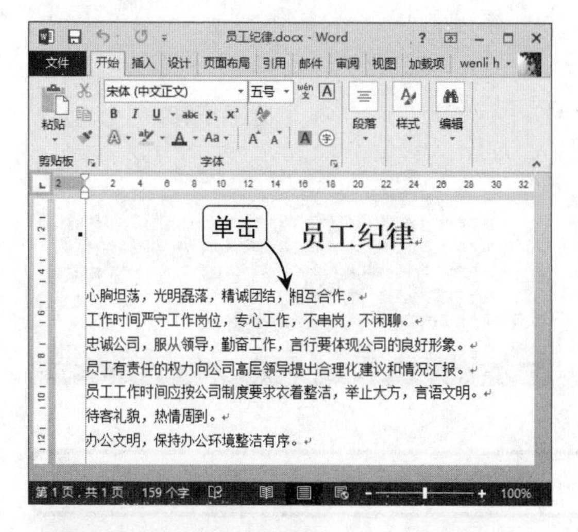

Step 02 打开“定义新编号格式”对话框

在“段落”组中单击“编号”按钮右侧的下拉按钮，在弹出的下拉菜单中选择“定义新编号格式”命令。

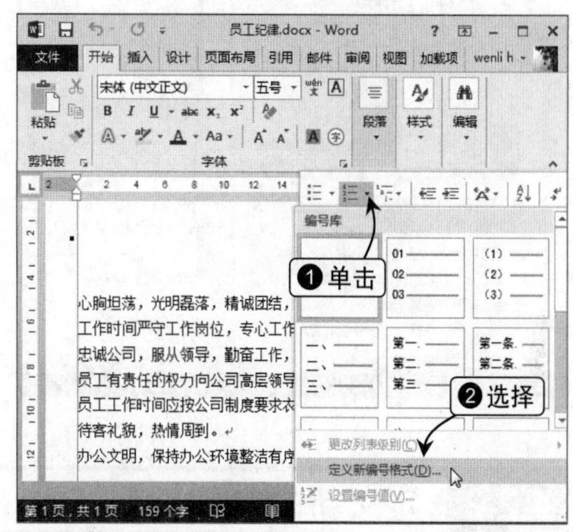

Step 03 选择编号样式选项

在打开的“定义新编号格式”对话框的“编号样式”下拉列表框中选择“一，二，三（简）…”选项。

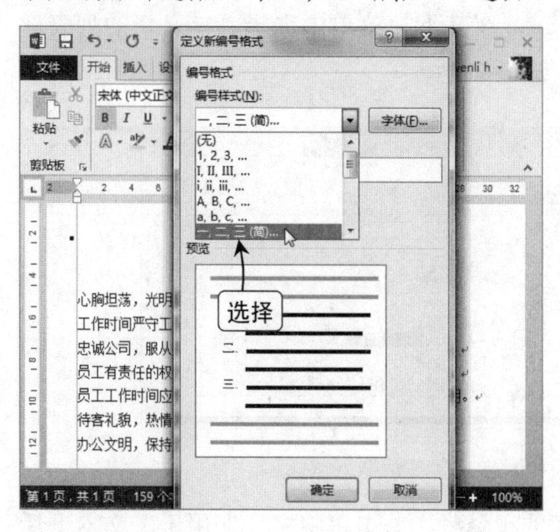

Step 04 定义编号文字

在“编号格式”文本框中的“一”字符的左右两侧分别输入“第”和“条例”文本，单击“确定”按钮。

Step 05 调整编号位置

在编号文本上右击，在弹出的快捷菜单中选择“调整列表缩进”命令，打开的“调整列表缩进量”对话框，在“编号之后”下拉列表框中选择“空格”选项，再单击“确定”按钮。

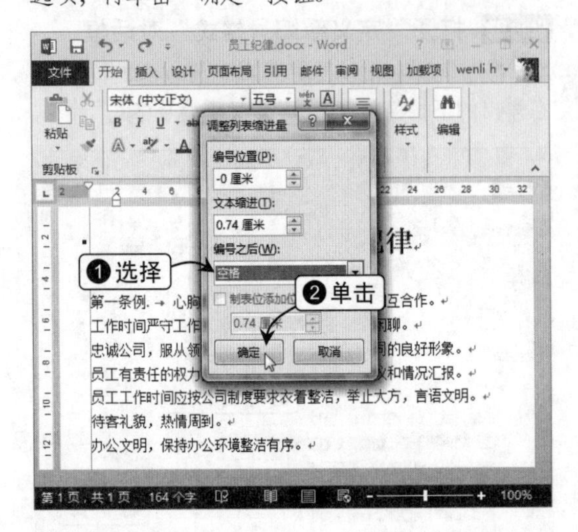

Step 06 为其他段落应用编号格式

保持文本插入点在已设置编号的段落中，单击“开始”选项卡“剪贴板”组中的“格式刷”按钮，待鼠标光标变为形状后，使用拖动鼠标的方式选择需要应用编号格式的段落即可。

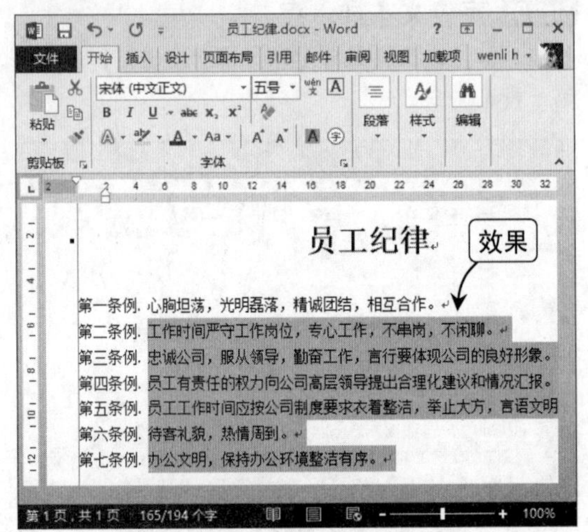

4.2.2 定义新的多级列表样式

系统内置的多级列表样式有限，很多时候并不能满足用户的使用需求，此时用户可根据自己的需要自定义新的多级列表样式。

在“段落”组中单击“多级列表”按钮，在其下拉菜单中选择“定义新的列表样式”命令，打开“定义新列表样式”对话框，如图4-8所示。

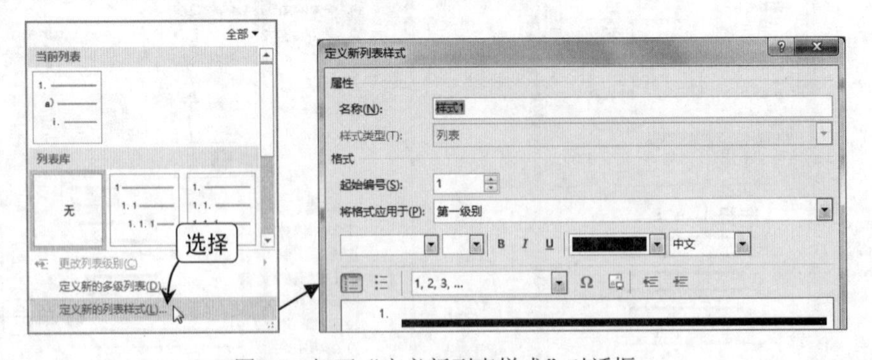

图4-8 打开“定义新列表样式”对话框

在该对话框的“名称”文本框中可以为其重新命名，单击“将格式应用于”文本框后面的下拉按钮，在弹出的下拉列表中可以选择列表的级别，在“编号”下拉列表框中可以选择合适的编号样式，如图4-9所示。

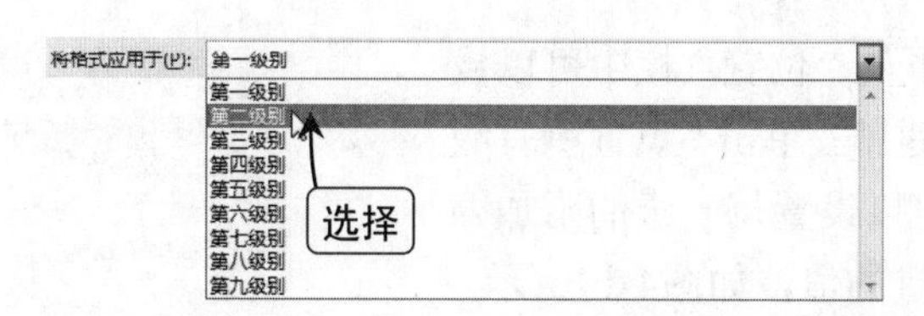

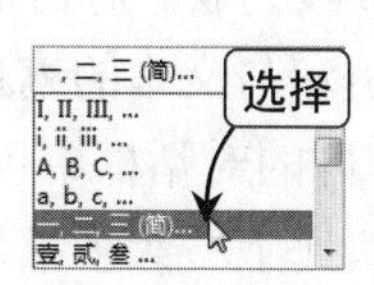

图4-9 定义列表级别和编号样式

在此对话框中设置的各种参数，都将显示在下面的两个窗格中，第一个窗格中的黑色突出显示部分显示的是列表的级别和编号的样式。第二个窗格中显示的是该级别列表的具体参数值，如图4-10所示。

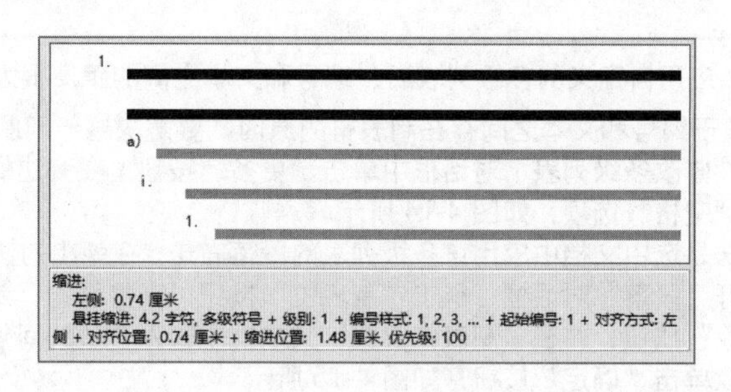

图4-10 预览窗格

若想对其进行更进一步的设置，可以单击底端的“格式”按钮，在弹出的下拉菜单中选择“编号”命令，打开“修改多级列表”对话框，在“单击要修改的级别”列表框中可以修改列表级别，在“编号格式”栏中可以设置编号格式，如图4-11所示。

若想要让编号的字体格式与其对应的段落文本字体格式一致，可单击“字体”按钮，在打开的“字体”对话框中设置具体的字体格式参数，如图4-12所示。

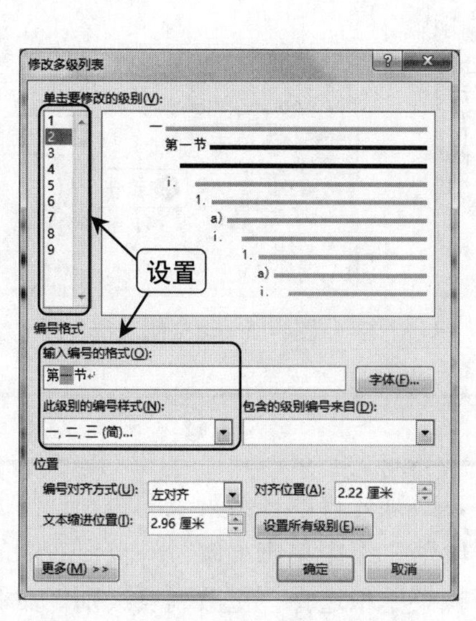

图4-11 “修改多级列表”对话框

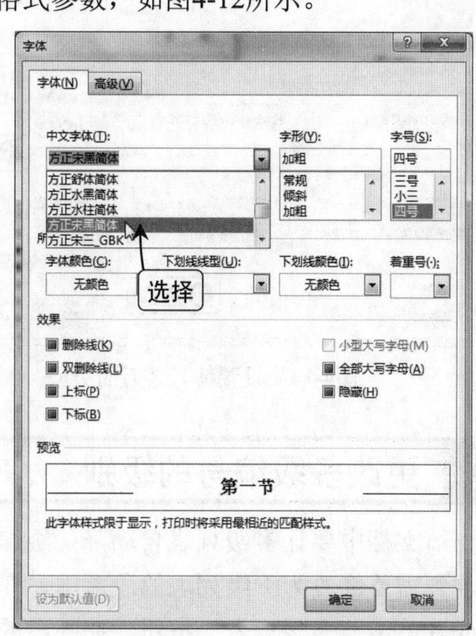

图4-12 “字体”对话框

在“修改多级列表”对话框的“位置”栏中可以设置编号的缩进值和与文本的缩进值，单击“设置所有级别”按钮，在打开的对话框中可以设置每一级的附加缩进值，即每一级比上一级多缩进的值，如图4-13所示。

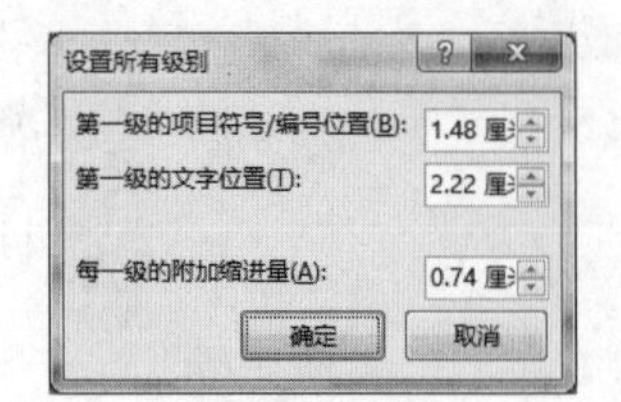

图4-13 “设置所有级别”对话框

在“修改多级列表”对话框中单击左下角的“更多”按钮，可打开更多的设置选项，在其中可设置多级列表的起始编号、编号应用的样式（预先定义好的段落样式，可使编号应用后产生大纲级别等效果）以及编号之后的字符类型等。设置完成后，即可为需要的文本应用该列表样式。

读者提问 Q+A

Q：为什么应用自定义的多级列表后，编号和文本之间的距离很大呢？

A：这是由于编号和文本之间存在制表符的原因，要解决这一问题常见的方法有两种。一种是在“修改多级列表”对话框中单击“更多”按钮，在旁边的“编号之后”下拉列表中选择“空格”选项，如图 4-14 所示。

另一种方法是选中文档中应用该多级列表的段落右击，在弹出的快捷菜单中选择“段落”命令，打开“段落”对话框，单击“制表位”按钮，在打开的“制表位”对话框中单击“全部清除”按钮，并在“制表位位置”文本框中输入合适的间隔字符，单击“设置”按钮后继续单击“确定”按钮，如图 4-15 所示。

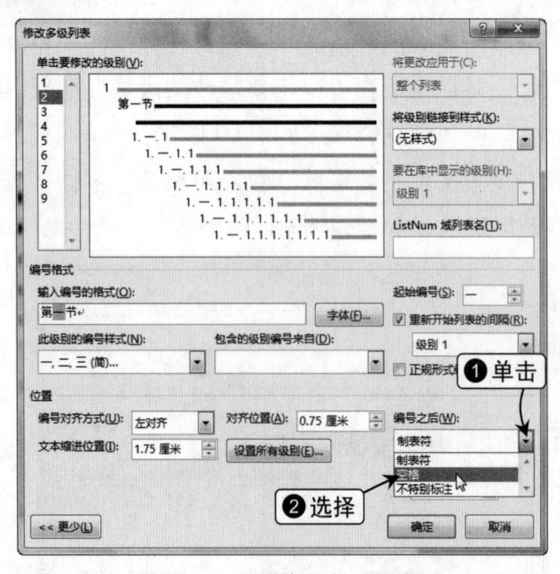

图4-14 设置编号之后的类型

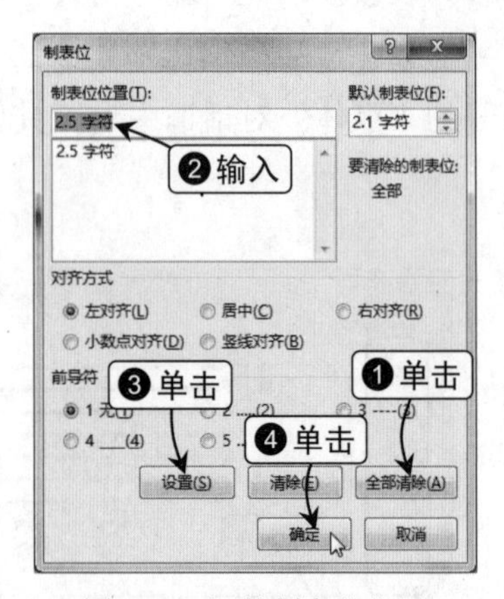

图4-15 调整制表位位置

4.2.3 更改多级编号的级别

在一篇文档中要让多级列表自动降一级编号，必须先修改多级列表的级别。将文本插入点定位到需要修改为下级列表的段落中，在“段落”组中单击“编号”按钮右侧的下拉按钮，或者单击“多级列表”按钮，在弹出的下拉菜单中选择“更改列表级别”命令，即可在弹出的子菜单中选择其他级别的编号，如图4-16所示。

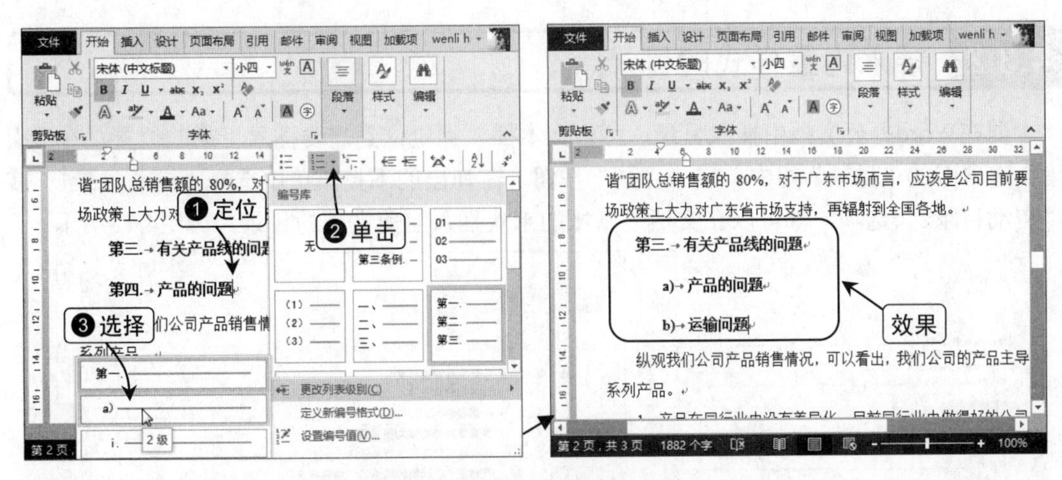

图4-16　更改多级编号的级别

4.3 自动生成目录

掌握设置文本大纲级别和生成目录的方法

为了方便阅览长篇文档，可以为其设置交互式大纲或者目录索引，但无论是哪种方法都先要为标题设置大纲级别，再进行其他操作。

4.3.1 设置文档标题级别

将文本插入点定位到需要设置大纲级别的段落中，或选中需要设置大纲级别的段落，在“段落”组中单击“对话框启动器”按钮，打开“段落”对话框，然后单击“大纲级别”列表框，在弹出的下拉列表中选择大纲级别，如图4-17（左）所示。

当设置完大纲级别后，切换到“视图”选项卡，在“显示”组中选中“导航窗格”复选框，打开“导航”窗格，在“标题”选项卡中可看到设置的标题大纲，如图4-17（右）所示。

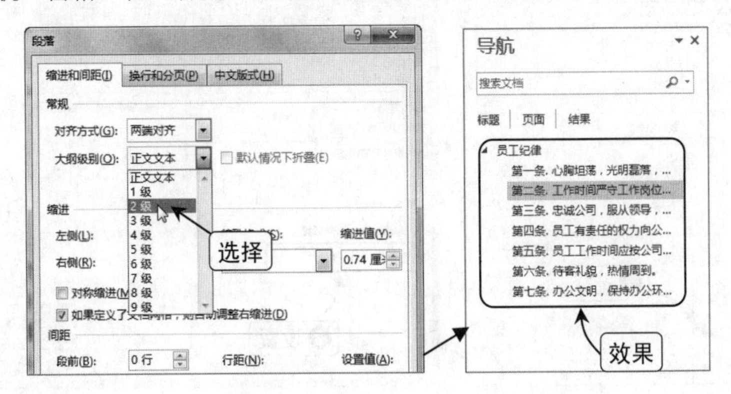

图4-17　设置标题的大纲级别

4.3.2 插入内置样式的目录

要在Word办公文档中插入目录，可将文本插入点定位到需要插入目录的位置，在“引用”选项卡的“目录”组中单击“目录”按钮，在弹出的下拉菜单中选择“自动目录1”或“自动目录2”选项，都可以在文档中以域的形式插入当前文档的目录，如图4-18所示。

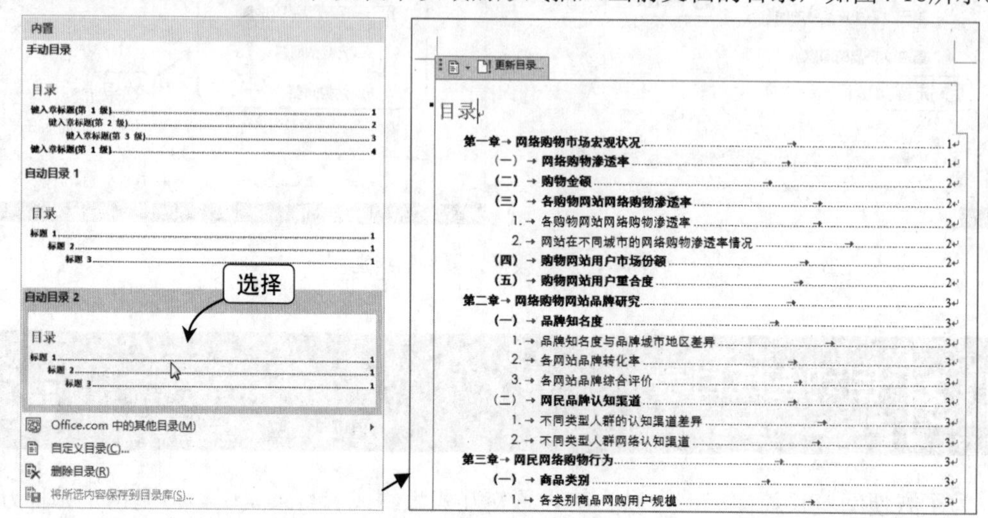

图4-18　自动生成目录

系统内置的两个自动目录样式都可以提取文档中的1～3级3个大纲级别的内容。如果用户需要在目录中提取更多级别或更少级别的内容，则需要在“目录”下拉菜单中选择“自定义目录”命令，在打开的“目录”对话框的“显示级别”数值框中进行设置，如图4-19所示。

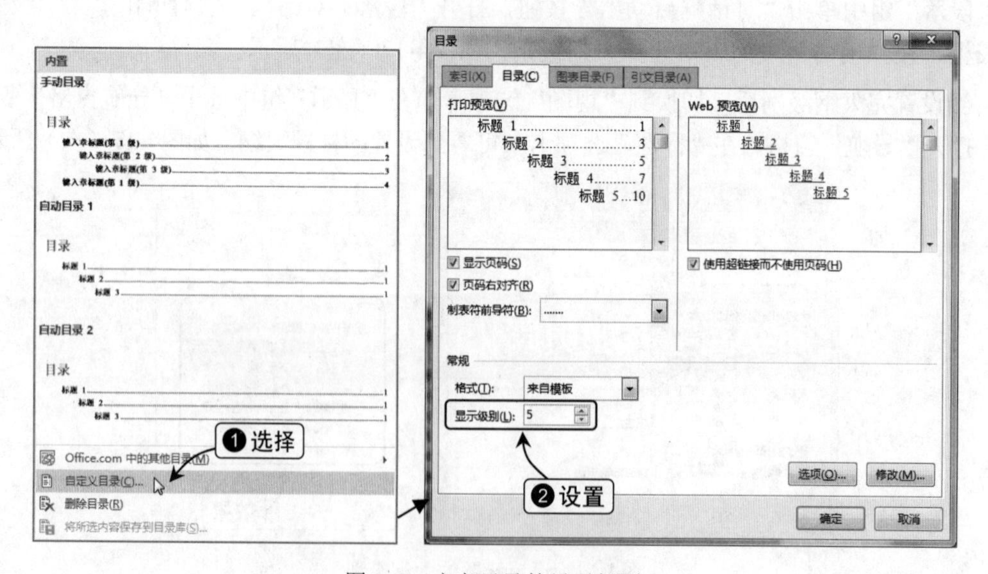

图4-19　定义目录的显示级别

正确提取文档的目录

要正确提取到文档的目录内容，文档必须设置正确的大纲级别。此外，Word 2013 支持从文本框或图文框中提取目录的功能，只要文本框或图文框中的内容设置有目录包含的大纲级别，在提取目录时就会被一并提取。

4.3.3 更新办公文档目录

如果在提取了文档的目录后又对文档进行了修改，特别是更改了文档的大纲级别或文档页码发生了变化，都需要对目录进行更新。

将文本插入点定位到目录区域中，单击目录左上角的“更新目录”按钮，或者在“引用”选项卡的“目录”组中单击“更新目录”按钮，也可以单击鼠标右键，在弹出的快捷菜单中选择“更新域”命令，在打开的“更新目录”对话框中选择一种更新方式后，单击“确定”按钮即可，如图4-20所示。

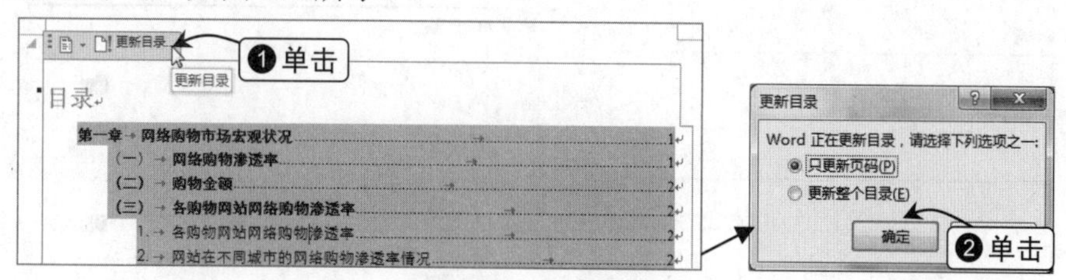

图4-20　更新目录

在“更新目录”对话框中有“只更新页码”和“更新整个目录”两种选择，它们的作用如下。

- **只更新页码**：在当前文档中重新搜索大纲内容对应的页码，使用新的页码替换之前的旧页码，适用于不更改大纲级别内容，只添加或删除正文文本使文档页码发生变化的时候。
- **更新整个目录**：在当前文档中重新搜索所有大纲内容和其对应的页码，使用新的结构替换旧内容，相当于重新插入目录，适用于任何情况。

4.4 在办公文档中添加页眉和页脚

为 Word 文档插入页眉和页脚，添加页码

在制作一些公司内部文档或者稿纸时，每页的顶端或底端都会有公司名称、地址、邮箱等信息，每页的两侧或底端都显示有页码，这些都属于文档的页眉和页脚。

为文档添加页眉和页脚在方便阅读的同时，也能起到美化文档的作用。在同一个文档中，页眉与页脚只需设置一次，就可以自动应用到该文档的每个页面。

4.4.1 插入页眉和页脚

在制作办公文档时，不但能插入系统内置的页眉和页脚，还能自定义页眉和页脚样式，下面将分别进行介绍。

1. 插入系统内置的页眉和页脚

在Word 2013中各提供了20多种内置的页眉和页脚样式供用户选择使用，用户可在“插入”选项卡的“页眉和页脚”组中单击“页眉”或“页脚”按钮，在弹出的下拉菜单中选择需要的选项即可插入页眉或页脚，如图4-21和图4-22所示。

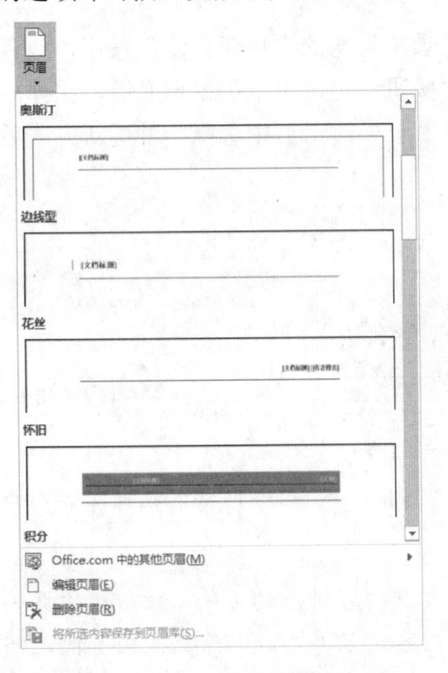

图4-21 “页眉”下拉菜单

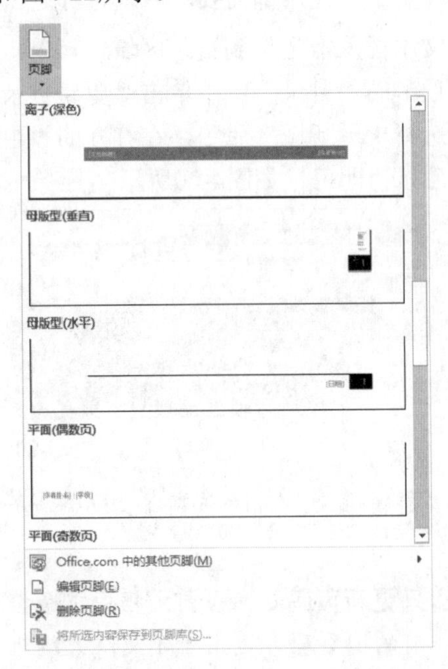

图4-22 “页脚”下拉菜单

若下拉菜单中没有需要的页眉或页脚样式，可以在“Office.com中的其他页眉”或“Office.com中的其他页脚”子菜单中选择满意的页眉或页脚样式。

在文档中插入页眉或页脚后，就会进入页眉和页脚设计模式，且系统会自动切换到如图4-23所示的“页眉和页脚工具 设计”选项卡。

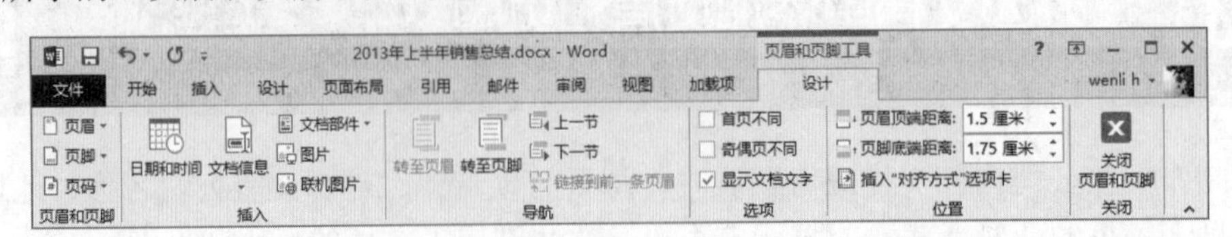

图4-23 “页眉和页脚工具 设计”选项卡

在Word 2013中，要进入页眉和页脚设计模式除了上述方法外，还有如下两种方法。

◆ **双击鼠标进入**：在文档版心以上或以下的空白位置双击鼠标左键可直接切换到页眉页脚设计模式。

◆ **通过快捷菜单进入**：在文档版心上方或下方空白位置右击，在弹出的快捷菜单中选择“编辑页眉”（在上方时）或“编辑页脚”（在下方时）命令，即可切换到页眉页脚设计模式。

提示 Attention

退出页眉和页脚设计模式

当页眉和页脚编辑完成后，可直接按【Esc】键或在“页眉和页脚工具 设计”选项卡中单击“关闭页眉和页脚”按钮退出页眉和页脚设计模式。

2．自定义页眉和页脚

在制作公司内部文件时，需要将公司的Logo、地址、联系电话等信息放置在页眉或页脚上，此时Word 2013中内置的页眉或页脚样式就不能满足用户需要，这时用户可以自定义页眉或页脚样式。

在页眉和页脚中不但能添加文字，还能添加形状、图片等对象，这些对象格式的设置与在文档中进行设置的方法相同。

在没有添加页眉和页脚的文档版心上方的空白位置双击，激活“页眉和页脚工具 设计”选项卡，此时页眉中默认有条黑色的横线，选择该横线上的段落标记↵，在“开始”选项卡的“段落”组中单击“边框”按钮右侧的下拉按钮，在弹出的下拉列表中选择“无边框”选项，即可去掉该横线，如图4-24所示。

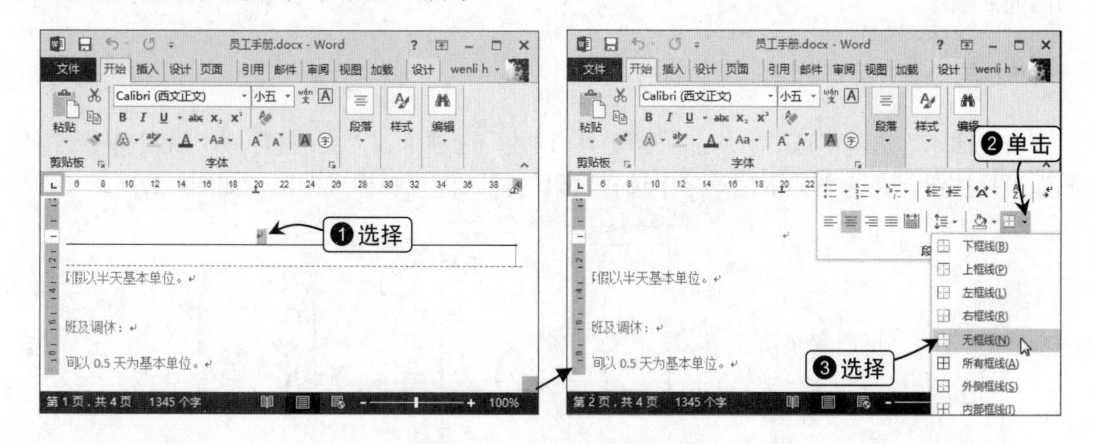

图4-24　去掉页眉中的横线

技巧 Skill

显示段落标记

要选中段落标记，首先在文档中应该显示有段落标记，若文档中没有显示段落标记，说明其已经被隐藏，切换到“开始”选项卡的“段落”组中单击“显示/隐藏编辑标记”按钮，即可在文档中显示出段落标记。

由于Word对页眉和页脚的位置有特殊限定，不可能像在正文中排版那样可以随意放置，为了更好地设计页眉和页脚，可使用无边框无填充颜色的文本框辅助排版，特别是在需要任意设置页码位置时，文本框的作为就显得非常突出。

若是编排比较复杂的文档，可以为奇偶页文档设置不同的页眉和页脚，在“页眉和页脚工具 设计”选项卡的“选项”组中选中“奇偶页不同”复选框，如图4-25所示，此时可分别为奇偶页文档设置不同的页眉和页脚，如图4-26所示，分别为奇数页的页眉页脚和偶数页的页眉页脚样式。

图4-25 选中“奇偶页不同”复选框

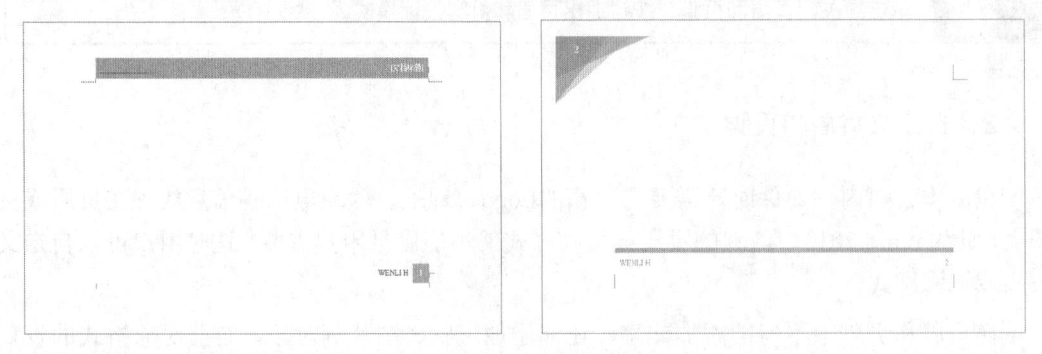

图4-26 为奇偶页设置不同的页眉和页脚效果

4.4.2 添加页码

对于篇幅较长的文档来说，为了方便阅读整理，通常会为文档添加页码，借以标识文档的先后顺序。

1. 插入页码

在“插入”选项卡或“页眉和页脚工具 设计”选项卡的“页眉和页脚”组中单击“页码”下拉按钮，在弹出的下拉菜单中选择页码的插入位置和样式即可，如图4-27所示。

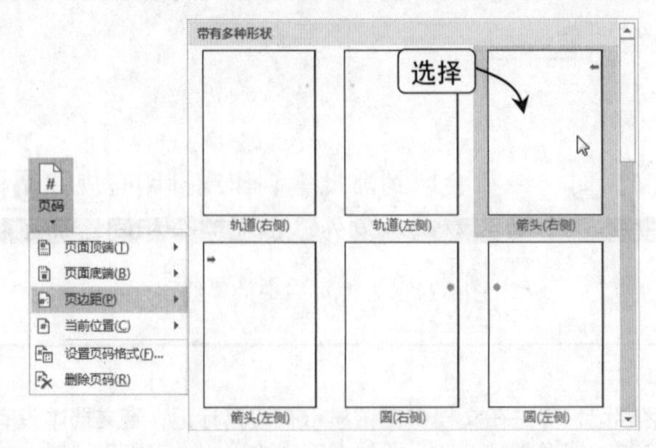

图4-27 插入带有样式的页码

2. 设置页码格式

页码格式的设置包括文字格式和编号格式的设置两种，文字格式的设置与正文文字格式设置相同，可在“开始”选项卡的“字体”和“段落”组中进行设置；编号格式设置需要在“页码格式”对话框中进行，如图4-28所示。

该对话框可通过选择“页码”下拉菜单中的“设置页码格式”命令，或在页码的右键快捷菜单中选择“设置页码格式”命令来打开，如图4-29所示。

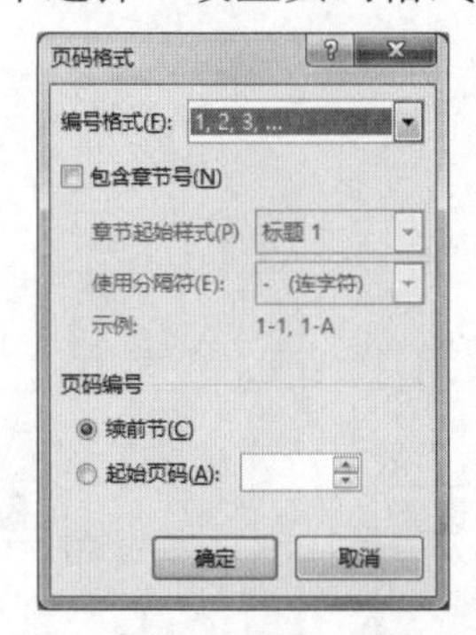

图4-28　设置编号格式

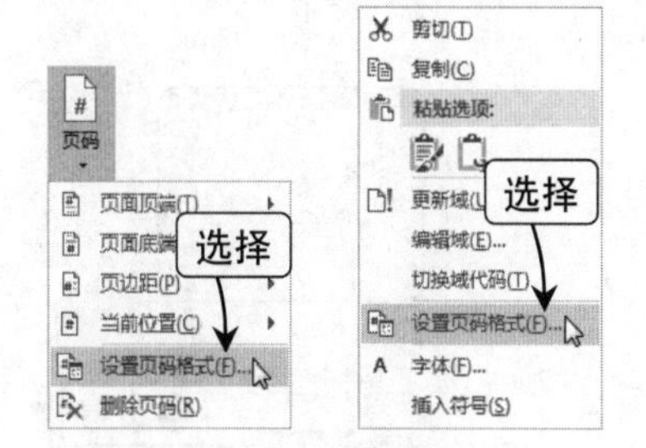

图4-29　“页码格式”对话框

- **编号格式**：通过“编号格式”下拉列表框可选择 11 种不同格式的编号作为页码。
- **页码编号**：选中“起始页码”单选按钮后，可在右侧的数值框中设置任意正整数，使文档从任意编码开始编号。

自定义编号格式

页码是以域的形式插入到文档中的，如果系统提供的编号格式不能满足用户的需求，用户可在代表页码的域周围内使用文本、图形或其他对象对页码编号进行修饰，达到自定义编号格式的目的，如在页码左右分别输入“第”和“页”文本等。

4.5 通过邮件合并批量制作文档

掌握通过邮件合并批量制作文档的方法

在制作商务办公文档时，经常会遇到需批量制作或打印有规律文档的情况，如请柬、通知、信函等，这类文档通常除了发送对象外，正文完全相同。为了提高工作效率，用户可使用Word 2013提供的邮件合并功能批量制作文档。

4.5.1 邮件合并的流程

邮件合并实质上就是建立两种文档，然后将其合并的过程。这两个文档一个是包括所有文件共有内容的主文档，另一个则为包括变化信息的数据源文档。邮件合并主要是通过“邮件合并”窗格中的向导一步步指导用户进行操作和设置的，其大致操作过程如下。

切换到“邮件”选项卡，在“开始邮件合并”组中单击“开始邮件合并”下拉按钮，在弹出的下拉菜单中选择“邮件合并分步向导”命令，打开“邮件合并”窗格，在其中选择邮件合并的主文档类型，单击“下一步：开始文档”超链接，选择要作为邮件合并的主文档，再单击“下一步：选择收件人”超链接，选择收件人，如图4-30所示。用此方法依次单击下一步超链接，根据向导进行操作即可。

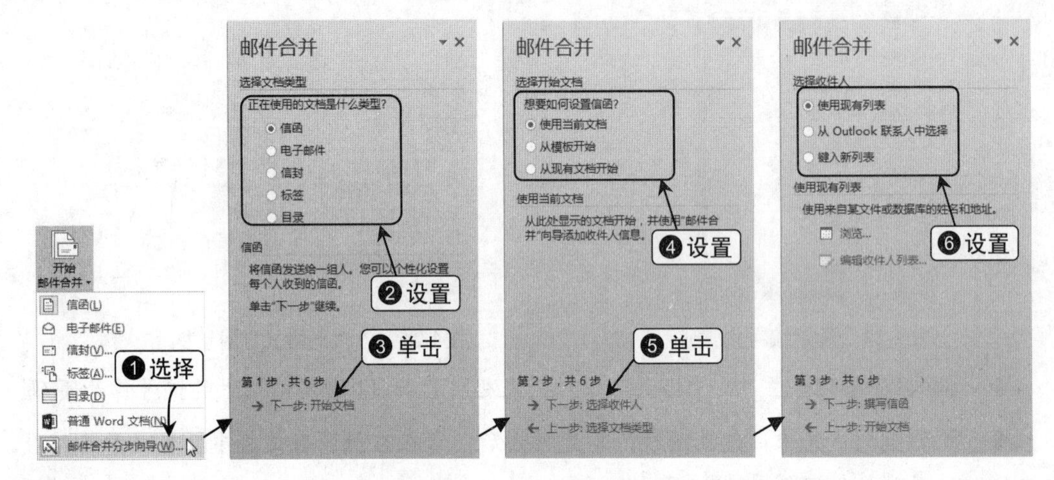

图4-30　邮件合并部分流程

4.5.2 制作数据源

邮件合并时的数据源可从计算机中导入已有的数据源，也可以导入文档内容中有变化的部分制作成的数据源，如姓名或地址等。导入数据源是进行邮件合并时必不可少的基础操作，邮件合并时常用的几种类型的数据源如下。

- **Microsoft Outlook 联系人列表**：在邮件合并时，可在“Outlook 联系人列表”中取用已有的联系人信息。
- **Microsoft Excel 工作表或 Microsoft Access 数据库**：可以选择将任意工作表或工作簿内命名的区域作为数据源，或选择将任意 Access 数据表或数据库中定义的查询作为数据源。
- **HTML 文件**：使用该文件时，该表的第一行必须包含列名称，其他行必须包含数据。
- **Microsoft Word 数据源**：在该文档中必须包含一个表格，并且表格的第一行包含标题，其他行则包含要合并的记录。
- **文本文件**：在使用这类文件时，数据应由制表符或逗号分隔开。

4.5.3 邮件合并

在了解了邮件合并的基本过程以及数据源的制作方法后，下面将以制作客户资料表为例，介绍Word中邮件合并的具体操作。

操作演练：快速合并客户的信息

\素材\第 4 章\客户资料表.docx、客户信息表.xlsx
\效果\第 4 章\客户资料表.docx

Step 01 选择命令

打开“客户资料表”素材文件，切换到“邮件”选项卡，在“开始邮件合并”组中单击“开始邮件合并”按钮，选择“邮件合并分步向导”命令。

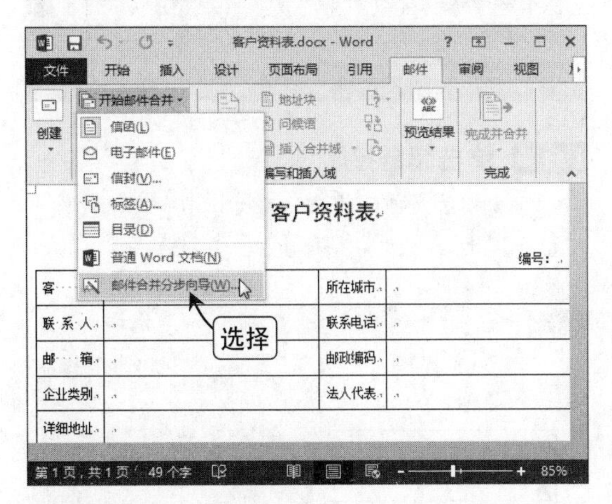

Step 02 选择文档类型

在打开的“邮件合并”窗格中保持“信函”单选按钮的选中状态，然后单击“下一步：开始文档”超链接。

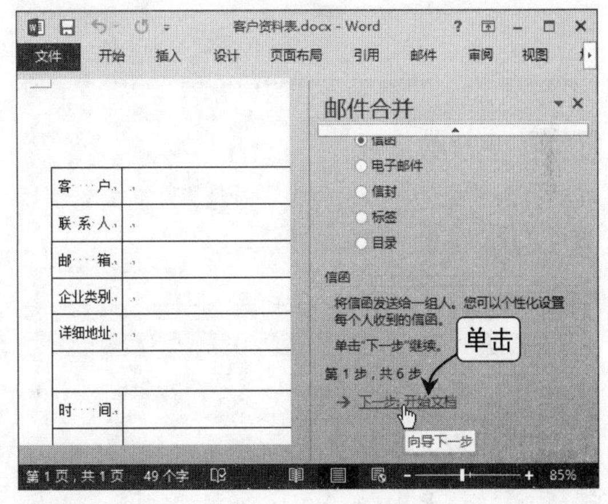

Step 03 选择开始文档

在“开始选择”栏中保持“使用当前文档”单选按钮的选中状态，再单击“下一步：选择收件人”超链接。

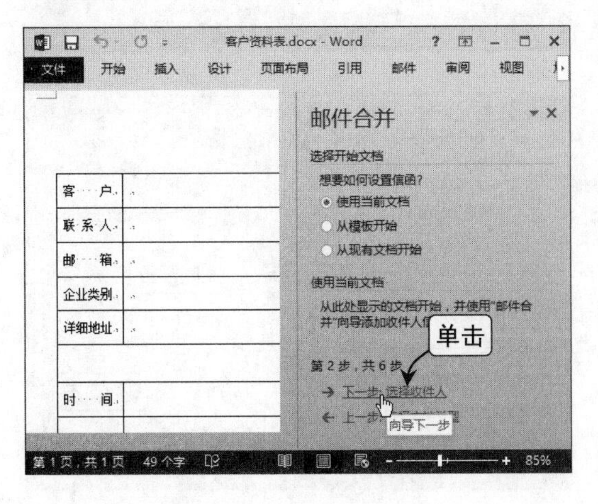

Step 04 选择收件人

在“选择收件人”栏中保持“使用现有列表”单选按钮的选中状态，单击“使用现有列表”栏中的“浏览”超链接。

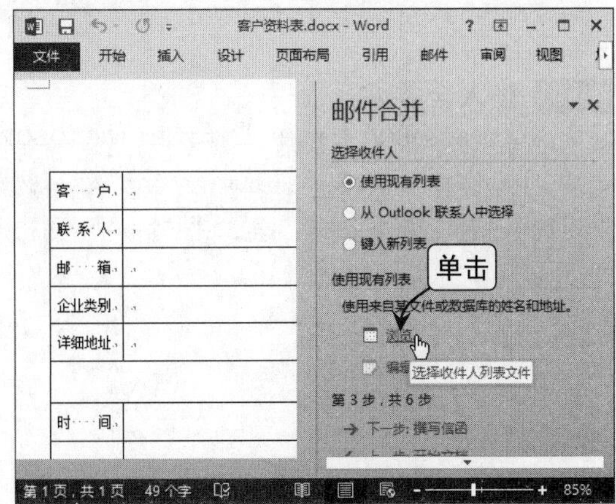

Step 05 选择数据源

在打开的“选取数据源”对话框中选择“客户信息表.xlsx”素材文件，再单击“打开”按钮。

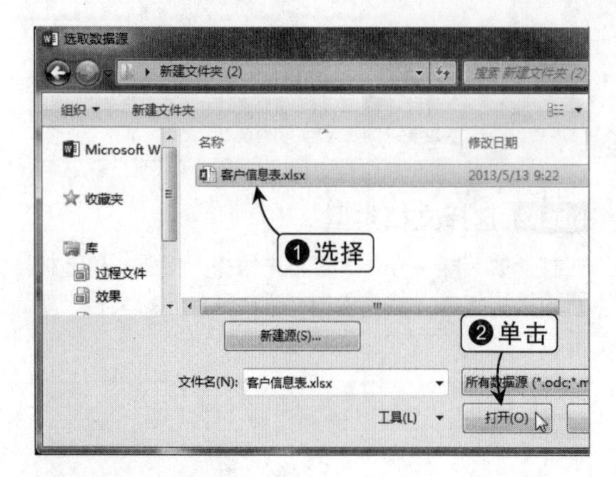

Step 06 选择表格

在打开的“选择表格”对话框中选择数据源所在的表格，保持“数据首行包含列标题”复选框的选中状态，单击“确定”按钮。

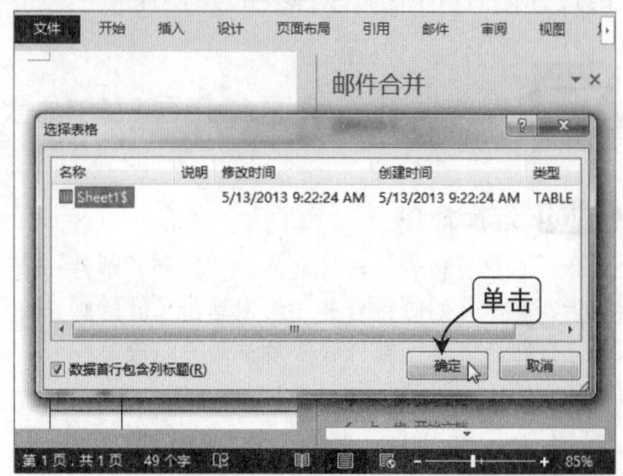

Step 07 更改数据源

在打开的“邮件合并收件人”对话框中可对数据源进行更改，单击“确定”按钮。

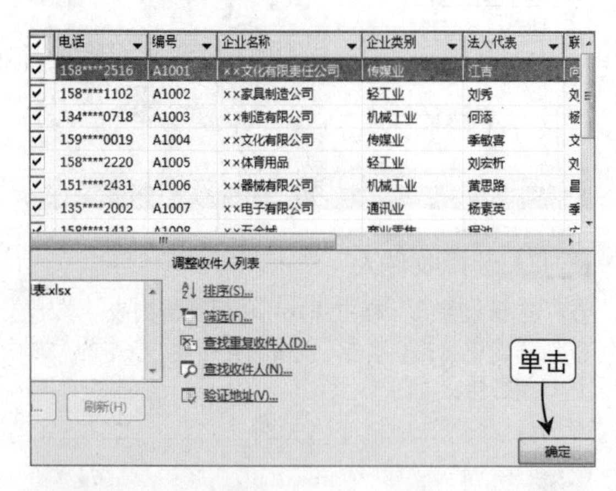

Step 08 单击超链接

在返回窗格的“使用现有列表”栏中会显示收件人地址，单击“下一步：撰写信函”超链接。

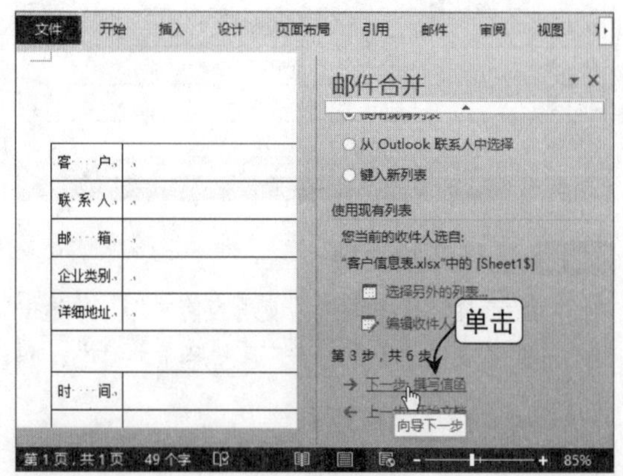

Step 09 插入合并域

将文本插入点定位在“编号：”文本后，单击窗格中的“其他项目”超链接，在打开的“插入合并域”对话框中选择“编号”选项，再单击“插入”按钮。

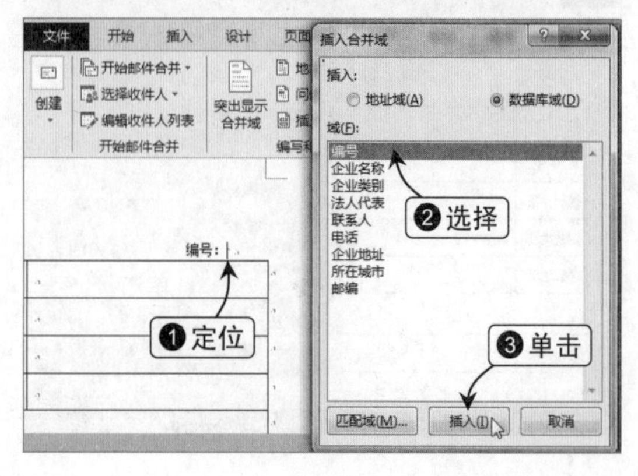

Step 10 合并域

此时在“编号：”文本后出现了一个编号占位符，在“插入合并域”对话框中单击“关闭”按钮。

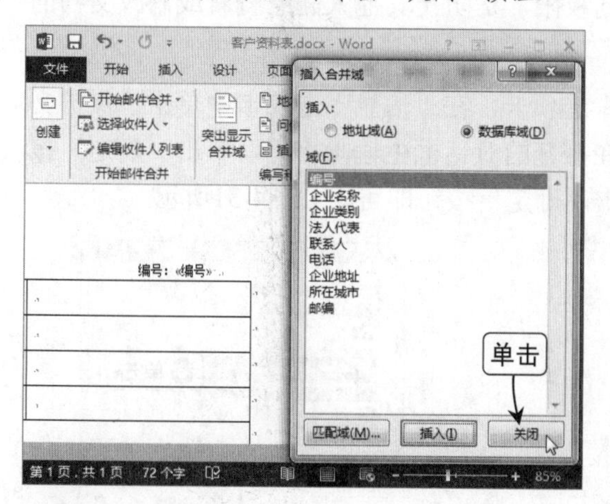

Step 11 插入其他合并域

将文本插入点定位在其他需要添加信息的位置，单击“其他项目”超链接，将收件人信息添加到信函中。

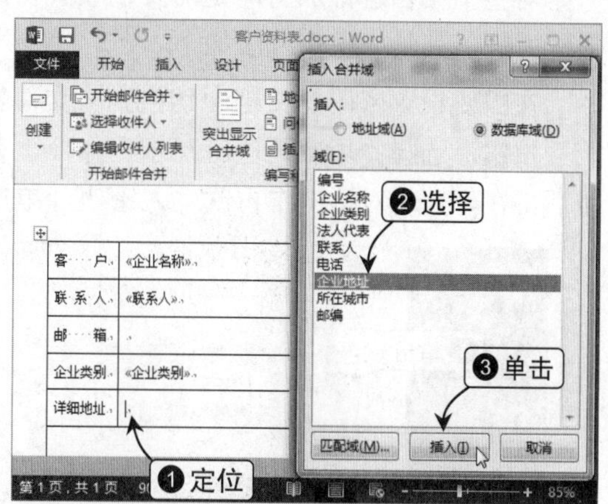

Step 12 预览信函

单击“下一步：预览信函”超链接，预览信函中的信息，可单击«和»按钮，预览所有信函，确认信息无误后，单击“下一步：完成合并”超链接。

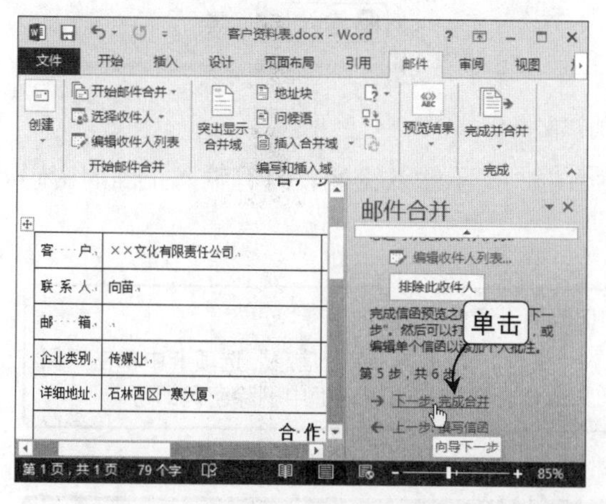

Step 13 编辑单个信函

在“合并”栏中单击“编辑单个信函”超链接，打开“合并到新文档”对话框，保持“全部”单选按钮的选中状态，单击“确定”按钮，完成最后操作。

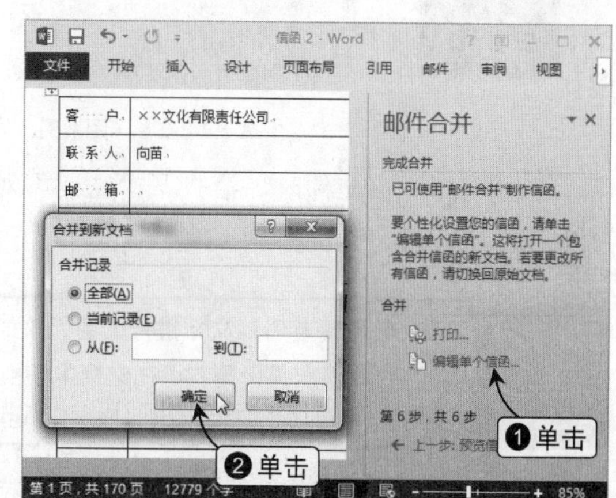

4.6 加密 Word 办公文档

设置文档的访问和修改权限

通常情况下，商务办公文档具有一定的保密性，若遗失或损坏均可能造成巨大的经济损失，它比常规文档更重要，更需要进行文档保护。下面将讲解如何增强文档的安全性。

4.6.1 设置办公文档的访问权限

对整个文档进行加密即是对文档设置访问权限，是防止其他人随意查看或修改文档的最佳方法，其具体操作方法如下。

在需要设置密码的文档中切换到“文件”选项卡，在“信息”选项卡中单击“保护文档”按钮，选择“用密码进行加密”命令，在打开的对话框中输入密码，单击“确定”按钮后，在打开的对话框中再次输入密码，单击“确定”按钮即可，如图4-31所示。

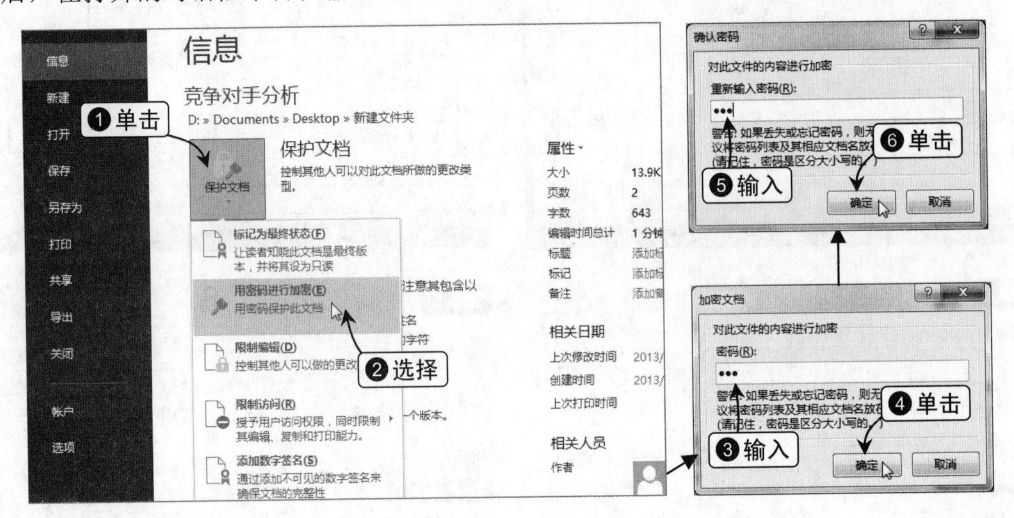

图4-31　加密文档

当再次打开该文件时，会打开“密码”对话框，提示输入密码，只有输入正确的密码才能打开该文档。

Q：若不需要再对文档进行加密，该如何取消设置的密码？

A：要取消密码设置，可在文档中切换到“文件”选项卡，在“信息”选项卡中单击“保护文档”按钮，选择“用密码进行加密”命令，在打开的对话框中删除密码即可。

4.6.2 设置办公文档的编辑权限

除了加密文档外，用户还可使用文档保护功能为商务文档设置编辑限制，该方法能防止查阅办公文档的人员擅自更改文档。

在文档中切换到“文件”选项卡，在“信息”选项卡中单击“保护文档”按钮，选择“限制编辑”命令，或者切换到“审阅”选项卡，在“保护”组中单击“限制编辑”按钮，此时将返回文档工作界面，并打开“限制编辑”窗格。

在窗格中选中“限制对选定的样式设置格式”复选框，然后单击“设置”超链接，打开“格式设置限制”对话框，在“当前允许使用的样式”列表框中可以取消选中可被其他人编辑的格式对应的复选框，单击“确定”按钮后，在打开的对话框中单击“否”按钮，如图4-32所示。

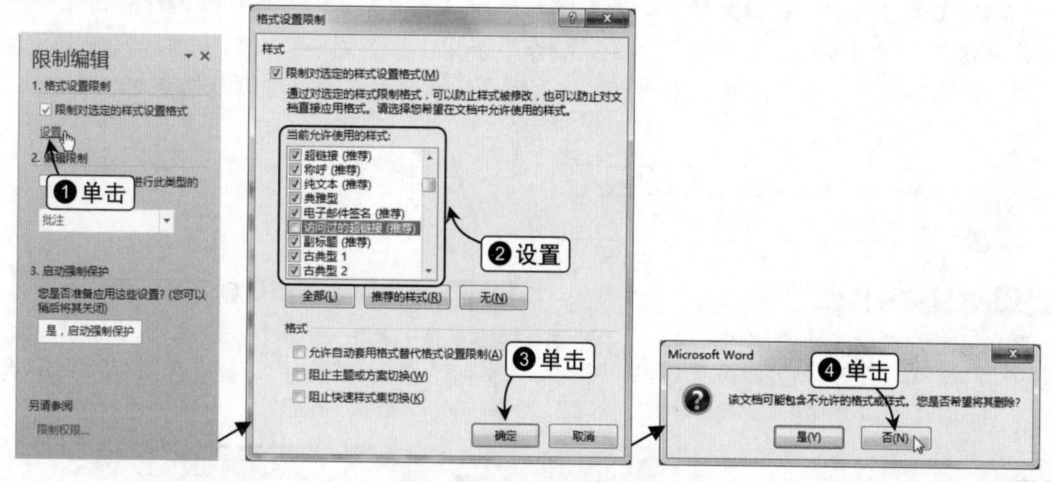

图4-32　设置限制编辑的格式

在返回的窗格中选中“仅允许在文档中进行此类型的编辑”复选框，并在其下拉列表中选择其他人在该文档中被允许的操作，如“批注”，如图4-33所示。然后单击“是，启动强制保护”按钮，在打开的对话框中输入密码即可，如图4-34所示。

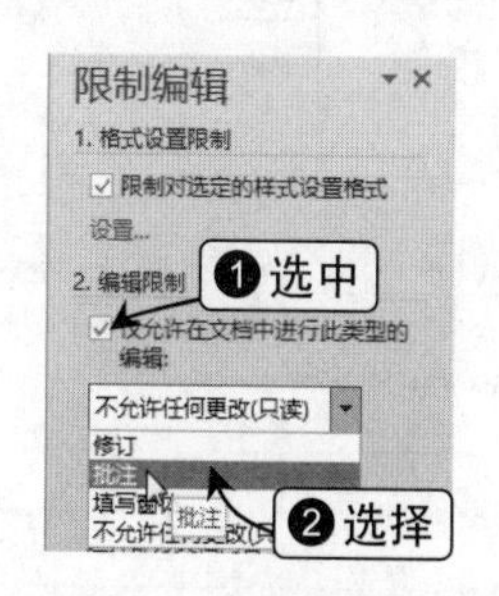

图4-33　设置允许的编辑操作

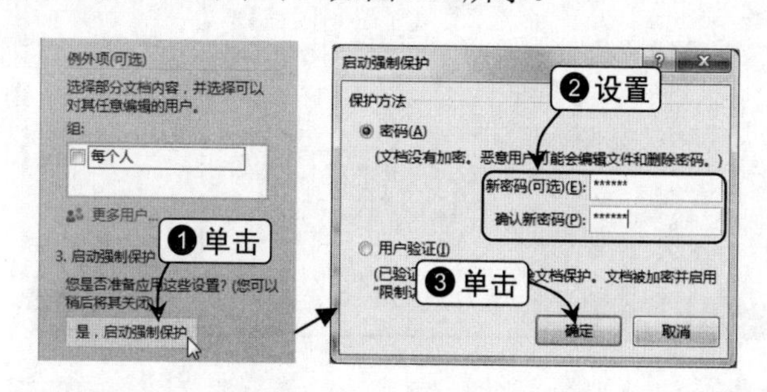

图4-34　启动强制保护

若要取消限制编辑权限，可以单击“限制编辑”窗格中的“停止保护”按钮，在打开的“取消保护文档”对话框中输入密码即可，如图4-35所示。

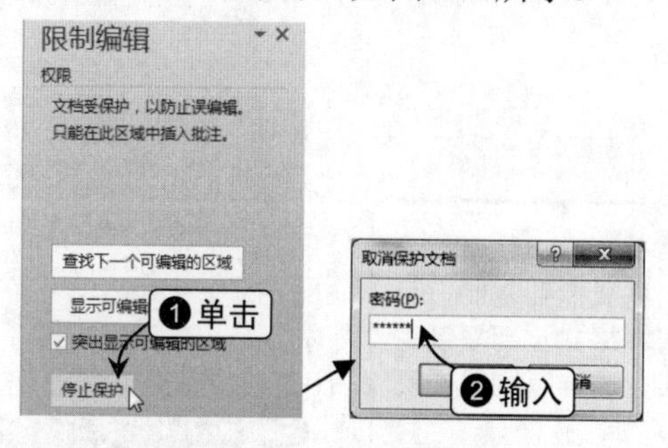

图4-35　取消限制编辑权限

办公演练　制作“茶文化节企划书”

本章主要介绍了在长篇文档中的各种编辑操作，学习本章内容后，要制作一份完整格式的企划书、合同等是很容易的，下面以制作“茶文化节企划书”文档为例，巩固学习为文档标题添加编号、设置标题大纲级别、插入目录、添加页眉和页脚以及加密文档等方法。

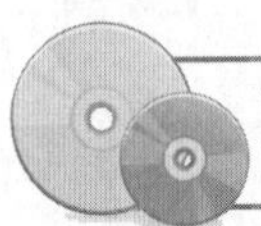

\素材\第 4 章\茶文化节企划书.docx、花.png
\效果\第 4 章\茶文化节企划书.docx

Step 01 设置编号格式

打开“茶文化节企划书”素材文件，选择“茶叶的功能”文本，在“段落”组中单击“编号”按钮右侧的下拉按钮，选择一种合适的编号样式。

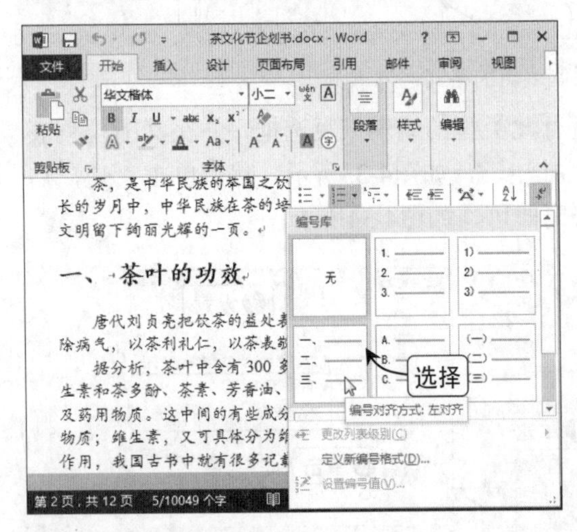

Step 02 设置文本大纲级别

在该标题上右击，选择“段落”命令，打开“段落”对话框，在“大纲级别”下拉列表中选择“1级”选项，单击“确定”按钮。

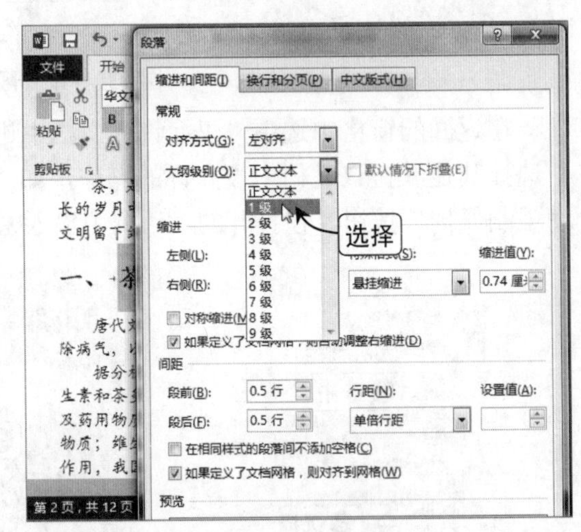

Step 03 复制文本格式

在“开始”选项卡的“剪贴板”组中双击“格式刷”按钮，通过拖动鼠标左键选择需要复制格式的文本，完成格式的复制后，再次单击“格式刷”按钮，退出该功能。

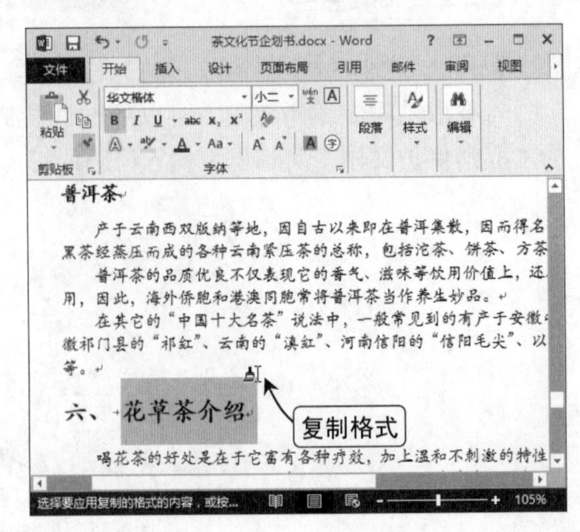

复制文本格式

若在一篇文档中有多种文本格式需要复制，可以使用格式刷功能将一种文本格式全部复制完成后，再复制另外一种格式，这样有利于提高工作效率。

Step 04 重新编号

由于附录与正文是两个不同的部分，所以需将附录中应用格式的标题重新编号。在“五”编号上右击，选择“重新开始于一”命令。

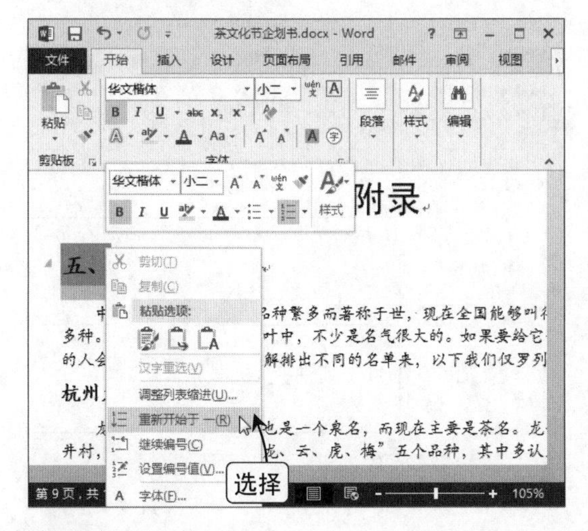

Step 05 设置其他标题的大纲级别

用上述方法，为居中的标题设置“1级”大纲级别，为字体为“四号”的小标题设置“2级”大纲级别，并为其添加合适的编号。

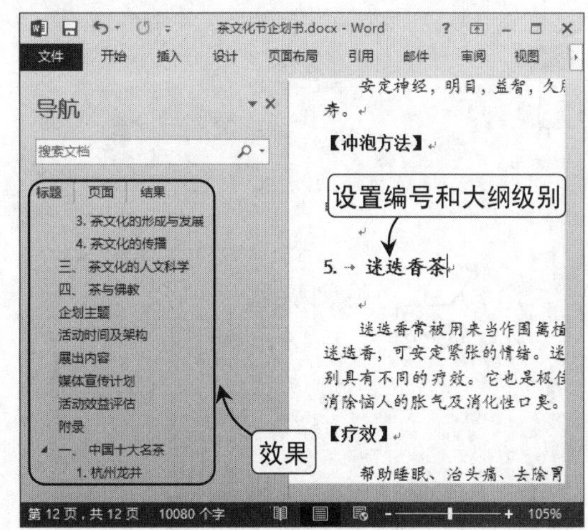

Step 06 插入目录

将文本插入点定位到“企划缘起”标题之前，切换到“引用”选项卡，单击“目录”按钮，选择“自动目录2”选项，然后在插入的域中将“目录”文本居中对齐。

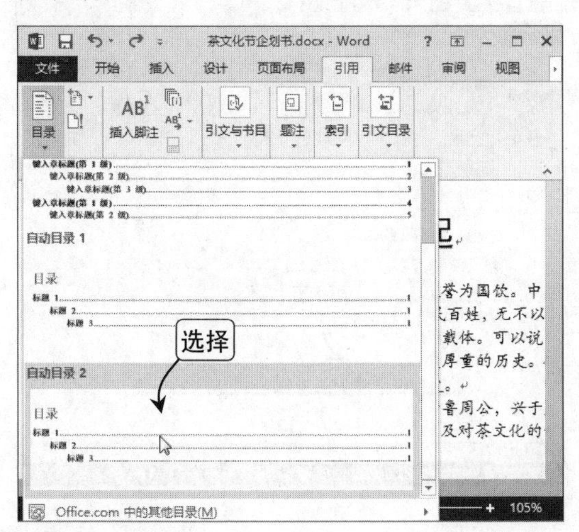

Step 07 使用分页符

保持文本插入点的位置不变，切换到“页面布局”选项卡，在“页面设置”组中单击“分隔符”按钮，选择“分页符”选项。

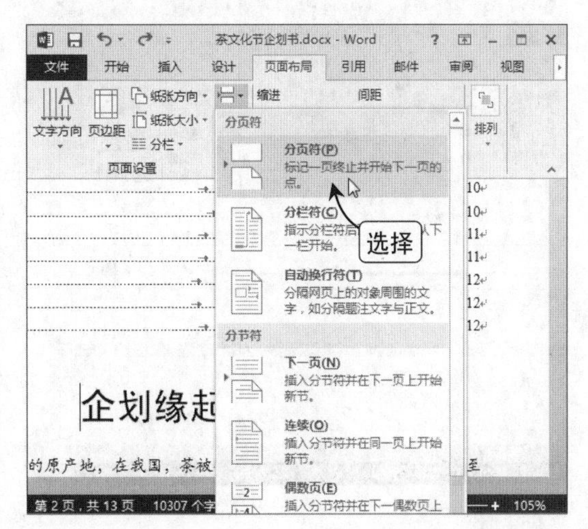

提示 Attention

分页符的使用

当文本或图形等内容填满一页时，Word 会插入一个自动分页符并开始新的一页。如果要在某个特定位置强制分页，可手动插入分页符，以确保章节标题总在新的一页开始。

Step 08 插入页眉

在任意页的版心上方双击，进入页眉和页脚编辑状态，在页眉中输入需要的文本，并为其设置合适的字体格式。

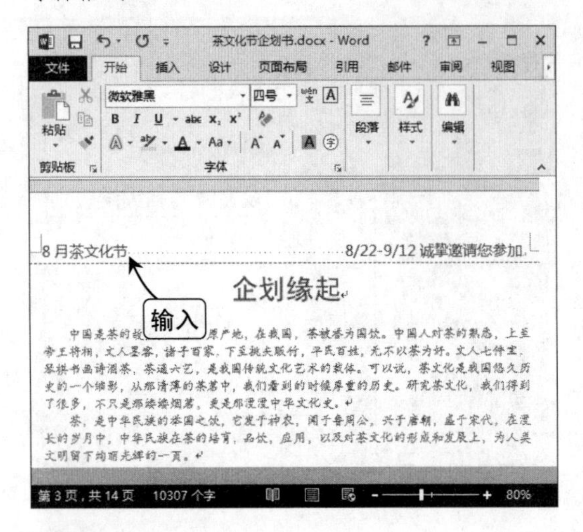

Step 09 插入页码

切换到“页眉和页脚工具 设计”选项卡，单击“导航”组中的“转至页脚”按钮，再单击“页码”按钮，在“页面底端”子菜单中选择“普通数字2”选项。

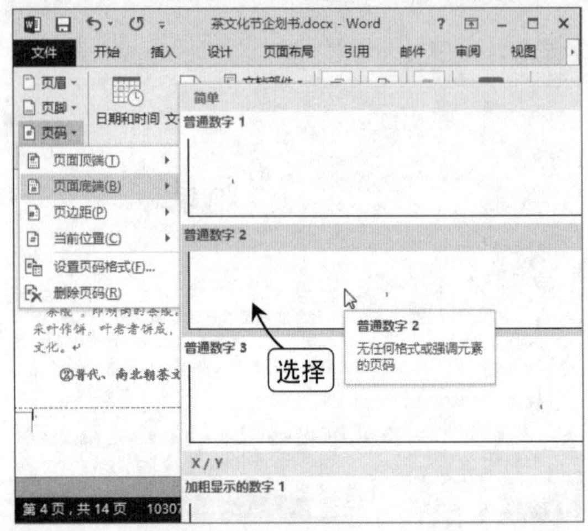

Step 10 插入图片

在“插入”组中单击“图片”按钮，在打开的对话框中选择“花”素材图片，再单击“插入”按钮，然后将图片的文字环绕方式设置为“浮于文字上方”。

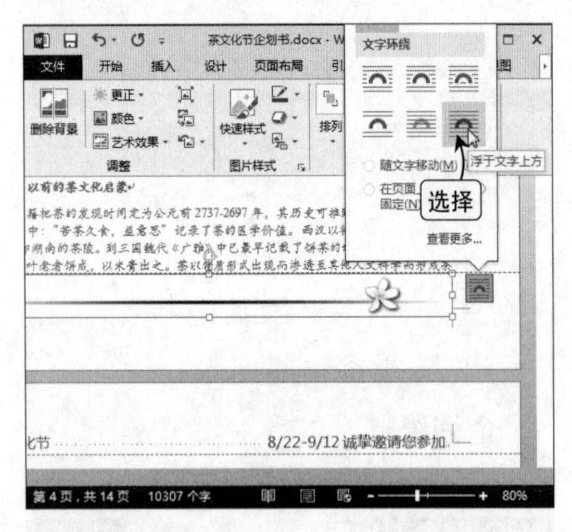

Step 11 设置图片格式

将图片拖动到合适位置，单击“调整”组中的“颜色”按钮，选择“设置透明色”选项，当鼠标光标变为✐形状时，在图片的白色背景上单击。

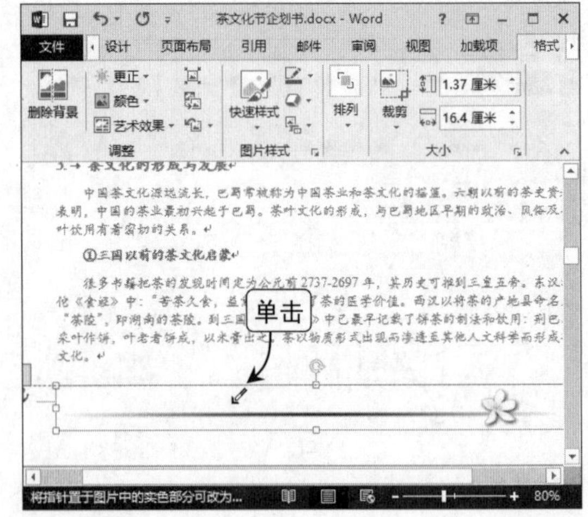

> **提示 Attention**
>
> **图形对象随文字移动**
>
> 布局选项库中有 6 种文字环绕方式，用户在选择任意一种文字环绕方式后，系统都会自动选中“随文字移动”单选按钮，当用户增减文档内容时，图形对象会随着文字移动，让其始终停留在用户需要的位置。

Step 12 设置页码格式

切换到“页眉和页脚工具 设计”选项卡，单击“页码”按钮，选择“设置页码格式”命令，在打开的对话框中选中“起始页码”单选按钮，在对应的数值框中输入“0”，再单击“确定”按钮。

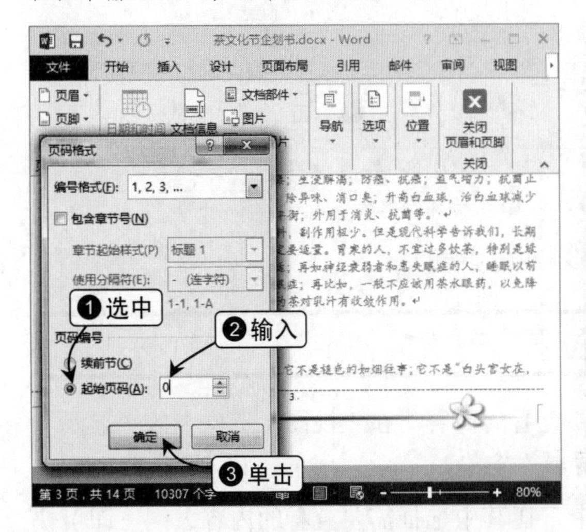

Step 13 加密文档

切换到“文件”选项卡，在“信息”选项卡中单击“保护文档”按钮，选择“用密码进行加密”命令，在打开的对话框中输入密码“123456”，并确认密码，完成本案例的最后操作。

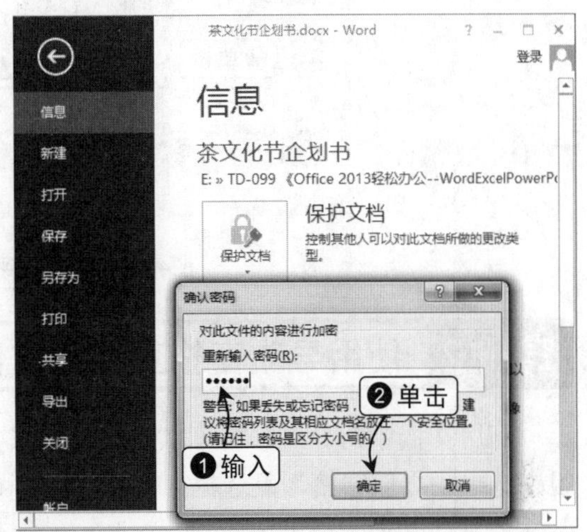

高效办公的诀窍

本章主要讲解了有关长篇文档的各种操作、通过邮件合并批量处理文档以及保护文档等操作，用户掌握了这些知识后，可以对长篇文档进行各种专业处理及美化操作。为了提高用户在处理文档时的速度，下面将列举几个提高办公效率的诀窍，供用户拓展学习。

窍门 1 通过超链接跳转到指定位置

Word 2013中的超链接可实现打开指定文件或网页、跳转到文档中指定位置、新建文件或启动电子邮件编辑程序等功能。

要使用超链接功能在同一篇文档中的不同位置建立“桥梁”，如超链接到文档的顶部、超链接到文档的某个标题或文档中的一个书签等，可进行如下操作。

在文档中选择对象后，切换到“插入”选项卡，单击“链接”组中的“超链接”按钮，打开“插入超链接”对话框，切换到“本文档中的位置”选项卡，在中间的列表框中选择要超链接到的位置，单击“确定”按钮即可，如图4-36所示。

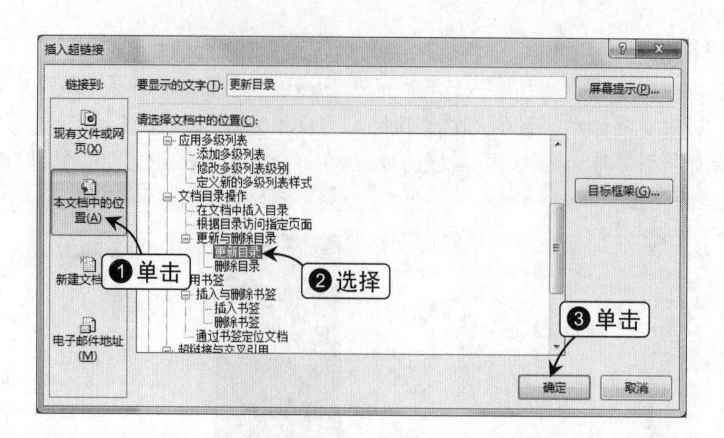

图4-36 超链接到文档中的指定位置

窍门 2 使用导航窗格查看指定位置

利用文档中的导航窗格可以快速选择需要查看的内容。在“视图”选项卡的“显示”组中选中“导航窗格”复选框，可以打开“导航”窗格。

在“导航”窗格中切换到“标题”选项卡，在其中选择需要查看的内容大纲，即可快速定位到指定的位置，如图4-37所示。

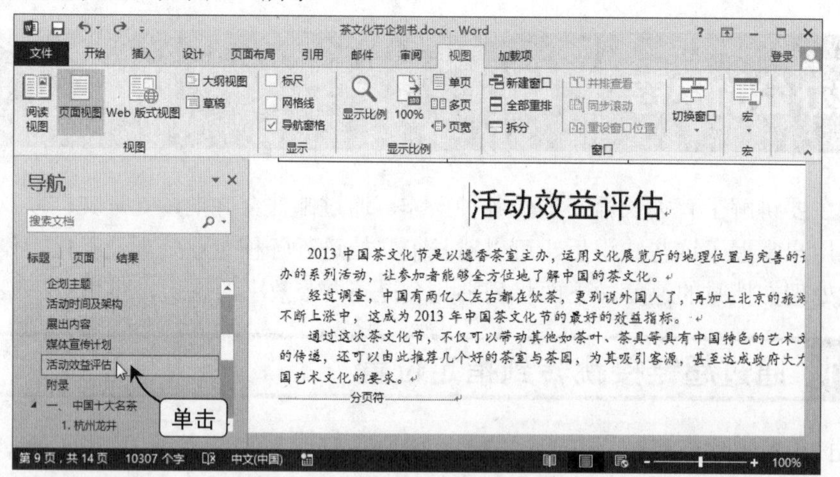

图4-37 通过“导航”窗格快速定位

提示 Attention

文本插入点的快速定位

在“导航”窗格中选中想要查看的文本内容大纲后，文本插入点将随之定位到选中的内容大纲中。

Chapter 5

Excel 商务表格数据的编辑与美化

××制造公司员工加班				
员工编号	员工姓名	所属部门	单位	小时工资
1001	杨娟	财务部	元	30
1002	李腈	行政部	元	30
1003	薛敏	生产部	元	30
1004	胡艳	技术部	元	30
1005	杨晓莲	行政部	元	30
1006	祝苗	生产部	元	30
1007	张同泰	生产部	元	30

加班记录表

平均值: 30 计数: 13 求和: 390

输入数据完善加班记录表

商品	分店	上半年销售额	下半年销售额
冰箱	一分店		
	二分店		
	三分店		
	四分店		
电视机	一分店		
	二分店		
	三分店		
	四分店		
微波炉	一分店		
	二分店		
	三分店		
	四分店		

自定义分店序列并快速填充数据

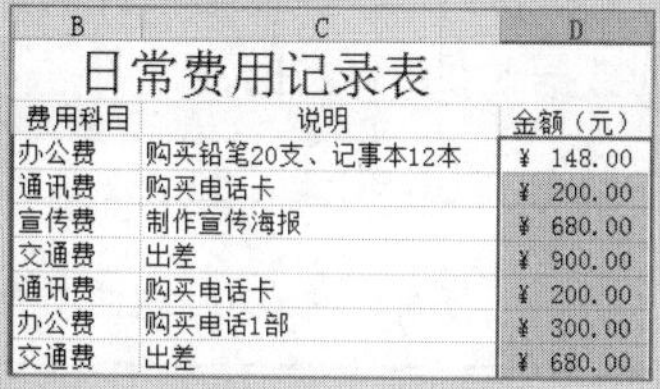

日常费用记录表		
费用科目	说明	金额（元）
办公费	购买铅笔20支、记事本12本	¥ 148.00
通讯费	购买电话卡	¥ 200.00
宣传费	制作宣传海报	¥ 680.00
交通费	出差	¥ 900.00
通讯费	购买电话卡	¥ 200.00
办公费	购买电话1部	¥ 300.00
交通费	出差	¥ 680.00

将费用数据设置为货币格式

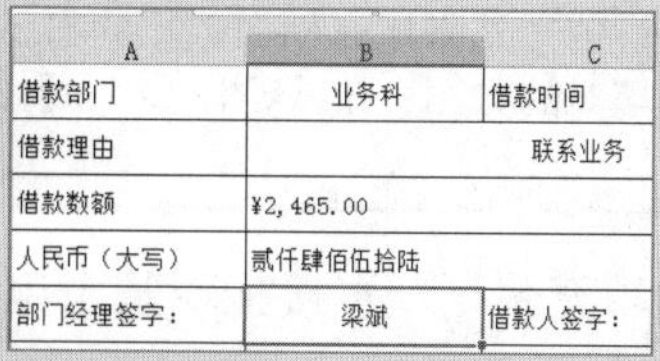

借款部门	业务科	借款时间
借款理由		联系业务
借款数额	¥2,465.00	
人民币（大写）	贰仟肆佰伍拾陆	
部门经理签字：	梁斌	借款人签字：

快速填充大写的借款金额

5.1 商务表格中数据的输入

快速填充有规律的数据，以及如何输入一些特殊数据

在制作表格的过程中，向表格中录入数据，是制作一张具有特殊功能的电子表格的前提条件，其录入方法比较简单，与在Word文档中录入数据的方法相同。

但是在Excel中，对于一些有规律的数据，以及特殊数据，需要采用特殊的方法来录入，下面分别进行详细介绍。

5.1.1 规律数据的输入

在Excel中，所谓有规律的数据，是指在某行/列输入相同数据、序列数据或者相等时间间隔的日期数据。在Excel 2013中，既可以通过控制柄填充规律数据，也可以通过对话框填充有规律的数据。

由于在某行或者某列指定单元格区域中输入有规律数据的方法相同，本节将通过在某列指定单元格区域中输入数据为例，详解介绍各种方法填充规律数据的方法。

1．使用控制柄在某列中填充规律数据

在Excel 2013中，使用控制柄（在工作表中选择一个单元格后，单元格的右下角会出现一个黑色的小方块，通常称为控制柄）填充相同数据是最快捷的一种方式，通过该控制柄填充的数据有3种情况，如图5-1所示。

填充字符数据	填充文本数据	填充数值数据
如果需要填充的数据是字符串数据，如BH1001，拖动控制柄填充的数据类似数值数据中的序列数据，BH1001、BH1002……	如果需要填充的数据是文本数据，如销售部门，拖动控制柄填充的数据为相同数据。	如果需要填充的数据是数值数据，如 2013001，拖动控制柄填充的数据类可以是相同数据，也可以是序列数据。

图5-1　拖动控制柄填充数据的3种情况

利用快捷键填充数据

通过快捷键的方式来填充相同数据的方法是：选择需要输入相同数据的单元格区域，输入需要填充的数据，按【Ctrl+Enter】组合键，即可在选择的单元格区域中填充相同的数据。

要想使用控制柄填充数据，直接拖动某个单元格的控制柄到目标位置即可。

下面以在“加班记录表”工作簿中使用快速填充员工编号、单位和小时工资数据为例，讲解使用控制柄填充数据的方法，其具体操作如下。

操作演练：输入数据完善加班记录表

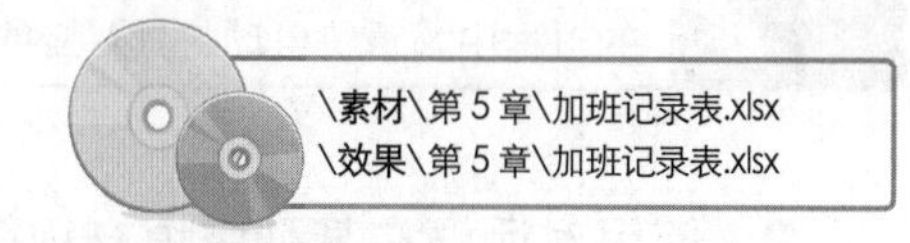

Step 01 输入数据并拖动控制柄

打开“加班记录表”素材文件，在B4单元格中输入“1001”，将鼠标光标移动到该单元格的控制柄上，当其变为**+**形状时，按住鼠标左键不放并向下拖动。

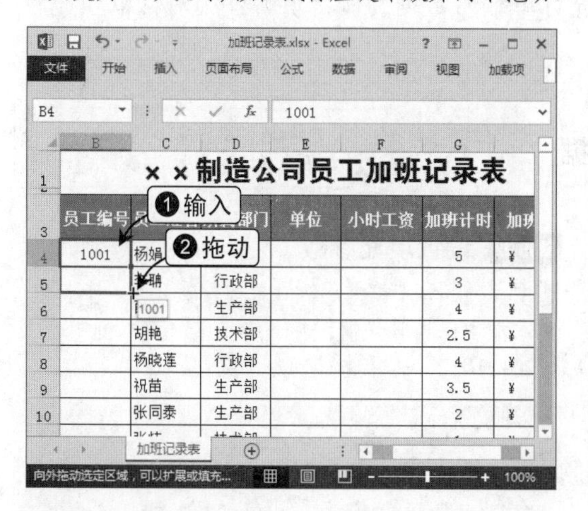

Step 02 填充员工编号数据

当拖动到目标位置时释放鼠标左键，在出现的“自动填充选项”标记中单击右侧的下拉按钮，选中“填充序列”单选按钮，完成序列数据的填充。

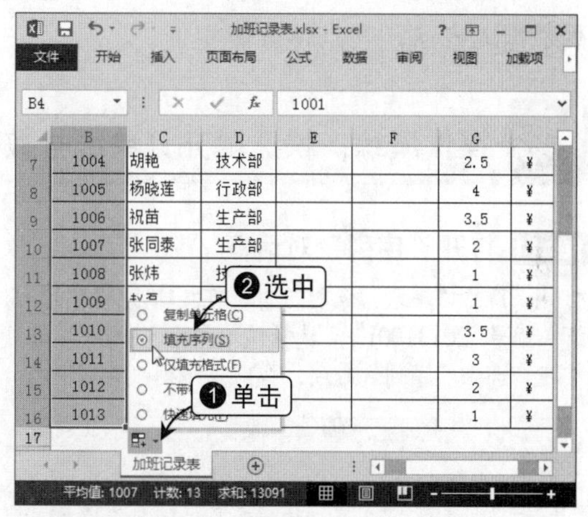

Step 03 填充单位数据

在E4单元格中输入“元”，将鼠标光标移动到该单元格的控制柄上，按住鼠标左键不放，将其拖动到E16单元格，释放鼠标左键，完成单位数据的填充。

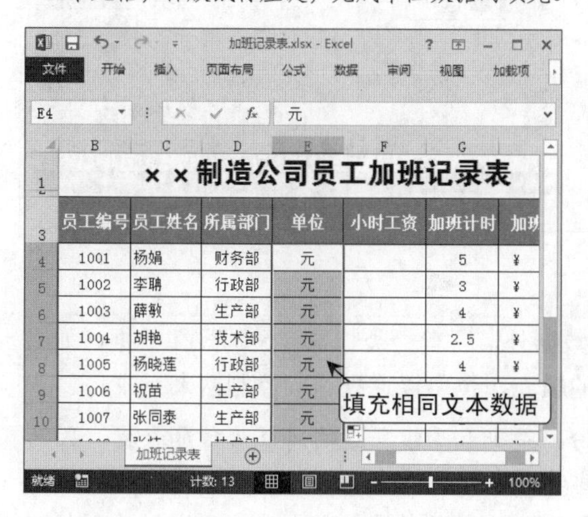

Step 04 填充小时工资数据

在F4单元格中输入“30”，将鼠标光标移动到该单元格控制柄上，按住鼠标左键不放，将其拖动到F16单元格，释放鼠标左键，完成小时工资数据的填充。

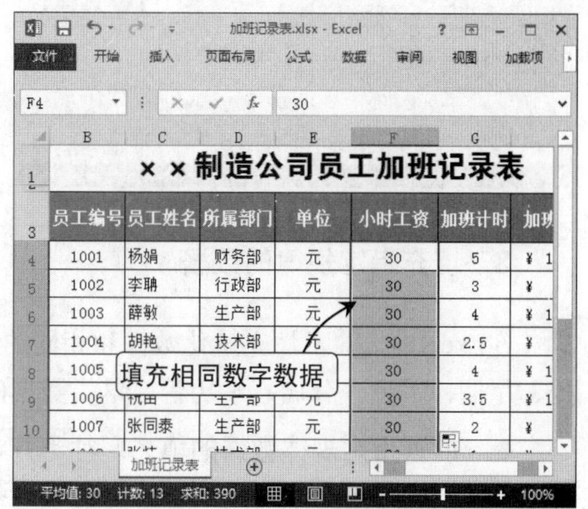

拖动控制柄也会复制单元格格式

利用控制柄填充相同数据的过程中，如果源数据单元格中被设置了单元格格式，则在填充的过程中，系统自动将其对应的单元格格式一并复制到其他单元格中。

2. 使用对话框在某列中填充规律数据

除了使用控制柄的方式来填充相同或有规律的数据，还可以使用“序列”对话框填充等差序列、等比序列、日期等有规律的数据。

下面以为“产品订单表”工作簿快速填充订单编号数据为例，讲解使用对话框填充序列数据的方法，其具体操作如下。

操作演练：快速填充订单编号数据

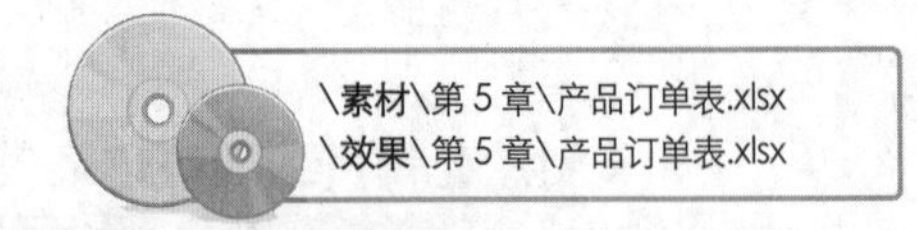

Step 01 打开“序列”对话框

打开“产品订单表”素材文件，在A3单元格中输入订单编号“20131001”后选择该单元格，单击“填充”按钮，选择“序列”命令，弹出“序列”对话框。

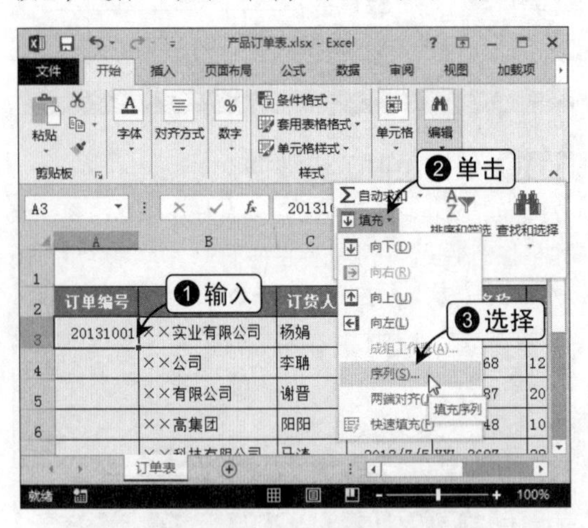

Step 02 设置填充参数

选中“列”和“等差序列”单选按钮，在“步长值”文本框中保持默认值，在“终止值”文本框中输入“20131012”，单击“确定”按钮。

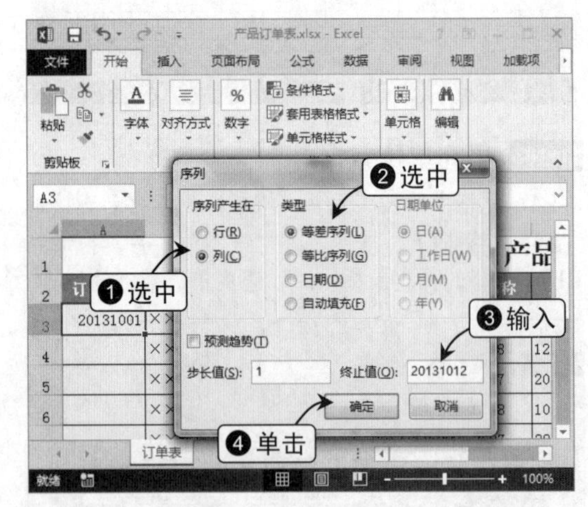

3. 填充指定规律的数据

在Excel中，除了填充量化数据和相同的数据外，还有一类特殊含义的规律数据，如月份、星期、季度、分店、学历等，这类数据的填充，也可以通过拖动控制柄来完成。

- **内置指定规律数据的填充**：对于月份、星期和季度等这类特殊规律的数据，因为系统的序列中内置了不同格式的这些特殊序列，可通过拖动的方式直接填充数据。例如，要输入一月至十二月，可先在第 1 个单元格中输入一月，再通过拖动控制柄的方式填充至第 12 个单元格中完成数据的输入，如图 5-2 所示。

图5-2　快速填充内置的特殊序列数据

- **自定义指定规律的序列**：系统内置的数据只有常见的几种类型，对于很多其他特殊的序列的规律数据都不能直接填充，需要用户自定义序列后，才能识别这些序列，其操作是通过“Excel 选项”对话框打开“自定义序列”对话框，通过该对话框进行自定义序列后，再进行填充。

下面以在“产品销量汇总”工作簿中填充分店数据为例，讲解自定义指定规律的序列数据和填充该类型数据的方法，其具体操作如下。

操作演练：快速填充分店数据

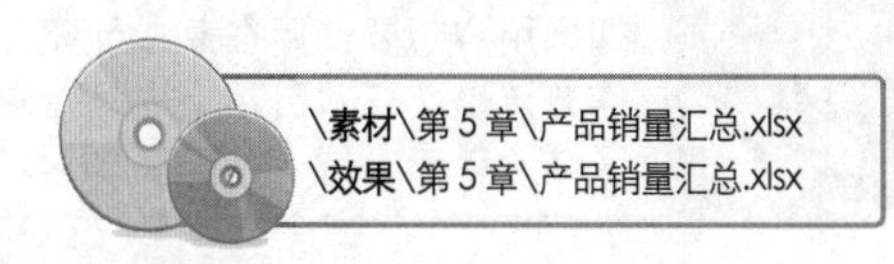

Step 01 打开“Excel 选项”对话框

打开“产品销量汇总”素材文件，打开“Excel选项”对话框，单击“高级”选项卡，单击“编辑自定义列表”按钮。

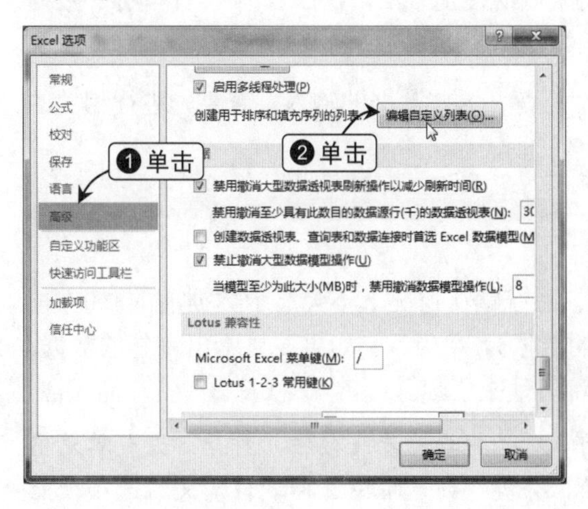

Step 02 自定义序列

打开“自定义序列”对话框，选择“新序列”选项，在“输入序列”文本框中输入“一分店,二分店,三分店,四分店”，单击“添加”按钮。

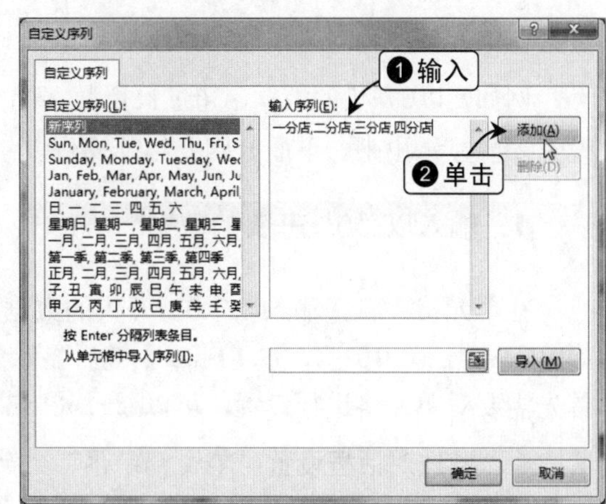

Step 03 确认自定义的序列

单击“确定”按钮，关闭“自定义序列”对话框，在返回的“Excel选项”对话框中单击“确定”按钮关闭该对话框。

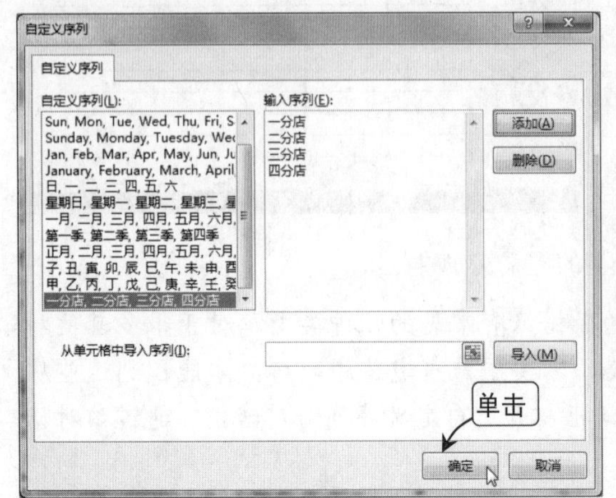

Step 04 填充自定义的序列

在工作表的B2单元格中输入“一分店”，拖动控制柄到B13单元格，程序自动按“一分店,二分店,三分店,四分店”顺序重复填充数据。

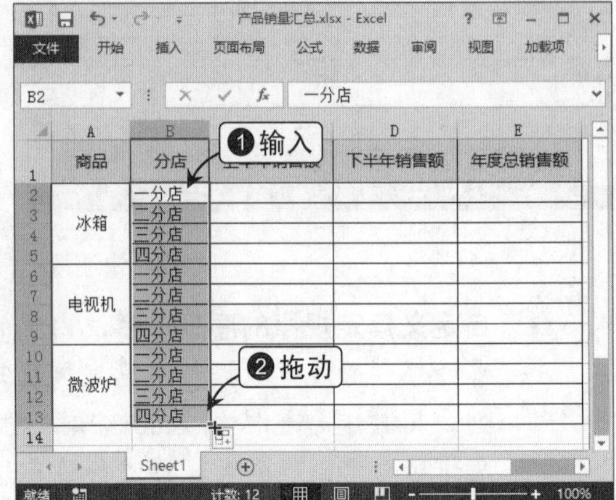

提示 Attention

从单元格中导入序列

如果用户想要使用在某单元格区域中的内容作为序列，也可将其导入自定义序列中。其操作方法是：在“自定义序列”对话框中，在“从单元格中导入序列”文本框中选择单元格区域，单击“导入”按钮即可。

5.1.2 特殊数据的输入

5.1.1节介绍的知识是为了提高工作效率而采取的便捷方法。在Excel中，有些特殊数据直接在单元格中输入是不能得到想要的结果。

例如，以0开头的数据、超过11位数字的数据等，这些数据的输入，需要先进行相关的设置才能显示出来。下面分别介绍其操作。

1. 输入以“0”开头的数据

在单元格中直接输入以“0”开头的数据，系统默认情况下不会显示数据前的“0”，如输入数据“00101”，按【Enter】键后显示的数据为“101”。如果要显示出完整的数据，首先需要对单元格进行设置，可以通过如下3种方法来实现。

◆ **通过对话框设置**：单击“字体”组的“对话框启动器”按钮，打开“设置单元格格式”对话框，在“数字”选项卡的“分类”列表框中选择“自定义”选项，然后在右侧的“类型”文本框中输入与数据的位数个数相等的“0”，如需要输入的编号数据有 5 位，则输入“00000”，如图 5-3 所示，完成后单击“确定”按钮，在返回的工作表的设置单元格中输入相应的数据即可。

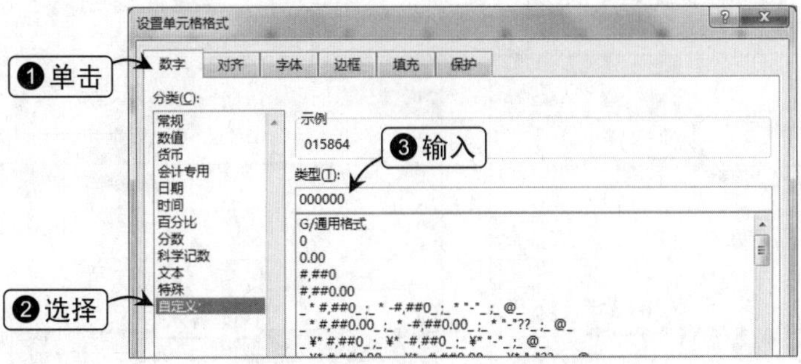

图5-3　通过对话框设置数字的位数

◆ **以文本方式设置**：在“开始”选项卡的“数字”组中单击下拉列表框右侧的下拉按钮，选择“文本”选项，即可在单元格中输入以“0”开头的数字。不过，使用此方式输入的数字将作为文本显示，不能参加数学计算。

◆ **添加单引号输入**：在输入数字前先输入英文状态下的单引号“'”，然后再输入数字，这种方法也可以使以“0”开头的数字显示出前面的“0”，但使用此种方法输入的数字为文本数据，无法参与到数学计算中。

2．输入超过 11 位的数字数据

在工作表的单元格中输入超过11位的数，单元格将不能直接显示输入的数据，如输入“111000000000”，按【Enter】键后显示的数据为“1.11E+11”，想要输入的长数据能直接显示，可通过以下3种方法输入数据。

◆ **添加单引号输入**：选择单元格，先输入一个英文状态下的单引号“'”，再输入 11 位以上数字。

◆ **通过格式设置**：选择单元格，输入数据后按【Enter】键，再在“开始”选项卡的“数字”组的下拉菜单中将该单元格的格式设置为“数字”，如图 5-4 所示，如果不需要小数位数，直接单击“减少小数位数”按钮。

图5-4　通过改变数据类型输入超过11位的数字数据

◆ **以文本方式设置**：选择单元格，在“开始”选项卡的“数字”组中单击下拉列表框右侧的下拉按钮，选择“文本”选项，然后再输入数据，如图 5-5 所示。

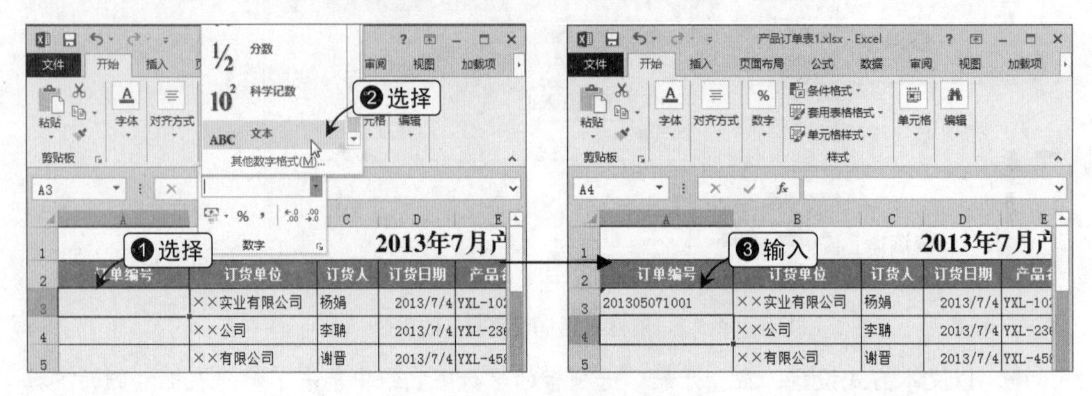

图5-5　将单元格设置为文本格式

5.2 单元格的基本操作

单元格的合并、拆分以及行高和列宽的调整

单元格的基本操作是用户在工作表中处理数据时必须掌握的基础操作，在各种基本操作中，以单元格的合并、拆分以及行高和列宽的调整显得尤为重要。它们主要是在设计和制作表格结构时使用。下面分别进行介绍各种操作的具体内容。

5.2.1 合并与拆分单元格

在Excel中，可以将多个单元格合并为一个单元格，也可将一个合并的单元格拆分为多个单元格，通常在制作表格标题或者表头时，经常会使用到这两种操作。

1. 合并单元格

要合并多个单元格，可以选择单元格区域后，在“开始”选项卡的“对齐方式”组中单击“合并后居中”下拉按钮，在弹出的下拉列表中选择相应的选项即可，如图5-6所示。

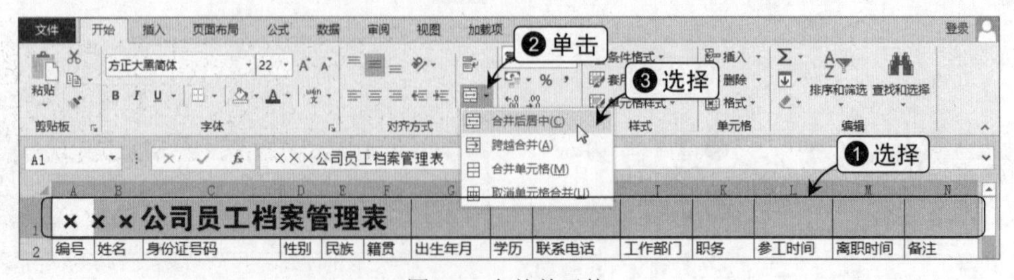

图5-6　合并单元格

在合并单元格下拉列表中有3种合并单元格方式，即“合并后居中”、“跨越合并”、“合并单元格”，各选项的具体作用如图5-7所示。

合并后居中

对选择的单元格区域进行合并，其中的文本将在单元格中居中显示。

跨越合并

对选择的多行多列单元格区域以行为单位将多列合并一列，相邻行不合并。

合并单元格

对选择的单元格进行合并，其中的数据内容保持默认对齐方式。

图5-7　各种合并方式的具体作用

各种合并方式的具体效果如图5-8所示。

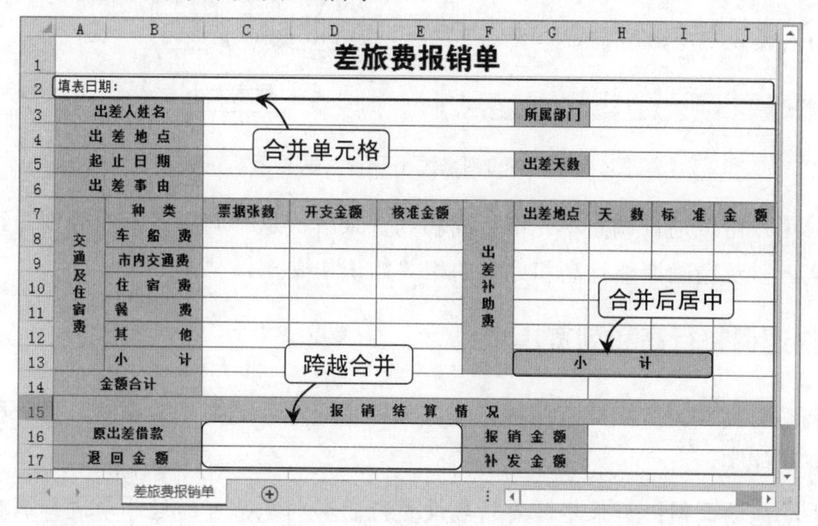

图5-8　各种合并方式的效果

2. 拆分单元格

对单元格进行合并后，还可以将合并的单元格进行拆分，拆分的方法有以下两种。

- **通过命令拆分：**在“开始”选项卡的“对齐方式”组中单击“合并后居中”下拉按钮，在弹出的下拉菜单中选择“取消合并单元格”命令即可。
- **通过按钮拆分：**单击“合并后居中”按钮也可以将合并的单元格进行拆分。

但是需要注意的是，对单元格进行拆分时，工作表中默认的单个单元格是不能进行拆分的，因为它是最小的单元。

5.2.2 设置单元格的行高和列宽

在Excel中，电子表格行高和列宽的单位不是以mm或cm表示，二者有各自的单位，其中行高所使用单位为磅，列宽使用单位为1/10英寸。当默认单元格中输入的数据过多时，系统将不能完整显示，如图5-9所示。

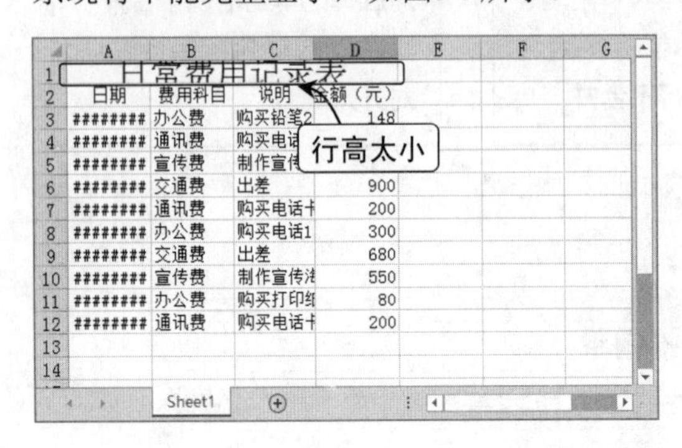

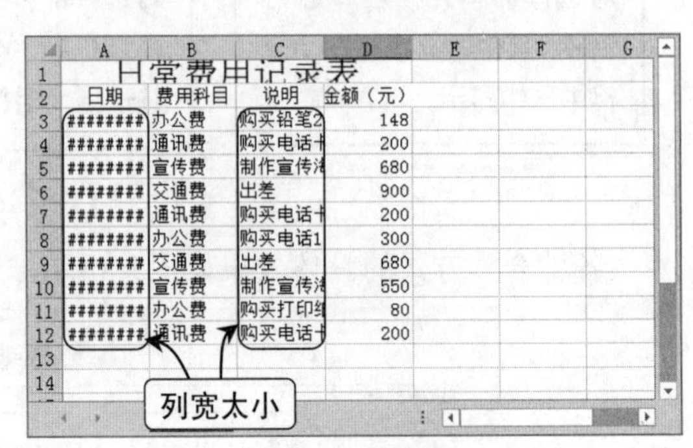

图5-9　行高和列宽过小导致数据显示不完整

此时，用户可以通过调整单元格行高和列宽来解决这个问题，下面分别介绍快速调整行高和列宽，以及精确调整行高和列宽的相关知识和操作。

1．快速调整行高和列宽

快速调整行高和列宽主要有两种方法，一种是通过手动拖动来调整，另一种是通过程序自动调整功能实现。

◆ **手动拖动调整**：如果不需要精确设置行高和列宽，可通过手动进行调整。其操作方法为：将鼠标光标移动到需要调整单元格行高（或列宽）的行标记（或列标记）上，当鼠标光标变为╪形状（或✛形状）时，按住鼠标左键不放进行拖动即可，如图 5-10 所示。

图5-10　手动调整行高和列宽

◆ **程序自动调整**：自动调整是系统根据单元格中输入的内容将其调整至能完全显示数据的状态，其操作方法为：选择需要自动调整行高或者列宽的单元格区域，在“开始”选项卡的“单元格”组中单击“格式”下拉按钮，在弹出的下拉列表中选择“自动调整行高”或“自动调整列宽”选项即可，如图 5-11 所示。

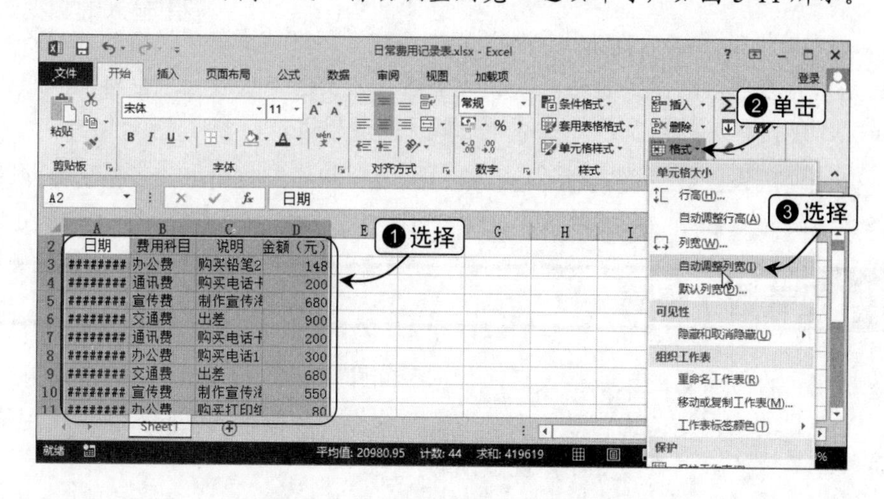

图5-11　自动调整单元格行高和列宽

2. 精确调整行高和列宽

在Excel 2013中，如果要精确调整单元格的行高或列宽，就需要使用“行高”或者“列宽”对话框来设置。

其具体操作是：选择单元格或单元格区域，在“格式”下拉菜单中选择“行高”或“列宽”命令，打开“行高”或“列宽”对话框，在其中即可精准设置行高与列宽的值，如图5-12所示。

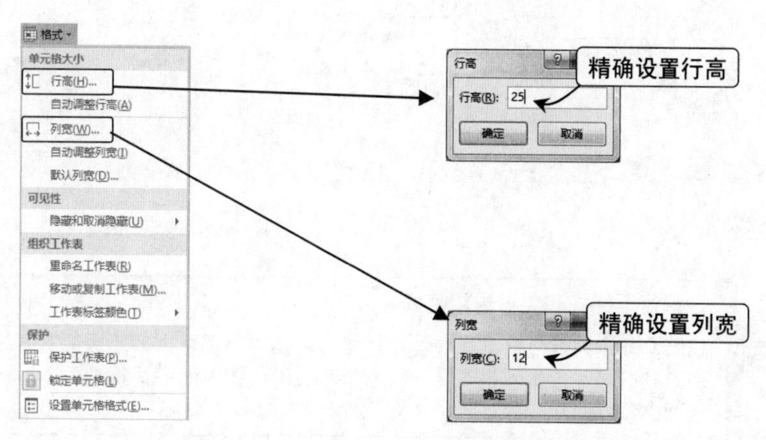

图5-12　精确设置单元格行高和列宽

5.3 设置单元格格式

通过设置单元格的数字格式、边框和底纹效果，让表格更体现专业性

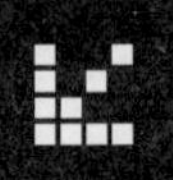

在Excel中输入的数据都有其默认的常规类型或者日期格式等，表格的外观效果也比较单一，但是一张专业性的商务表格，在其数字格式和表格外观效果上也有很高的要求，例如金额数据不能是单纯的数字，外观不能是默认的效果等。

下面介绍通过设置数字格式和为单元格设置边框和底纹效果来让表格更专业的相关知识和操作。

5.3.1 设置数字格式

在表格中，设置合适的数字格式后，数据瞬间即变得有实际意义了，与实际情况也更贴近了，最明显的应用是：销售额、实发工资等这类与金额相关联的数据，使用货币格式或者会计专用格式的数据类型更能体现金钱的含义。

下面具体介绍使用内置的数字格式与自定义数字格式的相关知识。

1. 使用内置的数字格式

对于输入好的数据，如果要快速更改其数据格式，可以在“数字”组的“常规”下拉菜单中选择选项进行更改，如图5-13所示。

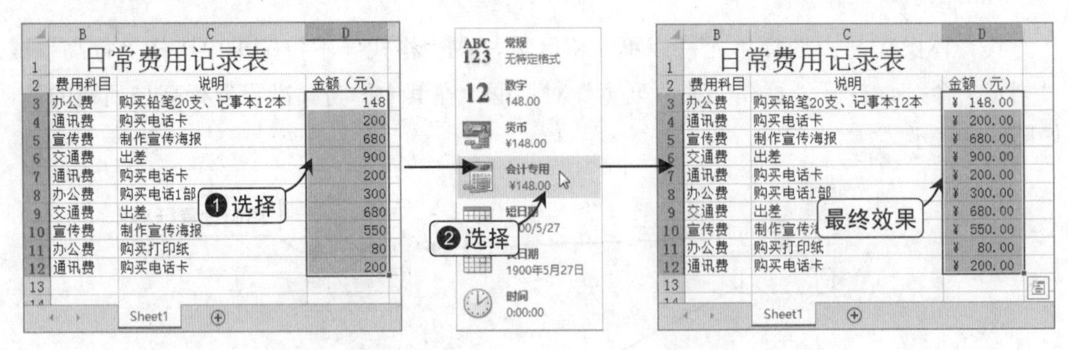

图5-13 通过“常规”下拉菜单更改数字格式

提示 Attention

认识货币格式和会计专用格式

在 Excel 中，货币格式和会计专用格式数据类型都可以表示金额数据，二者没有本质的区别，其不同是：货币格式用于表示一般货币数值，而会计格式可以对一列数值进行货币符号和小数点的对齐。

如果“常规”下拉菜单中没有需要的数字格式，还可以打开“设置单元格格式”对话

框，在“数字”组的“分类”列表框中选择类型，然后在右侧显示的对应界面中设置具体格式。

下面以在“借款单”工作簿中快速填充大写借款金额为例，讲解通过“设置单元格格式”对话框设置数字格式的方法，其具体操作如下。

操作演练：快速填充大写的借款金额

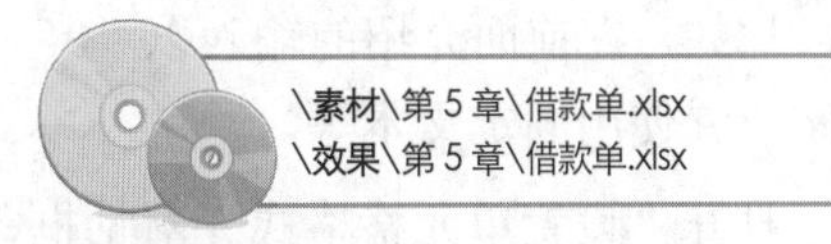

Step 01 单击“对话框启动器”按钮

打开“借款单”素材文件，选择B5单元格，单击“数字”组的“对话框启动器”按钮。

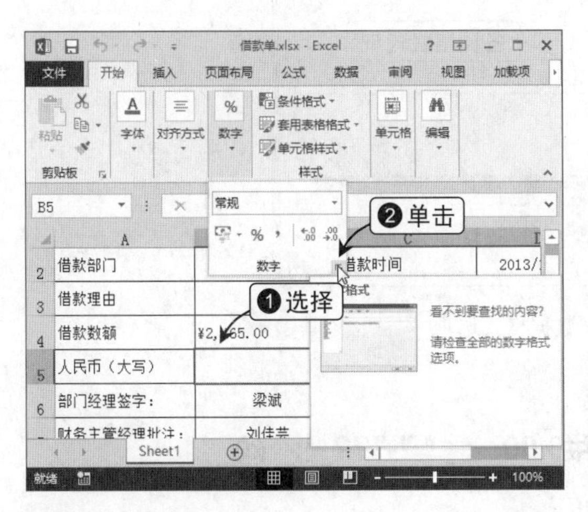

Step 02 选择数字格式

打开“设置单元格格式”对话框，选择“特殊”分类，在右侧选择“中文大写数字”选项，单击“确定”按钮。

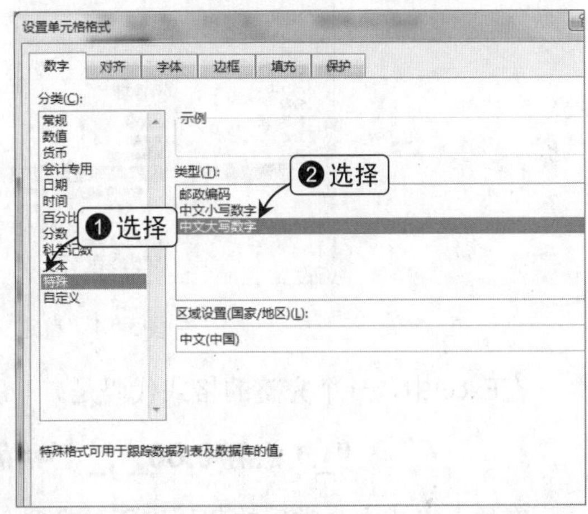

Step 03 输入数据

在返回的工作表的B5单元格中输入借款金额的数字合计，这里输入“2456”。

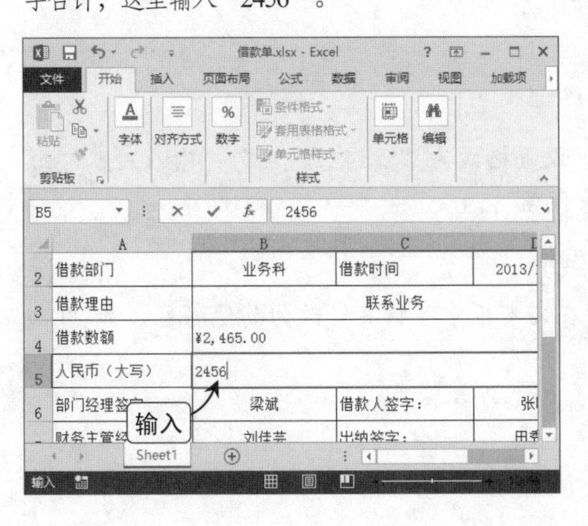

Step 04 查看转换效果

按【Enter】键确认输入的数字数据，此时程序自动将输入的数字转换为对应的大写数字。

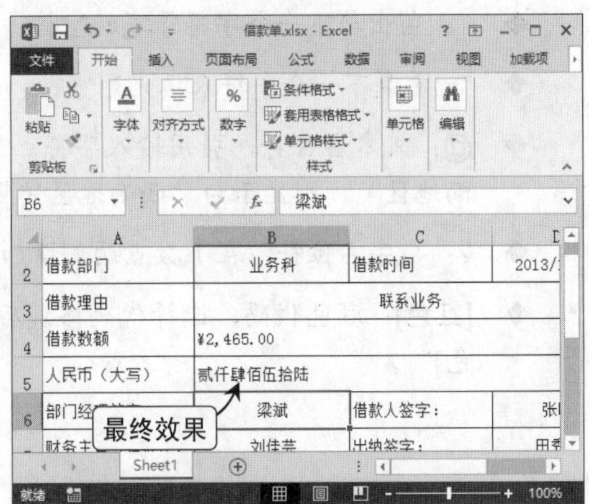

2. 自定义数字格式

除了可以选择更改数据的类型，Excel还提供了用户自定义数据格式的功能。只要使用内置的代码组成的规则，用户可设置数据的任何显示格式。

比如，在前面介绍的输入以“0”开始的编号数据；确定一种个性的日期显示方式；在固定位置使用固定文本等。

打开“设置单元格格式”对话框，在“分类”列表框中选择“自定义”选项，通过右侧“类型”列表框可以看到各种代码，如图5-14所示。

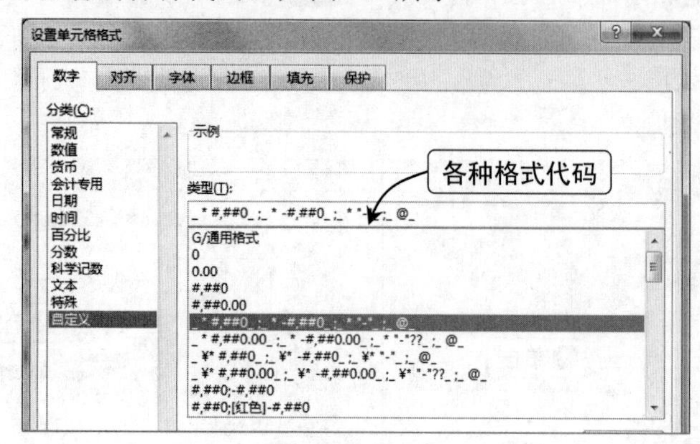

图5-14　自定义数据格式选项

在Excel中，一个完整的格式代码是：

“_ * #,##0.00_ ;_ * -#,##0.00_ ;_ * "-"??_ ;_ @_”

在如上格式中，常用的代码表示的含义如下。

◆ #：数字占位符，表示只显示有效数字。

◆ 0：数字占位符，当数字比代码的数量少时，显示无意义的0。

◆ _：留出与下一个字符等宽的空格。

◆ *：重复下一个字符来填充列宽。

◆ @：文本占位符，引用输入字符。如设置格式为“@销售代理”，输入文本“西南地区”，则显示为“西南地区销售代理”。

◆ ?：数字占位符，在小数点两侧增加空格。

◆ [红色]：颜色代码，选择代码格式后在文本框中可将其修改为其他颜色，如“[绿色]”。

其他代码表示的含义

在自定义的类型中，“G/通用格式”代码表示对数据不设置任何格式，按原始输入显示。其中还有其他几个简单含义的代码，如“.”表示“小数点”，“,”表示“千位分隔符”，“%”表示“百分数”，“E”表示“科学计数符号”。

另外一些是用于日期和时间格式的专用类型，其中表示日期的“y”代表“年”，“m”代表“月”，“d”代表“日”；表示时间的“h”代表“小时”，“s”代表“秒”，“AM/PM”表示以 12 小时制显示时间。

5.3.2 设置单元格的边框与底纹

在Excel中，默认情况下，表格中显示的网格线不能打印，如果要让制作的商务表格的结构和数据记录更清晰，可以为单元格设置边框和底纹效果，从而把表格分成经络清楚的行、列或单元格区域。

1. 设置边框

为单元格设置的边框效果可以通过迷你工具栏、“字体”组或“设置单元格格式”对话框的“边框”选项卡3种方式进行。

◆ **通过迷你工具栏：** 在单元格中右击，弹出的迷你工具栏中有一个“边框”按钮，单击该按钮右侧的下拉按钮，在如图 5-15 所示的下拉菜单中选择所需的命令即可为选中单元格或单元格区域添加相应的边框。

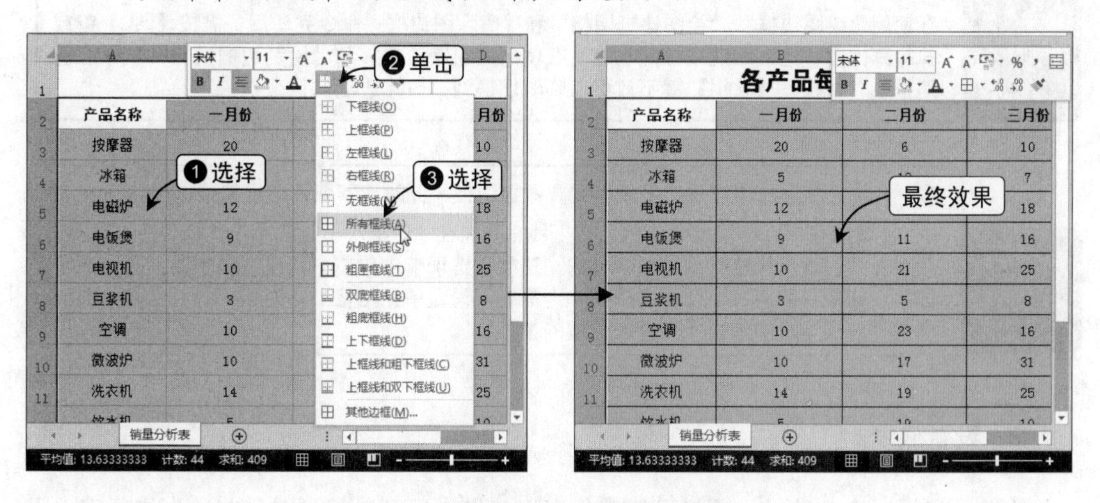

图5-15　通过迷你工具栏添加边框

◆ **通过字体组：** 在“字体”组中单击“边框”按钮右侧的下拉按钮，在弹出的下拉菜单中不仅包括迷你工具栏中“边框”下拉菜单中的所有命令，还包括手动绘制边框、设置边框颜色和线型等命令，如图 5-16 所示。

◆ **通过对话框：** 通过“设置单元格格式”对话框中的“边框”选项卡不仅可以一次

性对边框的颜色和线型进行设置，还可以在“边框”栏中单击对应的按钮，自定义要添加哪些边框，如图 5-17 所示。

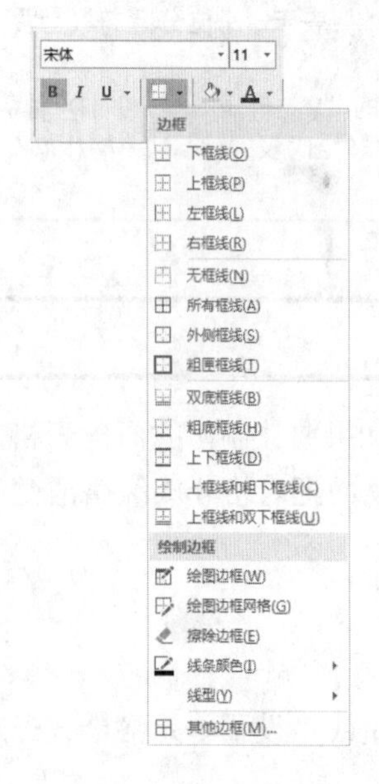

图5-16 “字体”组中的边框下拉菜单

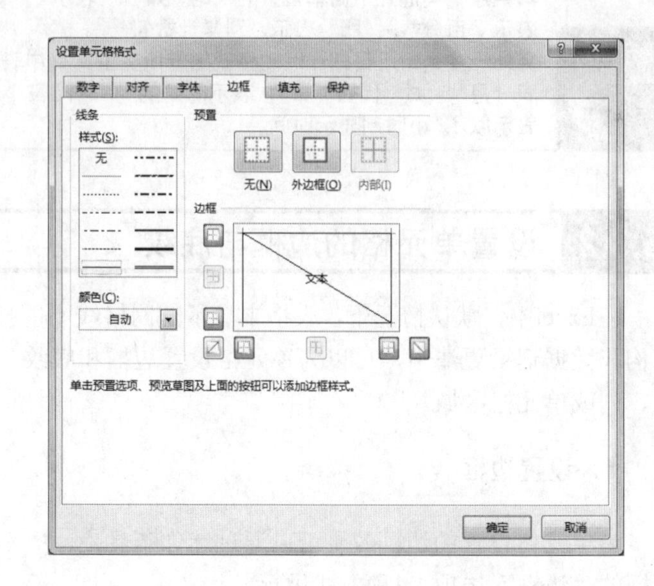

图5-17 通过对话框添加边框

绘制边框时的注意事项

在使用“绘图边框”、“绘图边框网格”和“擦除图边框”命令完毕后，需按【Esc】键或执行其他命令退出绘制或擦除状态，在使用“绘制边框”和“绘制边框网格”命令绘制边框线时，按住【Shift】键不放可以临时切换到“擦除边框”状态。

Q：为单元格添加边框后，发现不需要添加边框，此时如何取消单元格边框呢？

A：要取消在单元格区域添加的所有框线，只需在“边框”下拉菜单中选择“无边框”选项或在“设置单元格格式”对话框的“边框”选项卡中单击“预置”栏中的“无”按钮即可。如果只取消某个位置的框线，则需在“设置单元格格式”对话框的“边框”选项卡的“边框”栏中单击代表相应位置的按钮。

2. 设置底纹

为单元格设置底纹效果，不仅可以美化表格效果，还可以起到对某些数据进行突出显示的作用。

在Excel中，可以对单元格进行3种效果的底纹设置，分别是纯色填充、图案填充和渐变填充，下面分别进行详细介绍。

◆ **纯色填充**：纯色填充即使用一种颜色填充整个单元格，选择的颜色是什么效果，填充单元格后的颜色就是什么效果，在迷你工具栏或者“字体”组中单击“填充颜色”按钮，在弹出的下拉菜单中选择一种颜色，或者在“设置单元格格式”对话框的“填充”选项卡中选择所需的颜色，都可以实现纯色填充的操作，如图 5-18 所示。

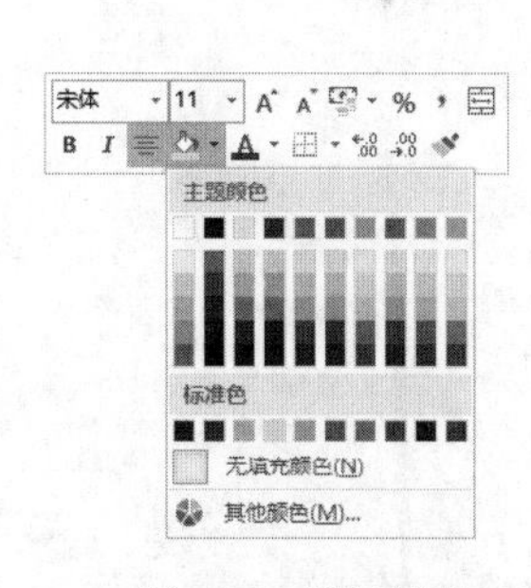

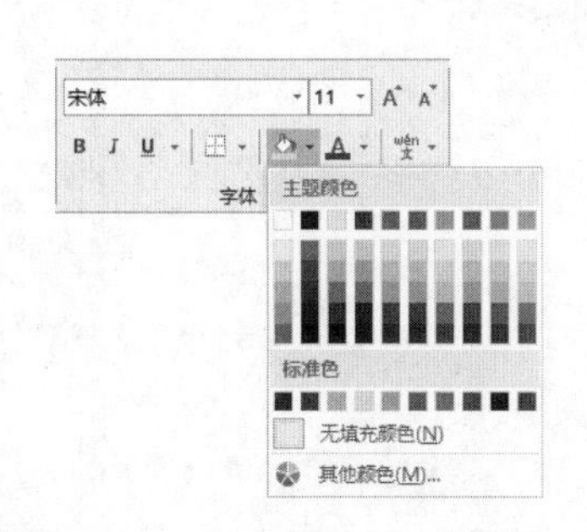

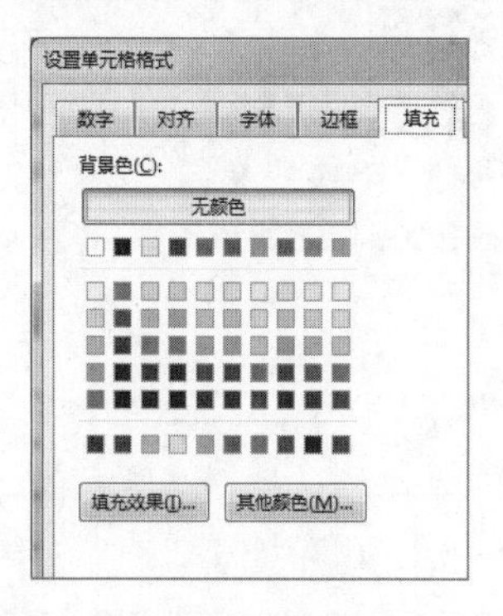

图5-18　通过迷你工具栏（左）、“字体”组（中）和对话框（右）设置纯色填充

技巧 Skill

自定义更多颜色

如果这两栏中提供的颜色不能满足用户的需要，可以在该菜单中选择“其他颜色”命令，打开“颜色”对话框，默认显示“标准”选项卡，如图 5-19（左）所示，该选项卡中提供了 256 种颜色供选择。如果切换到“自定义”选项卡中，还可以自定义更加丰富的颜色，如图 5-19（右）所示。

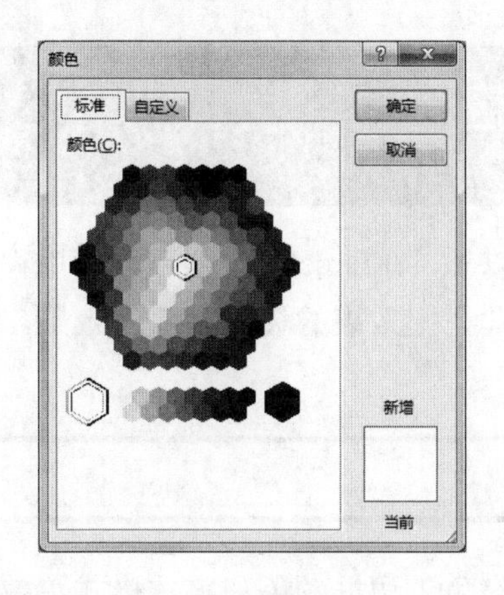

图5-19　通过“标准”选项卡和“自定义”选项卡选择更多颜色

◆ **图案填充**：在“设置单元格格式”对话框的“填充”选项卡中，在“图案样式”下拉列表框中选择图案，并在“图案颜色”下拉列表框中设置图案的颜色，则可填充带图案的底纹，如图 5-20（左）所示。

◆ **渐变填充**：在“设置单元格格式”对话框的“填充”选项卡中单击“填充效果”按钮，在打开的“填充效果”对话框中选择两种颜色，可设置渐变填充底纹，如图 5-20（右）所示。

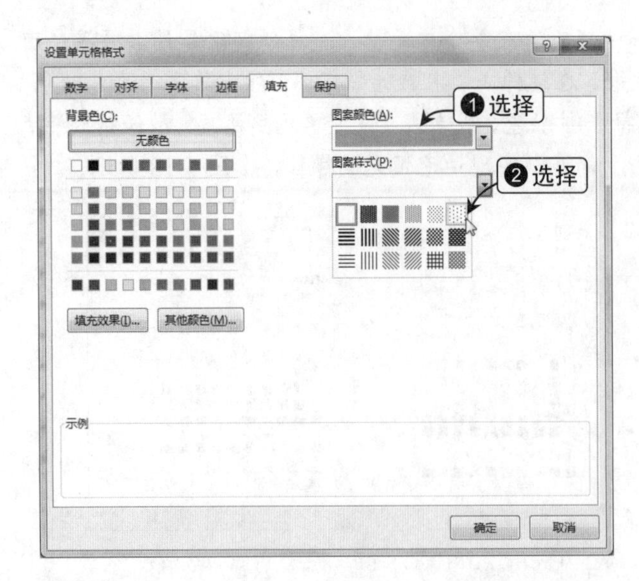

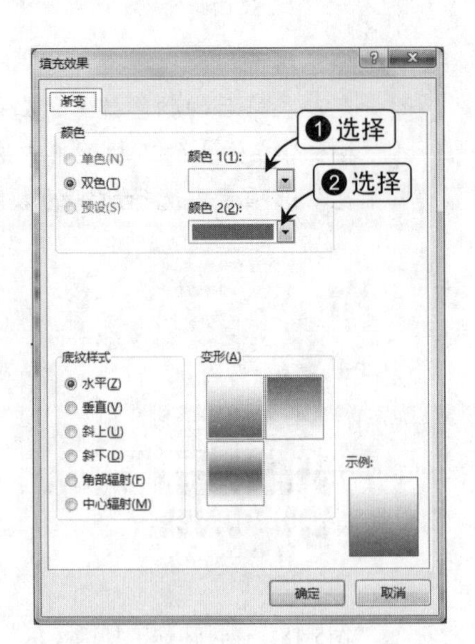

图5-20　设置图案填充和渐变填充

取消为单元格设置的底纹效果

要取消在单元格区域添加的所有底纹效果，只需在“开始”选项卡的“字体”组中单击“填充”按钮右侧的下拉按钮，选择“无颜色”选项，或在“设置单元格格式”对话框的“填充”选项卡的“背景色”栏中选择“无颜色”选项。

5.4 使用样式快速格式化单元格

快速设计专业效果的表格外观效果

除了使用5.3.2节中的方法更改表格外观效果以外，在Excel中，还可以使用程序内置的各种样式快速为单元格或者整个数据表格设置专业搭配效果的边框和底纹效果，下面分别进行详细介绍。

5.4.1 为表格应用单元格样式

系统内置的单元格样式主要是对单元格的填充色、边框颜色和字体格式等效果进行的预定义，包括标题文本样式和表格正文内容样式。

如果要为表格套用单元格样式，直接选择需要套用样式的单元格或单元格区域，在“开始”选项卡的“样式”组中单击“单元格样式”下拉按钮，在弹出的下拉菜单中根据需要选择相应的样式选项即可，如图5-21所示。

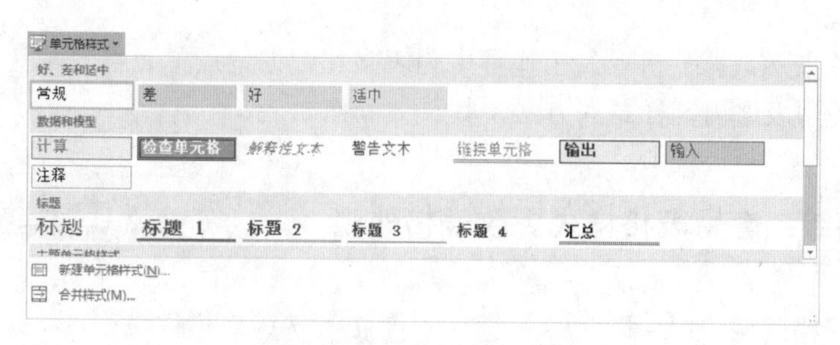

图5-21　直接套用单元格样式

5.4.2 为表格套用表格样式

在Excel 2013中，程序内置的表格样式主要是对整个选择表格的边框效果和底纹效果进行快速设置，从而快速使制作出具有专业水准的表格。

在“开始”选项卡的“样式”组中的“套用表格格式”下拉菜单中内置了多种表格样式，直接选择需要的样式即可。

需要说明的是，一旦为表格套用了表格样式，程序会自动激活“表格工具 设计”选项卡，如图5-22所示。

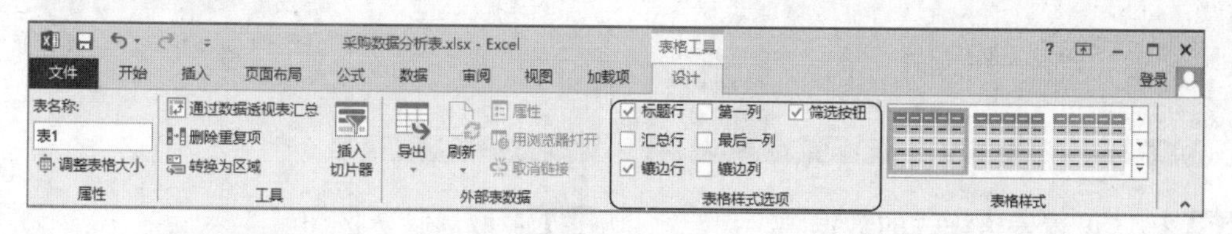

图5-22　“表格工具 设计”选项卡

在该选项卡的“表格样式选项”组中通过7个复选框可以对表格效果进行进一步的设置，各复选框的具体作用如下。

◆ **标题行**：一般情况下应保持该复选框的选中状态，如果取消选中，将隐藏标题行。

◆ **汇总行**：常规的表格样式都没有显示汇总行，如果需要添加汇总数据，直接选中该复选框即可。

◆ **镶边行**：选中该复选框后表格的隔行会添加不同的填充颜色，在一些表格样式中会自带镶边行效果。

◆ **第一列**：选中该复选框后表格的第一列将会突出显示。

◆ **最后一列**：选中该复选框后表格的最后一列将会突出显示。

◆ **镶边列**：选中该复选框后表格的隔列会添加不同的填充颜色。

◆ **筛选按钮**：选中该复选框后，表头单元格右侧添加的筛选按钮将被隐藏（筛选按钮的作用主要是用于对表格数据进行筛选操作，有关该知识的具体内容将在第 6 章详细介绍）。

下面以在“采购数据分析表”工作簿中为表头和数据记录单元格区域套用表格样式为例，讲解直接使用表格内置样式的方法，其具体操作如下。

操作演练：套用表格样式更改表格外观

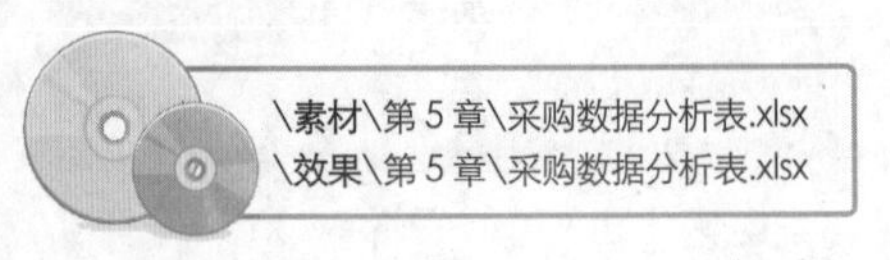

Step 01 选择单元格区域

打开“采购数据分析表”素材文件，选择A2:J20单元格区域。

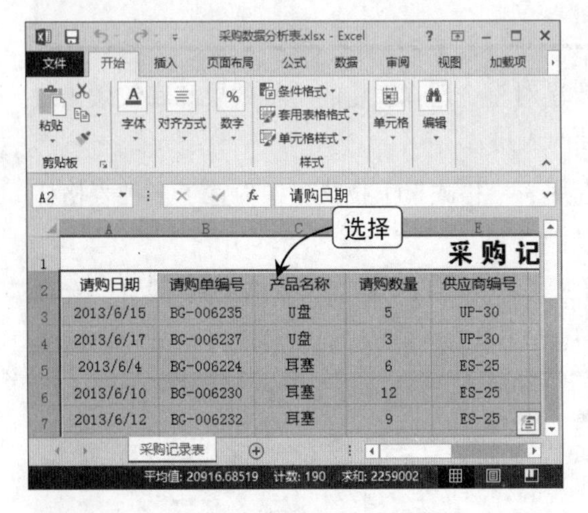

Step 02 选择表格样式

在“开始”选项卡的“样式”组中单击“套用表格格式”按钮，选择需要的表格样式。

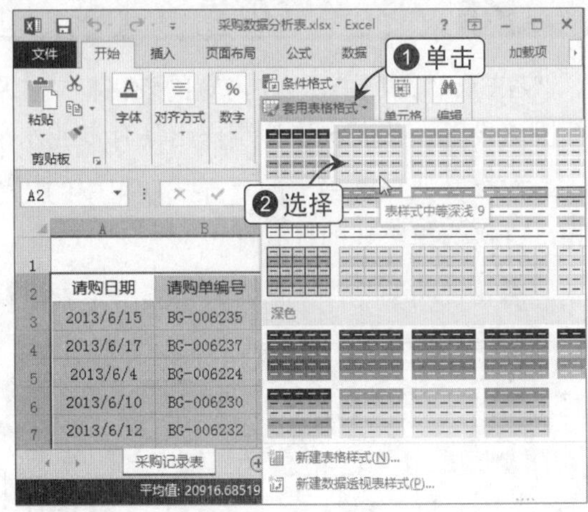

Step 03 确认设置表格样式的数据源

在打开的“套用表格式”对话框中保持“表包含标题”复选框的选中状态，然后单击“确定”按钮。

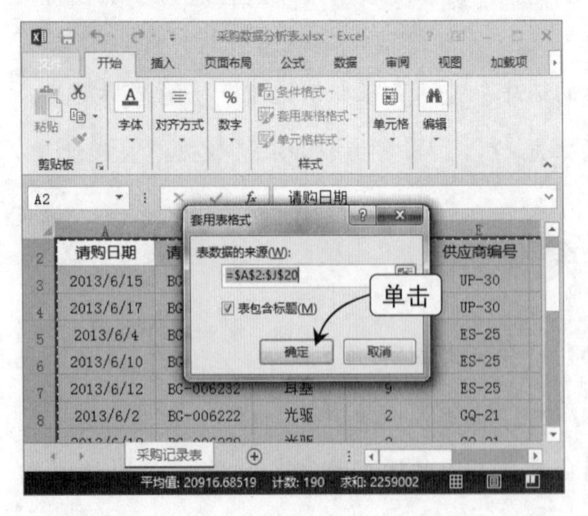

Step 04 取消筛选按钮

在“表格工具 设计”选项卡的“表格样式选项”组中取消选中“筛选按钮”复选框，完成操作。

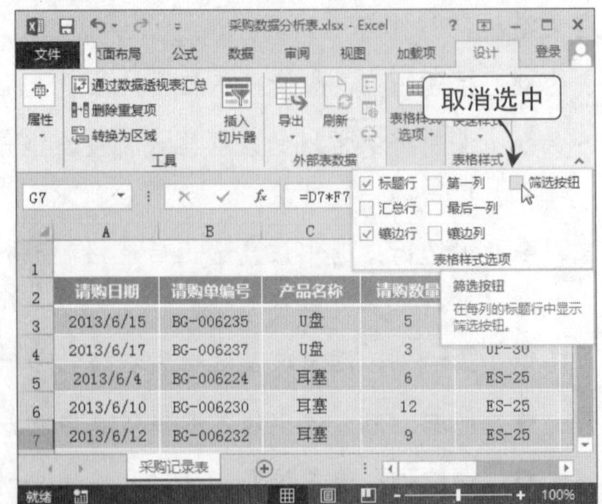

办公演练　制作“员工基本信息表”表格

为了更科学地管理本单位员工的基本信息，以及方便后期快速查找某位员工的具体信息，现在需要制作一张“员工基本信息表”表格，在其中将每位员工的基本信息详细地进行记录。

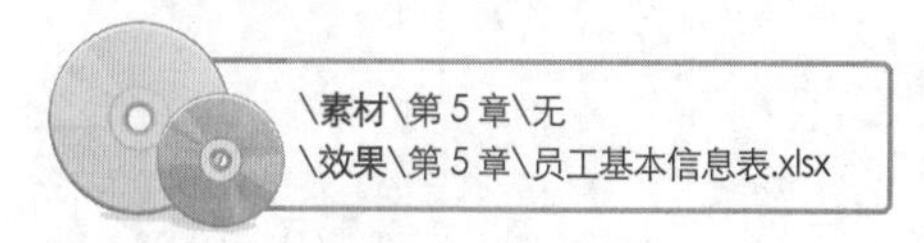

\素材\第 5 章\无
\效果\第 5 章\员工基本信息表.xlsx

Step 01　输入标题文本

新建“员工基本信息表”工作簿，用“合并后居中”的方式合并A1:J1单元格区域，输入标题文本，单击“单元格样式”按钮，选择“标题1”单元格样式。

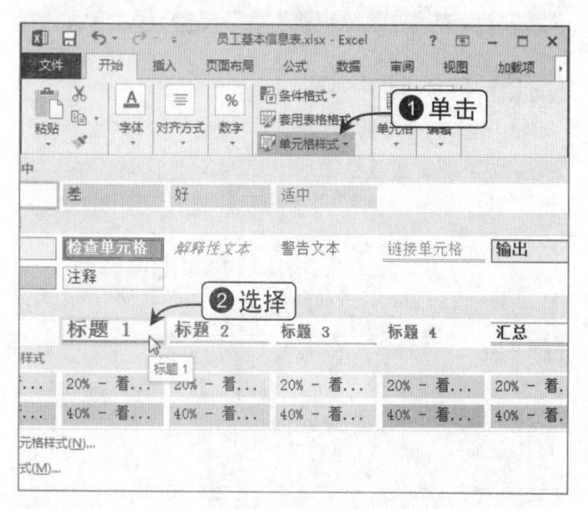

Step 02　添加制作日期信息

更改标题文本的字体和字号分别为“方正粗倩简体”、“20”，仅合并B2:J2单元格区域，输入制表日期，并为其应用“输出”单元格样式。

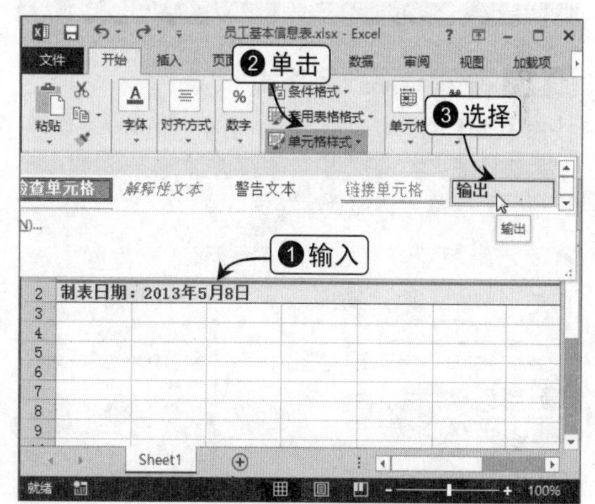

Step 03　设置表头数据的字体和对齐方式

在A3:J3单元格区域输入表头数据，并将其字体格式设置为“微软雅黑”，单击“居中”按钮。

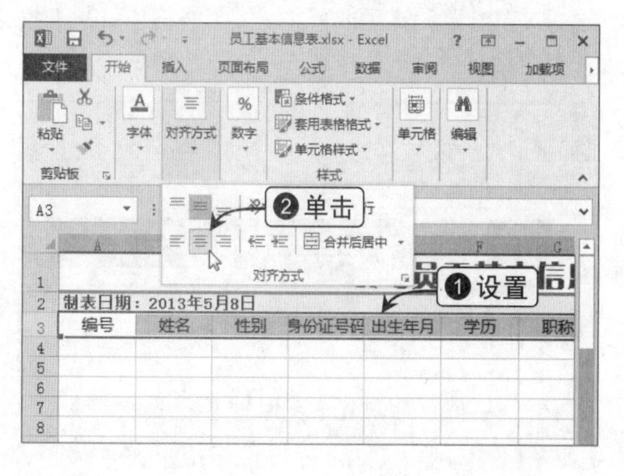

Step 04　调整表头数据的行高

打开“行高”对话框，在“行高”文本框中输入“30”，单击“确定”按钮，调整表头单元格的行高。

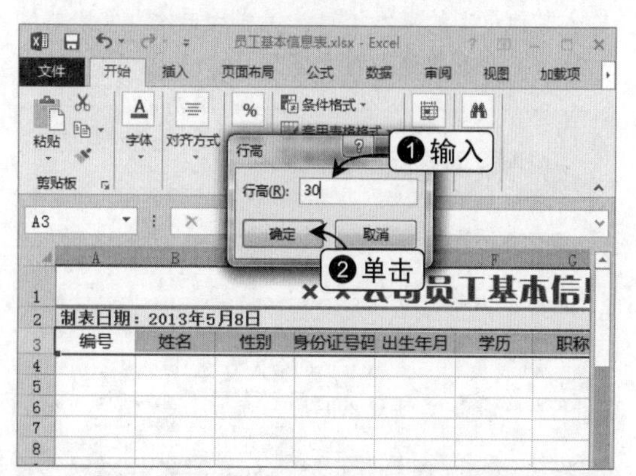

Step 05 填充编号数据

在A4单元格中输入“YGBH0001”编号数据，向下拖动该单元格的控制柄填充所有员工的编号数据。

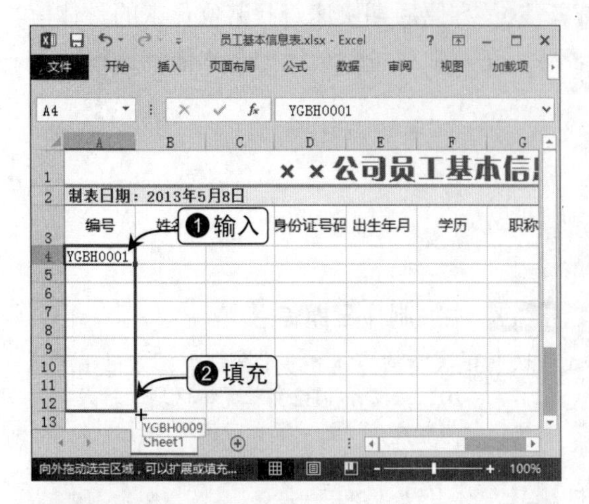

Step 06 设置文本数字格式

将第4~21行单元格的行高设置为22，选择所有身份证号码单元格区域，将其数字格式设置为“文本”。

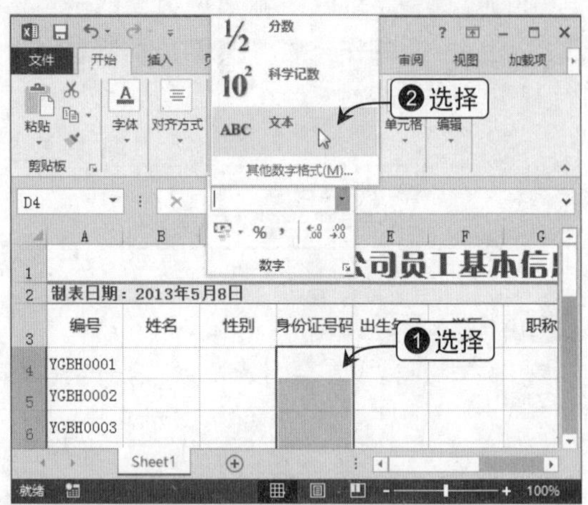

Step 07 设置日期数字格式

按住【Ctrl】键，拖动选择所有出生年月和入厂时间单元格区域，在“常规”下拉菜单中选择“短日期”选项，更改单元格的数字格式。

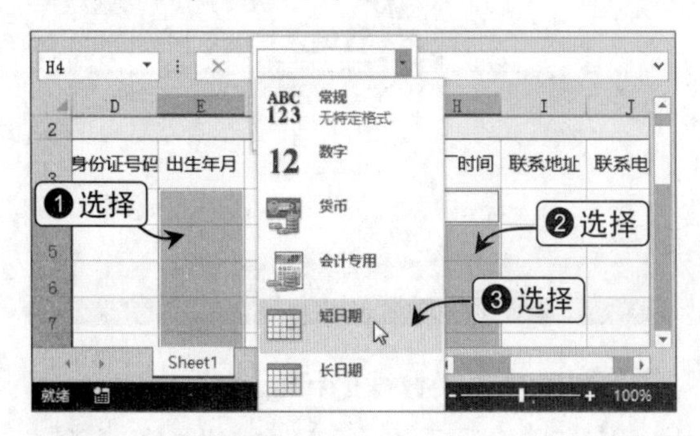

Step 08 自动调整列宽

在B4:J4单元格区域中输入第一位员工的所有信息，然后选择所有表头和表格内容单元格区域，在“格式”下拉菜单中选择“自动调整列宽”选项。

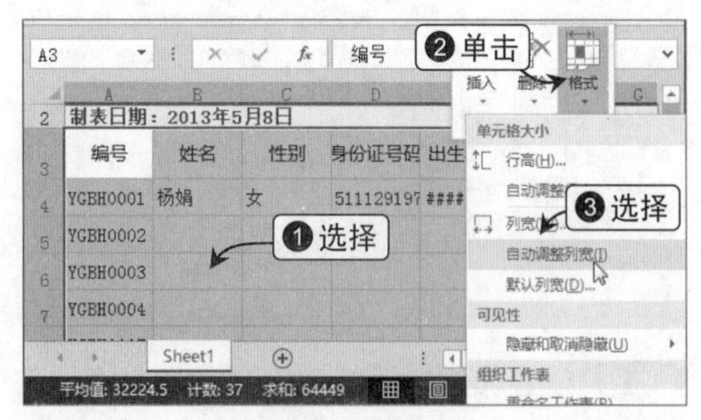

Step 09 完成表格数据的录入

输入其他员工的基本信息，完成后再次调整表格的列宽，并设置数据的对齐方式。

Step 10 选择内置的表格样式

选择A3:J21单元格区域，在“套用表格格式”下拉菜单中选择需要的表格样式。

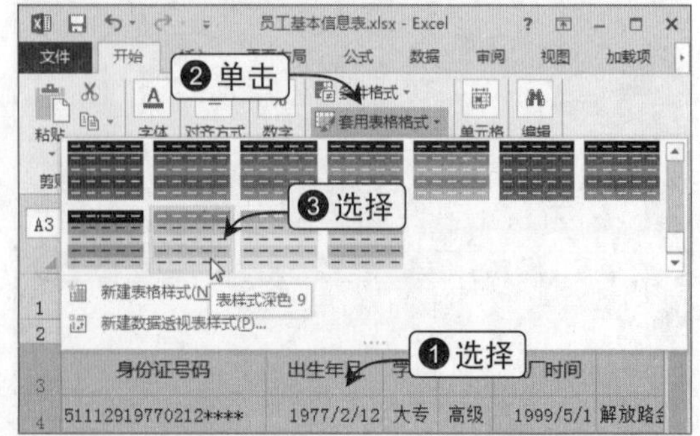

Step 11 确认设置表格样式

在打开的“套用表格式”对话框中保持默认设置，单击“确定”按钮，确认为指定的单元格区域设置表格样式。

Step 12 取消显示筛选按钮

在“表格工具 设计”选项卡的“表格样式选项”组中取消选中“筛选按钮”复选框，取消显示套用表格样式后在表头单元格右侧添加的下拉按钮。

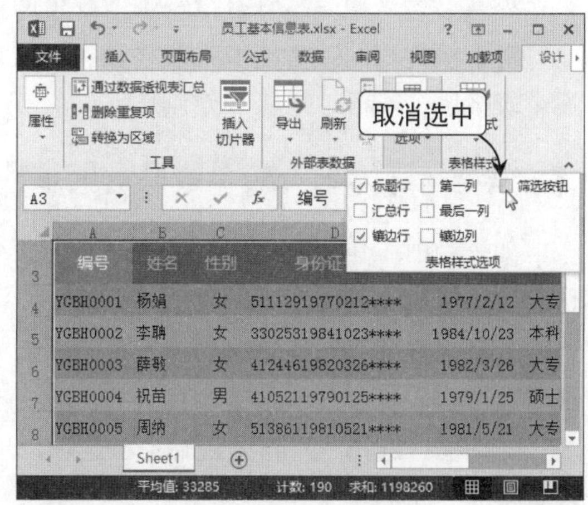

Step 13 单击“对话框启动器”按钮

保持单元格区域的选择状态，单击“开始”选项卡“字体”组中的“对话框启动器”按钮，打开“设置单元格格式”对话框。

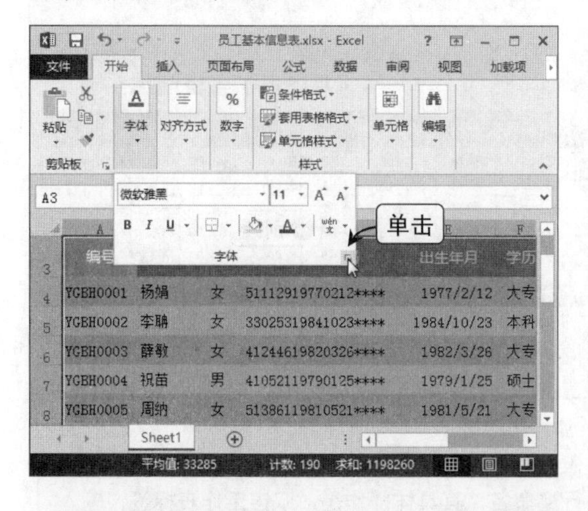

Step 14 为单元格区域添加边框

保持默认的线条样式和线条颜色，单击“外边框”按钮和“内部”按钮，为单元格的4个边添加边框线效果。

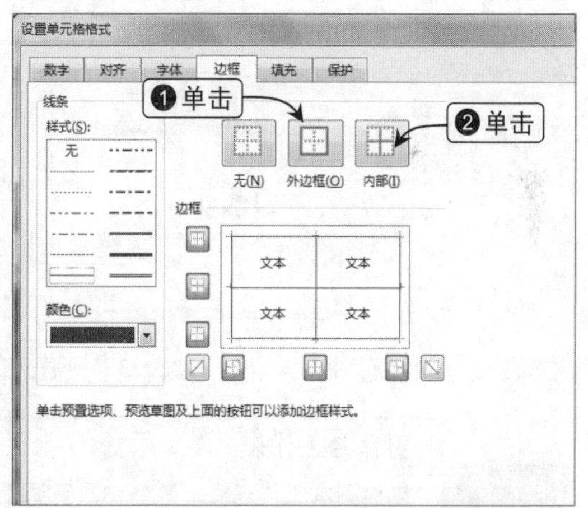

高效办公的诀窍

本章主要讲解了有关商务表格数据的编辑与表格的美化操作，用户掌握了这些知识后，可以独立制作符合实际办公需求的专业电子表格。为了提高用户在制作表格结构或者录入数据时的速度，下面列举几个提高办公效率的诀窍，供用户拓展学习。

窍门 1 制作相同结构的表格

在实际的商务办公过程中，很多表格的结构基本都相似，例如，不同月份的考勤记录表、员工工资表等，只有表格标题内容不同，整个表格结构是完全相同的。

对于结构相同或者相似的表格，可以采用技巧方式来快速完成表格的制作，而不需要逐个表格逐个表格地从头开始制作。

【根据已有表格制作相似或相同表格】

如果当前工作表中已经制作好了一张工作表，此时需要快速得到相同或相似结构的表格，可以通过复制工作表的方法来实现。

其具体操作是：选择工作表，在“格式”下拉菜单中选择“移动或复制工作表”命令，或者在工作表标签的快捷菜单中选择“移动或复制工作表”命令，打开“移动或复制工作表”对话框，选择“（移至最后）”选项，选中“建立副本”复选框后单击“确定”按钮，即可复制一张副本工作表，如图5-23所示。

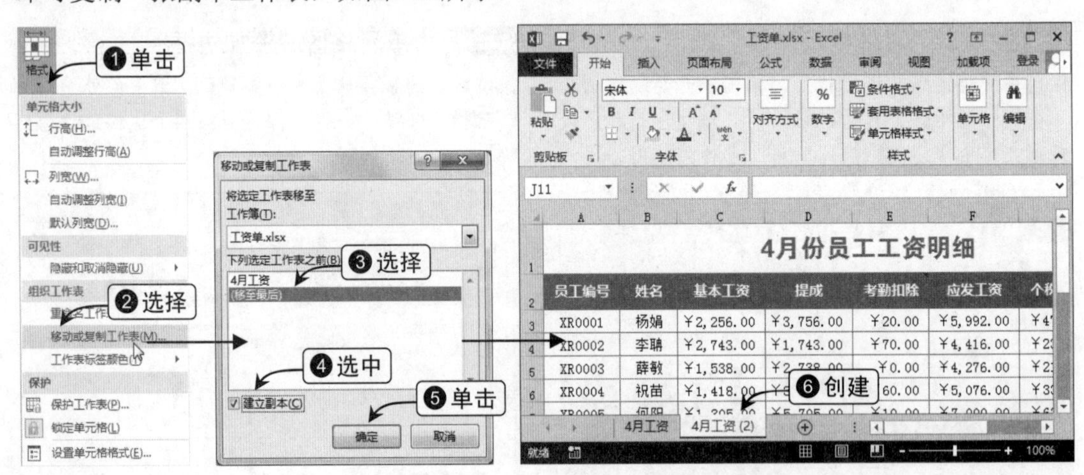

图5-23　根据已有表格创建相同表格

重命名工作表

创建副本工作表后，其名称是在源工作表名称的基础上添加编号形成新名称，为了让工作表名称与表格内容更符合，可以进行重命名，其具体操作是：双击工作表标签，输入新名称后按【Enter】键完成操作。

【利用工作组从头制作相似或相同表格】

如果还未开始制作表格，则可以通过工作组的方式，一次性制作多张相同结构的表格，其具体操作是：单击工作表标签组中的“新工作表”按钮创建多张工作表，按住【Shift】键的同时选择多张工作表形成工作表组，此时在工作表中开始制作表格，如图5-24所示。完成后在工作表标签组上右击，在弹出的下拉菜单中选择“取消组合工作表”命令完成操作。

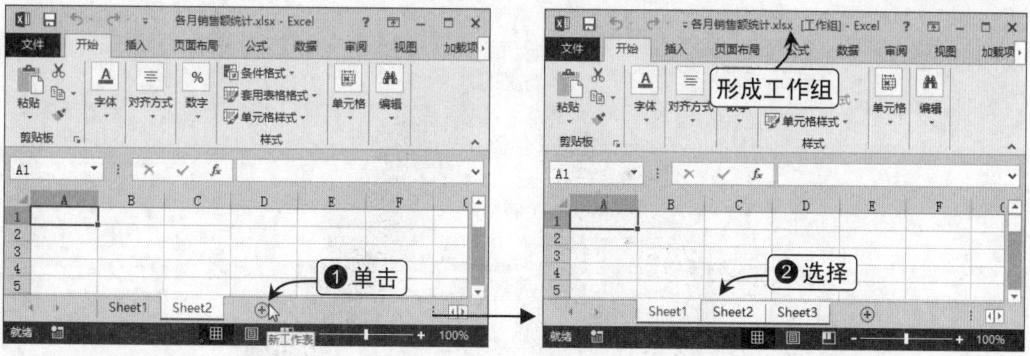

图5-24　通过工作组制作相同表格

窍门 2　用格式刷快速复制格式

在间隔的单元格区域中设置相同的字体、字号、颜色、边框、底纹等格式时，可以为其中某个单元格设置好格式后，用格式刷的功能快速将该格式复制到其他单元格，从而避免了重复逐个设置格式的麻烦。

使用格式刷的具体操作是：选择已经创建好格式的单元格，然后在“开始”选项卡的“剪贴板”组中单击“格式刷”按钮，当鼠标光标变成✚形状时，将其移动到需要应用该格式的单元格中单击，或者拖动选择要设置格式的单元格区域，如图5-25所示。

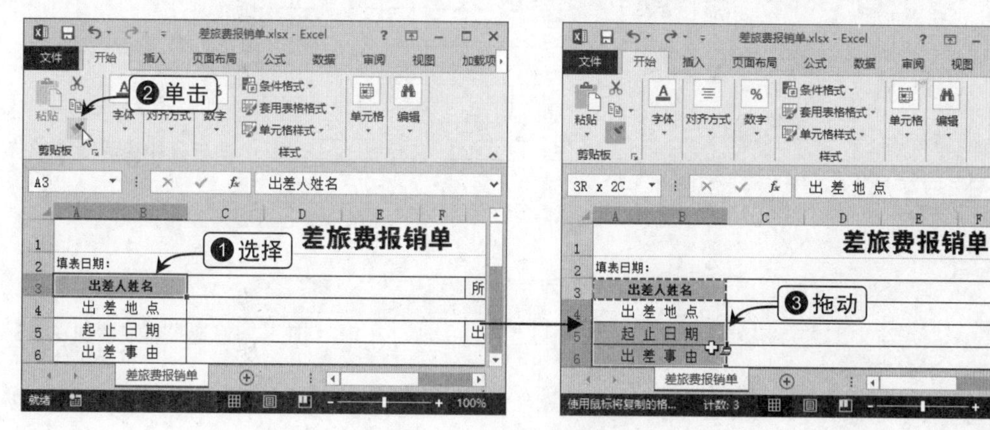

图5-25　用格式刷快速复制样式

Chapter 6

数据的整理与计算轻松搞定

编号	姓名	性别	年龄	学历	联系方式	总分
1012	范晓霞	女	27	博士	13068******	74
1013	罗光波	男	24	硕士	13860******	91
1014	杨小勇	男	27	本科	13320******	53
1015	李毅	男	32	大专	13671******	67
1016	高雪	女	28	硕士	13925******	79
1017	成风	男	35	博士	13673******	82
1018	刘凯	男	34	硕士	13904******	88
1019	马晓	男	27	大专	13615******	96
1020	雪原	男	28	本科	13976******	60
1021	周成	男	30	大专	13207******	83
1022	卢希	女	29	硕士	13663******	67

突出显示靠前 30%的总分成绩

姓名	理论知识	实际操作	总分
杨光	47	49	96
何杨	43	48	91
杨思思	44	47	91
刘伟	41	48	89
卢鑫怡	44	45	89
李丹	48	39	87
杨晓莲	38	48	86
张炜	35	48	83
胡艳	40	42	82
杨艳	39	37	76
祝苗	40	35	75

按总分和实际操作的降序顺序

		企业文化	企业制度	电脑操作	办公应用	管理能力	礼仪素质
		>=85	>=85	>=85	>=85	>=85	>=85

编号	姓名	企业文化	企业制度	电脑操作	办公应用	管理能力	礼仪素质
SYBH007	李孝英	86	85.5	87	89	93	94
SYBH016	杨洋	92	88	98	89	91	93

筛选各科成绩都在 85 分以上的

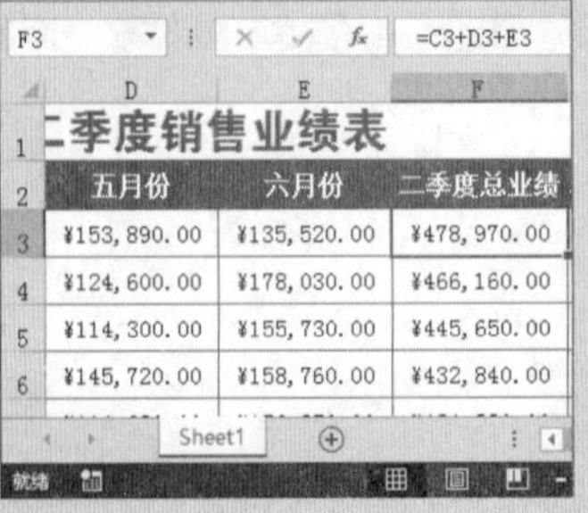

F3 =C3+D3+E3

二季度销售业绩表

五月份	六月份	二季度总业绩
¥153,890.00	¥135,520.00	¥478,970.00
¥124,600.00	¥178,030.00	¥466,160.00
¥114,300.00	¥155,730.00	¥445,650.00
¥145,720.00	¥158,760.00	¥432,840.00

计算并整理销售业绩表的数据

6.1 在单元格中自动使用颜色和图标管理数据

使用条件格式功能对数据进行管理操作

在数据处理过程中，可能需要突出显示所关注的单元格或单元格区域、强调特定数值、使用颜色刻度、数据条和图标集来直观地显示数据等。通过为单元格设置条件格式，可以根据该条件是否成立来更改单元格的格式。

6.1.1 使用条件格式突出单元格

在单元格中如果要突出显示一些数据，如大于某个值的数据、小于某个值的数据、等于某个值的数据等，可以在“样式”组中单击“条件格式”按钮，选择“突出显示单元格规则”菜单，在弹出的子菜单中选择对应的命令即可。

具体可以分为如下几种情况。

- **大于**：为单元格或单元格区域中大于设定值的数据设置格式。
- **小于**：为单元格或单元格区域中小于设定值的数据设置格式。
- **介于**：为单元格或单元格区域中介于设定值范围的数据设置格式。
- **等于**：为单元格或单元格区域中等于设定值的数据设置格式。
- **文本包含**：为单元格或单元格区域中与设定值相似的文本设置格式。
- **发生日期**：为单元格或单元格区域中与设定日期相似的日期数据设置格式。
- **重复值**：为单元格或单元格区域中出现重复的数值设置格式。

提示 Attention

相同单元格的多个条件格式规则

如果为多个单元格区域设置了多个条件格式规则，越靠后设置的条件格式规则，其优先级别越高，即越先执行，例如，A2 单元格的值为 3，为该单元格首先设置大于 0 的显示规则为红色填充，然后为其设置等于 3 的显示规则为黄色填充，则该单元格最后显示的填充色为黄色。

在本实例中，由于设置大于和设置等于的显示规则一样，因此无论先设置哪个规则，其作用效果都一样。

下面以在“员工工资表”工作簿中将员工当月应发工资在6500元（包括6500元）以上的数据用红色填充颜色突出显示出来为例，讲解使用条件格式的突出显示单元格规则的方法，其具体操作如下。

操作演练：突出指定范围的应发工资

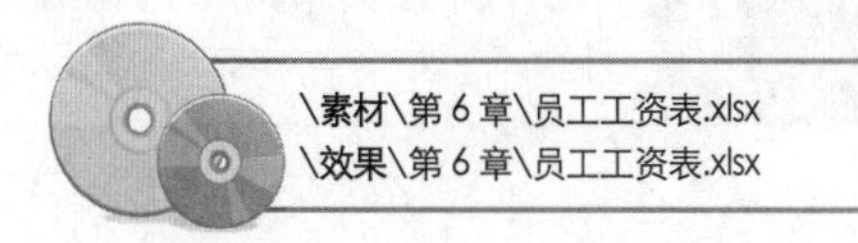

Step 01 选择“大于”命令

打开“员工工资表”素材文件，选择所有应发工资单元格区域，单击“条件格式”按钮，选择“突出显示单元格规则”|“大于”命令。

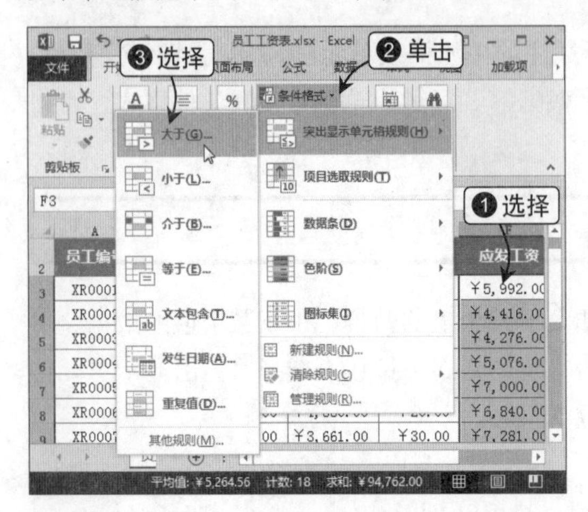

Step 02 设置大于 6500 的条件格式规则

在打开的“大于”对话框的文本框中输入“6500”，然后在“设置为”下拉列表框中选择“自定义格式”选项。

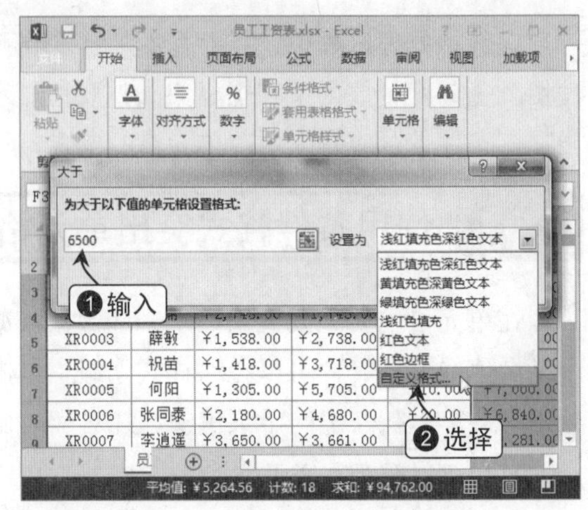

Step 03 设置符合规则的填充颜色

在打开的“设置单元格格式”对话框中单击“填充”选项卡，然后选择“红色”颜色，单击“确定”按钮关闭该对话框。

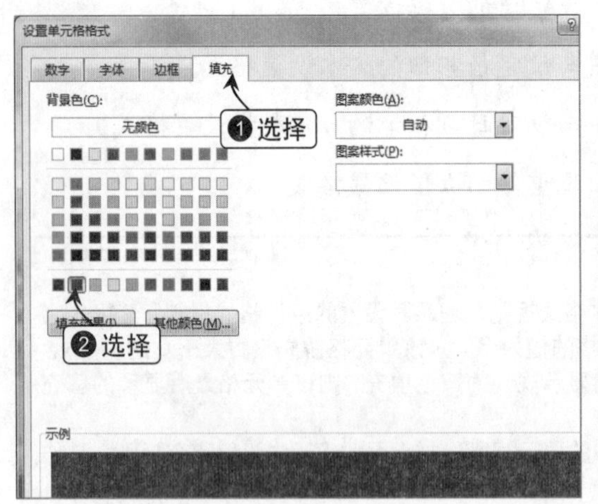

Step 04 确认设置的突出显示规则

在返回的“大于”对话框中单击“确定”按钮关闭该对话框，完成对符合大于6500条件的单元格设置红色填充色。

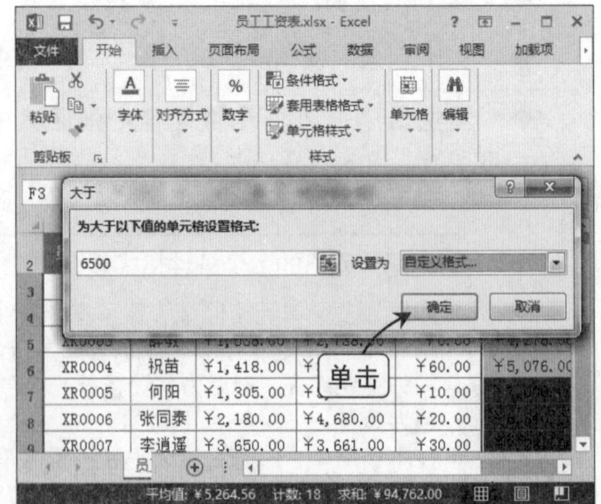

提示 Attention

查找有条件格式的单元格

条件格式可以在输入数据之前设置，如果单元格中的数据不能使条件格式的判断条件成立，则条件格式无法显示出来。此时若要知道工作表中哪些单元格区域设置了条件格式，可在“开始”选项卡的“编辑”组中单击“查找和选择”按钮，在弹出的菜单中选择“条件格式”命令，Excel 可自动选中所有包含条件格式的单元格区域。

Step 05 选择“等于”命令

保持单元格区域的选择状态，单击“条件格式”按钮，在弹出的下拉菜单中选择“突出显示单元格规则|等于”命令。

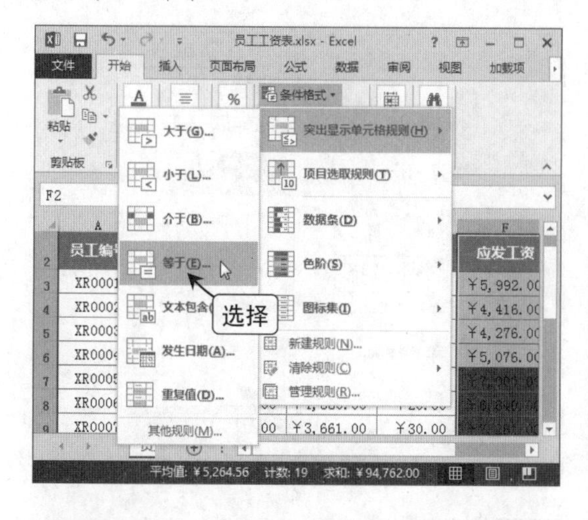

Step 06 设置等于 6500 的条件格式规则

在打开的“等于”文本框中输入“6500”，然后自定义填充颜色后，在“等于”对话框中单击“确定”按钮完成整个操作。

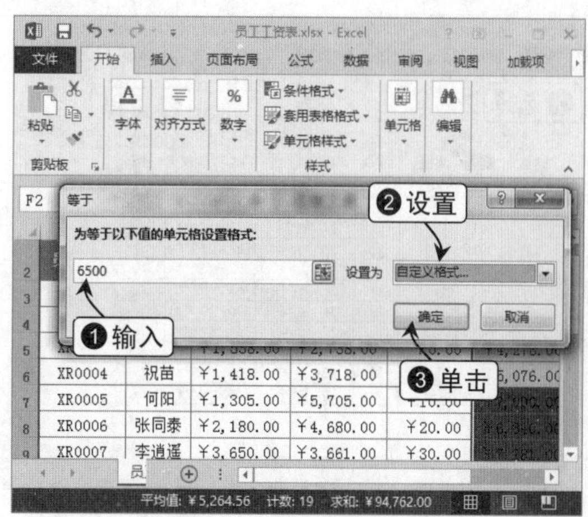

6.1.2 使用条件格式选择特定项目

数据最大的特性就是有大小之分，在分析数据时，经常会处理一些最值数据，例如最大值、最小值、最大的几项值、最小的几项值。

如果用户只需实时查看一组数据中靠前或靠后的数据，可以使用条件格式功能中的项目选取规则来实现。常见的选取规则有6个，如图6-1所示。

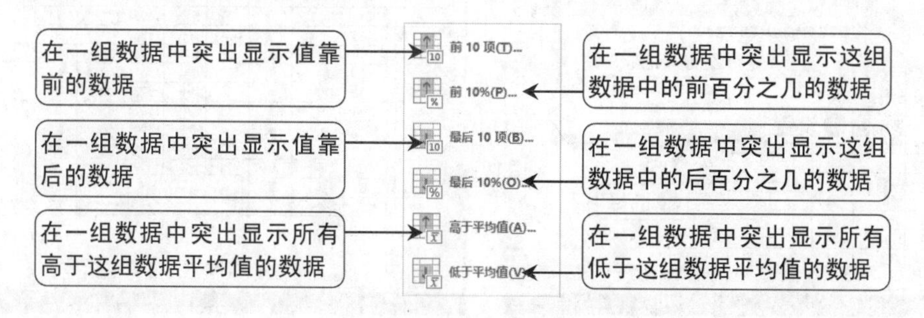

图6-1　项目选取规则

下面以在“面试人员评定表”工作簿中将这次面试人员中总分成绩靠前的30%的人员的成绩突出显示出来为例，讲解项目选取规则的具体使用方法，其具体操作如下。

操作演练：突出显示靠前30%的总分

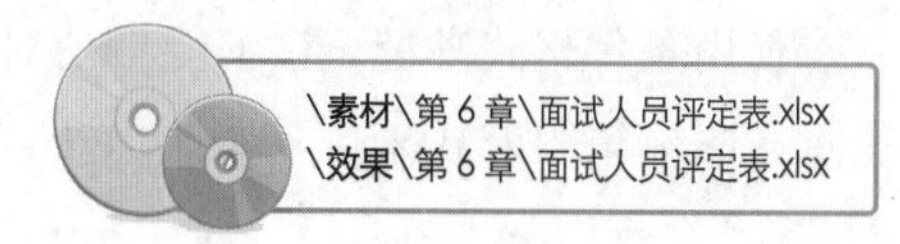

Step 01 选择单元格区域

打开“面试人员评定表”素材文件，选择G2:G12单元格区域，然后按住【Ctrl】键的同时再选择O2:O12单元格区域。

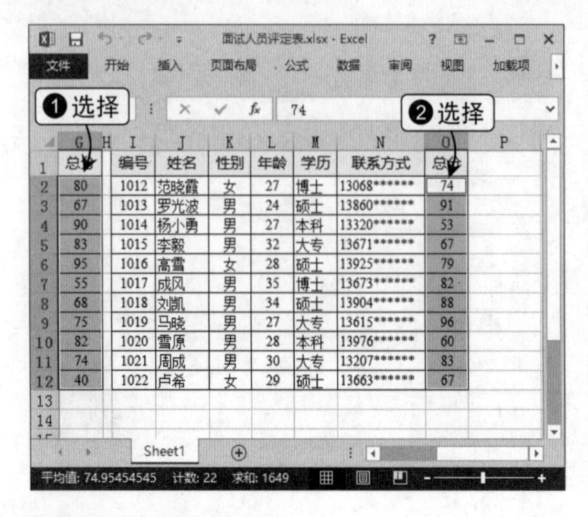

Step 02 选择“前 10%”命令

单击“开始”选项卡，在“样式”组中单击“条件格式”按钮，在弹出的下拉菜单中选择“项目选取规则”｜“前10%”命令。

Step 03 设置选取规则

在打开的“前10%”对话框的数值框中设置百分比为“30%”，在“设置为”下拉列表框中选择“浅红色填充”命令。

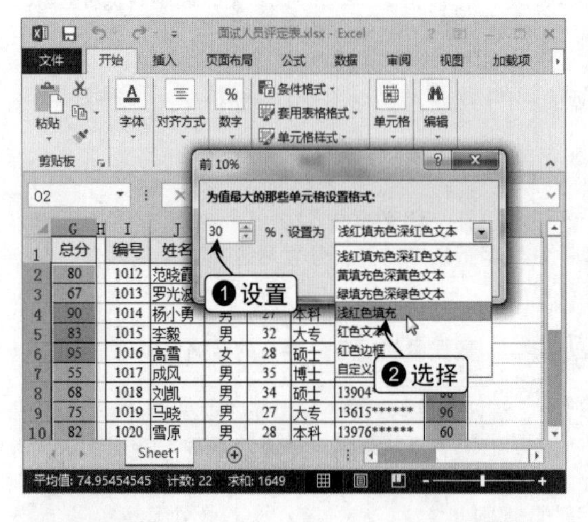

Step 04 确认规则并查看效果

单击“确定”按钮关闭“前10%”对话框，并应用设置的选取规则，在返回的工作表中即可查看到突出显示的效果。

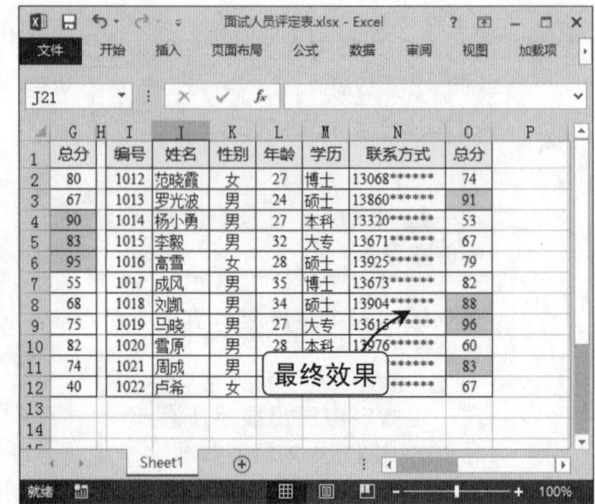

6.1.3 使用条件格式比较数据大小

使用条件格式功能，除了能自动对符合条件的数据进行突出显示，还可以使用数据条、色阶、图标集等方式来排列数据大小。下面将详细介绍有关的知识和具体操作。

1. 使用数据条显示数据

数据条的长度代表单元格中的值，其可以帮助用户直观地查看某个单元格相对于其他单元格的值。在分析费用使用（当月开支最大和最小的部门）数据时，使用数据条显示单元格的值可以更容易发现哪些部门开支过大，哪些部门开支比较正常。

例如，在一份公司日常费用记录表中，要使用条件格式比较各部门的实用金额，可选择所有实用金额数据所在的单元格区域，单击“条件格式”按钮，在弹出的下拉菜单中选择“数据条”命令，在其子菜单中选择一种填充样式即可，如图6-2所示。

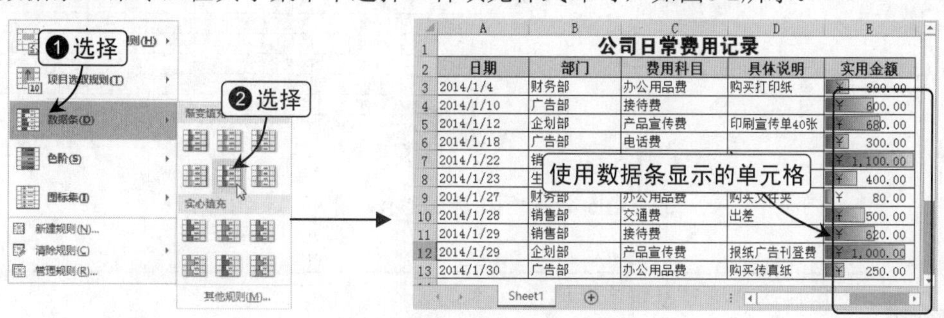

图6-2　使用数据条显示数据

2. 使用色阶显示数据

色阶可以使用两种或三种颜色的渐变值来填充不同数值的单元格，用颜色的深浅来表示数值的大小。使用色阶显示数据的操作方法是：选择要设置条件格式的单元格区域，单击“条件格式”按钮，在弹出的下拉菜单中选择“色阶”命令，在其子菜单中选择相应的选项即可，如图6-3所示。

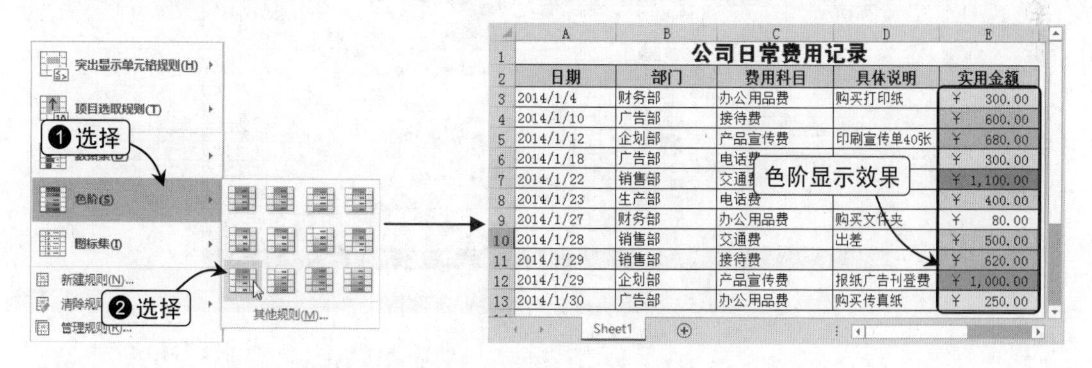

图6-3　使用色阶显示数据

3. 使用图标集显示数据

图标集可以按阈值将单元格区域中的数据分为3～5个等级，并使用不同的图标标识每一个范围内的单元格。选择需要使用图标集标识的单元格区域，单击“条件格式”按钮，在弹出的下拉菜单中选择“图标集”命令，在其子菜单中选择相应的选项即可，如图6-4所示。

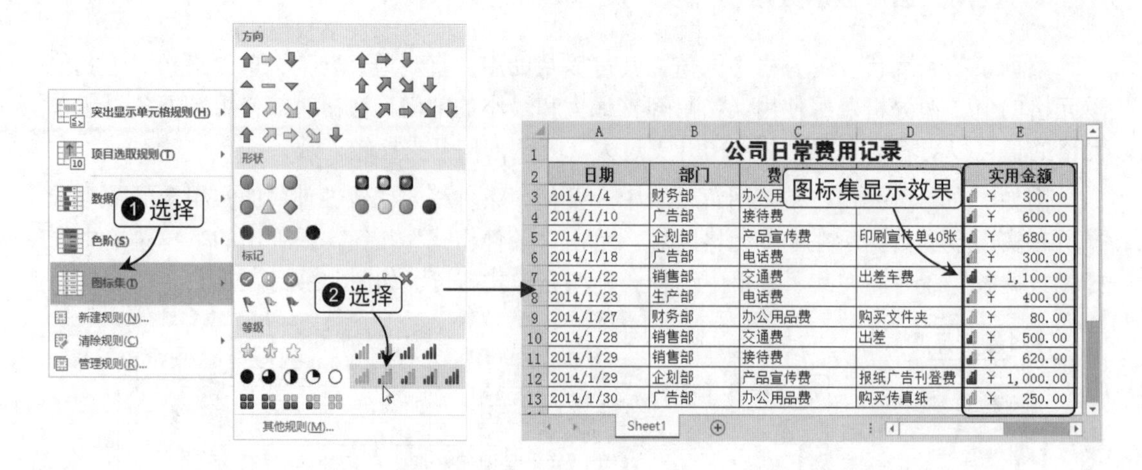

图6-4　使用图标集显示数据

技巧 Skill

使用快速分析库设置条件格式

在 Excel 2013 中，程序自动将一些常用的工具集成到快速分析库中，如果要通过快速分析库设置条件格式，直接选择单元格区域，单击“快速分析”按钮，然后选择需要的分析工具即可，如图 6-5 所示。

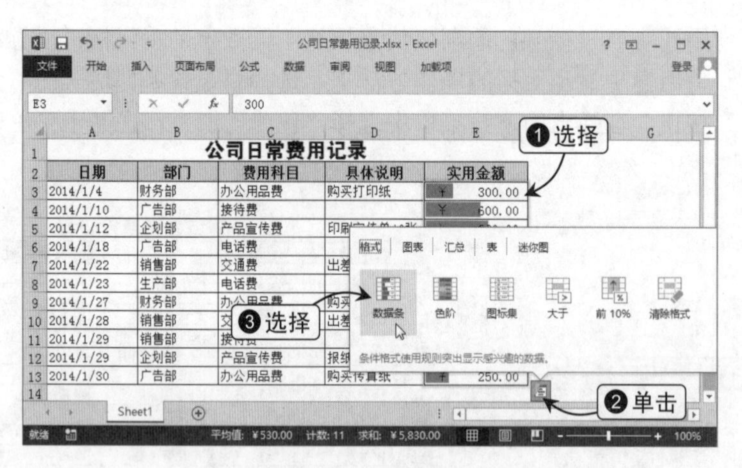

图6-5　使用快捷分析库设置条件格式

6.2 数据的排序和筛选

用排序功能排序数据顺序，用筛选功能只显示符合条件的数据

在日常的办公过程中，使用排序功能和筛选功能对表格数据进行管理是最常见的数据处理操作，下面具体介绍排序功能和筛选功能的相关作用及其具体操作。

6.2.1 排序数据

排序数据主要是通过排序功能，将表格中的数据根据指定的关键字的某种顺序对表格记录进行重新排列。

1. 自动排序数据

在Excel中，如果只需根据某列数据的升序或降序排序表格，可以用以下3种方法来完成。

◆ **选择选项排序**：将鼠标光标放在工作表中需进行排序列（关键字所在的列）中的任意单元格，单击“开始”选项卡“编辑”组中的“排序和筛选”按钮，选择“升序”或者“降序”选项即可。图 6-6 所示为按补贴总额的降序顺序对所有数据记录的顺序进行重排。

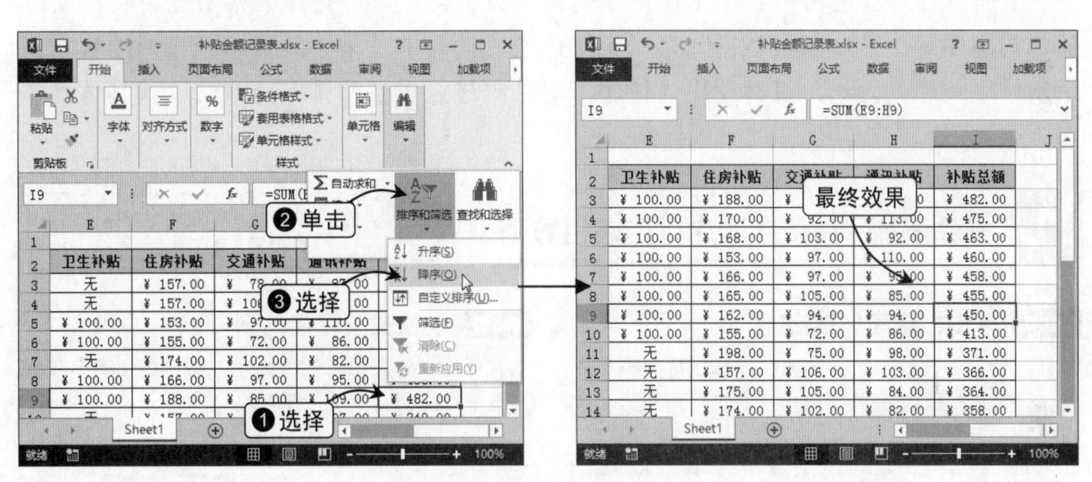

图6-6　按补贴总额降序排序

提示
Attention

升序排序和降序排序的应用场合

根据一个条件排序可以有两种情况，一种是升序排序，另一种是降序排序。通常，升序排序用于快速查询最小的数据，降序排序用于快速查询最大的数据。

◆ **单击按钮排序**：将鼠标光标放在工作表中需进行排序列中的任意单元格，单击“数据”选项卡“排序和筛选”组中的“升序”或“降序”按钮即可对该列进行排序，如图 6-7 所示。

◆ **使用对话框排序**：在工作表中任意选择一个数据单元格，在“排序和筛选”组中单击“排序”按钮，在打开的“排序”对话框可以设置排序依据，如图 6-8 所示。使用该方式可以同时设置多个约束来作为排序的条件。

图6-7　单击按钮排序

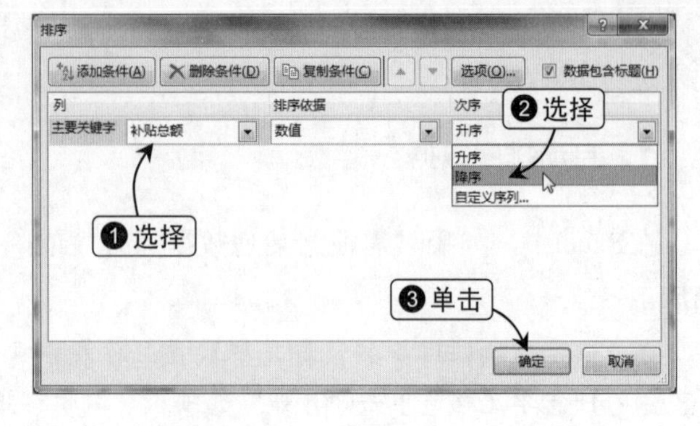

图6-8　通过对话框排序

下面以在“技能考核表”工作簿中先按总分的降序顺序排序表格数据，再按实际操作的降序顺序排序表格数据（第二个排序条件的目的是为了处理总分相同的数据记录的排序顺序）为例，讲解使用“排序”对话框进行多条件排序的方法，其具体操作如下。

操作演练：按降序顺序排序表格数据

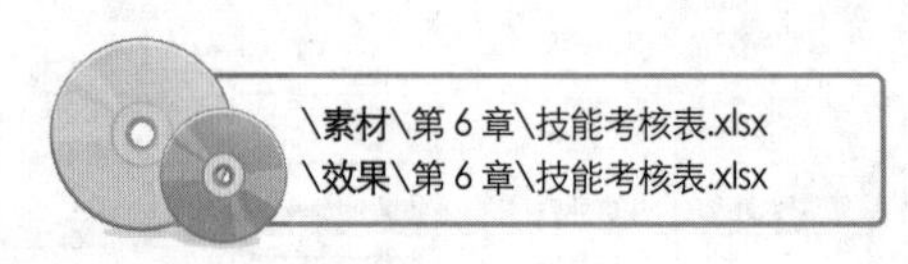

Step 01 单击“排序”按钮

打开“技能考核表”素材文件，选择任意数据单元格，这里选择D5单元格，单击“数据”选项卡，单击“排序”按钮。

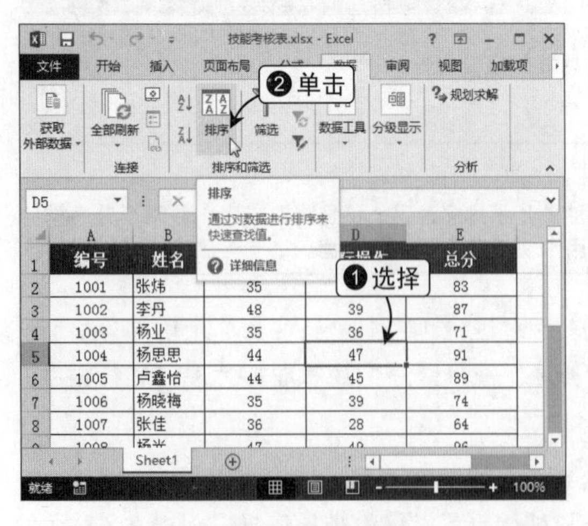

Step 02 设置主关键字的列

在打开的“排序”对话框的主关键字的“列”下拉列表框中选择“总分”选项。

Step 03 添加次要关键字

在“次序”下拉列表框选择“降序”选项，单击“添加条件”按钮添加次要关键字。

Step 04 设置次要关键字的排序条件

在次要关键字的“列”下拉列表框选择“实际操作”选项，在“次序”下拉列表框选择“降序”排序，单击“确定”按钮。

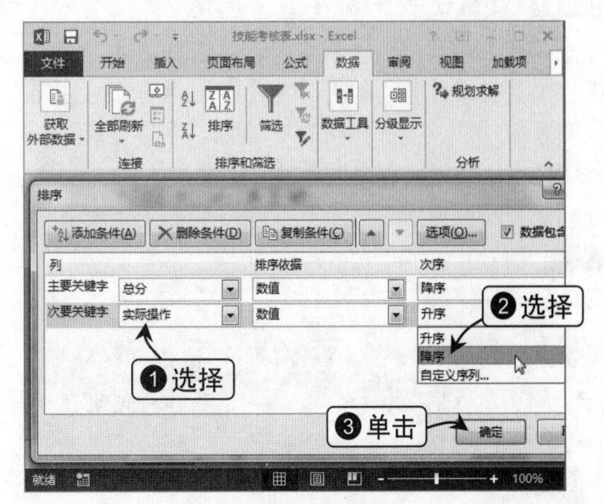

Step 05 查看多条件的排序结果

在返回的工作表中即可查看到按照主要关键字和次要关键字排序条件的排序结果。

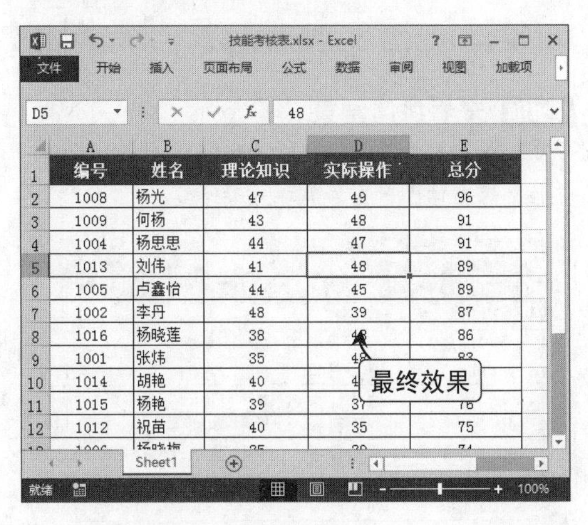

编号	姓名	理论知识	实际操作	总分
1008	杨光	47	49	96
1009	何杨	43	48	91
1004	杨思思	44	47	91
1013	刘伟	41	48	89
1005	卢鑫怡	44	45	89
1002	李丹	48	39	87
1016	杨晓莲	38	48	86
1001	张炜	35	[illegible]	[illegible]
1014	胡艳	40	[illegible]	[illegible]
1015	杨艳	39	37	[illegible]
1012	祝苗	40	35	75

复制设置的条件

在“排序”对话框中可以通过“添加条件”按钮添加多个次要关键字。如果要添加的规则与已有的规则基本相同，也可以选中已有的规则后单击“复制条件”按钮，再改变复制的条件的排序规则。

删除设置的条件

添加多个排序规则后，排序时将先按照列表框中前面的规则进行排序，再对前一关键字的相同记录按下一个规则进行排序。

如果添加了不需要的规则，可以选中该条件后，单击“删除条件”按钮将其删除。

2. 自定义顺序排序

在Excel 2013中，星期数、十二时辰、月份或季度等都是系统内定的序列，表格中如果包含这些序列，在排序时也可以按序列进行排序；如果需要按某种特殊的规律进行排序，还可以自定义序列。

下面将以在“员工档案表”工作表中按照学历的高低（硕士→研究生→本科→大专→中专）对员工信息进行排序，以方便查询某个学历的所有员工的信息为例，讲解根据自定义序列进行排序的方法，其具体操作如下。

操作演练：按学历高低排序表格数据

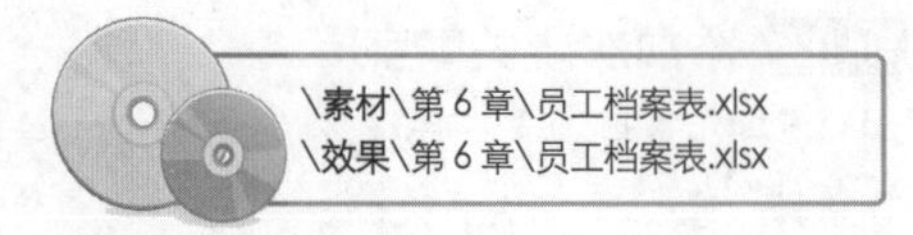

Step 01 设置主要关键字

打开“员工档案表”素材文件，在工作表中任意选择一个数据单元格，打开“排序”对话框，在主要关键字的“列”下拉列表框中选择“学历”选项，在“次序”下拉列表框中选择“自定义序列”选项。

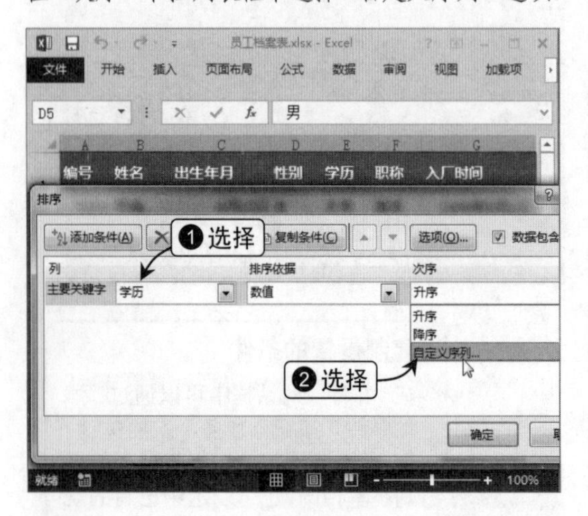

Step 02 自定义序列

在打开的“自定义序列”对话框的“自定义序列”列表框中选择“硕士、研究生、本科、大专、中专”选项，在右侧的“输入序列”列表框中输入相应的数据，依次单击“添加”和“确定”按钮。

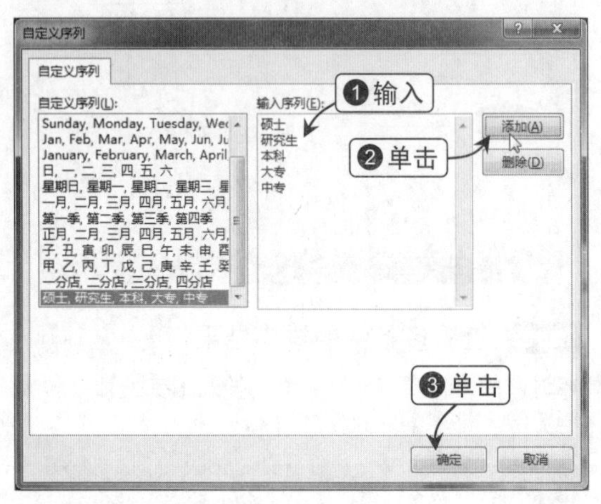

Step 03 设置主要关键字的排序次序

在返回的“排序”对话框的“次序”下拉列表框中选择“硕士,研究生,本科,大专,中专”选项。

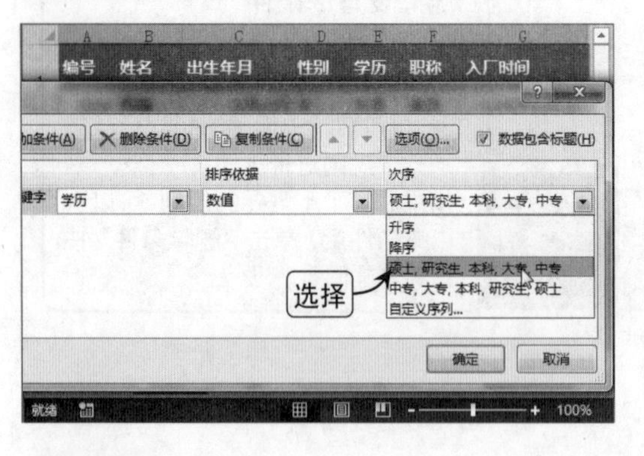

Step 04 查看排序结果

单击“确定”按钮关闭“排序”对话框，在返回的工作表窗口中即可查看到排序的结果。

6.2.2 筛选数据

在办公过程中，如果要快速显示符合指定条件的表格数据记录，此时就需要使用Excel提供的数据筛选功能来完成。

1. 自动筛选

自动筛选是最简单的一种筛选方式，它主要是通过“开始”选项卡“编辑”组中的“排序和筛选”下拉菜单中的“筛选”命令，或者“数据”选项卡“排序和筛选”组中的“筛选”按钮进入筛选状态（在表头中各字段右侧出现的下拉按钮）。

单击下拉按钮，在弹出的筛选器中取消选中“全选”复选框，然后选中需要显示数据的复选框，即可筛选出指定的数据记录，如图6-9所示。

图6-9　自动筛选数据

2. 自定义条件筛选

当工作表切换到筛选状态后，用户还可以通过筛选器对文本、数字、颜色、日期和时间数据进行自定义的筛选，目标条件的数据类型不同，筛选器中的筛选菜单命令就不同。

自定义筛选方式可以在任何条件下进行，它可以是一个条件，也可以是两个条件，其具体的应用范围如下。

- 对于一个条件而言，通常是针对某个范围的数据记录的筛选或者不确定筛选条件的数据记录的筛选。
- 对于两个条件而言，可以使用“自定义自动筛选方式”对话框中的“与”单选按钮和“或”单选按钮来控制，如图 6-10 所示。其中，“与”单选按钮表示两个条件同时满足，“或”单选按钮表示任意一个条件满足即可。

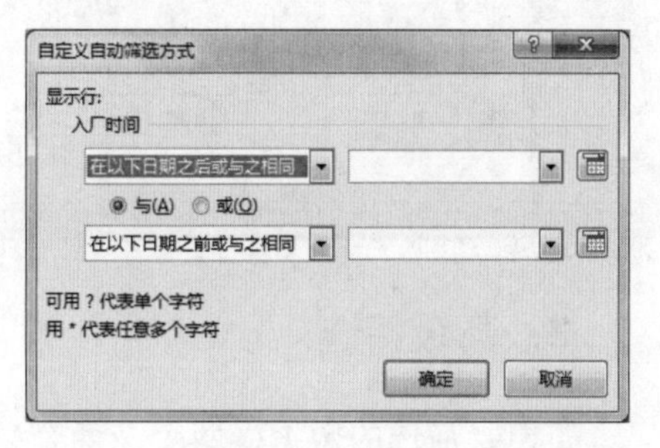

图6-10　“自定义自动筛选方式”对话框

下面将以在“工资表”工作表中查看应发工资在5000（包含5000）～6000（包含6000）元的员工的工资情况为例，讲解根据自定义条件筛选符合指定条件的数据的具体方法。

操作演练：查看指定范围的工资信息

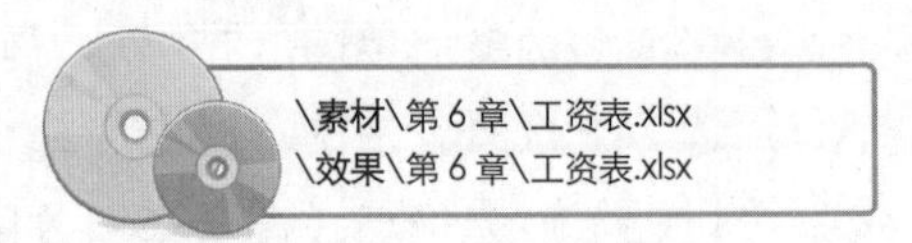

Step 01 单击“筛选”按钮

打开“工资表”素材文件，在工作表中任意选择一个数据单元格，单击“筛选”按钮进入筛选状态。

Step 02 选择筛选条件

单击“应发工资”单元格右侧的下拉按钮，在筛选器中选择“数字筛选”｜“大于或等于”命令。

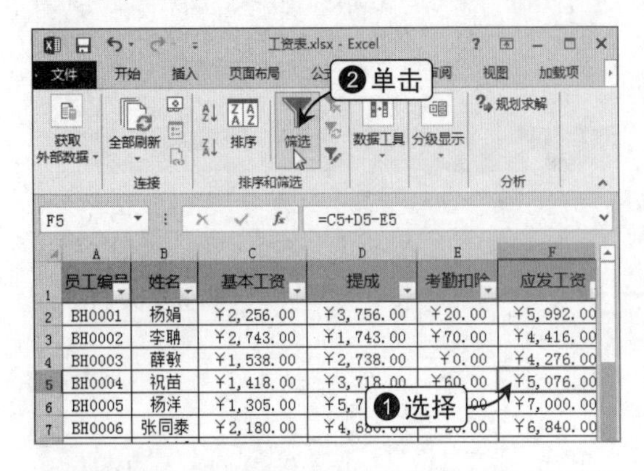

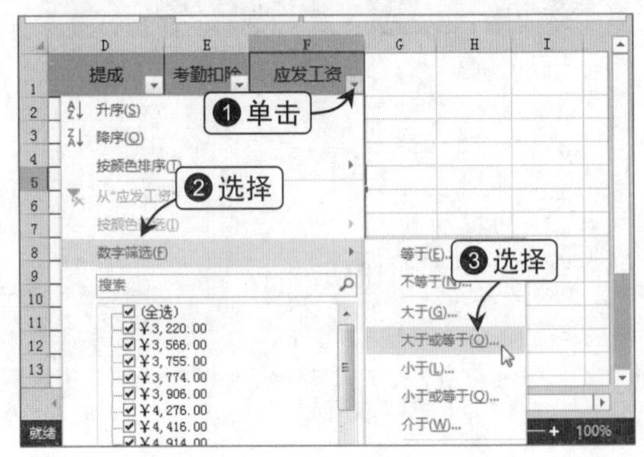

Step 03 设置筛选条件

在打开的对话框中设置大于或等于5000的筛选条件，保持“与”单选按钮的选中状态，设置小于或等于6000的筛选条件，单击“确定”按钮。

Step 04 查看筛选结果

在返回的工作表中即可查看到筛选结果。

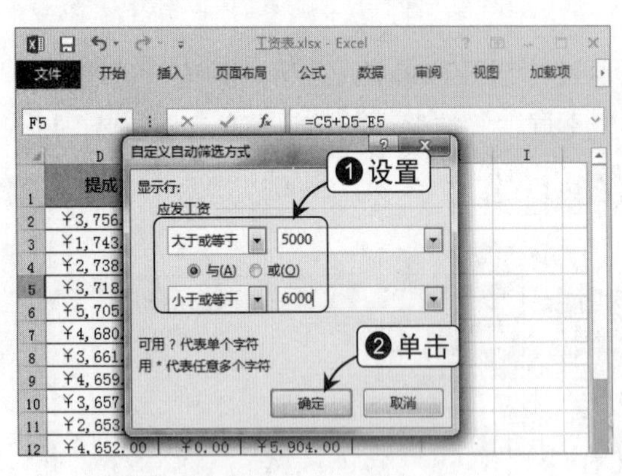

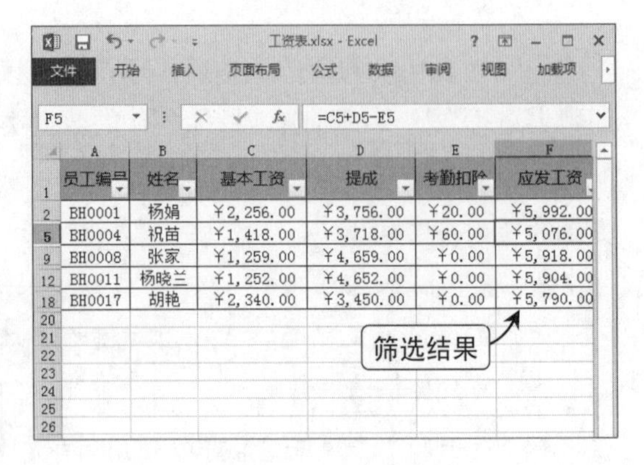

3．高级筛选

如果要筛选的数据受两个及两个以上条件约束时，此时可以使用高级筛选的方法自定义筛选条件，然后再筛选。

使用高级筛选功能时，必须先在数据表外的某个区域手动输入筛选条件，并且在输入筛选条件时还应遵循如图6-11所示的规则。

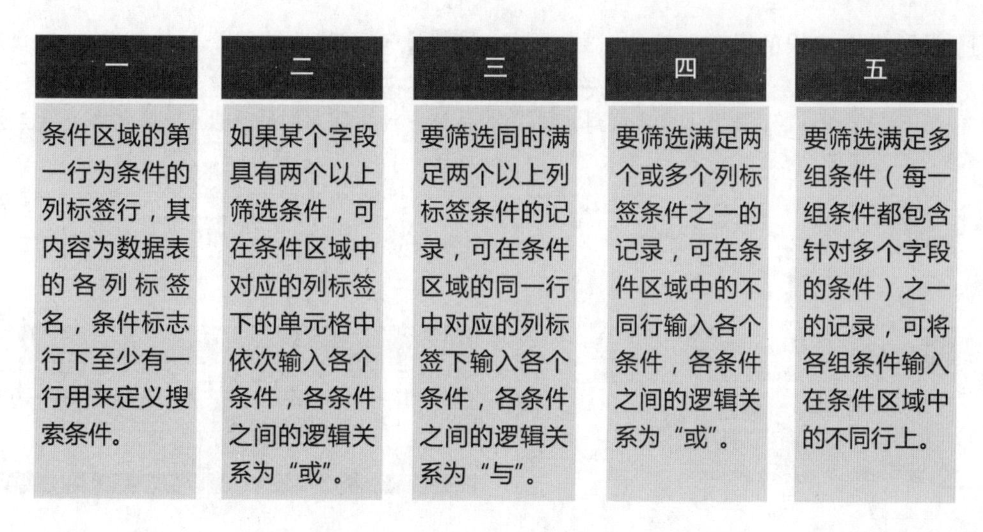

图6-11　高级筛选条件需要遵循的规则

下面将以在“试用员工考核表”工作表中筛选出所有考察项目的考核成绩都在85分以上的试用员工的情况为例，讲解高级筛选数据的方法，其具体操作如下。

操作演练：筛选各科成绩都在85以上的记录

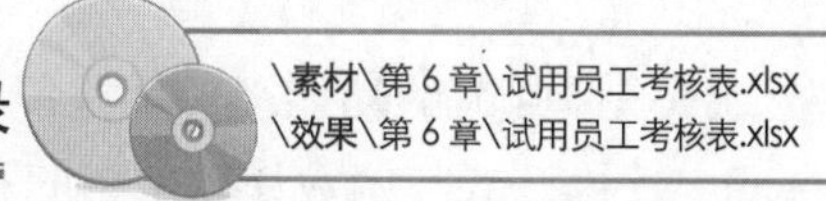

Step 01 单击“高级”按钮

打开“试用员工考核表”素材文件，在C19:H20单元格区域中输入筛选条件，单击“排序和筛选”组中的“高级”按钮。

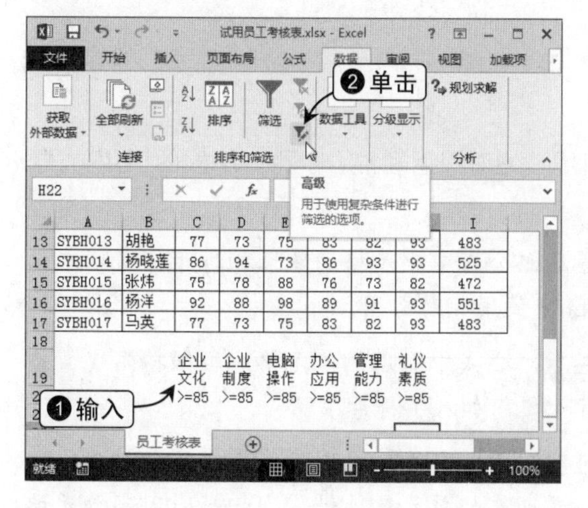

Step 02 设置列表区域和条件区域

弹出“高级筛选”对话框，在“列表区域”文本框中自动选择了除标题外的数据表区域，手动将C19:H20单元格区域设置为“条件区域”参数框。

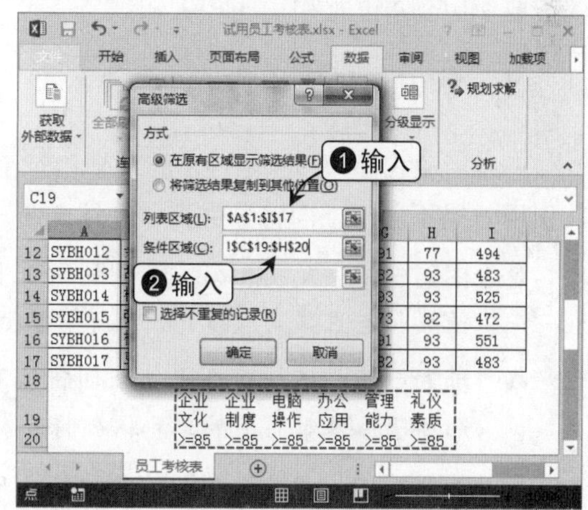

Step 03 设置筛选结果的保存位置

选中“将筛选结果复制到其他位置”单选按钮，激活“复制到”文本框，将文本插入点定位到其中，然后选择A22单元格，单击“确定”按钮。

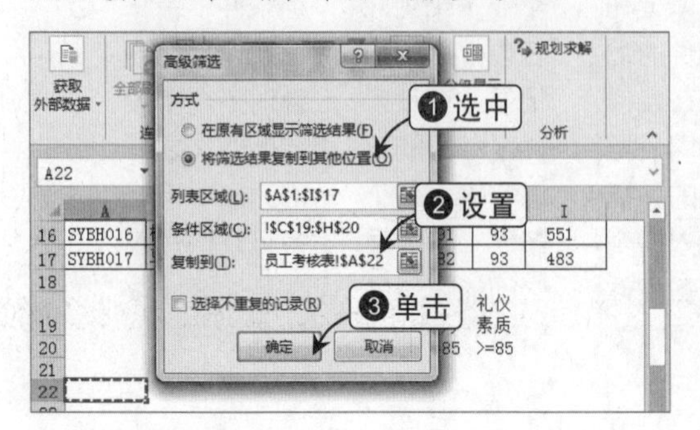

Step 04 查看筛选结果

关闭“高级筛选”对话框，并应用设置的条件，系统自动将筛选的结果以A22单元格为起点进行复制。

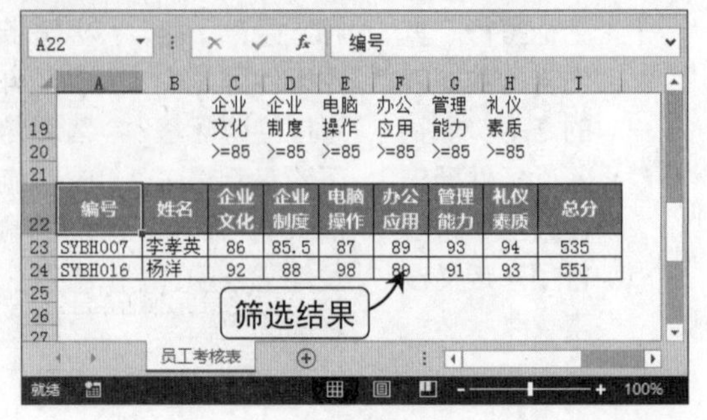

6.3 通过公式与函数准确、高效地计算数据

公式和函数的概述及其基本应用

Excel最强大的功能之一就是能够对表格中的数据进行各种计算，下面将具体介绍在Excel中使用公式与函数计算数据的有关知识和操作。

6.3.1 单元格的引用

在工作表中，无论使用公式还是函数计算数据，都要确定数据计算的单元格区域，这就需要使用到单元格引用的相关知识。

1. 认识各种引用方式

Excel中的引用方式有3种，分别是相对引用、绝对引用和混合引用，不同的引用方式，其引用效果不同，下面将分类具体进行介绍。

- 相对引用：是指把公式复制到新位置后，公式中单元格的地址相对于公式所在的位置而发生改变。默认情况下，Excel 中使用相对引用。
- 绝对引用：是指把公式复制到新位置后，公式中引用的单元格地址保持不变。在形态上，绝对引用的单元格列标和行号之前加入了符号“$”。
- 混合引用：是指在一个单元格的地址引用中，既有相对引用，又有绝对引用。当公式中使用了混合引用后，若改变公式所在的单元格地址，则相对引用的单元格地址改变，而绝对引用的单元格地址不变。

2. 各种引用范围介绍

在不同的工作表和工作簿中，单元格的引用格式也是不同的，下面将具体进行介绍。

◆ **不同工作表中数据源的确定**：即在同一工作簿的不同工作表中引用单元格或单元格区域，其引用格式为："工作表名称!单元格地址"，这里的单元格地址引用也可包括相对引用、绝对引用和混合引用，如图 6-12 所示。

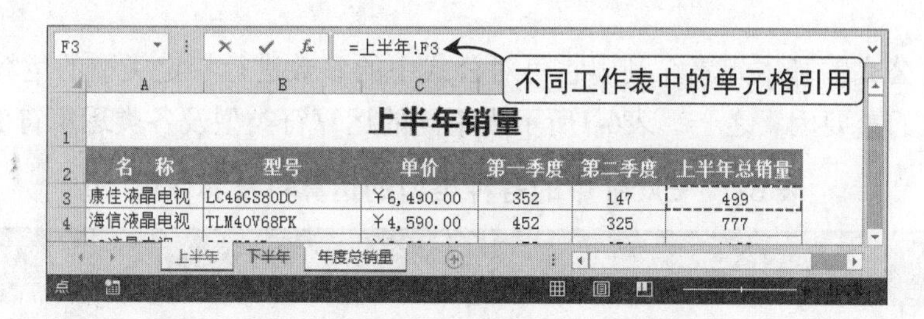

图6-12　不同工作表中单元格的引用

◆ **不同工作簿中数据源的确定**：即在不同工作簿中引用单元格或者单元格区域，其引用格式为："=[工作簿名称]工作表名称!单元格地址"，如图 6-13 所示。

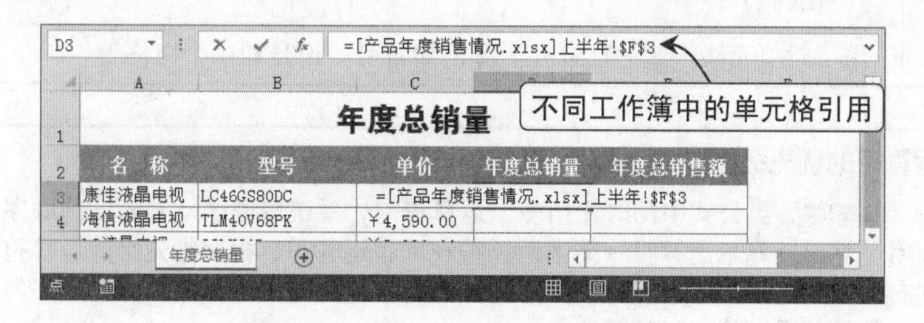

图6-13　不同工作簿中单元格的引用

6.3.2 使用公式计算数据

公式即数据在进行计算时的表达式，在Excel中公式的作用至关重要，使用它能很方便地对工作表中的数据进行计算。

1. 认识公式的结构

Excel中的公式都有语法规则，要对数据进行计算和操作需要严格遵守其语法，公式都以等号"="开始，其后是公式的表达式，如"=B4/B6+B5"。公式中包含的元素主要包括以下几种。

◆ **运算符**：公式的基本元素，利用它可对公式中的元素进行特定类型的运算，如"+"（加）、"-"（减）、"*"（乘）、"/"（除）和"&"（文本连接符）等。

◆ 数值或任意字符串：包括数字或文本等各类数据，如“0.5”和“编号”等。

◆ 括号：用于控制公式中各表达式被处理的先后次序。

◆ 函数及其参数：公式中的基本元素，也包括函数及函数的参数，例如 SUM(A1:A7)。

◆ 单元格引用：指要进行运算的单元格地址，如单个单元格“A1”或单元格区域“A1:B4”。

2．认识运算符

运算符是公式的基本元素，利用它可对公式中的参数进行特定类型的运算，它是影响数据计算结果的重要因素之一。表6-1所示为不同的运算符类型及各类运算符的含义。

表 6-1　Excel 中的各种类型的运算符及其作用

参数类型	含　义
算术运算符	用于完成基本的数学运算（如加法、减法或乘法）、合并数字以及生成数值结果
文本运算符	使用与号（&）连接或连接一个或多个文本字符串，以生成一段文本
比较运算符	用于逻辑比较两个不同数据的值，如=、>、<=等，其结果将返回 TRUE 或 FALSE（真或假）
引用运算符	用于对单元格区域进行合并运算，如冒号、逗号和单个空格等

运算符的优先级别

在 Excel 中，当公式中同时使用多个运算符时，系统将遵循从高到低的顺序进行计算，即引用运算符→算术运算符→文本运算符→比较运算符；相同优先级的运算符，将遵循从左到右的原则进行计算。而对于算术运算符而言，其同级运算符的优先顺序为：负数→百分比→乘方→乘和除→加和减。

3．公式的编辑

在单元格中，输入“=”后输入需要使用的公式表达式，按【Enter】键或【Ctrl+Enter】组合键可计算出结果。在输入公式后，还可以对公式进行各种编辑操作，例如修改错误的公式、复制已有的公式等。

◆ 修改公式：当输入公式后发现错误时，就可以对公式进行修改。其修改过程可在单元格或编辑栏中进行，修改时只需选中要修改的部分，重新输入所需内容后确认即可。

◆ 复制公式：在一列或一行中的多个单元格中依次输入同样作用的公式，且这些公式的结构相同，只是引用的单元格不同。此时可在输入第一个公式后，选中要复制其中公式的单元格，按【Ctrl+C】组合键进行复制，然后选中目标单元格按【Ctrl+V】组合键即可，也可以拖动包含公式的单元格的控制柄来复制公式。

6.3.3 使用函数计算数据

函数是根据不同功能或作用事先定义好的公式，用户在使用它时不需要再输入复杂的公式内容，而是设置好相应的参数即可计算出结果。

由于函数是特殊的公式，因此其有些操作和公式相同，如复制操作、编辑操作等。因此下面主要介绍有关使用函数计算数据时的特有操作，包括插入函数和快速查找需要的函数。

1．插入函数

在使用函数时，可直接在单元格或编辑栏中输入函数表达式，此外，也可以使用插入函数功能插入函数，插入后的函数可以根据需要进行修改和编辑。

◆ **使用函数库插入函数**：主要是指通过“公式”选项卡的“函数库”组来实现的，如图 6-14 所示，在该组中列出了各类函数，如果要使用某个函数，直接选择需要使用函数计算结果的单元格，然后单击函数相应的函数类别按钮，选择需要插入的函数即可。

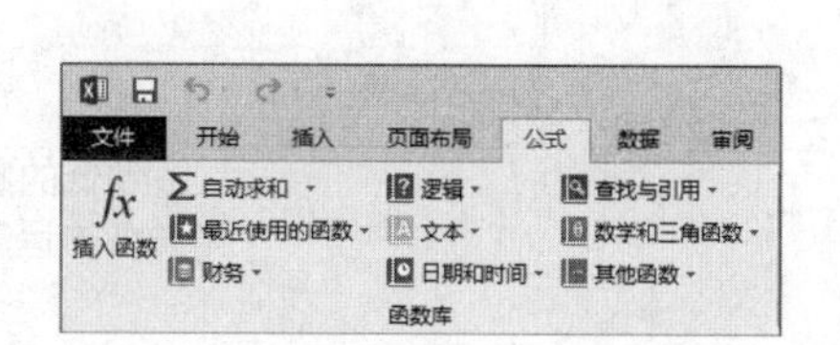

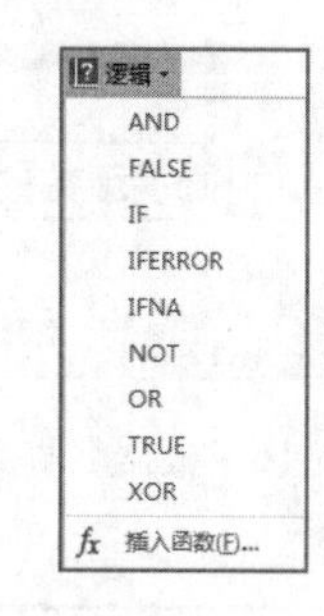

图6-14　通过函数库插入函数

◆ **通过编辑栏插入函数**：主要是指通过单击编辑栏中的“插入函数”按钮，在打开的“插入函数”对话框中选择需要输入的函数，如图 6-15（左）所示，或者在结果单元格中输入“=”，然后单击名称框右侧的下拉按钮，选择需要的函数选项，如图 6-15（右）所示。

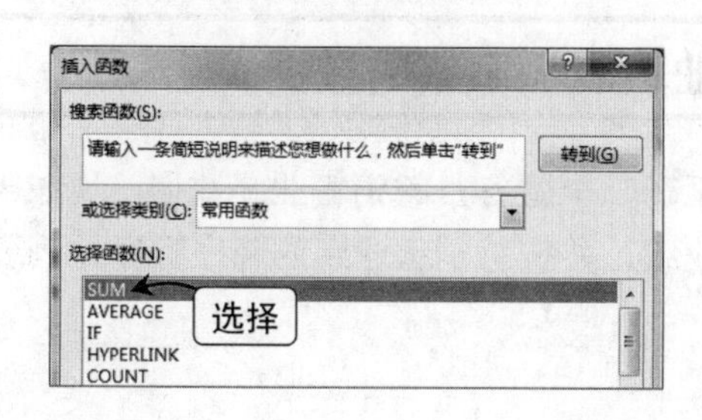

图6-15　通过编辑栏插入函数

2. 快速查找需要的函数

在Excel中，如果不能记住所有的函数名称或者分类，此时可以使用系统提供的搜索函数功能快速查找到需要的函数。

- **根据名称查找函数**：在“插入函数”对话框中将“或选择类别”设置为“全部”，在列表框中任意选择一个函数，在键盘上按函数的前几个字母对应的键，便可自动跳到以该字母开头的函数处，如图 6-16 所示。
- **根据功能查找函数**：在“插入函数”对话框的“搜索函数”文本框中输入关键字，如“平均值”，单击“转到”按钮，系统会自动查找与关键字相关的函数，如图 6-17 所示。

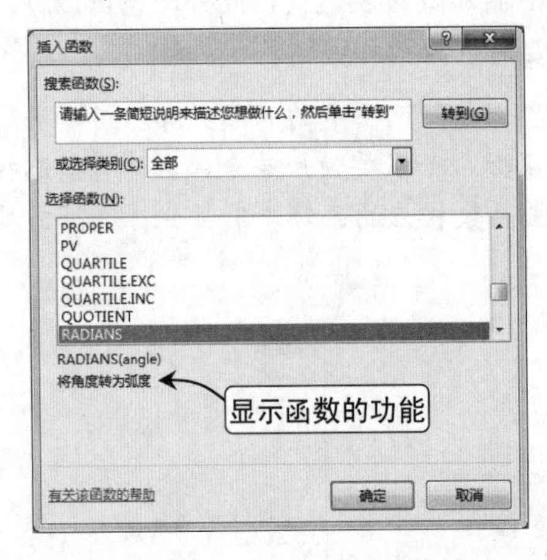

图6-16　根据名称查找函数

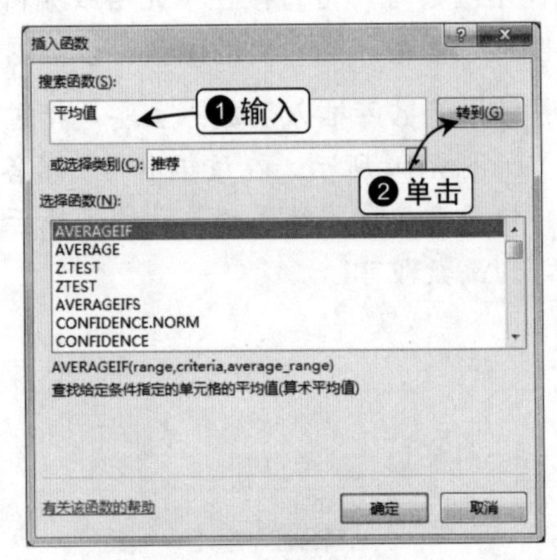

图6-17　根据功能查找函数

查找函数的具体帮助

在 Excel 中，打开“插入函数”对话框，在“选择函数”列表框中找到需要的函数，然后单击对话框下方的“有关该函数的帮助”超链接，打开“Excel 帮助”窗口，在其中即可查看该函数的具体使用帮助。

办公演练　计算并整理“销售业绩表”表格的数据

在“销售业绩表”表格中已经录入了各位员工在二季度各月的销售业绩数据，现在需要汇总各位员工二季度的总销售业绩和平均销售业绩，并按总销售业绩的降序顺序排列表格数据，从而方便查看业绩最好的员工的信息。

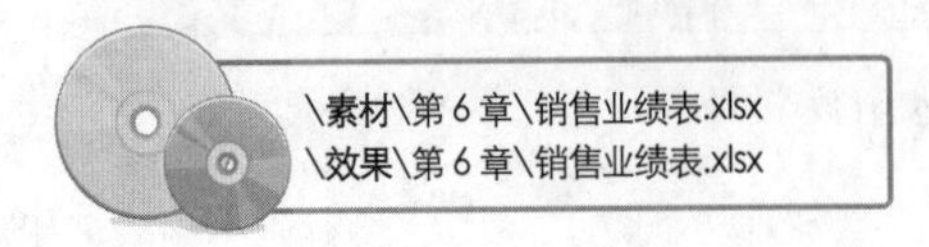

Step 01 输入公式计算总业绩

打开“销售业绩表”素材文件，在F3单元格输入公式“=C3+D3+E3”，按【Ctrl+Enter】组合键，计算第一位员工的总业绩。

Step 02 填充公式并选择函数

向下拖动F3单元格的控制柄复制公式，计算其他员工的总业绩，在G3单元格输入“=”，在名称框中选择“AVERAGE”函数。

Step 03 设置函数参数

在打开的对话框中设置函数的参数，单击“确定”按钮，计算该员工的平均销售业绩。

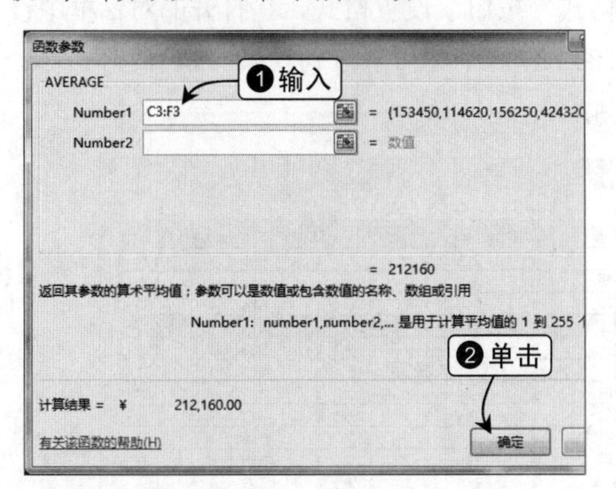

Step 04 复制函数计算

向下拖动控制柄复制公式计算其他员工的平均销售业绩。

Step 05 按总业绩降序排序数据

在二季度总业绩列中选择F3单元格，单击“数据”选项卡“排序和筛选”组中的“降序”按钮，按二季度总成绩的降序顺序对表格数据进行排序。

排序数据的注意事项

如果根据某列数据的某种顺序排序表格，只能在该列中选择某个数据单元格，不能选择单元格区域，如果选择单元格区域，程序将对选择的单元格区域进行排序，而其他数据的顺序不会被改变。

高效办公的诀窍

本章主要讲解了有关数据的整理与计算知识和操作，用户掌握了这些知识后，可以轻松地在Excel中处理各种数据。为了方便用户更得心应手地管理数据，下面列举几个提高办公效率的诀窍，供用户拓展学习。

窍门 1 在表格中突出显示整条记录

在分析数据的过程中，有时候仅仅需要查看某一类数据的记录信息，例如，在工资表中只查看“何阳”员工的工资记录，则在整个表格中只将姓名为“何阳”的员工的工资信息突出显示出来。要达到这种效果，必须结合公式来定义条件格式规则。

其具体操作是：选择单元格区域，单击“条件格式”按钮，在弹出的下拉菜单中选择“新建规则”命令，打开“新建格式规则”对话框，选择“使用公式确定要设置格式的单元格”选项，输入公式“=FIND("何阳",$A4)”，单击“格式”按钮，设置格式，在打开的对话框中设置填充颜色后，连续单击“确定”按钮，在返回的工作表中即可查看到效果，如图6-18所示。

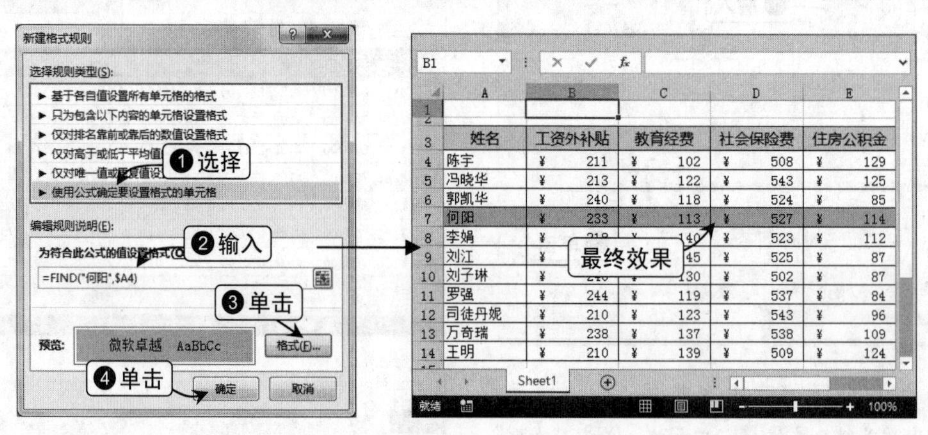

图6-18　使用条件格式突出显示整条记录

窍门 2 快速恢复到排序前的效果

对表格进行排序后，其原有的顺序将被打乱，在排序后若做了其他的数据修改操作，此时不能使用撤销操作来恢复数据顺序到排序前的顺序，其原因有以下两点。

- 因为通过逐步撤销的操作即使恢复到原始顺序，此时修改的数据也被还原到了修改前的效果。
- 若对保存了排序后修改的数据效果，并关闭了工作簿，再次打开工作簿时，撤销功能将不可用，更不能恢复到原始顺序。

此时，可以通过添加一个序列辅助列，即使排序后进行了多少修改操作，只要根据辅助列，将其顺序恢复到排序前的效果，就能确保既能实现数据顺序被恢复到排序前，也能将排序后进行的各种修改操作保存下来。

下面以在“员工工龄补贴”工作簿中将工龄在15年以上的员工的补贴全部修改为2200元为例，介绍如何通过辅助列快速恢复排序后做过修改操作的记录顺序的方法，其具体操作如下。

操作演练：调整补贴后恢复表格顺序

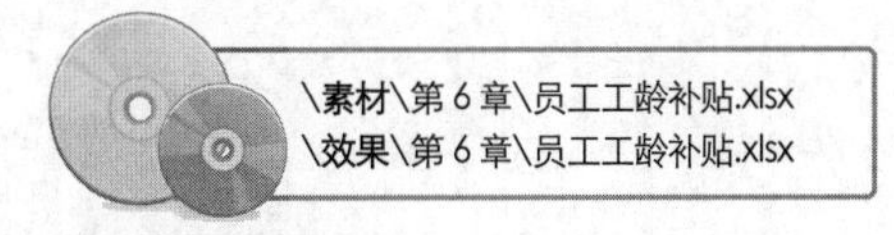

Step 01 添加辅助列

打开“员工工龄补贴”素材文件，在G列输入序列数据。

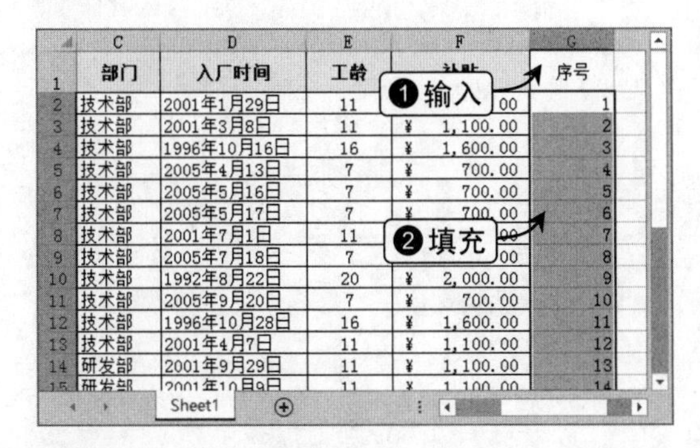

Step 02 按工龄降序排序

选择E2单元格，单击“降序”按钮，将表格数据按工龄的降序顺序重排。

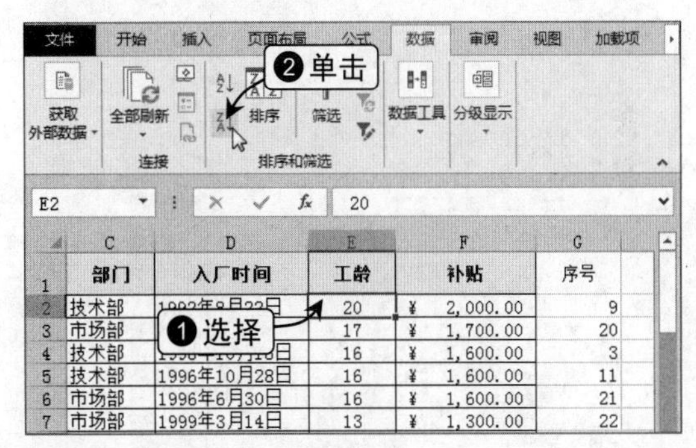

Step 03 修改补贴数据

选择工龄在15年以上的所有补贴单元格区域，在编辑栏中输入“=2200”，按【Ctrl+Enter】组合键同时修改数据。

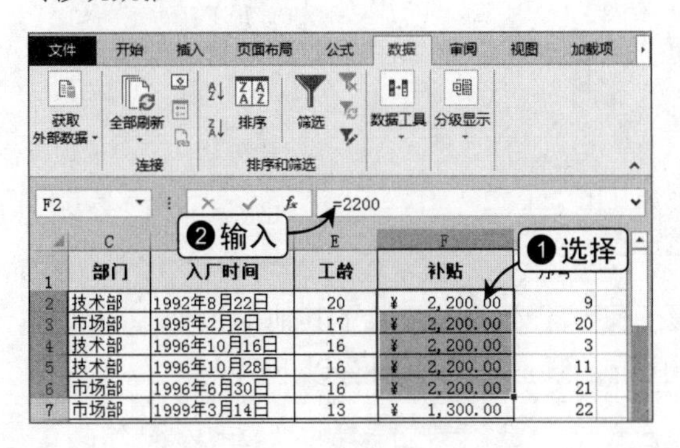

Step 04 恢复表格顺序

选择G2单元格，单击“升序”按钮，将表格按序号的升序顺序重排，删除辅助列数据完成整个操作。

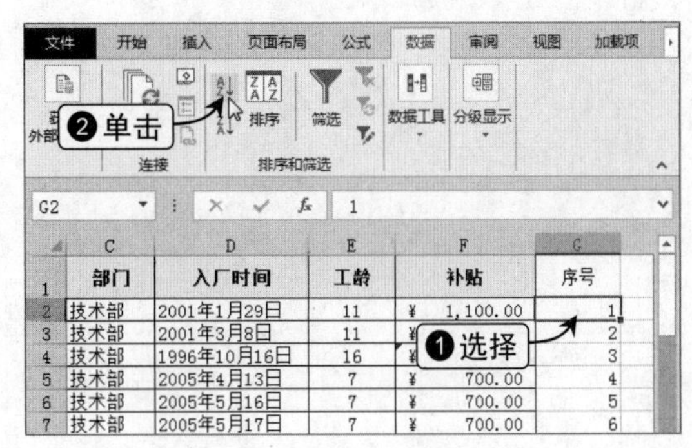

Chapter 7

用“图”展示数据，使结果更清晰

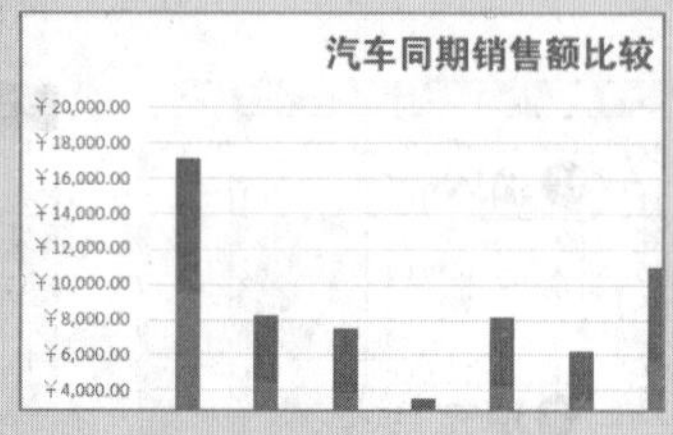

创建汽车同期销售额比较图表

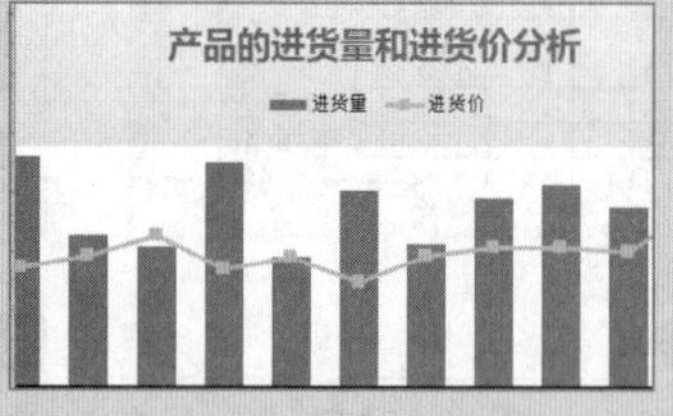

在柱形图中查看价格变化趋势

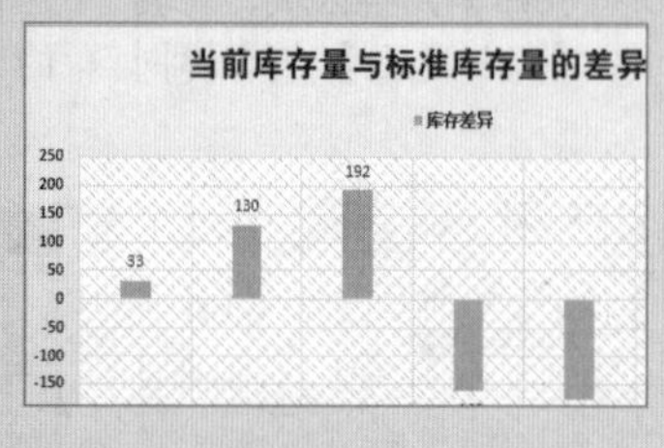

比较分析各产品的库存差量

财务部	销售部	客服部	各部门费用支出比较
¥ 8,946	¥ 12,348	¥ 7,542	
¥ 7,391	¥ 13,814	¥ 15,444	
¥ 3,142	¥ 9,038	¥ 17,490	
¥ 6,618	¥ 3,490	¥ 9,443	
¥ 16,016	¥ 13,200	¥ 10,975	
¥ 15,262	¥ 10,392	¥ 11,926	
¥ 13,249	¥ 13,000	¥ 8,641	
¥ 13,624	¥ 16,909	¥ 19,169	
¥ 7,417	¥ 12,660	¥ 17,942	

各月费用支出统计

比较各部门各月的费用支出金额

7.1 用普通图表展示数据结果

创建图表并根据需要更改图表格式

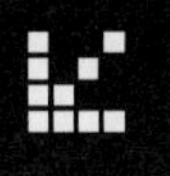

数据分析最讲究的是结果的直观性，将结果最直接地体现出来是职场人士必须掌握的一种数据结果处理技巧。而利用Excel提供的图表功能，即可将图表的各种关系用图形的方式反映出来。

7.1.1 了解图表的结构和类型

在使用图表之前，首先要了解图表的基础知识，这样才能准确、快速地创建出符合实际需求的图表。

1. 图表的结构组成

虽然数据图表的种类繁多，如柱形图、条形图、饼图等，而且每种类型图表中又包含多种子类型图表，但是一个完整的图表的基本组成部分是相同的，主要包括图表标题、数据系列、坐标轴、图例等，如图7-1所示。

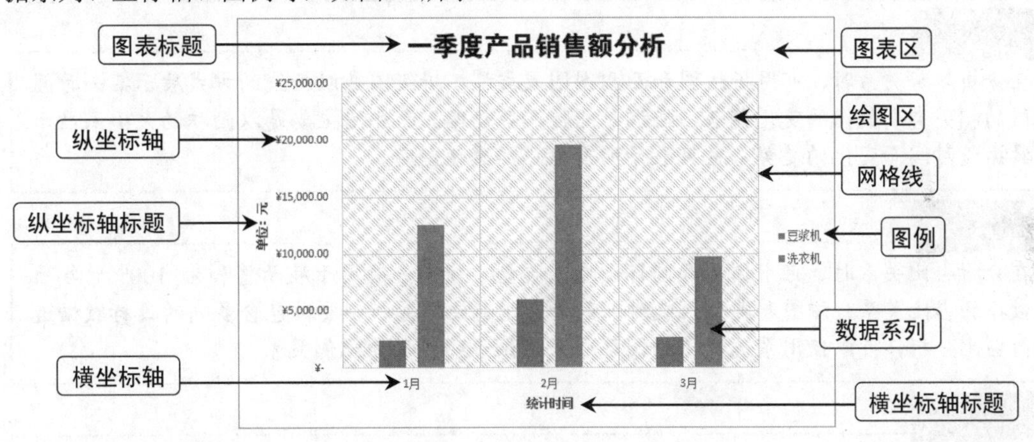

图7-1　图表的结构组成

图表各组成部分的作用分别如下。

- ◆ **图表标题**：对当前图表展示的数据进行简要的说明，通常要求从图表标题中可以看出图表的功能或图表要表达的中心思想。
- ◆ **图表区**：相当于图表的画布，图表中的其他所有元素都包含在图表以内，在Excel 2007及以上的版本中，选中图表区可激活“图表工具”选项卡组。
- ◆ **绘图区**：表中数据以图形方式出现的区域，也是图表中最重要的部分，没有绘图区的图表不能称为真正的图表。

- **数据系列**：根据数据源中的数据绘制到图表中的数据点。
- **图例**：用于标识当前图表中各数据系列代表的意义，通常在图表中具有两个或两个以上数据系列时才使用图例项。
- **坐标轴**：显示各刻度线的数量单位或分类的类别名称。
- **坐标轴标题**：对当前坐标轴显示内容的简要说明。

2. 图表的类型

Excel中有柱形图、条形图、折线图、饼图、圆环图、雷达图、面积图等多种类型的图表，各类型图表下还提供了多种不同类型的子图表，用户需要根据不同的分析目的，选择合适的图表来展示目标数据。这就要求熟练掌握各类图表可以表达什么样的关系。图7-2所示为各种常见数据关系下，对应应该使用的图表类型。

数量关系

在分析大小关系时，可用柱形图和条形图图表类型，柱形图是使用最频繁的图表类型，用于显示一段时间内的数据变化或显示各项数据之间的比较情况。条形图也是用于显示各项数据之间的比较情况，但它弱化了时间的变化，偏重于比较数量大小。

趋势关系

在分析趋势关系时，可用折线图和面积图图表类型，折线图是以折线的方式展示某一时间段的相关类别数据的变化趋势，强调时间性和变动率。面积图主要是以面积的大小来显示数据随时间而变化的趋势，也可表示所有数据的总值趋势。

占比关系

在分析占比关系时，可用饼图和圆环图图表类型，饼图一般用于展示总和为 100%的各项数据的占比关系。该图表类型只能对一列数据进行比较分析，要对包含多列的目标数据进行占比分析，可以使用系统提供的圆环图来详细说明数据的比例关系。

其他关系

Excel 还提供了如雷达图、散点图、气泡图、股价图等类型的图表，在对同一对象的多个指标进行描述和分析时选用雷达图，分析相关性变化时选用散点图和气泡图，分析股票价格波动情况则选用股价图。

图7-2　图表类型和数据之间的关系

7.1.2 根据数据源创建符合需求的图表

在Excel中，创建图表的操作很简单，主要分为3步，第一，根据正确的数据源及正确的图表类型创建初始效果的图表；第二，为图表设置一个符合图表内容的标题；第三，调整合适的图表大小，并移动到合适位置（有关设置图表大小、位置等内容与第3章的在Word文档中设置图形对象的操作相同）。

下面以在“汽车销售情况统计”工作簿中创建汽车同期销售额比较柱形图为例，讲解创建图表的方法，其具体操作如下。

操作演练：创建汽车同期销售额比较图表

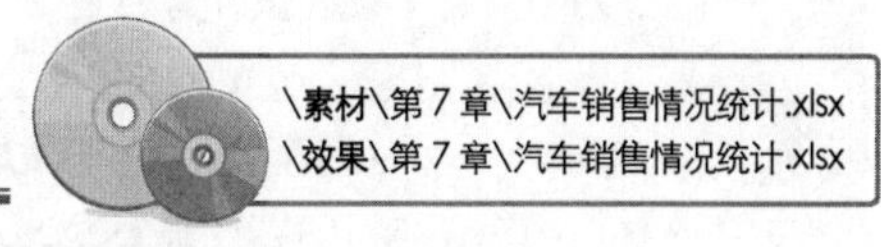

Step 01 选择“更多柱形图”命令

打开“汽车销售情况统计”素材文件，选择A1:A11，E1:F11单元格区域，单击“插入”选项卡，在“图表”组中单击“柱形图”下拉按钮，选择“更多柱形图”命令。

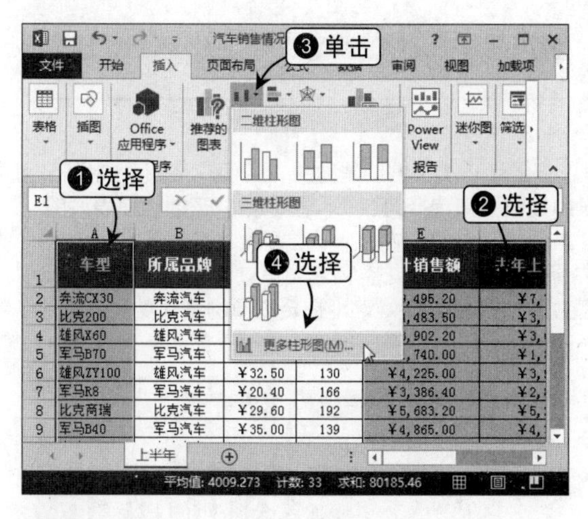

Step 02 选择合适的柱形图子类型

在打开的“插入图表”对话框的“所有图表”选项卡中，程序自动切换到“柱形图”选项卡，选择“堆积柱形图”选项，单击“确定”按钮。

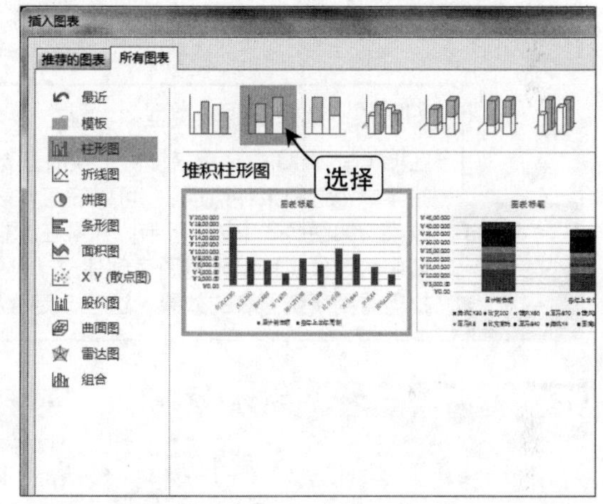

Step 03 设置合适的图表标题

在图表的标题占位符中将标题更改为“汽车同期销售额比较”，单击图表区其他位置，退出编辑状态。

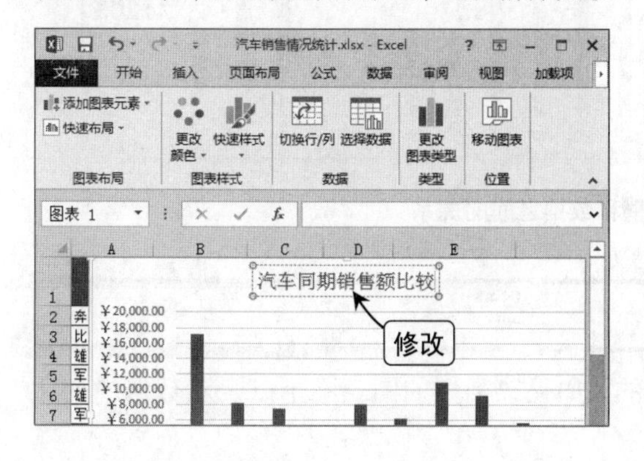

Step 04 调整图表大小

单击“图表工具 格式”选项卡，在“大小”组设置高度和宽度分别为“10”厘米和“18”厘米。

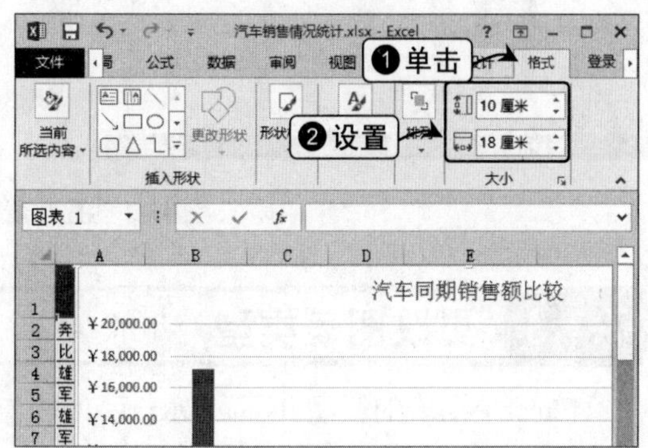

Step 05 设置字体格式

选择标题文本，在“开始”选项卡“字体”组中将其字体格式设置为“方正大黑简体，20”，用相同的方法设置图表中其他文本的字体格式。

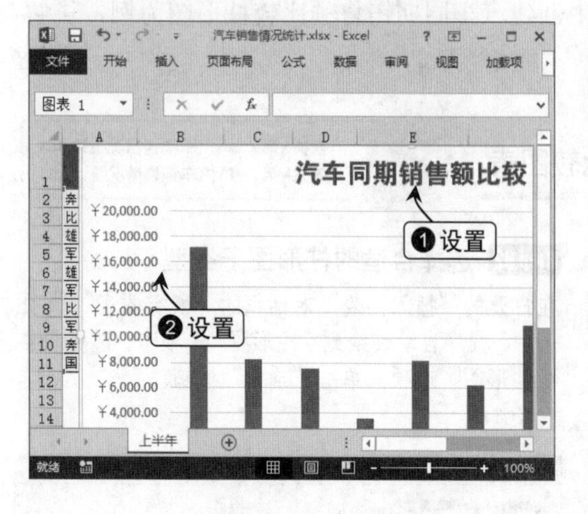

Step 06 移动图表位置

将鼠标光标移动到图表区，当其变为✥形状时，按住鼠标左键不放，拖动到合适位置后释放鼠标左键，完成图表位置的移动操作。

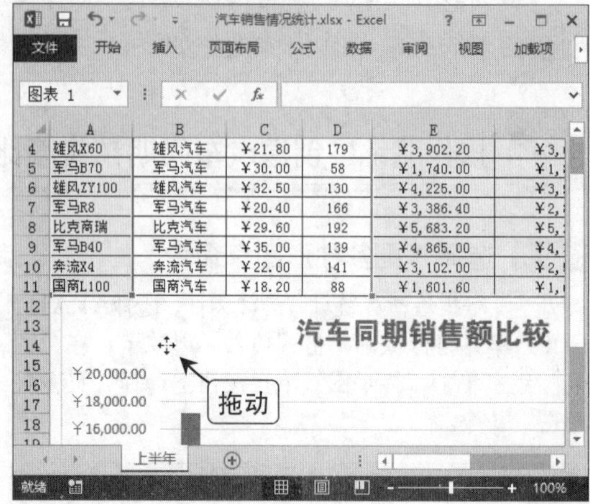

提示 Attention

即时预览选择的图表类型

在 Excel 2013 中，程序提供了实时预览选择的图表类型的创建效果，当用户在图表类型下拉菜单中选择某种选项后，可以在工作表中提前预知选择的数据和图表类型在创建图表后的效果，如图 7-3（左）所示；如果在“插入图表”对话框中选择子类型后，选择下方预览区域中的效果也可以预览图表创建成功的效果，如图 7- 3（右）所示。通过该功能，用户可以提前看到所选图表的效果，这在一定程度上方便了用户更准确地选择需要的图表类型。

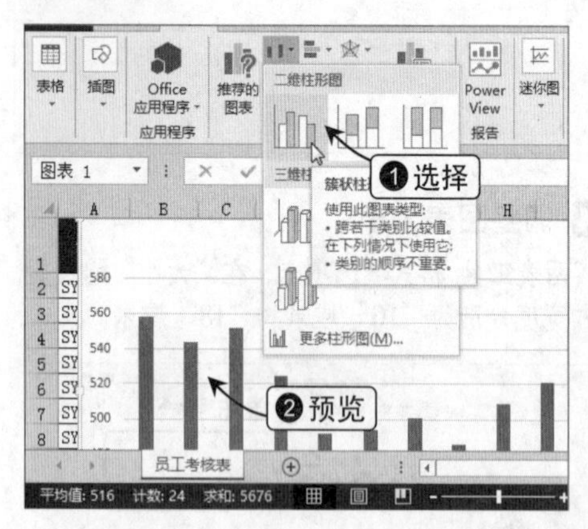

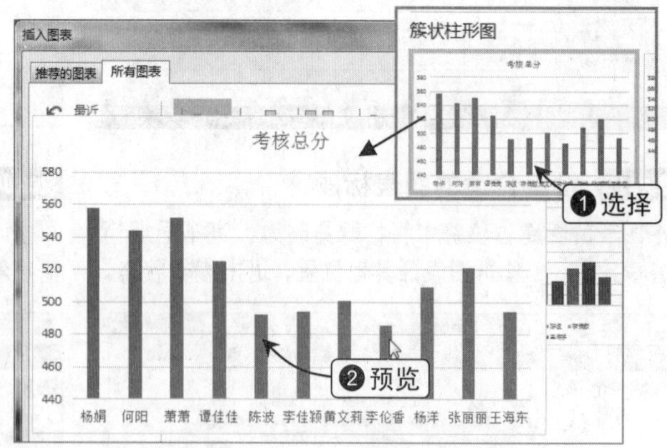

图7-3 创建图表时的实时预览效果

7.1.3 更改图表类型

Excel中图表的类型并不是创建后就固定的，如果该类型的图表不足以表示数据的变化的关系，还可以更改为其他类型的图表。

在Excel 2013中，更改图表类型分为更改整个图表的类型和更改某个数据系列的类型两种情况。它们都可以通过“更改图表类型”对话框来完成。

- 如果要更改整个图表类型，直接在对话框中选择合适的图表类型即可。
- 如果要更改某个数据系列的图表类型（一个图表中多种图表类型，这种图表称为组合图表），单击“组合”选项卡，在选项卡中单击要更改的系列右侧的下拉按钮，然后选择要更改为的图表类型即可。

提示 Attention

更改某个数据系列的图表类型的说明

当一个图表中只有一个数据系列时，不能在“组合”选项卡中更改单个系列的图表类型，至少要有两个数据系列才能进行如上操作。

提示 Attention

打开“更改图表类型”对话框的方法

选中图表，在“图表工具 设计”选项卡中单击“更改图表类型”按钮，或者在图表上右击，在弹出的下拉菜单中选择“更改图表类型”命令，都可以打开“更改图表类型”对话

下面以在“进货记录”工作簿中将柱形图的进货价数据系列更改为折线图的图表类型为例，讲解更改图表类型的方法，其具体操作如下。

操作演练：在柱形图中查看价格的变化趋势

\素材\第 7 章\进货记录.xlsx
\效果\第 7 章\进货记录.xlsx

Step 01 单击“更改图表类型”按钮

打开“进货记录”素材文件，选择图表，在“图表工具 设计”选项卡“类型”组中单击“更改图表类型”按钮。

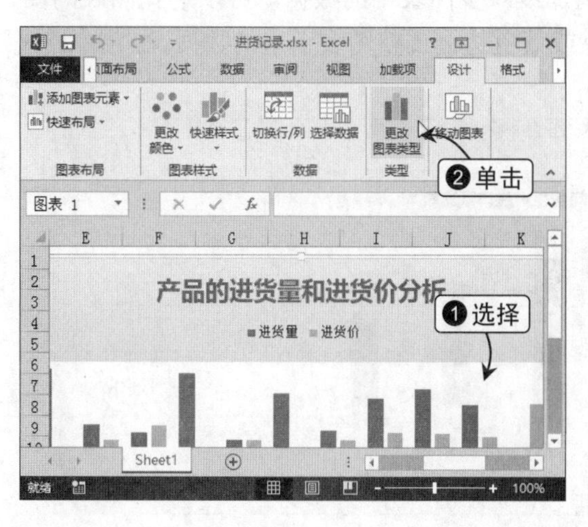

Step 02 单击“组合”选项卡

在打开的“更改图表类型”对话框的“所有图表”选项卡中单击“组合”选项卡。

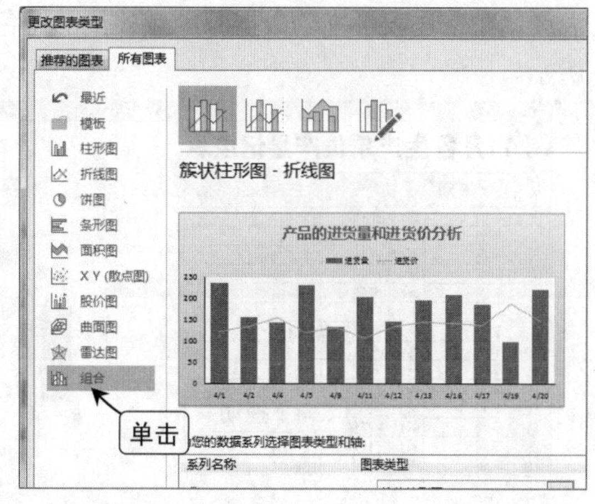

Step 03 选择合适的图表类型

在“为您的数据系列选择图表类型和轴”列表框中单击“进货价”下拉列表框右侧的下拉按钮，选择一种合适的折线图图表类型。

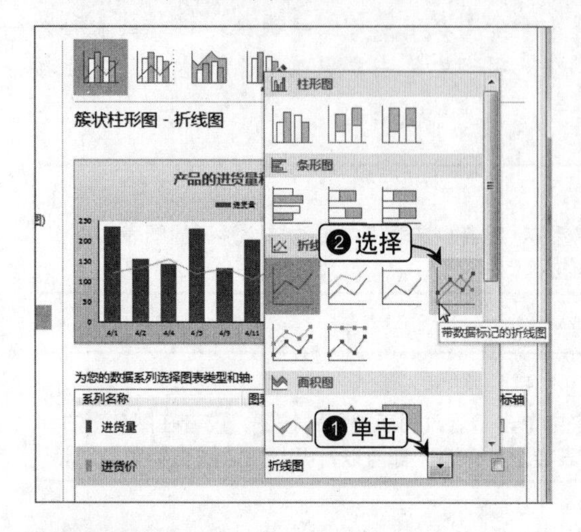

Step 04 查看最终效果

单击“确定”按钮关闭对话框，在返回的工作表中即可查看到修改“进货价”数据系列的图表类型后的图表效果。

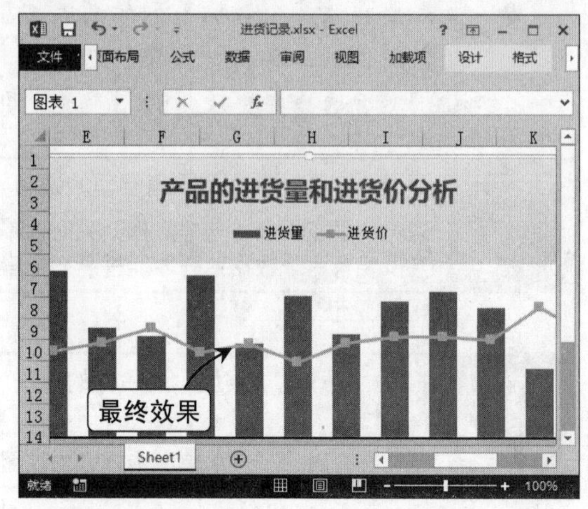

7.1.4 更改图表数据源

数据源是图表呈现不同形态的依据，更改图表的数据源是指将现有图表中的数据系列全部或部分更换成其他数据。在Excel 2013中，更改图表数据源有3种方法，分别是拖动数据源区域更改、利用复制功能更改和使用对话框更改，下面分别进行介绍。

1. 拖动数据源区域更改

如果需要在连续的数据源单元格区域中增加或减少图表中的数据，可以选择图表的图表区，在工作表中拖动数据源区域外侧的紫色或蓝色边框调整图表引用的数据源，如图7-4所示。

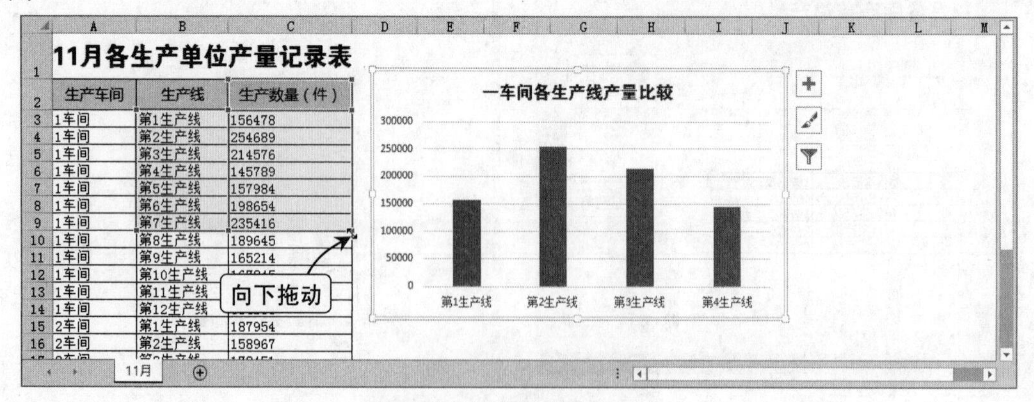

图7-4　拖动数据源区域更改

2．利用复制功能更改

如果要添加的数据区域与图表的数据源单元格区域不相邻，可以使用复制功能快速向图表添加数据，其操作方法是：在工作表选择要添加的数据区域，按【Ctrl+C】组合键进行复制，然后选中图表，按【Ctrl+V】组合键粘贴即可，如图7-5所示。

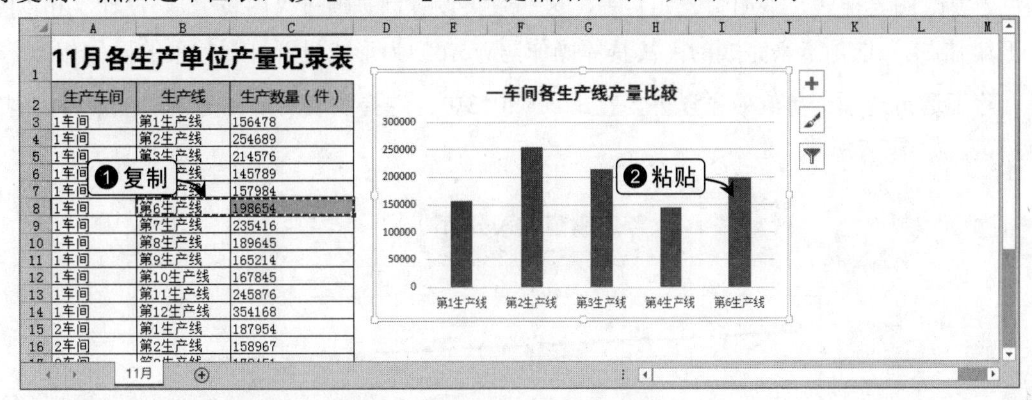

图7-5　利用复制功能更改数据源

3．使用对话框更改

在Excel 2013中，选择图表的任意组成部分并右击，在弹出的下拉菜单中选择“选择数据”命令，或者单击“图表工具 设计”选项卡中的“选择数据”按钮，在打开的“选择数据源”对话框中更改“图表数据区域”文本框中引用单元格的位置来实现，单击“确定”按钮，如图7-6所示。

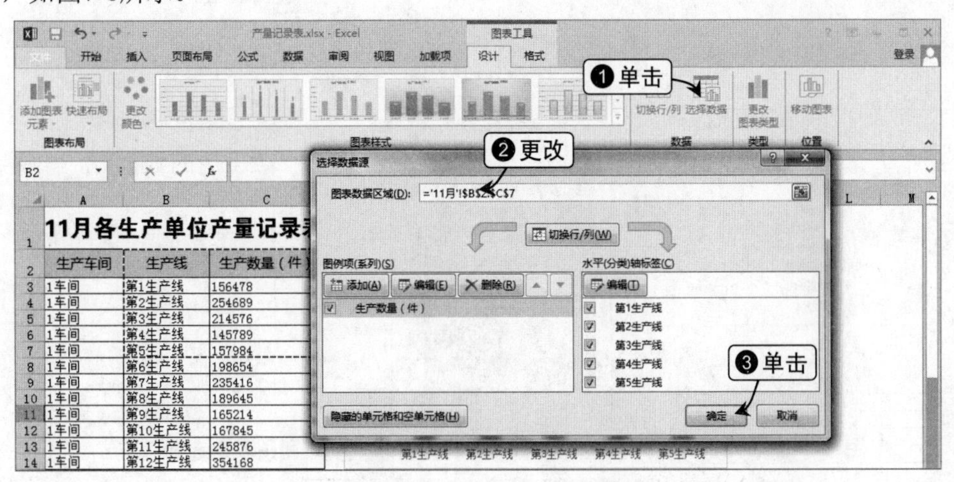

图7-6　利用对话框更改数据源

需要注意的是，在“图例项（系列）”列表框或“水平（分类）轴标签”列表框中取消选中对应的复选框，可以取消该数据系列或者分类在图表中的显示，但是这种操作只能隐藏某个数据源在图表中的显示状态，数据源其实并没有改变。

7.1.5 更改图表外观布局效果

为了让制作的图表的外观更漂亮，显示效果更专业，可以对图表的外观布局效果以及各个组成部分的格式进行设置，其内容包括设置填充色、设置轮廓效果、快速布局、更改颜色、更改图表样式、添加图表元素等，这些效果设置都是通过“图表工具 设计”和“图表工具 格式”选项卡来完成的，其具体操作与Word中为形状设置外观效果的操作相似。

除了通过选项卡更改效果以外，在Excel 2013中，选择图表后，在图表右上角将出现3个按钮，如图7-7所示。

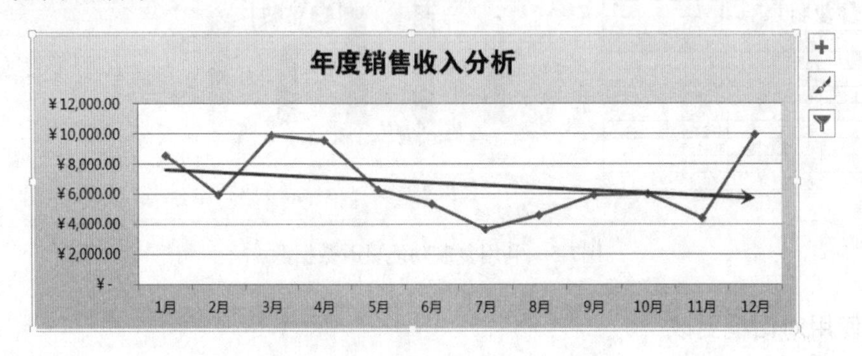

图7-7 选择图表后出现的快速按钮

单击相应的按钮将弹出对应的分析库面板，在其中可以快速增减图表元素、更改图表样式和颜色，以及调整图表中数据和坐标轴的显示内容，如图7-8所示。

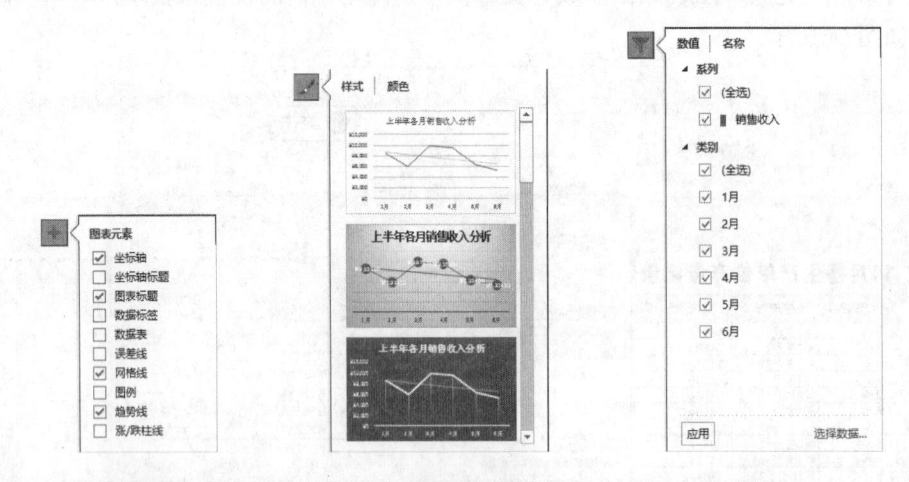

图7-8 图表元素分析库（左）、图表样式分析库（中）和图表筛选器（右）

办公演练 用柱形图比较分析各产品的库存差量

在“月度库存表”工作簿中详细记录了每种产品当月的入库、出库等信息，并计算出了各种产品当前库存与标准库存量的差量。现在要求创建一个柱形图图表，对比查看各产品的差量情况。

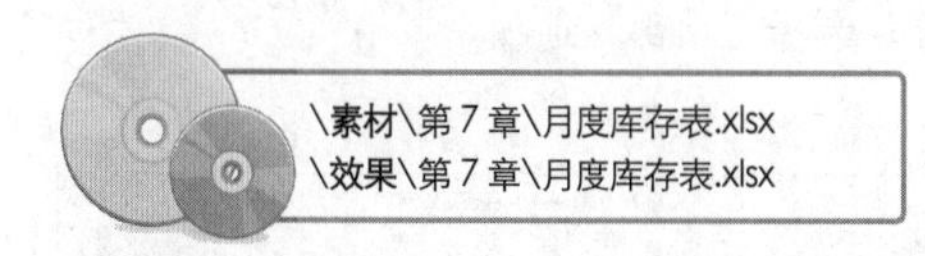

Step 01 创建图表

打开“月度库存表”素材文件，选择产品名称和库存差异数据区域，单击“柱形图”按钮，选择“簇状柱形图”选项，创建图表。

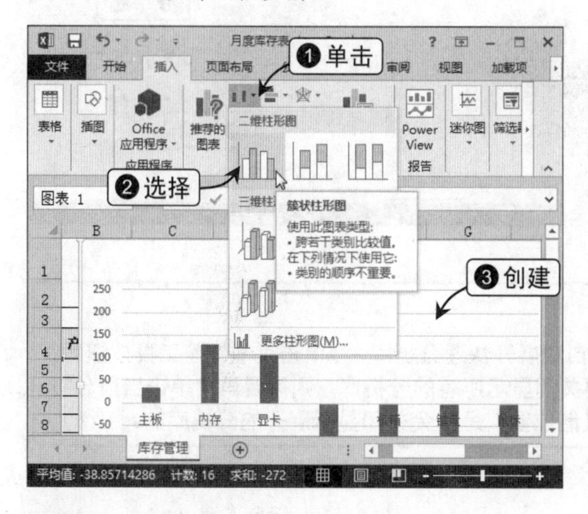

Step 02 更改图表标题、大小和位置

将图表标题更改为“当前库存量与标准库存量的差异比较”，调整图表高度和宽度分别为8.55和16.4，移动图表到合适位置。

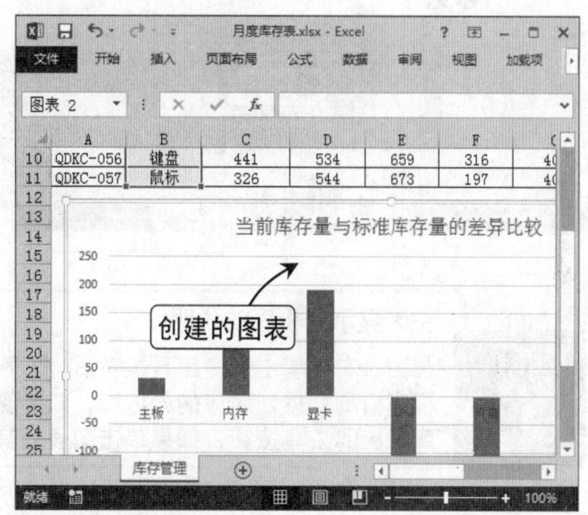

Step 03 更改图表布局

选择图表，在“图表工具 设计”选项卡中单击“快速布局”按钮，选择一种布局样式。

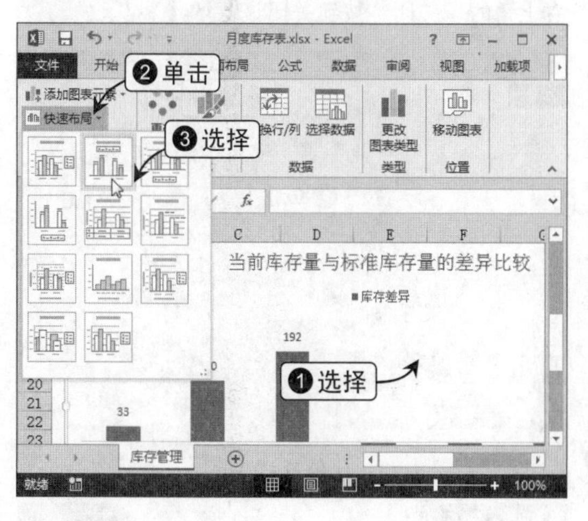

Step 04 更改图表样式

在“图表样式”组中单击“快速样式”按钮，选择“样式8”选项，更改图表的样式。

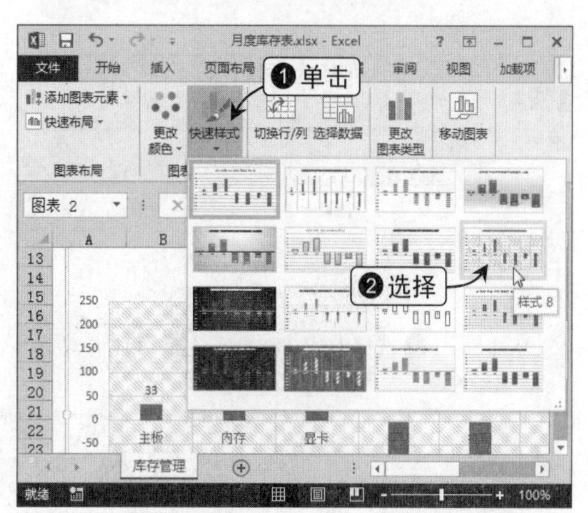

Step 05 更改图表颜色

选择数据系列，在图表右侧单击“图表样式”按钮，单击“颜色”选项卡，选择“颜色4”选项，更改图表颜色。

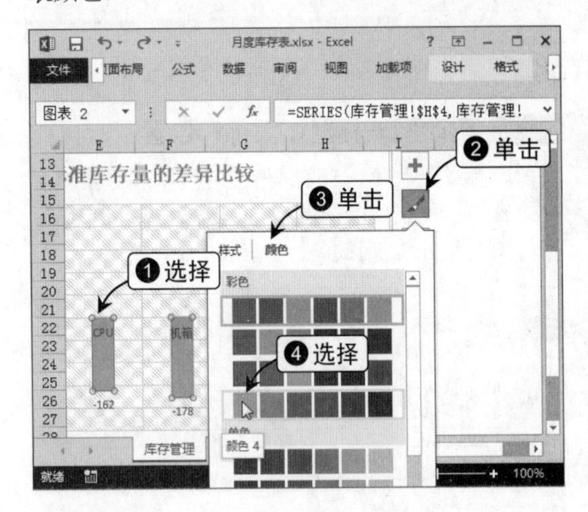

Step 06 更改图例的显示位置

单击“图表元素”按钮，单击“图例”复选框右侧的▶按钮，选择“顶部”选项。

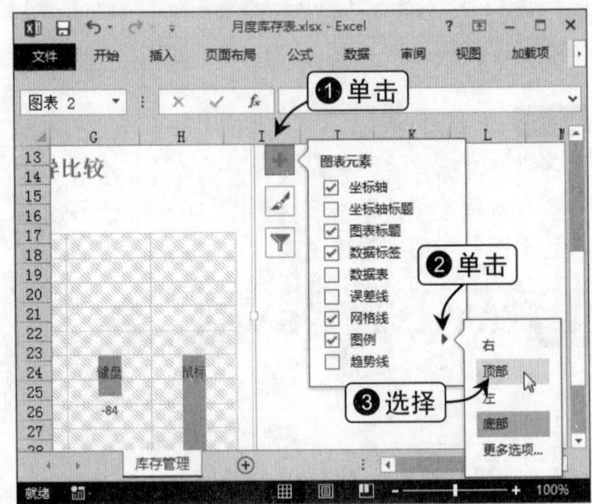

提示 Attention

关闭显示分析库的说明

在图表右侧单击快速工具按钮后，程序自动展开快速分析库，当单击其他快速工具按钮后，程序自动切换到对应的分析库，如果要关闭显示所有的分析库，则需要再次单击当前分析库对应的工具按钮，如果单击图表的其他位置，是不会关闭显示展开的分析库的。

Step 07 选择“设置坐标轴格式”命令

选择横坐标轴分类数据并右击，在弹出的下拉菜单中选择“设置坐标轴格式”命令。

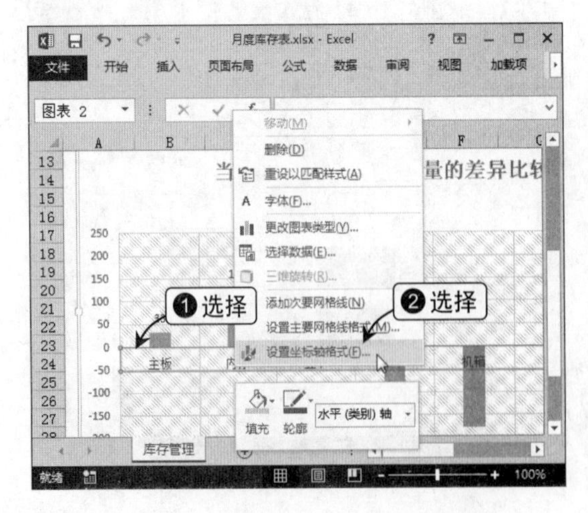

Step 08 更改分类坐标轴的显示位置

打开“设置坐标轴格式”窗格，单击“标签”，在“标签位置”下拉列表框中选择“低”选项，单击右上角的“关闭”按钮关闭该窗格。

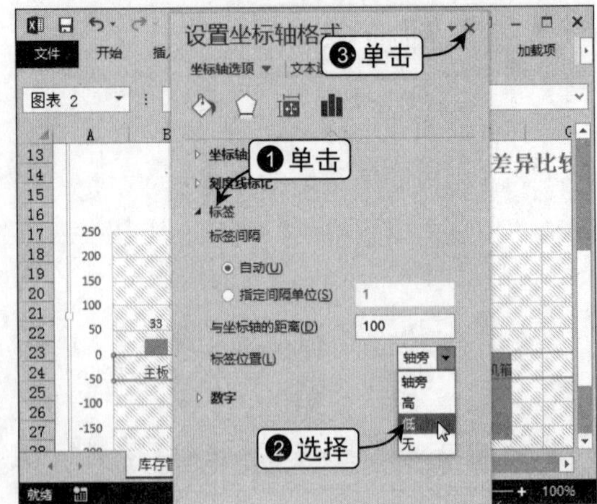

Step 09 更改图表区样式

选择图表区，单击“图表工具 格式”选项卡，在“形状样式”组中选择“细微效果-水绿色，强调颜色5”选项，更改图表区样式。

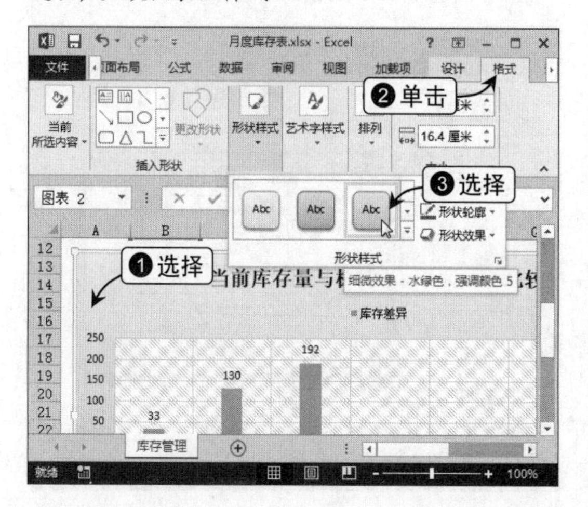

Step 10 设置图表中文字的字体格式

选择图表标题，将其字体格式设置为“方正大黑简体，18”，然后为图表中的其中文本设置对应的字体格式完成整个操作。

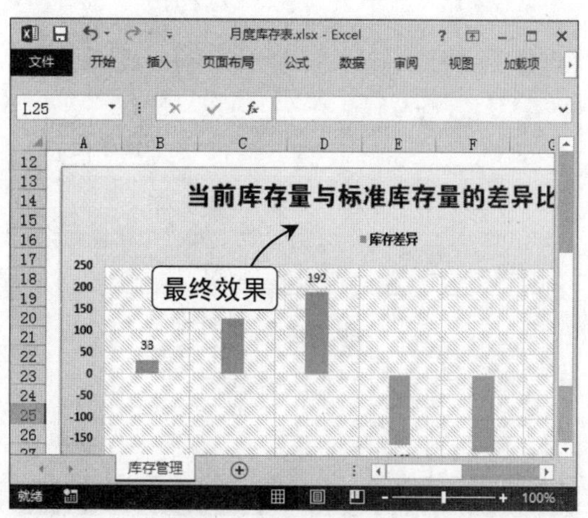

7.2 在单元格中使用图表分析数据

创建迷你图并设置迷你图格式

迷你图也属于Excel中的一种图表，它是从Excel 2010版本开始新增的一种微型图表，该图表主要是嵌入在单元格中的对象，其图表类型比普通的图表类型少。

在商务办公中，如果需要对某组数据进行快速的比较或者趋势分析，用迷你图是最便捷的一种方式。

7.2.1 创建迷你图

与普通图表一样，迷你图的创建也需要先确定数据源，在“插入”选项卡“迷你图”组中单击相应图表类型的按钮，在打开的“创建迷你图”对话框中设置迷你图的数据源及迷你图存放的单元格后即可完成迷你图的创建。

下面以在“费用支出统计表”工作簿中比较各部门各月的费用支出金额为例，介绍创建迷你图的方法，其具体操作如下。

操作演练：在单元格中比较支出费用

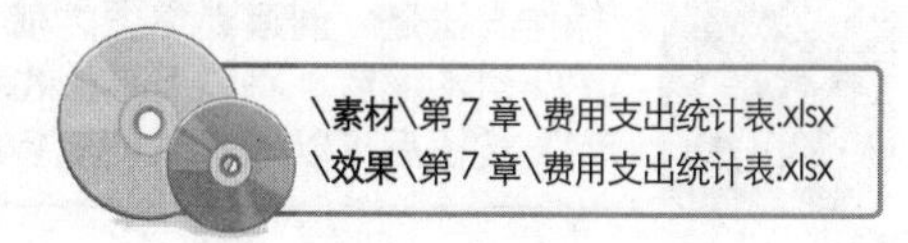

Step 01 单击“柱形图”按钮

打开“费用支出统计表”素材文件，选择G2单元格，在“插入”选项卡“迷你图”组中单击“柱形图”按钮，弹出“创建迷你图”对话框。

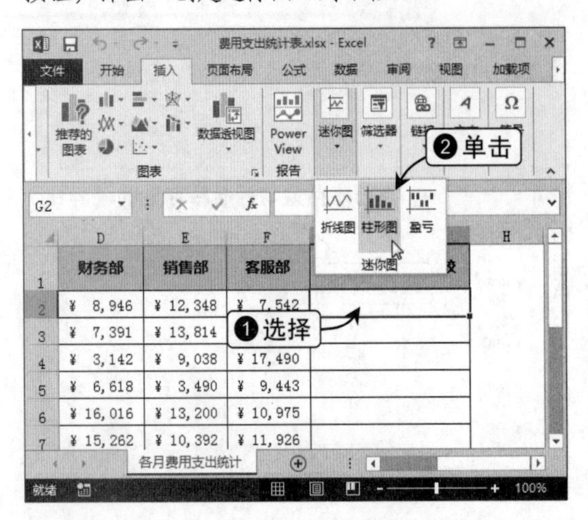

Step 02 创建迷你图

将文本插入点定位到“数据范围”文本框中，选择B2:F2单元格区域设置创建迷你图的数据范围，单击“确定”按钮在G2单元格创建迷你图。

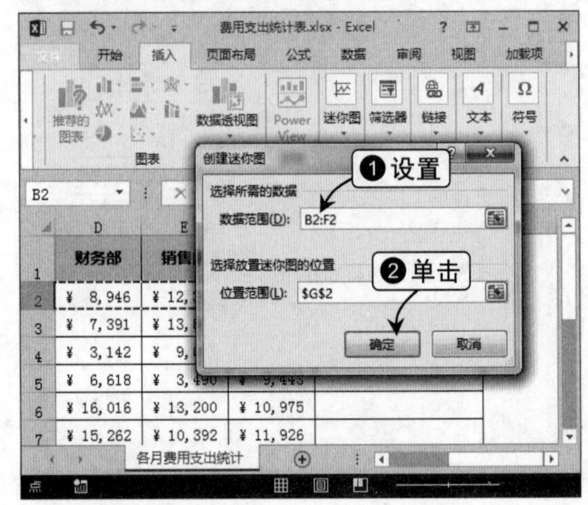

Step 03 在其他单元格中创建迷你图

将鼠标光标移动到G2单元格的控制柄上，按住鼠标左键不放向下拖动。

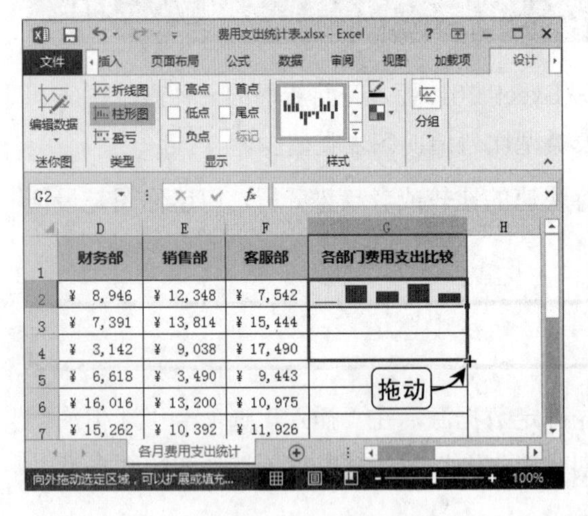

Step 04 查看最终结果

当拖动到目标位置后，释放鼠标左键即可查看到最终的效果。

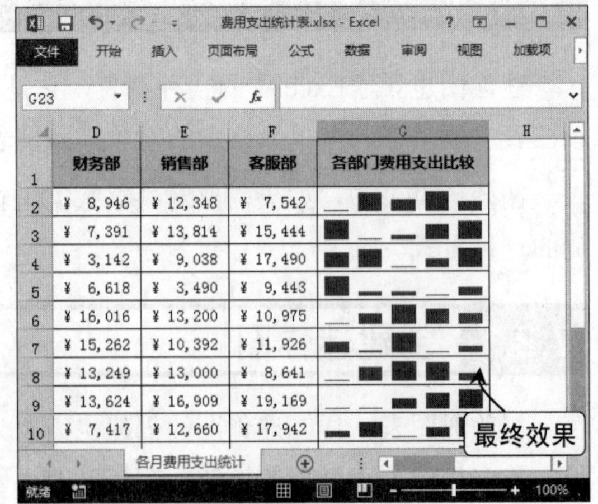

一次性为某个单元格区域创建迷你图

在Excel中，如果用户在创建迷你图时，希望一次性为某个单元格区域创建迷你图，其操作方法是：创建迷你图之前，同时选中多行或者多列作为数据范围，打开“创建迷你图”对话框后，将位置范围也设置为一个多行一列或一行多列的单元格区域，单击“确定”按钮后可以一次性创建多组数据的迷你图。

7.2.2 设置迷你图格式

迷你图创建好后，都是按照默认的效果显示的，用户可以根据需要对其格式进行设置，包括更改迷你图样式、设置迷你图的显示选项等。

1. 更改迷你图样式

与普通图表一样，Excel 2013也为迷你图提供了多种内置的图表样式，用户可选择迷你图以后，在“迷你图工具 设计”选项卡的“样式”组中间的列表框中选择相应的选项即可为迷你图应用样式，如图7-9所示。

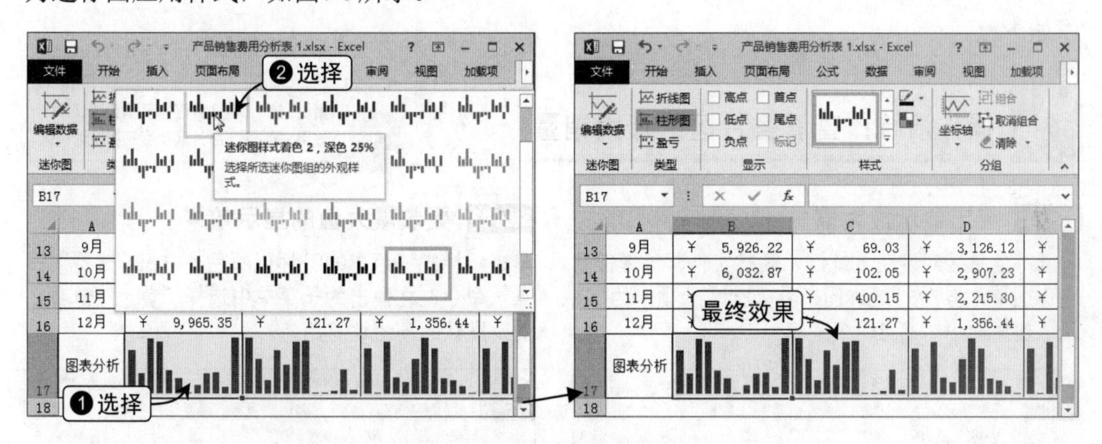

图7-9　更改迷你图样式

除了内置的迷你图样式以外，用户还可以自定义迷你图的填充颜色，其操作方法是：选择迷你图后，在“样式”组中单击“迷你图颜色”下拉按钮，在弹出的下拉菜单中选择需要的颜色即可，如图7-10所示。

如果当前选择的迷你图是折线迷你图，此时会激活“粗细”命令，通过其子菜单可以调整折线迷你图的粗细效果，如图7-11所示。

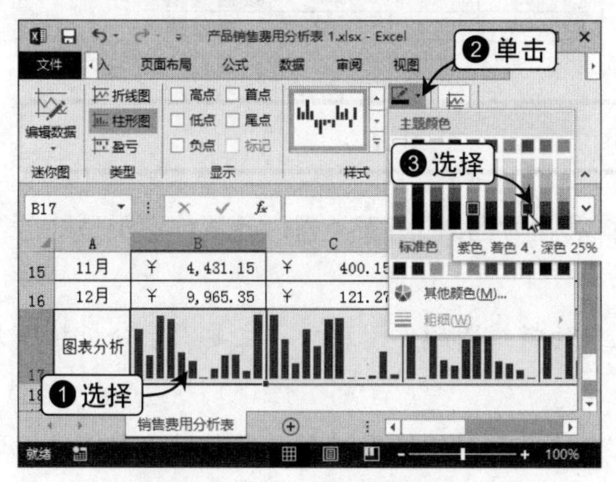

图7-10　自定义迷你图颜色

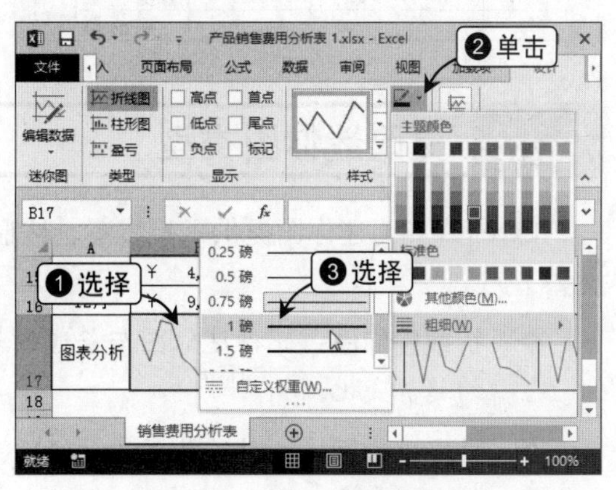

图7-11　自定义迷你图粗细

2. 设置迷你图的显示选项

迷你图的显示选项只着重标记迷你图图表中的某些特殊值，例如最高值、最低值、第一个值、最后一个值、负值等。

这些都可以在选择迷你图后，在“迷你图工具 设计”选项卡的“显示”组中选中对应的复选框即可。此外，对于突出显示的选项，还可以通过“标记颜色”下拉菜单更改其显示颜色。

下面将以在“各片区年度销量统计”工作表中查看各片区的最大销量，并将最大销量对应的柱形迷你图用黄色突出显示为例，讲解设置迷你图显示选项的方法，其具体操作如下。

操作演练：查看各片区的最大销量

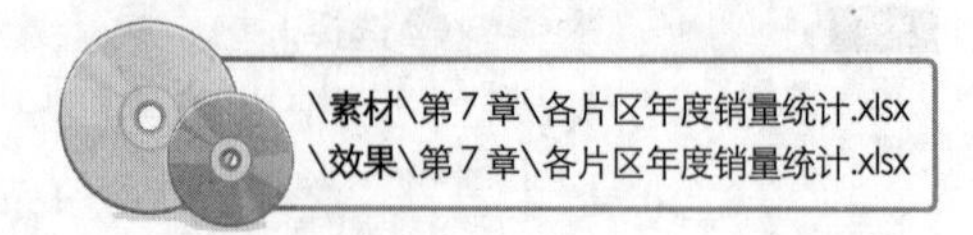

Step 01 突出显示最大值

打开“各片区年度销量统计”素材文件，选择任意迷你图单元格，在“迷你图工具 设计”选项卡的“显示”组中选中“高点”复选框。

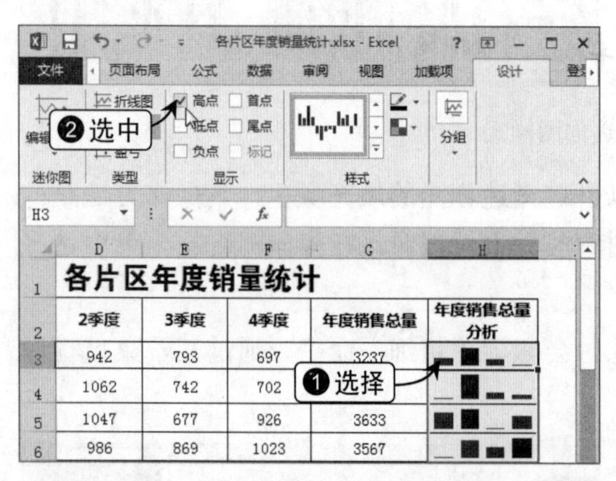

Step 02 更改最大值的显示效果

单击“样式”组中的“标记颜色”按钮，选择“高点”命令，在弹出的子菜单中选择“黄色”选项，更改默认的高值填充颜色。

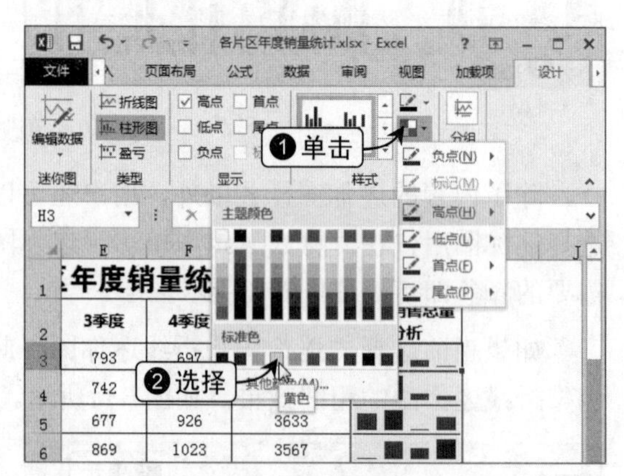

7.2.3 更改迷你图类型

Excel 2013为迷你图提供了折线图、柱形图和盈亏图3种图表类型，各迷你图类型的含义如下。

◆ **折线迷你图**：此种迷你图与普通图表中的折线图的作用相同，主要用于分析数据的趋势变化。

◆ **柱形迷你图**：此种迷你图与普通图表中的柱形图的作用相同，主要用于比较数据的大小关系。

◆ **盈亏迷你图**：顾名思义，表达所选数据的盈亏情况，如果分析者想看到数据的盈亏状态或者只是为了分辨数据的正负情况，可以用这种迷你图。

如果用户觉得当前的迷你图类型不能表达数据的分析意义，则可以更改该迷你图，其操作方法是：选择迷你图，在“迷你图工具 设计”选项卡“类型”组中单击对应的按钮即可，如图7-12所示。

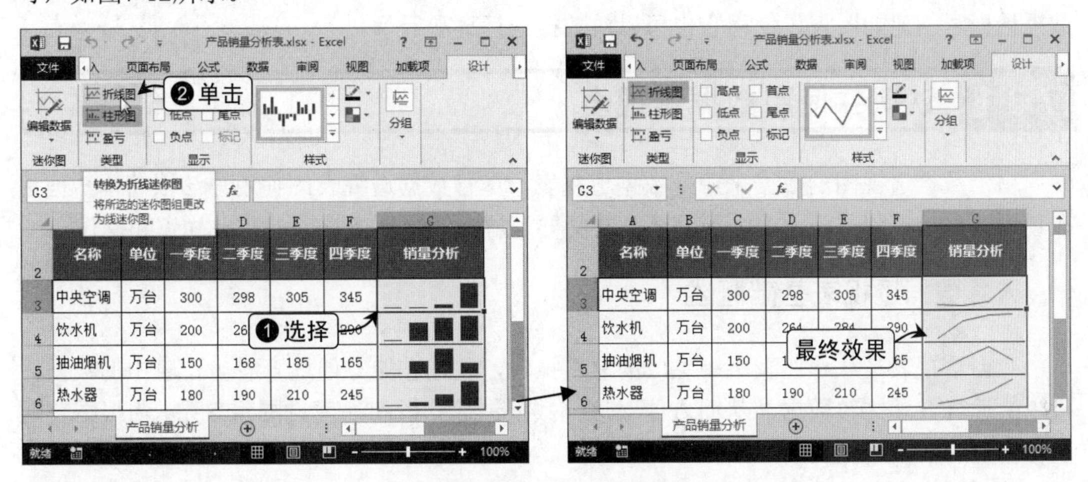

图7-12　更改迷你图类型

7.2.4 删除迷你图

在单元格中创建的迷你图，按【Delete】键不能将其清除，通常情况下可采用以下几种方法来清除迷你图。

◆ **单击按钮清除**：选择迷你图，在“迷你图工具 设计”选项卡中单击“清除”按钮或其右侧的下拉按钮，选择“清除所选的迷你图”命令，如图 7-13 所示。

◆ **通过快捷菜单清除**：选择迷你图右击，在“迷你图”子菜单中选择“清除所选的迷你图”或“清除所选的迷你图组”命令，如图 7-14 所示。

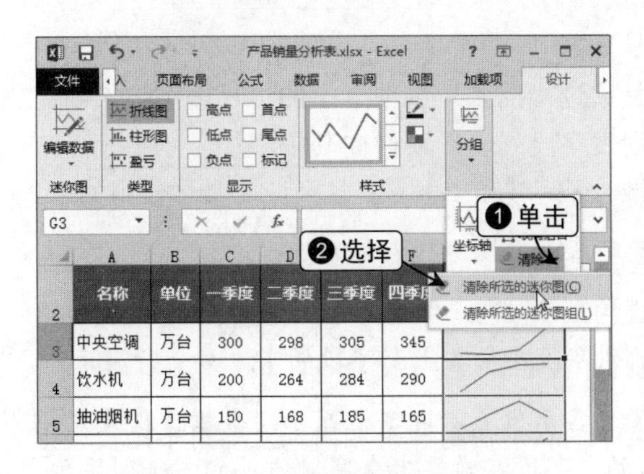

图7-13　通过单击按钮清除迷你图

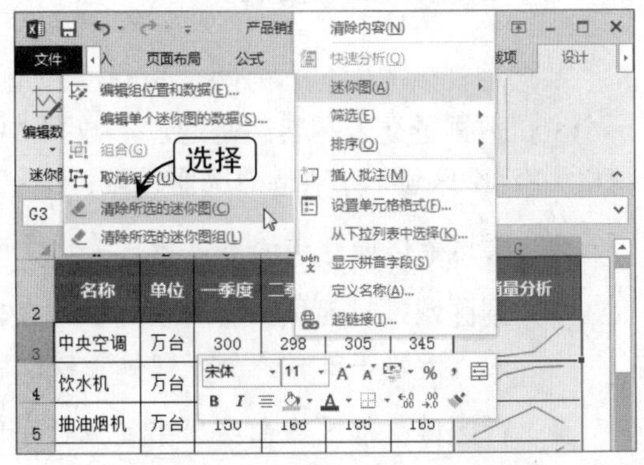

图7-14　通过快捷菜单清除迷你图

7.3 使用透视功能展示数据

数据透视表和数据透视图的使用方法

在Excel中，除了普通图表和迷你图以外，还有一种图表对象为数据透视图，它是基于数据透视表创建的图表，使用它也可以对数据进行直观展示。

7.3.1 认识并使用数据透视表

由于数据透视图的数据来源是数据透视表，尽管数据透视表的使用方法很简单，但是在使用数据透视图分析数据之前，还是有必要了解有关数据透视表的相关知识和操作。

1. 数据透视表基础概述

数据透视表是从普通表格中生成的总结报告，通过它能方便地查看工作表中的数据，可以快速合并和比较数据，从而方便对这些数据进行分析和处理。图7-15所示为根据普通表格创建的数据透视表效果。

个人编号	姓名	工作单位	技能	效率	决断	协同	总计
YGBH20141001	杨娟	1分店	5	8	8	10	31
YGBH20141002	李聃	1分店	8.4	8	9	8.7	34.1
YGBH20141003	谢晋	1分店	9.5	9.1	8.7	8.2	35.5
YGBH20141004	薛敏	1分店	8	8.6	8.4	7.9	32.9
YGBH20141005	何阳	1分店	8	9	9.5	9	35.5
YGBH20141006	钟莹	2分店	9	9.1	9.7	9.5	37.3
YGBH20141007	高欢	2分店	8.5	8.7	8.6	8.3	34.1
YGBH20141008	周娜	2分店	6	5	5	4	20
YGBH20141009	刘岩	2分店	7.9	7.8	8.4	8.2	32.3
YGBH20141010	张炜	2分店	8	7.5	7.9	7.6	31
YGBH20141011	谢晓鸣	3分店	5.1	4.8	6.1	6	22
YGBH20141012	张婷婷	3分店	9	8.6	8.5	9.4	35.5
YGBH20141013	张家	3分店	8.8	7.9	8.5	8.6	33.8
YGBH20141014	杨晓莲	3分店	8.6	8.7	8.9	9	35.2
YGBH20141015	胡艳	3分店	7.6	7.7	7.8	7.9	31

行标签	求和项:技能	求和项:效率	求和项:决断	求和项:协同
⊟1分店	**38.9**	**42.7**	**43.6**	**43.8**
何阳	8	9	9.5	9
李聃	8.4	8	9	8.7
谢晋	9.5	9.1	8.7	8.2
薛敏	8	8.6	8.4	7.9
杨娟	5	8	8	10
⊟2分店	**39.4**	**38.1**	**39.6**	**37.6**
高欢	8.5	8.7	8.6	8.3
刘岩	7.9	7.8	8.4	8.2
张炜	8	7.5	7.9	7.6
钟莹	9	9.1	9.7	9.5
周娜	6	5	5	4
⊟3分店	**39.1**	**37.7**	**39.8**	**40.9**
胡艳	7.6	7.7	7.8	7.9
康新如	8.8	7.9	8.5	8.6
谢晓鸣	5.1	4.8	6.1	6
杨晓莲	8.6	8.7	8.9	9
张婷婷	9	8.6	8.5	9.4
总计	**117.4**	**118.5**	**123**	**122.3**

图7-15　根据普通表创建数据透视表

2. 创建数据透视表

数据透视表的创建分为两个步骤，首先是通过“插入”选项卡中的“表格”组来创建一个空白数据透视表；其次是通过“数据透视表字段列表”窗格向其中添加显示字段。该窗格中有4个区域，分别是筛选器区域、列区域、行区域和值区域，各区域的具体作用如下。

- **筛选器区域**：筛选器区域主要用于确定基于数据透视表的筛选项。
- **列区域**：列区域主要用于定位列字段的显示位置，即定位显示在数据透视表顶端的，若列字段有多个，则位置较低的列字段在紧靠上个字段的下方另一行显示。
- **行区域**：行区域主要用于定位行字段的显示位置，即定位显示在数据透视表左侧的，如果行字段有多个，则位置较低的行字段在紧靠上个字段右侧的另一列显示。

◆ **值区域**：值区域主要用于显示分析和汇总的数值数据。

下面以在“销售业绩记录表”工作簿中按小组统计各小组成员的总销量情况为例，介绍根据数据源创建汇总表的方法，其具体操作如下。

操作演练：透视分析销售业绩

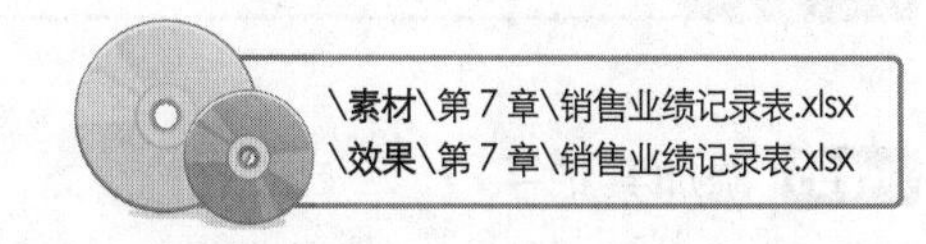

Step 01 单击“数据透视表”按钮

打开“销售业绩记录表”素材文件，选择任意数据单元格，在“插入”选项卡“表格”组单击“数据透视表”按钮。

Step 02 设置数据透视表的源数据

在打开的“创建数据透视表”对话框的“表/区域”文本框中设置数据透视表的数据源，单击“确定”按钮。

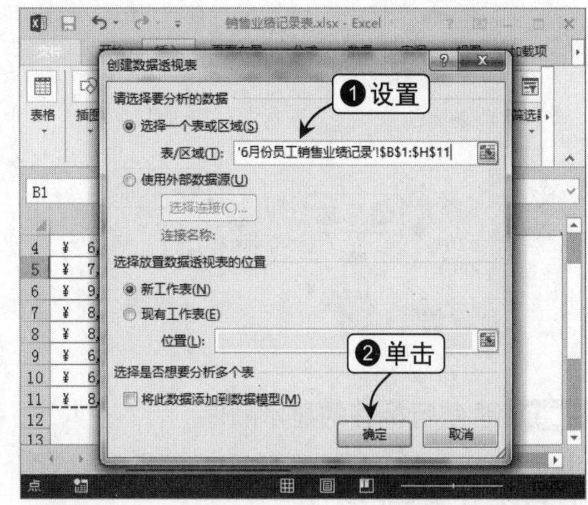

Step 03 创建空白数据表

此时程序自动新建一张空白工作表，并在其中创建空白数据透视表，同时打开“数据透视表字段”窗格。

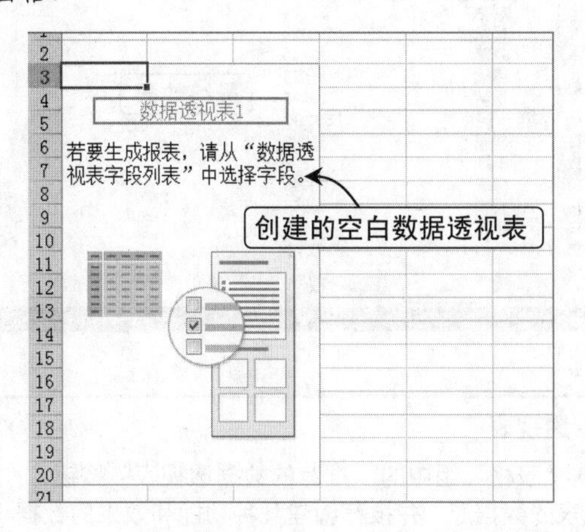

Step 04 添加显示字段到数据透视表

在列表框中选择“员工姓名”字段，将其拖动添加到行区域中，程序自动在空白数据透视表中显示员工姓名数据。

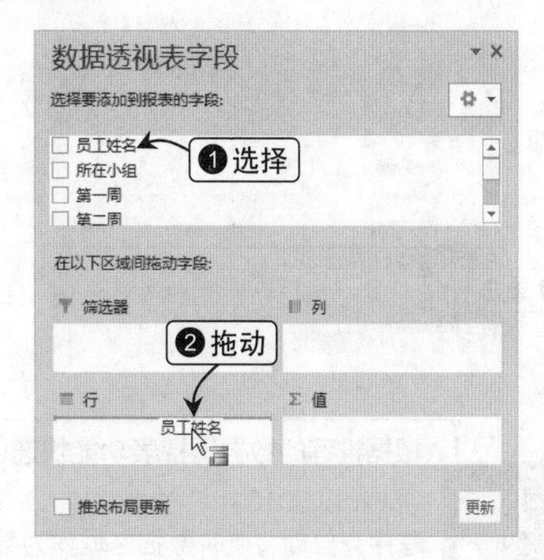

提示 Attention

向数据透视表添加显示字段的其他方法

在“数据透视表字段”窗格的“选择要添加到报表的字段”列表框中选中目标字段对应的复选框，或者选择目标字段的名称右击，选择添加到区域的选项也可以将该字段的数据添加到数据透视表中。

Step 05 添加其他字段

用相同的方法将“所在小组”字段添加到行区域，将“总销售额”字段添加到值区域创建数据透视表。

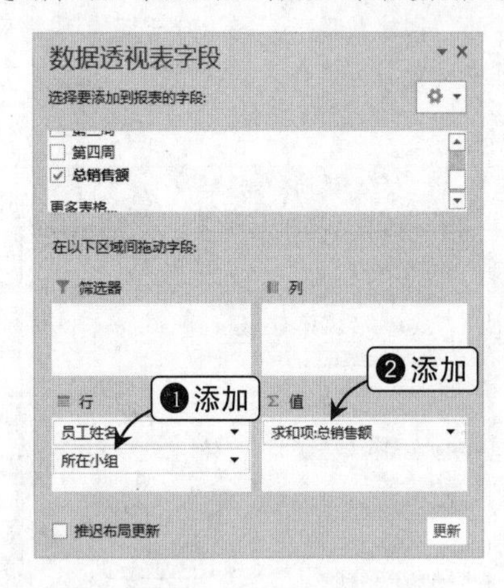

Step 06 查看创建的数据透视表布局

程序按照添加字段的顺序和字段的数据类型，自动在空白数据透视表中布局并显示对应的数据内容。

	行标签	求和项:总销售额
4	⊟何阳	**31882**
5	第一小组	31882
6	⊟胡艳	**31624**
7	第二小组	31624
8	⊟李聃	**32825**
9	第一小组	32825
10	⊟薛敏	**29049**
11	第一小组	29049
12	⊟杨娟	**30807**
13	第一小组	30807
14	⊟杨晓莲	**33029**
15	第二小组	33029
16	⊟张炜	
17	第一小组	
18	⊟赵薇	**32740**
19	第二小组	32740
20	⊟周纳	**31023**
21	第二小组	31023
22	⊟祝苗	**29665**
23	第二小组	29665
24	总计	**317371**

创建的数据透视表

Step 07 调整行标签的显示顺序

单击“所在小组”字段，选择“上移”选项，更改两个行标签的位置。

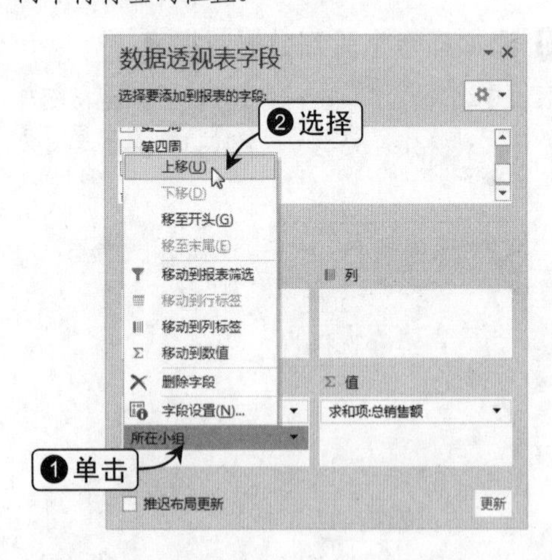

Step 08 查看最终效果

数据透视表自动按小组进行归类汇总，并在首行汇总该小组的总销售额。

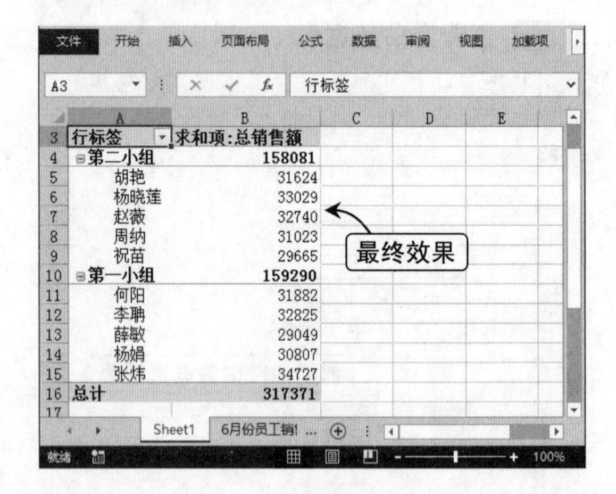

	A	B
3	行标签	求和项:总销售额
4	⊟第二小组	**158081**
5	胡艳	31624
6	杨晓莲	33029
7	赵薇	32740
8	周纳	31023
9	祝苗	29665
10	⊟第一小组	**159290**
11	何阳	31882
12	李聃	32825
13	薛敏	29049
14	杨娟	30807
15	张炜	34727
16	总计	**317371**

提示 Attention

根据推荐的数据透视表功能快速创建数据透视表

在 Excel 2013 中，单击“插入”选项卡”“表格”组中的“推荐的数据透视表”按钮，程序会自动将所有数据区域作为数据透视表的数据源，并推荐创建几种功能和效果的数据透视表，用户可以选择一种选项，单击“确定”按钮快速创建，如图 7-16 所示。

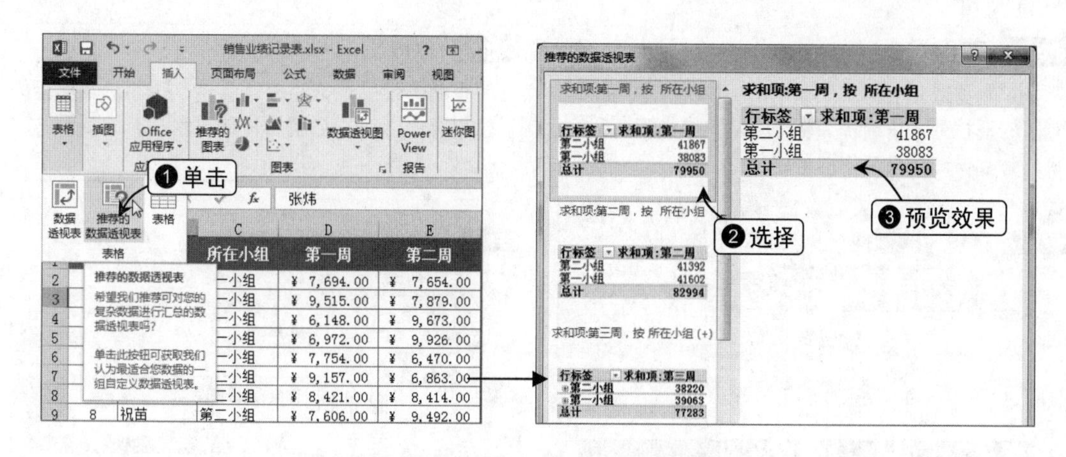

图7-16　推荐的数据透视表功能的使用

3. 更改数据透视表的布局和格式

在向空白的数据透视表添加显示字段时，系统会自动根据选择的数据设计透视表的布局格式，但是用户可以根据实际需要，通过“数据透视表工具 设计”选项卡对透视表的外观布局和格式进行重新设计。

下面以在“各季度销售额统计”工作簿中重新调整数据透视表的布局和外观效果，让表格数据显示更清晰为例，讲解更改数据透视表布局和格式的方法，其具体操作如下。

操作演练：编辑数据透视表的外观效果

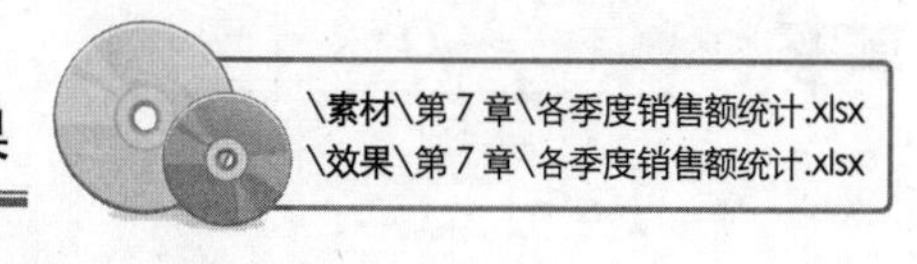

Step 01 设置报表布局方式

打开“各季度销售额统计”素材文件，在数据透视表中选择任意数据单元格，在“布局”组中单击“报表布局”按钮，选择“以大纲形式显示”选项。

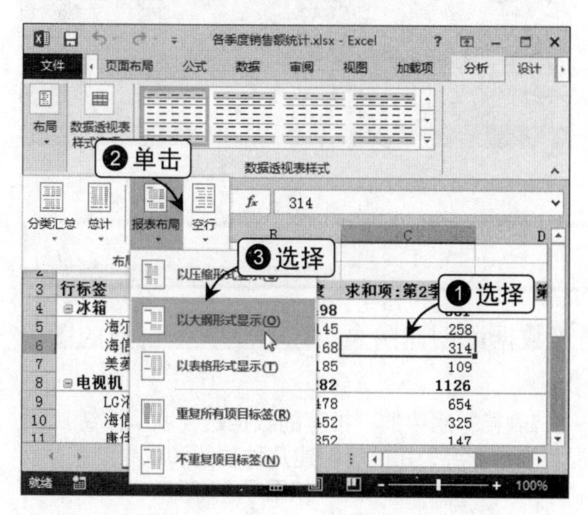

Step 02 插入空行

在“布局”组中单击“空行”按钮，在弹出的下拉列表中选择“在每个项目后插入空行”选项。

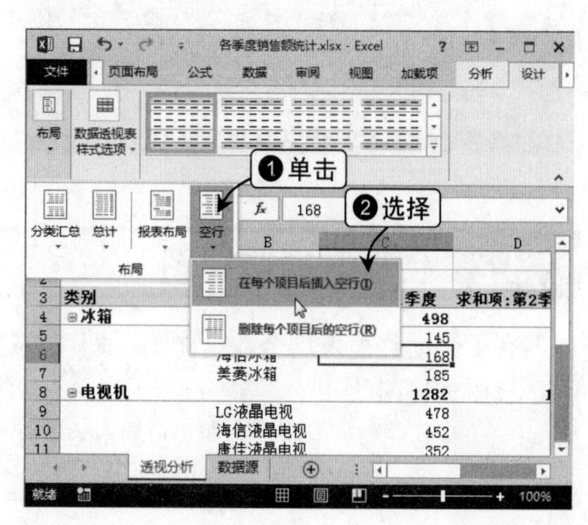

Step 03 套用样式

单击“数据透视表样式”组中的“其他”按钮，在弹出的下拉列表中选择“数据透视表样式深色6”选项，为数据透视表套用内置的样式。

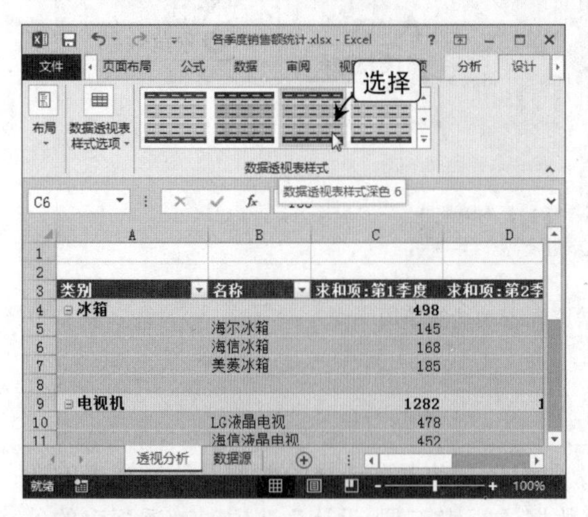

Step 04 更改汇总项的位置

在“布局”组中单击“分类汇总”按钮，在弹出的下拉列表中选择“在组的底部显示所有分类汇总”选项。

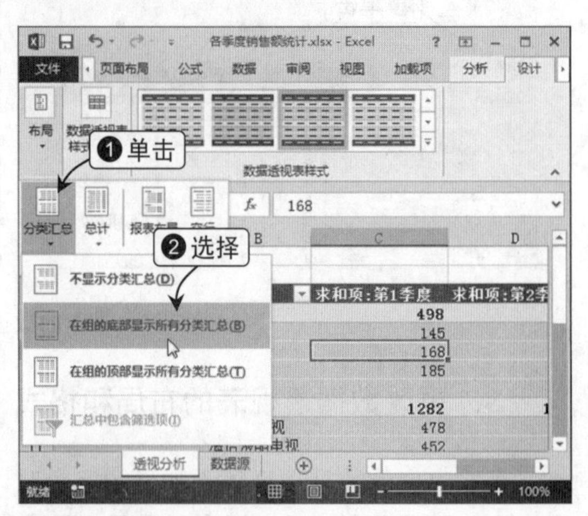

Step 05 设置镶边行样式

在“数据透视表样式选项”组中选中“镶边行”复选框，为数据透视表设置镶边行效果。

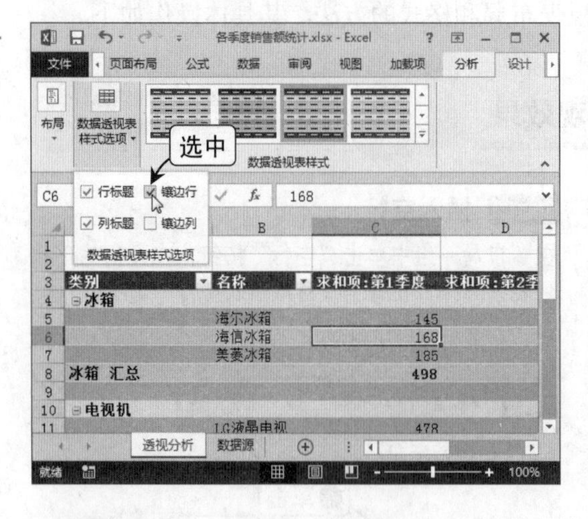

Step 06 隐藏总计记录

在“布局”组中单击“总计”按钮，在弹出的下拉列表中选择“对行和列禁用”选项，完成操作。

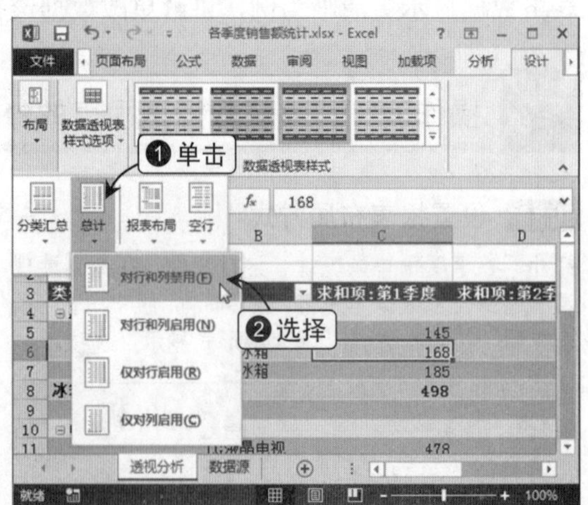

7.3.2 创建数据透视图

有了数据透视表这个数据源后，即可根据该数据源创建图表，这种情况下创建的图表就是数据透视图。

在Excel 2013中，可以通过“插入”选项卡创建数据透视图，其创建方法与7.1.2节中创建普通图表的方法一样，只是在创建数据透视图时，选择的数据源为数据透视表中的单元格区域。

此外，用户在数据透视表中选择单元格或单元格区域后，单击“数据透视表工具 设计”选项卡“工具”组中的“数据透视图”按钮也可以创建数据透视图。

数据透视图的各种编辑和美化操作与普通图表相同，这里就不再赘述了。

对于数据透视图而言，在创建时，程序自动在图表中添加了很多筛选按钮，通过操作筛选按钮，可以控制数据透视图中显示的数据内容。

下面以在“工作能力测评表”工作簿中根据数据透视表创建一个只分析一分店员工工作能力测评结果的图表为例，讲解创建数据透视图并控制显示图表数据的方法，其具体操作如下。

操作演练：用图表分析透视表中的数据

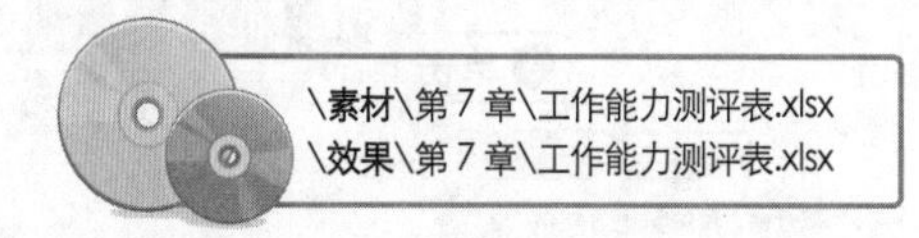

Step 01 单击“数据透视图”按钮

打开“工作能力测评表”素材文件，在数据透视表中选择任意数据单元格，在“数据透视表工具 分析”选项卡中单击“工具”组中的“数据透视图”按钮。

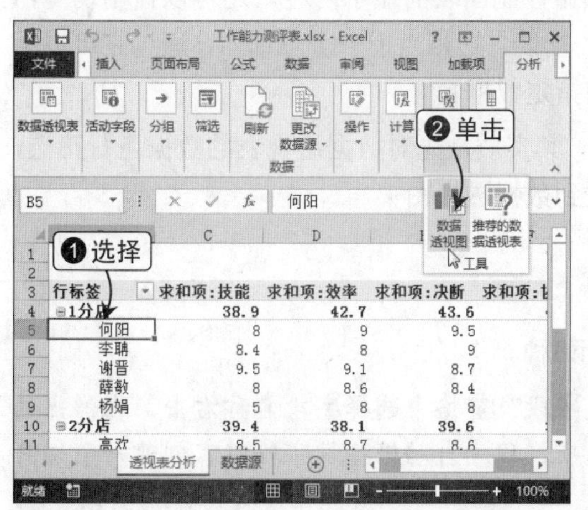

Step 02 选择合适的柱形图子类型

在打开的“插入图表”对话框的“所有图表”选项卡中，程序自动切换到“柱形图”选项卡，选择“簇状柱形图”选项，单击“确定”按钮。

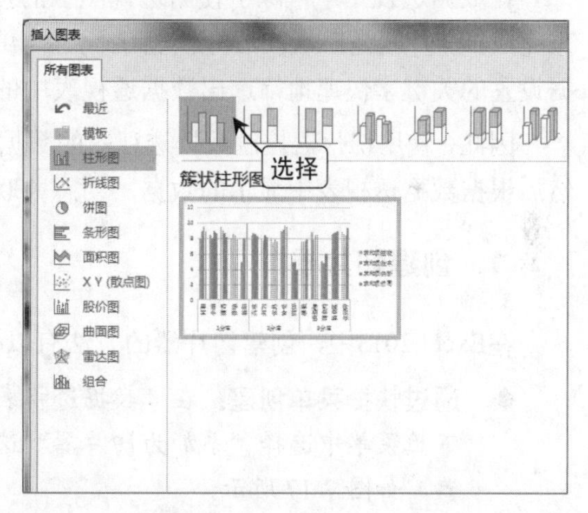

Step 03 调整数据透视图的大小和位置

在“数据透视图工具 格式”选项卡的“大小”组的“高度”数值框中输入“10.3”厘米，在“宽度”数值框中输入“14.6”厘米，选择图表区，按住鼠标左键不放，拖动鼠标移动图表到合适位置。

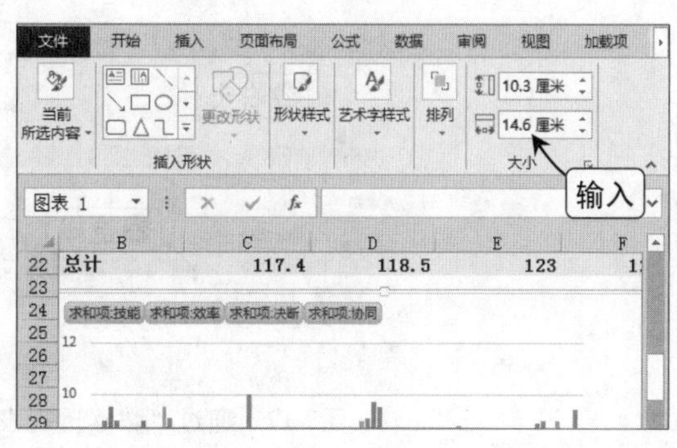

Step 04 取消显示 2 分店和 3 分店的数据

单击数据透视图左下角的“工作单位”下拉按钮，在弹出的筛选器中取消选中“全选”复选框，选中“1分店”复选框，单击“确定”按钮，确认设置的筛选条件。

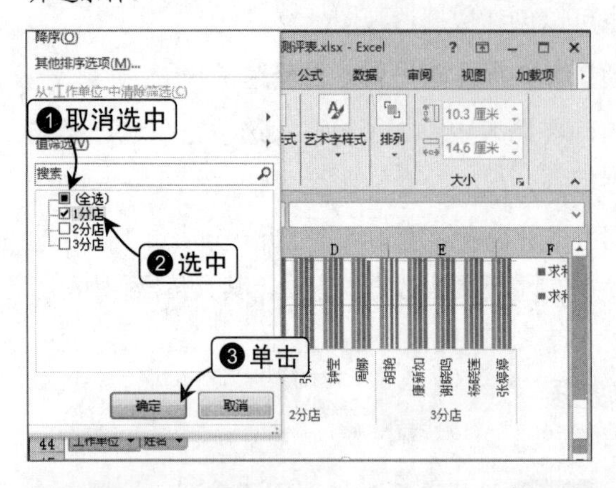

Step 05 选择合适的柱形图子类型

在返回的数据透视图中即可查看到图表中，隐藏了2分店和3分店员工的测评数据。

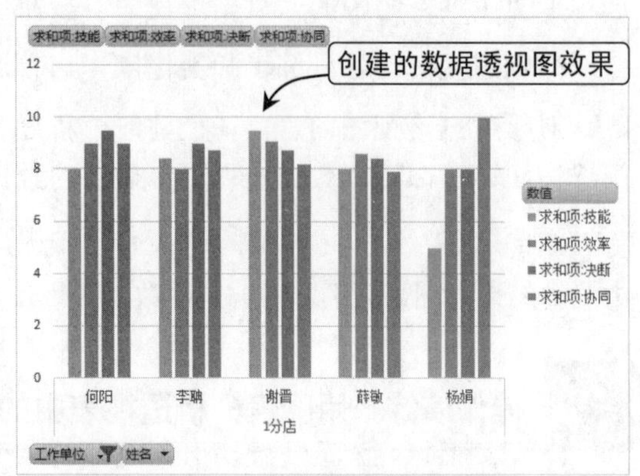

7.3.3 使用切片器分析数据透视图中的数据

在数据透视图中，除了使用透视图上的按钮控制图表的显示内容，还可以使用切片器来完成。切片器是Excel 2010及以后版本新增的功能，它相当于一个筛选器，通过它可以根据设置的关键字快速地筛选出数据透视表中的指定数据。

因此，使用切片器控制数据透视图的数据，其实质是先对数据透视表的数据进行筛选，然后根据数据透视表中显示的数据，动态关联到数据透视图中。

1. 创建切片器

在Excel 2013中，创建切片器的方法有以下3种。

◆ **通过快捷菜单创建**：在“数据透视表字段”窗格中选择字段名称右击，在弹出的下拉菜单中选择“添加为切片器”选项，程序自动根据该字段内容创建一个切片器，如图 7-17 所示。

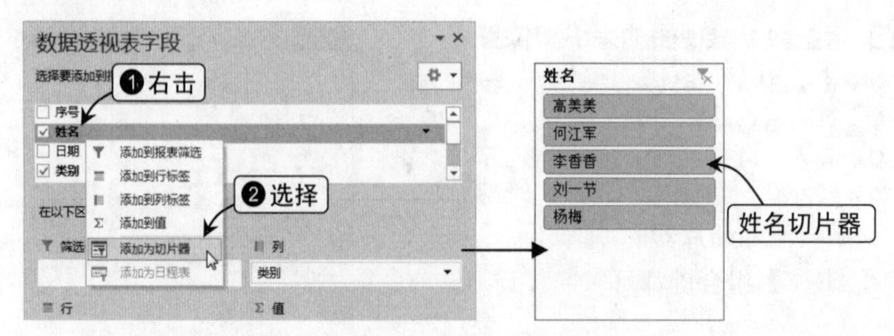

图7-17 通过“数据透视表字段”窗格创建姓名切片器

◆ **通过对话框创建切片器：**选择数据透视表单元格，在“数据透视表工具 分析”选项卡的“筛选”组中单击“插入切片器”按钮，在打开的“插入切片器”对话框中选中对应的复选框，单击“确定”按钮，即可创建该字段的切片器，如图 7-18 所示。如果同时选中多个复选框，则可以一次性创建多个切片器。

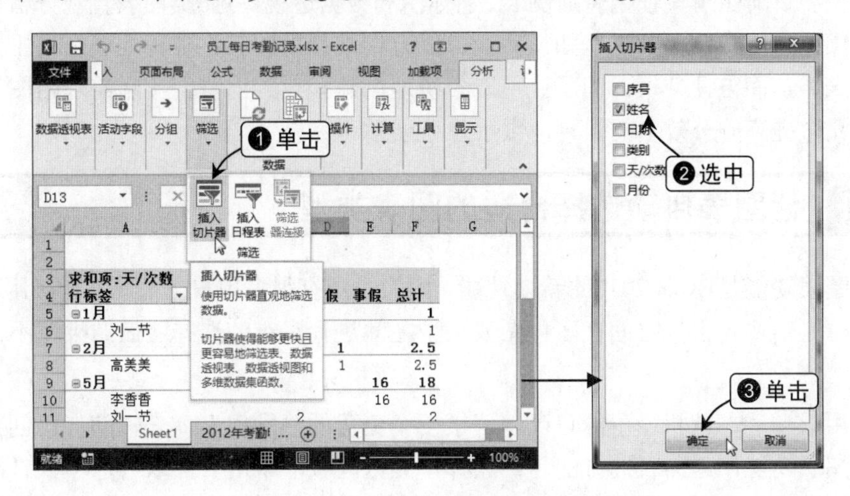

图7-18　通过对话框创建切片器

提示 Attention

创建切片器的其他方法

选择数据透视表单元格，在“插入”选项卡的“筛选器”组中单击“切片器”按钮也可以打开“插入切片器”对话框，然后通过该对话框创建一个或多个切片器。

2. 使用切片器筛选透视图中的显示内容

创建切片器后，即可通过切片器控制图表中的显示数据，其操作非常简单，直接在筛选器中选择需要显示的数据内容即可，如图7-19所示。

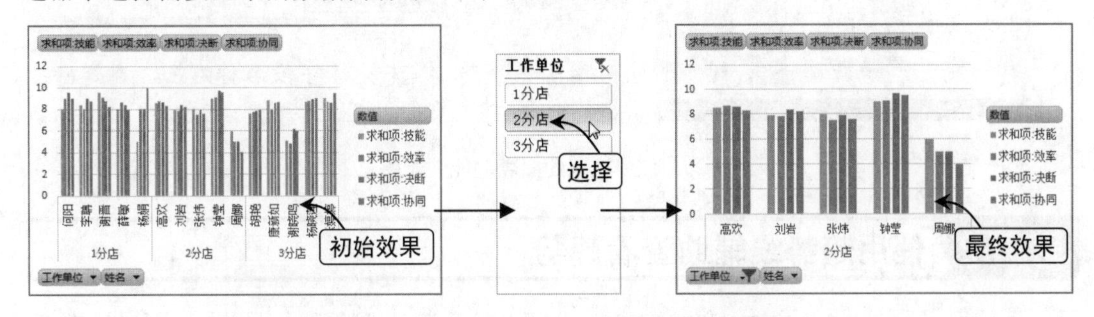

图7-19　利用切片器筛选数据透视图中的数据

如果要清除切片器的筛选结果，则在切片器中单击右上角的“清除筛选器”按钮或者按【Alt+Z】组合键都可以恢复到筛选前的数据透视表效果。

高效办公的诀窍

本章主要讲解了有关使用普通图表、迷你图和数据透视图这3类图表直观分析数据的相关知识和操作，用户掌握了这些知识后，可以方便地利用图表将各种处理结果用图形的方式展示出来，从而方便分析。为了让用户熟练地创建和设置出符合实际需求的图表效果，下面列举几个提高办公效率的诀窍，供用户拓展学习。

窍门 1 让图表自动选择合适的图表类型

推荐图表功能是Excel 2013的新增功能，因为可能有很多用户（尤其是初级用户）在创建图表时总是需要花很多时间在多种图表类型之间进行艰难的选择，而结果还不一定令人满意。

而使用该功能，就相当于给自己聘请了一个免费的“顾问”，来辅助自己创建图表。利用推荐图表功能创建图表的方法是：选择单元格区域，单击“插入”选项卡“图表”组的“推荐的图表”按钮，在打开的“插入图表”对话框的“推荐的图表”选项卡右侧选择推荐的图表，单击“确定”按钮即可，如图7-20所示。

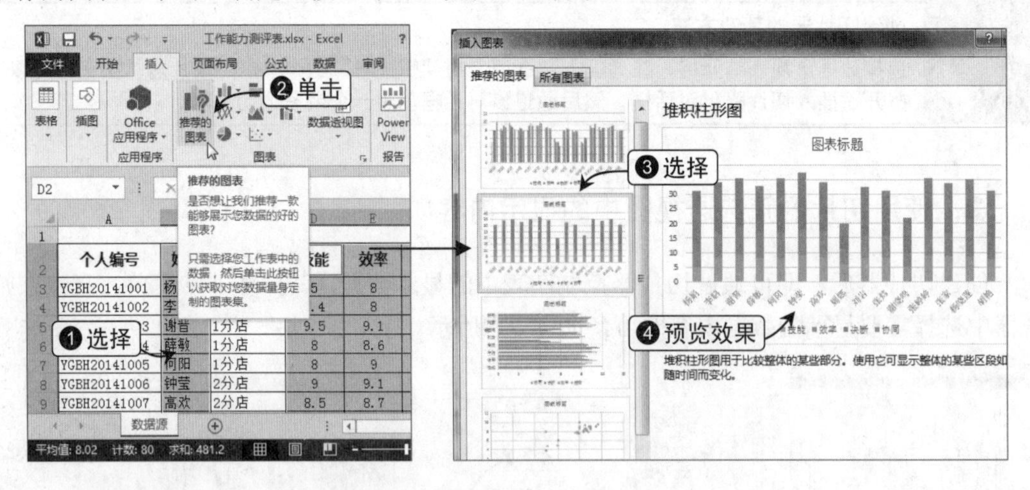

图7-20 使用推荐的图表功能创建图表

窍门 2 使用趋势线辅助查看趋势

在使用折线图分析数据的变化趋势时，为了让变化趋势更直观，可以为其添加趋势线。

趋势线是在图表中以图形的方式表示数据系列趋势的一种辅助线，当趋势线向上倾斜表述增加或上涨趋势，当趋势线向下倾斜表示减少或下跌趋势。

如果要为图表添加趋势线，其方法有如下3种。

◆ **使用菜单命令添加**：选择数据系列，在“图表工具 设计”选项卡的“图表布局”组中单击“添加图表元素”按钮，在弹出的下拉列表中选择“趋势线”|“线性”命令即可，如图7-21所示。

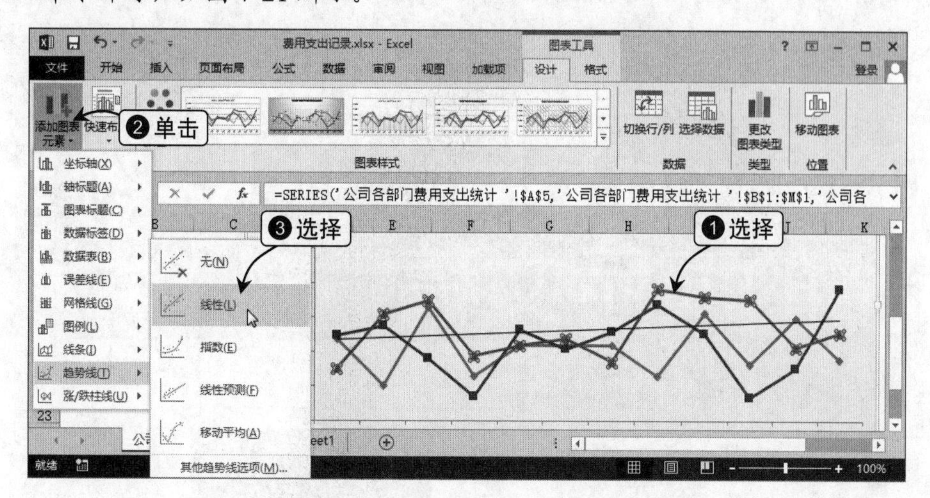

图7-21 使用菜单命令添加趋势线

◆ **使用图表元素分析库添加**：在图表中选择数据系列，单击右侧的“图表元素”快速按钮，在弹出的下拉列表中选择“趋势线”|“线性”命令即可，如图7-22所示。

◆ **使用快捷菜单添加**：在图表中选择数据系列右击，在弹出的下拉列表中选择“添加趋势线”命令，在打开的“设置趋势线格式”对话框中单击“关闭”按钮，即可添加线型趋势线，如图7-23所示。

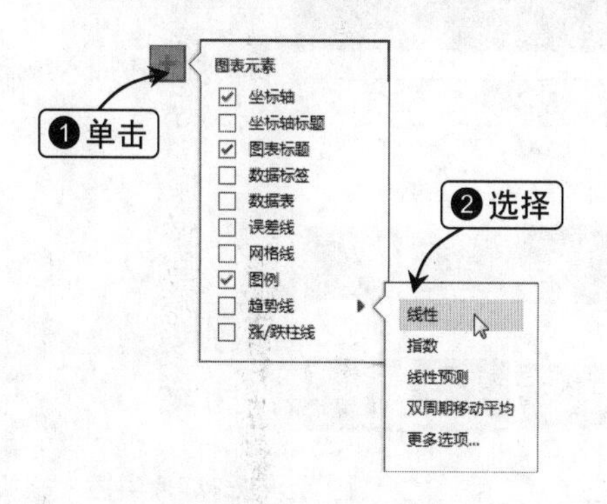

图7-22 使用分析库添加趋势线

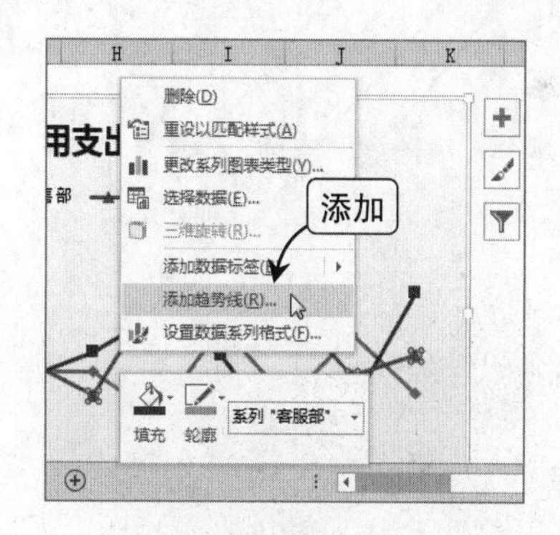

图7-23 使用快捷菜单添加

Chapter 8

在PowerPoint中创建统一风格的演示文稿

套用幻灯片主题

在幻灯片中插入相册

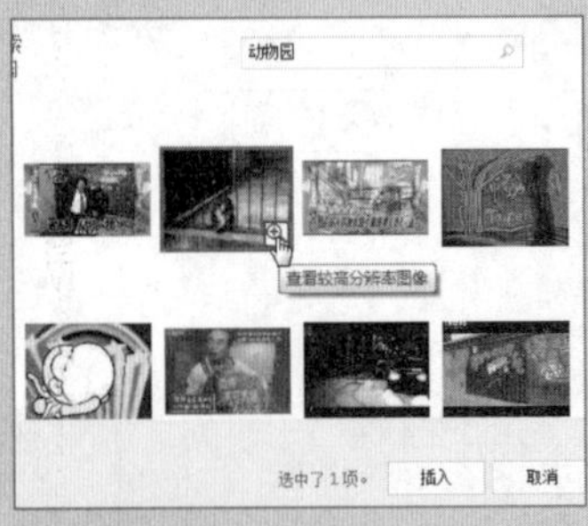

在幻灯片中插入联机视频

剪裁视频中不需要的部分

8.1 设置母版幻灯片样式

对母版幻灯片中的主题和文本占位符格式进行设置

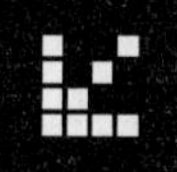

演示文稿风格的统一，主要体现在各张幻灯片中文字格式、图片格式以及背景格式等对象格式的相互辉映，整个演示文稿要给人一种“配套”的感觉。

在PowerPoint中有一个幻灯片母版视图功能，在“幻灯片母版”选项卡中可对母版幻灯片中的各种对象格式进行设置，以达到快速统一幻灯片风格的目的。

在PowerPoint 2013中切换到“视图”选项卡，在“母版视图”组中单击“幻灯片母版”按钮，可进入幻灯片母版视图编辑状态。在该幻灯片窗格中有12张母版幻灯片，其中有两张非常重要的母版幻灯片，即主题母版幻灯片和标题母版幻灯片，如图8-1所示。

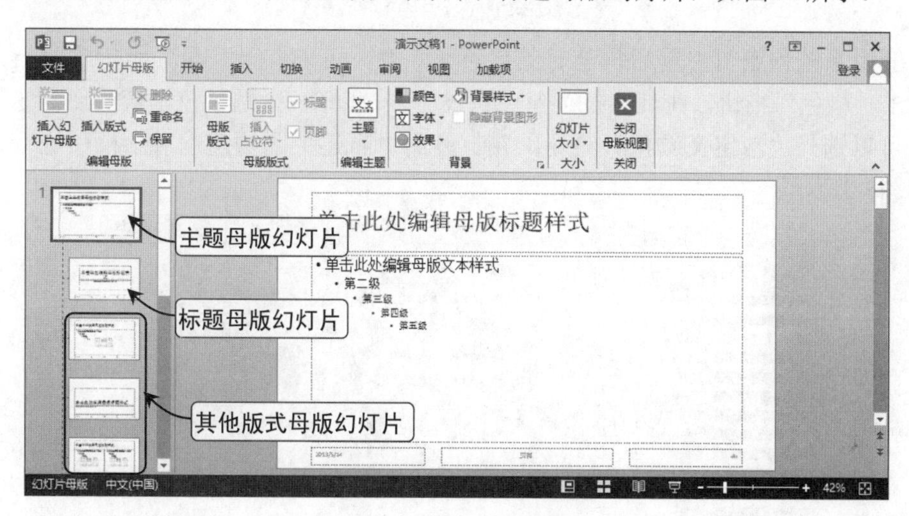

图8-1　幻灯片母版视图

在主题母版幻灯片中的各种操作将实时应用到其他的11张幻灯片中。一般情况下，在制作演示文稿时，标题幻灯片的格式与其他版式幻灯片的格式是有区别的，所以在制作幻灯片母版时，通常也会单独对标题母版幻灯片上的对象格式进行设置。

在幻灯片母版中主要是对幻灯片主题和文本占位符格式进行设置以及添加幻灯片母版的相关操作，下面将分别进行介绍。

8.1.1 设置幻灯片主题

在PowerPoint 2013中预设了9种Office主题，要在幻灯片母版视图中设置幻灯片主题，可以单击“编辑主题”组中的“主题”按钮，在弹出的下拉菜单中选择需要的主题即可，如图8-2所示。

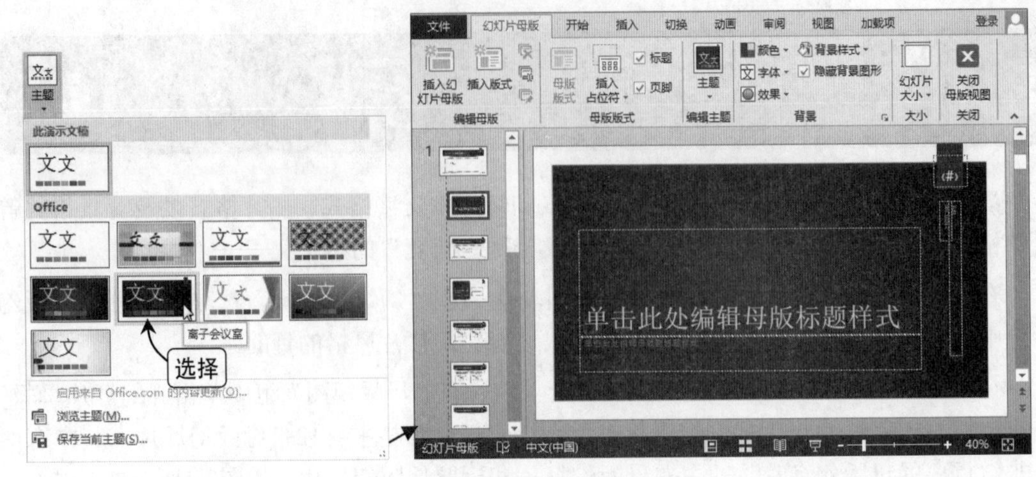

图8-2　套用主题

在套用系统预设的主题后，若对效果不太满意，可以在“背景”组中进行自定义设置。单击“颜色”按钮，在其下拉菜单中预设有多种Office主题颜色，若需要自定义主题颜色，可以选择“自定义颜色”命令，在打开的“新建主题颜色”对话框中进行设置即可，如图8-3所示。

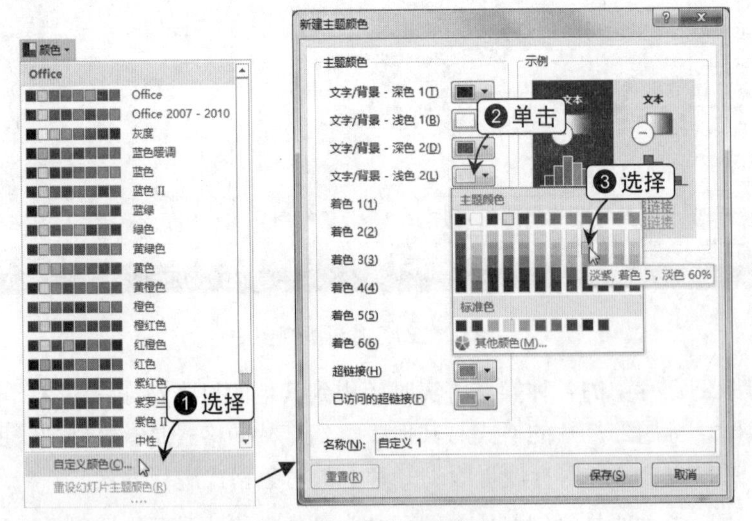

图8-3　自定义主题颜色

在“新建主题颜色”对话框中完成主题颜色的设置后，还可以在“名称”文本框中为其命名。用相同的方法，可以自定义母版幻灯片的字体、效果以及背景样式。

母版幻灯片背景的设置顺序

在进入幻灯片母版视图时，默认情况下，显示的是标题母版幻灯片，在对母版幻灯片背景进行设置时，应先切换到主题母版幻灯片中进行设置，再切换到标题母版幻灯片中进行设置，否则标题母版幻灯片中的设置将被主题母版幻灯片中的设置覆盖。

8.1.2 设置母版幻灯片中文本占位符的格式

PowerPoint 2013的母版视图中提供了文本、图片、图表、媒体等10种占位符。一般情况下，除了文本占位符格式可在幻灯片母版视图中进行设置外，其他占位符的格式都是在幻灯片的普通视图中根据实际情况进行设置的。

在幻灯片母版视图中切换到主题母版幻灯片，选中需要设置的文本占位符，在浮动工具栏或者“开始”选项卡中对字体格式进行自定义即可，如图8-4所示。

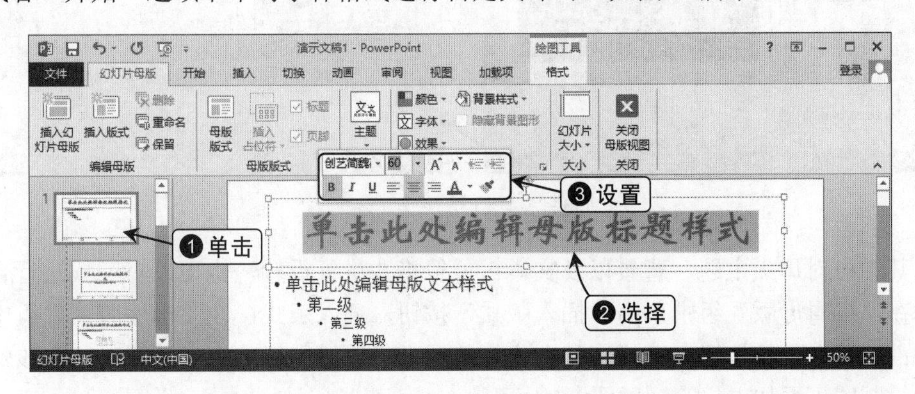

图8-4　在浮动工具栏中设置文本占位符格式

在对主题母版幻灯片中的文本占位符格式设置完成后，切换到标题母版幻灯片，选择文本占位符，再对其进行字体格式设置，如图8-5所示。

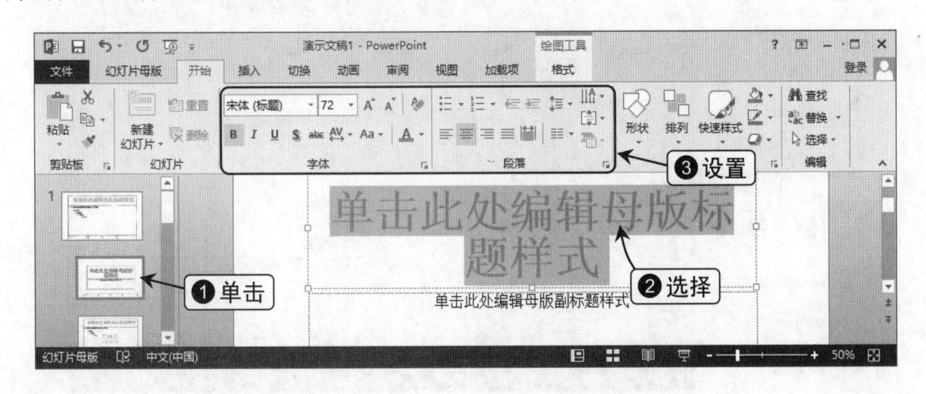

图8-5　在“开始”选项卡中设置文本占位符格式

8.1.3 添加幻灯片母版

若演示文稿分为不同的几个部分，可以在幻灯片母版视图中为其添加几个幻灯片母版，以便在制作演示文稿时使用。

添加幻灯片母版的方法十分简单，切换到幻灯片母版视图，在“编辑母版”组中单击“插入幻灯片母版”按钮，即可插入一套幻灯片母版，如图8-6所示。

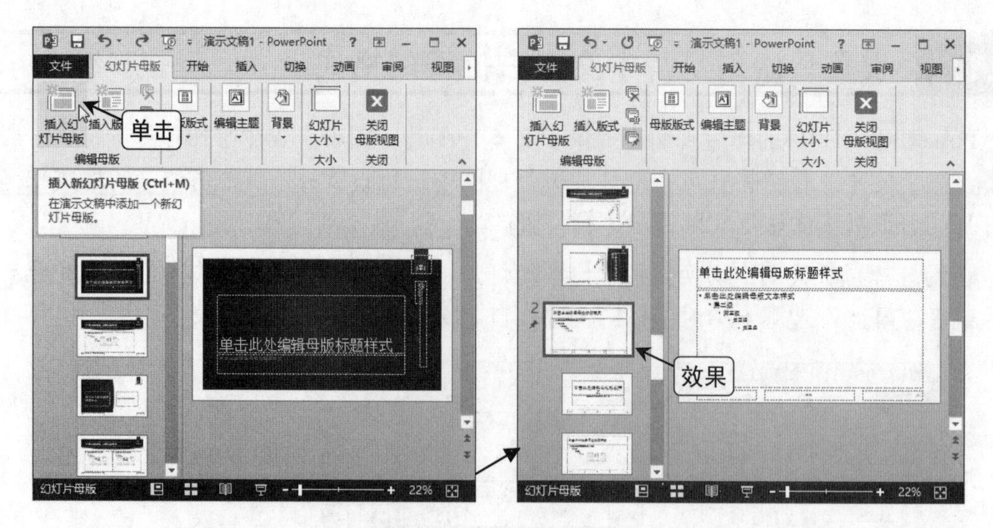

图8-6　添加幻灯片母版

在其中可对母版主题、背景以及文本占位符格式进行设置，也可以对版式进行自定义设置。在“编辑母版”组中单击“插入版式”按钮，插入版式，在“母版版式”组中单击“插入占位符”下拉按钮，选择一种占位符选项，当鼠标光标变为十字形时，在该幻灯片中进行绘制即可添加占位符，如图8-7所示。

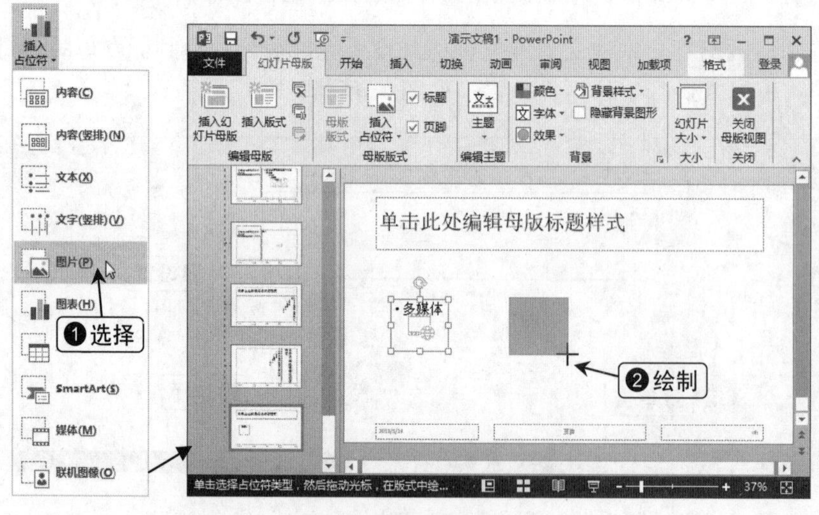

图8-7　添加占位符

8.2 搭建幻灯片结构

设置幻灯片大小、插入、复制幻灯片

通常情况下，演示文稿是由多张幻灯片组合而成的，要使用PowerPoint制作精美演示文稿，首先应学习幻灯片的结构搭建方法，如设置幻灯片大小、幻灯片制作的基本操作。

8.2.1 设置幻灯片大小

默认情况下，PowerPoint 2013的幻灯片大小为16:9的宽屏，这是为了能更好的与移动设备进行配套而量身打造的大小。

切换到“设计”选项卡，在“自定义”组中单击“幻灯片大小”按钮，在弹出的下拉列表中选择“标准（4:3）”选项，即可更改幻灯片大小。

若是新建内容演示文稿，则在“幻灯片大小”下拉菜单中选择“标准（4:3）”命令后，会打开“Microsoft PowerPoint”对话框，如图8-8所示，在其中可根据需要单击合适的按钮。

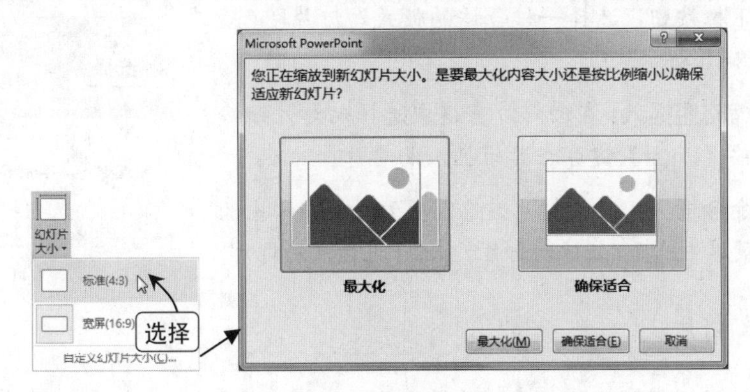

图8-8　更改幻灯片大小

若对“幻灯片大小”下拉菜单中的两种幻灯片大小都不满意，也可以选择“自定义幻灯片大小”命令，在打开的“幻灯片大小”对话框中可对幻灯片大小、起始编号以及方向进行自定义，如图8-9所示。

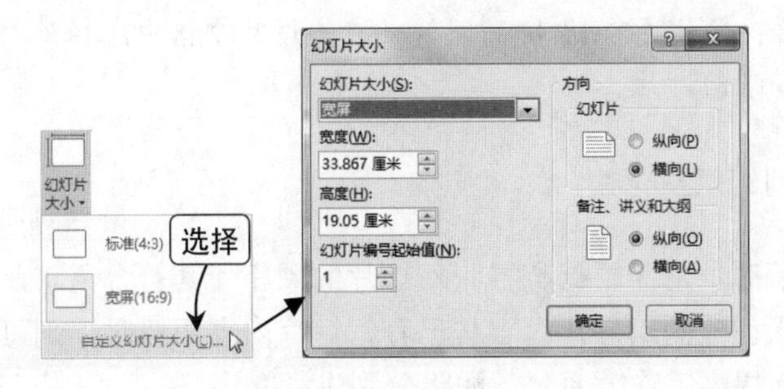

图8-9　自定义幻灯片大小

8.2.2 幻灯片制作的基本操作

在确定了幻灯片大小后，可以在幻灯片中进行插入幻灯片、选择幻灯片、移动与复制幻灯片、删除幻灯片等操作。

1. 插入幻灯片

插入幻灯片即在PowerPoint中新建幻灯片，了解插入幻灯片的方法是进行PowerPoint演示文稿制作的基础。

- ◆ **通过按钮插入**：在“开始”选项卡或者“插入”选项卡的“幻灯片”组中单击“新建幻灯片”按钮即可插入幻灯片。
- ◆ **通过菜单插入**：在“幻灯片”组中单击“新建幻灯片”下拉按钮，选择一种合适的版式幻灯片即可，如图 8-10 所示。
- ◆ **通过缩略图插入**：在幻灯片窗格中选择幻灯片缩略图，按【Enter】键可在其后插入幻灯片。
- ◆ **通过命令插入**：在幻灯片缩略图上右击，在弹出的下拉菜单中选择“新建幻灯片”命令，可插入幻灯片。

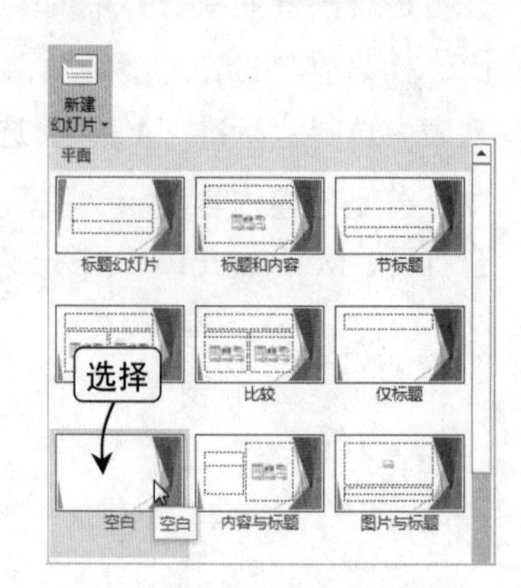

图8-10　插入幻灯片

2. 选择幻灯片

在对幻灯片进行复制、移动或删除等操作前，应先选择幻灯片，其方法有如下几种。

- ◆ **直接选择**：在幻灯片窗格中选择幻灯片缩略图可直接选择一张幻灯片。
- ◆ **连续选择**：在幻灯片窗格中选择任意一张幻灯片缩略图后，按住【Shift】键的同时选中另一张幻灯片缩略图，可选择这两张幻灯片及其之间的所有幻灯片。
- ◆ **不连续选择**：按住【Ctrl】键的同时，在幻灯片窗格中选择幻灯片缩略图，可选择不连续的多张幻灯片。

3. 移动与复制幻灯片

在制作演示文稿时，常需要调整各张幻灯片的顺序使其符合需求，这时需要对幻灯片进行移动操作。而当创建的幻灯片内容与已有幻灯片内容相似时，则可通过复制幻灯片代替插入幻灯片，从而提高工作效率，下面将分别进行介绍。

- ◆ **移动幻灯片**：在幻灯片窗格中选择幻灯片缩略图，按住鼠标左键不放进行拖动，此时鼠标光标将变为形状，到所需位置后释放鼠标即可移动幻灯片。
- ◆ **复制幻灯片**：在移动幻灯片的同时按住【Ctrl】键可复制该幻灯片或者在幻灯片缩略图上右击，在弹出的下拉菜单中选择“复制幻灯片”命令，也可复制该幻灯片。

4. 删除幻灯片

对不需要的幻灯片进行删除的方法非常简单，在选择幻灯片后按【BackSpace】键或【Delete】键可将其删除。除此之外，在选择的幻灯片缩略图上右击，在弹出的下拉菜单中选择“删除幻灯片”命令也可以删除幻灯片。

8.3 通过添加对象丰富幻灯片内容

在幻灯片中插入相册、视频和声音等对象

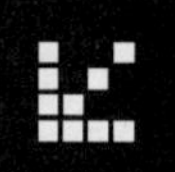

在PowerPoint中可以插入图片、形状、表格、图表以及SmartArt图形等对象，其方法与在Word中进行相关对象的插入方法类似。除此之外，在PowerPoint中还可以插入相册、视频和声音等对象。

8.3.1 在幻灯片中插入相册

新建空白演示文稿，切换到“插入”选项卡，在“插图”组中单击“相册”按钮，打开如图8-11所示的“相册”对话框。

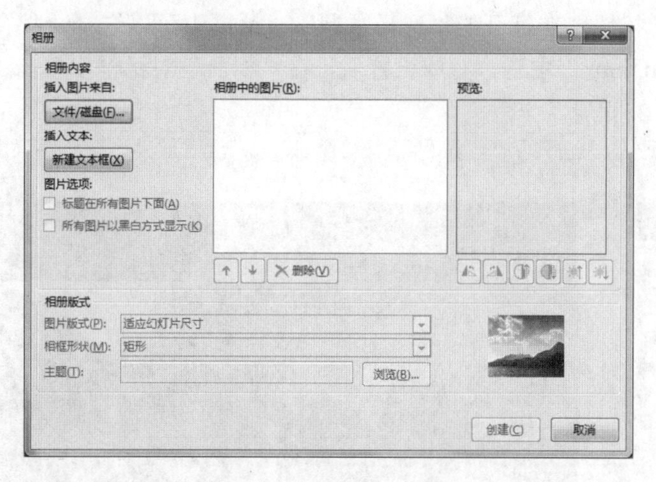

图8-11　“相册”对话框

在其中单击“文件/磁盘”按钮，打开“插入新图片”对话框，选择“图片1”选项后，按住【Shift】键再选择“图片4”选项，单击“插入”按钮，如图8-12所示。

插入图片后，在“相册中的图片”列表框中将显示出各图片的名称，选中与名称对应的复选框，单击下方的、、按钮可以对选中的图片进行上移、下移、删除操作。单击预览窗格下方的几个按钮，可以将选中图片的方向、对比度和亮度进行调整，如图8-13所示。

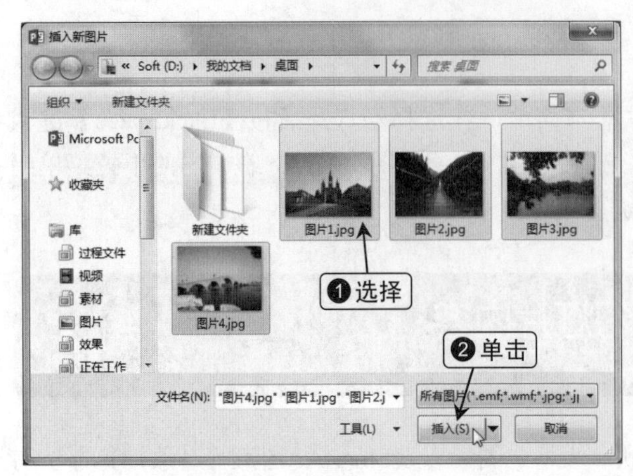

图8-12　插入图片

图8-13　调整图片

在“图片版式”下拉列表框中可以选择适合图片的版式，若选择带标题的版式，如“2张图片（带标题）”选项后，可以选中“标题在所有图片下面”复选框，将标题放在图片的下面。

在“相框形状”下拉列表框中可以设置图片相框的样式，如选择“简单框架，黑色”选项。

单击“浏览”按钮，在打开的“选择主题”对话框中可以选择一种合适的相册主题，如“Ion Boardroom.thmx”主题。完成设置后，在“相册”对话框中单击“创建”按钮，可创建如图8-14所示的相册。

图8-14　创建的相册

制作黑白相册

在“相册”对话框中选中“所有图片以黑白方式显示”复选框，创建相册后，所有的图片将显示成黑白色。

8.3.2 在幻灯片中应用视频

在演示的过程中，不仅需要文字和图片，有时也需要动态的视频来增强演示文稿的视觉效果。视频属于多媒体元素，要在PowerPoint中添加这种多媒体元素，首先需要了解该元素的格式、特征等。PowerPoint 2013中常见的视频格式有：MP4、MOV、AVI、MPG、WMV等，其特征如表8-1所示。

表 8-1　常见的视频格式

格式	扩展名	特征
MP4 视频文件	.mp4、.m4v、.mov	一种采用 H.264 标准封装的视频文件，它以压缩率高、功能低、对硬件要求小、文件体积小等特点逐渐成为目前的主流视频格式
Windows 视频文件	.avi	AVI 是 Microsoft 公司推出的“音频视频交错”格式，能将语音和影像同步组合
电影文件	.mpg 或.mpeg	MPG或MPEG是一种影音文件压缩格式，令视听传播进入了数码化时代
Windows Media Video 文件	.wmv	WMV 是一种压缩率很大的格式，它需要的电脑硬盘存储空间最小

PowerPoint 2013对演示文稿中的视频对象有较强大的处理功能，下面将具体介绍在幻灯片中应用视频效果的方法。单击“插入”选项卡“媒体”组中的“视频”按钮，在弹出的下拉菜单中可以看到两种插入视频的方式，下面将逐一进行介绍。

1. 插入 PC 上的视频

选择“视频”下拉菜单中的“PC上的视频”命令，将打开“插入视频文件”对话框，在其中选中需要插入的视频文件，单击“插入”按钮即可。

2. 插入联机视频

选择“视频”下拉菜单中的“联机视频”命令，将打开“插入视频”对话框，其中有3种插入联机视频的方式，如图8-15所示。

图8-15　“插入视频”对话框

- **必应 Bing 视频搜索**：在其搜索框中输入需要视频的关键字，即可得到许多相关视频，将鼠标光标移动到感兴趣的视频上，在出现的🔍按钮上单击，会出现一个视频播放对话框，单击“播放”按钮可预览该视频，如图 8-16 所示，选中视频后，单击“插入”按钮即可将其插入当前幻灯片中。

图8-16　预览视频

- **SkyDrive**：只有注册了 SkyDrive，在打开“插入视频”对话框时才有此种插入视频的方式。单击“浏览”按钮，将进入到云中保存的文件夹所在位置，选择视频后，单击“插入”按钮即可插入该视频。
- **来自视频嵌入代码**：将网站上的视频代码复制到该文本框中，然后单击“插入”按钮，即可将视频插入到幻灯片中，但是需要注意，插入的视频一定要符合幻灯片对视频格式的要求。

视频代码

大多数提供视频的网站都包括嵌入代码，但嵌入代码的位置会因每个网站的不同而不同。图 8-17 所示为优酷网上的某视频代码。另外“嵌入代码”实际上是链接视频，而不是在演示文稿中嵌入视频。

图8-17　插入视频的代码

如果在插入联机视频时出现如图8-18所示的对话框，则可能是用户没有安装合适的编解码器。用户可下载一个适合的编解码器安装在计算机中，即可解决这一问题。

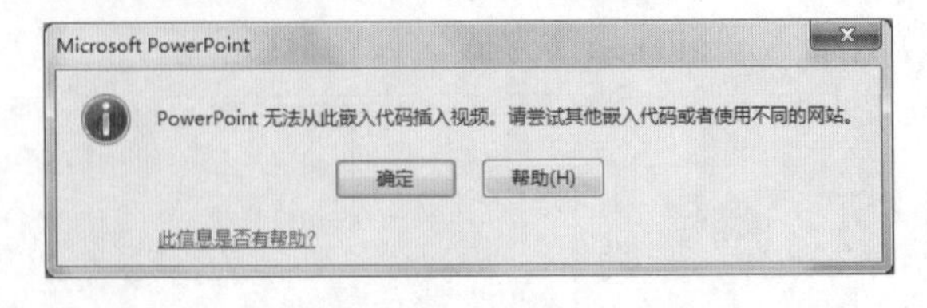

图8-18　提示对话框

在PowerPoint中插入视频后，将激活“视频工具”选项卡，在其中可以对视频进行裁剪操作。选中插入的视频文件，单击“视频工具 播放”选项卡“编辑”组中的“剪裁视频”按钮，将打开“剪裁视频”对话框，在其中通过拖动和按钮可以剪裁视频中不需要的部分，单击“确定”按钮，如图8-19所示。

图8-19　剪裁视频文件

在“视频工具 播放”选项卡中不仅可以对插入的视频进行裁剪，还可以设置视频的开始方式。选择视频文件后，单击“视频选项”组中的“开始”下拉按钮，在弹出的下拉列表中有“自动”和“单击时”两种选项可选择。

若选中“全屏播放”复选框，在幻灯片放映时将全屏播放视频文件；若选中“未播放时隐藏”复选框，视频文件只有在播放时才会出现。

切换到“视频工具 格式”选项卡，如图8-20所示，可以对视频的颜色、样式、位置和大小等格式进行设置，其方法与图片格式的设置方法相似。

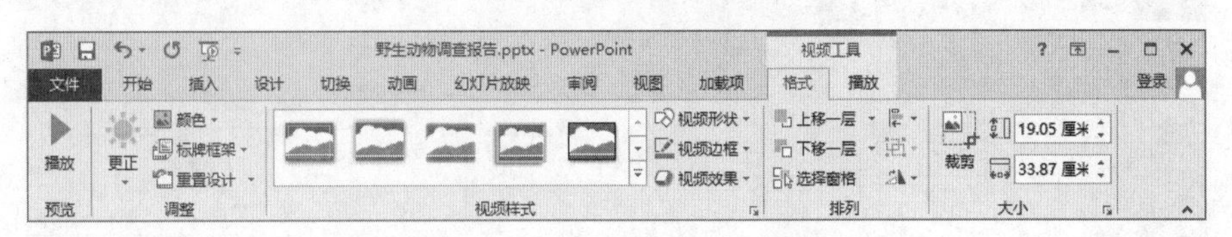

图8-20　“视频工具 格式”选项卡

8.3.3 在幻灯片中添加声音

音频是在幻灯片中使用较频繁的多媒体元素，下面将介绍常见音频的格式、特征及怎样在幻灯片中插入音频、裁剪音频及控制音频播放的方式等内容。

常见的音频格式有MP3、MP4、WMA、WAV、MIDI、CD、AIFF和AU等，如表8-2所示，大多数音频格式都能在PowerPoint 2013中正常使用。

表 8-2 音频格式

格式	扩展名	特征
MP4 音频文件	.m4a、.mp4	MP4 以储存数码音讯及数码视讯为主，在音频处理方面，音质较为纯正，保真度高，高音响亮，低音纯净
MP3 音频文件	.mp3	MP3 是一种音频文件的压缩格式，由于它体积小，音质好现已作为主流音频格式出现在多媒体元素中
Windows 音频文件	.wav	WAV 是最普遍的音频文件格式，因为 PowerPoint 可以很好地播放它，所以它的使用相当广泛
Windows Media Audio 音频文件	.wma	WMA 格式来自于 Microsoft 公司，只要安装了 Windows 操作系统，就可以正常播放音频
MIDI 音频文件	.mid 或.midi	MIDI 文件主要用于原始乐器作品，流行歌曲的业余表演，游戏音轨以及电子贺卡等
CD 音频文件	.cda	CD 音频是近似无损的，因此它的声音基本上是忠于原声的
AIFF 或 AU 音频文件	.aiff 或.au	由苹果公司开发的 AIFF 格式和为 UNIX 系统开发的 AU 格式，它们和 WAV 非常相似

音频的插入、裁剪、开始方式以及音频格式的设置方法都与视频类似。在设置音频的开始方式时，若选中“跨幻灯片播放”复选框，当演示文稿中包含多张幻灯片时，音频的播放可以从一张幻灯片延续到另一张幻灯片，不会因为幻灯片的切换而中断。

若在“音频样式”组中单击“在后台播放”按钮，系统将自动选中“跨幻灯片播放”、“循环播放，直到停止”和“放映时隐藏”复选框，如图8-21所示，这也是较为常用的音频播放方式。

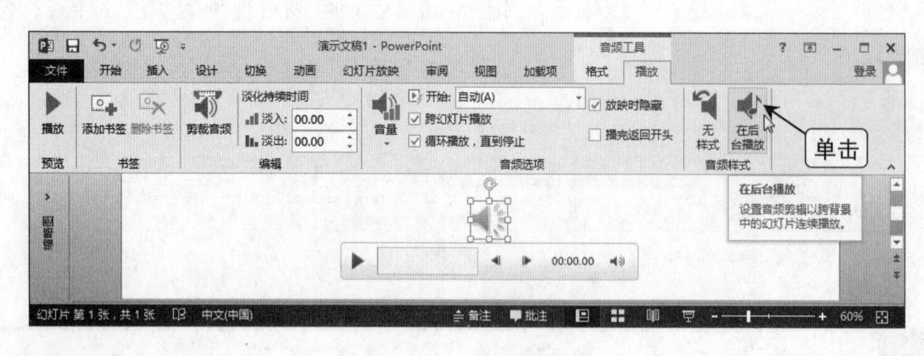

图8-21 后台播放音频

办公演练 制作“野生动物调查报告”

本章主要介绍了构建统一风格演示文稿的操作方法以及在PowerPoint中插入相册、视频和声音的方法。下面以制作“野生动物调查报告”为例，学习幻灯片母版设置与相册结合使用的方法。

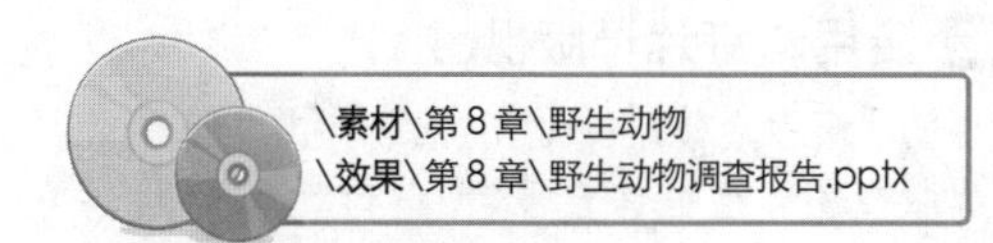

Step 01 打开“相册”对话框

启动PowerPoint 2013程序，新建空白演示文稿，切换到“插入”选项卡，在“图像”组中单击“相册”按钮，打开“相册”对话框，单击“文件/磁盘”按钮。

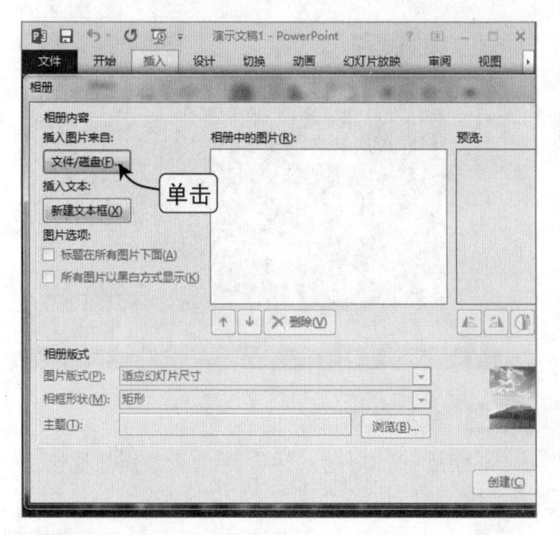

Step 02 插入图片

打开“插入新图片”对话框，按住【Shift】键选择“图片1”和“图片12”素材图片，单击“插入”按钮。

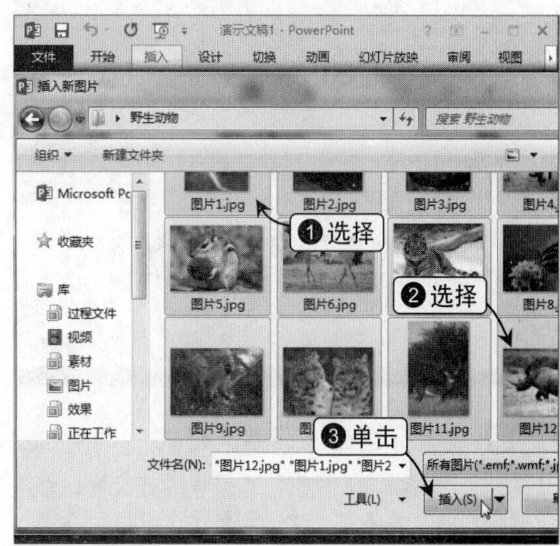

Step 03 移动图片位置

通过预览，发现前3张图片都是宽度比较窄的图片，为了排版的美观性，选中“图片11”选项对应的复选框，单击按钮，将其排列在第四位。

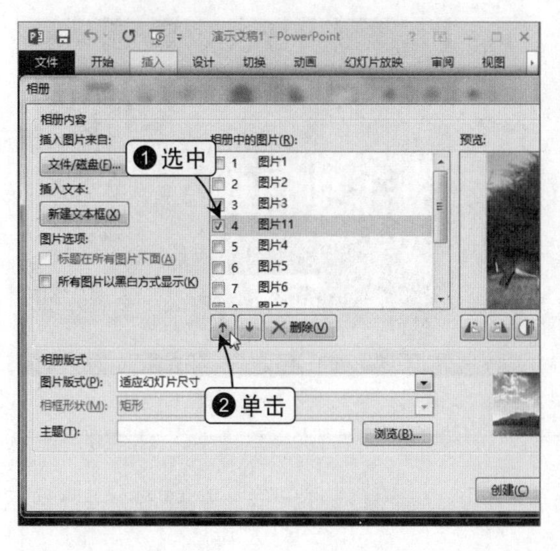

Step 04 设置相册版式

将图片版式设置为“4张图片（带标题）”，将相框形状设置为“居中矩形阴影”，并选中“标题在所有图片下面”复选框。

Step 05 设置相册主题

单击“浏览”按钮，打开“选择主题”对话框，在其中选择“Ion.thmx”主题选项，单击“选择”按钮，再单击“创建”按钮。

Step 06 启用幻灯片母版视图

在创建的“演示文稿2”中，切换到“视图”选项卡，在“母版视图”组中单击“幻灯片母版”按钮。

Step 07 设置标题占位符字体格式

切换到主题母版幻灯片中，选择标题占位符，为其设置合适的字体格式，适当调整该文本框的高度，并退出幻灯片母版视图。

Step 08 输入文本

选择“相册”文本，输入标题“野生动物调查报告”，并选择“由CHINA创建”文本，输入合适的副标题文本。

> **提示 Attention**
>
> **相册主题**
>
> “选择主题”对话框中的 9 种主题选项是系统内置的主题，其样式为“设计”选项卡“主题”列表框中的样式。

Step 09 选择性粘贴幻灯片

打开“野生动物生活习性”素材文件，在第一个幻灯片缩略图上右击，选择“复制”命令，在“演示文稿2”的第一个幻灯片缩略图下方右击，选择“使用目标主题”命令。

Step 10 复制幻灯片

用相同的方法将“野生动物生活习性”演示文稿中剩余的3张幻灯片一次复制到“演示文稿2”演示文稿中。

Step 11 添加标题和标注

为第六张至第八张幻灯片添加标题，并为每张图片添加名称标注。

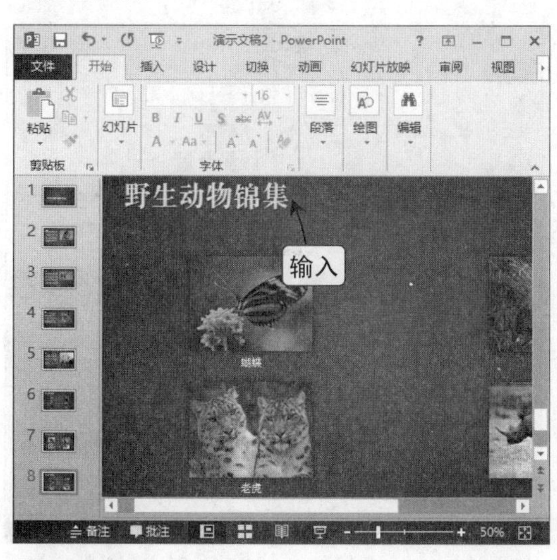

Step 12 单击“幻灯片编号”按钮

切换到“插入”选项卡，在“文本”组中单击“幻灯片编号”按钮。

提示
Attention

“使用目标主题”选择性粘贴命令

在本案例第 9 步中的“使用目标主题”粘贴命令的含义为：使用当前演示文稿的主题效果，而复制的内容不变。

Step 13 插入幻灯片编号

在打开的“页眉和页脚”对话框中选中“幻灯片编号”和“标题幻灯片中不显示”复选框，再单击“全部应用”按钮。

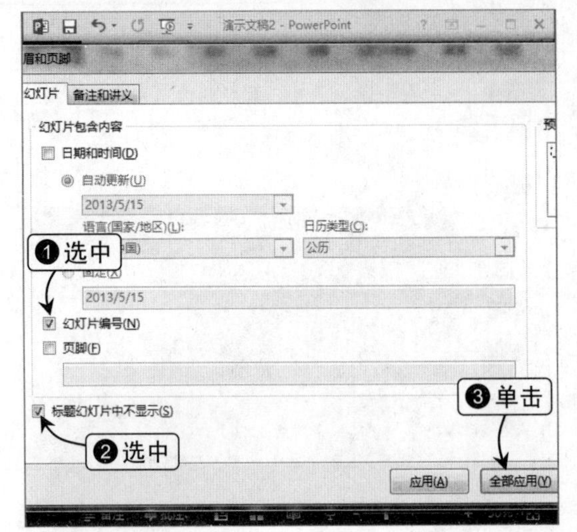

Step 14 新建幻灯片

选择第八张幻灯片缩略图，按【Enter】键，新建一张幻灯片，在“插入”选项卡的“媒体”组中单击“视频”按钮，选择“PC上的视频”命令。

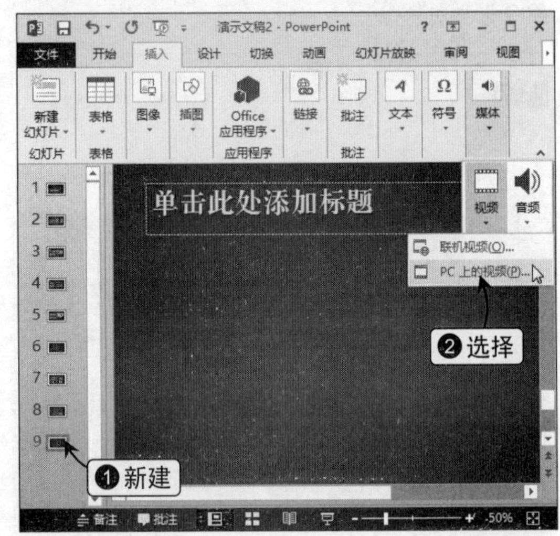

Step 15 插入视频

在打开的“插入视频文件”对话框中选择“野生动物”素材视频，再单击“插入”按钮，适当调整视频大小和位置，并输入标题。

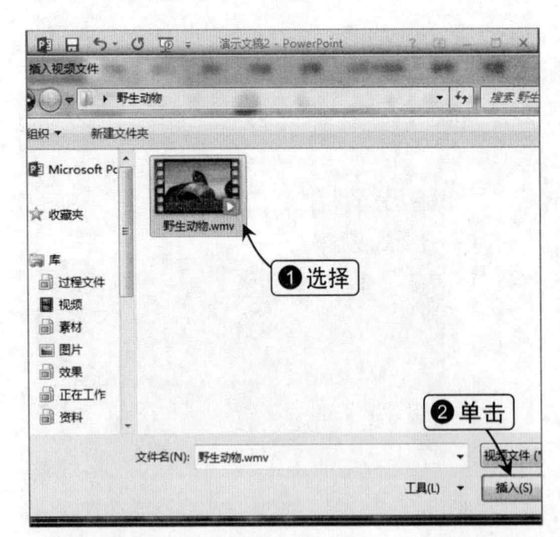

Step 16 设置播放效果

切换到“视频工具 播放”选项卡，选中“全屏播放”复选框，并将淡入时间设置为“0.75”秒，最后保存演示文稿，完成本案例全部操作。

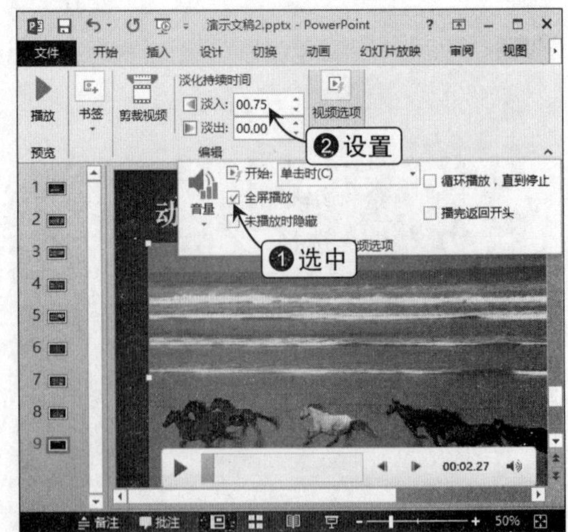

> **提示 Attention**
>
> **显示幻灯片页脚**
>
> 一般情况下，在母版幻灯片中默认显示有页脚，其中包含页码和编号等页脚，但切换到幻灯片普通视图时却不能显示出来，只有在“页眉和页脚”对话框中进行相关设置后才能显示。

高效办公的诀窍

本章主要讲解了有关母版设置的操作，以及在PowerPoint中插入相册和多媒体元素的方法，用户掌握了这些知识后，可以制作出风格统一的演示文稿，同时还能提高演示文稿的观赏性。为了使制作的视频“轻重得当”且更加美观，下面将列举几个相关诀窍，供用户拓展学习。

窍门 1　标识视频中的重要位置

在视频中需要重点关注的地方添加书签可以在放映视频时快速跳转到指定的位置。

当视频播放到需要关注的位置时，单击“书签”组中的“添加书签”按钮，即可在视频中的相应位置插入一个黄色的控制点，如图8-22所示。

不需要书签时，可以选择书签后，单击“书签”组中的“删除书签”按钮将其删除。

图8-22　添加书签

窍门 2　制作视频标牌框架

标牌框架是指视频文件在没有正式播放时所展示的画面。默认情况下，插入视频的标牌框架为黑色或视频的第一帧画面。

制作视频标牌框架的方法比较简单，选择视频文件后，切换到“视频工具 格式”选项卡，单击“调整”组中的“标牌框架”按钮，若选择“文件中的图像”命令，将打开“插入图片”对话框，选择一种方式插入图片，即可将其作为标牌框架，如图8-23所示。

另外，在视频的播放过程中，选择“标牌框架”下拉菜单中的“当前框架”命令，可将当前视频图像作为视频的标牌框架，如图8-24所示。

图8-23　用图片作为视频标牌框架

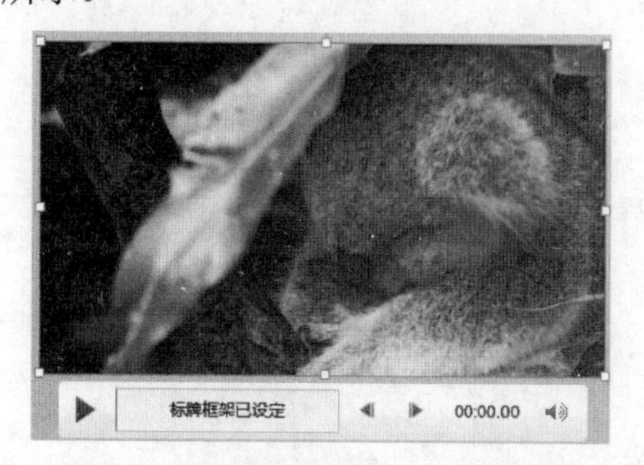

图8-24　用视频的图像作为标牌框架

Chapter 9

幻灯片中动画的演绎

为幻灯片设置绚丽的切换效果

为市场调研报告添加动画效果

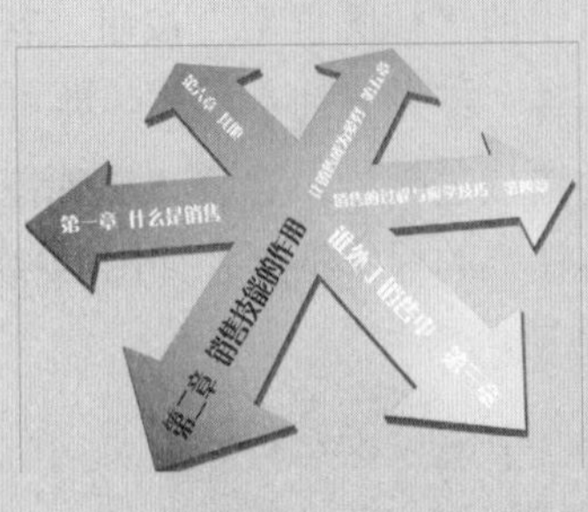

为形状对象添加超链接

内容大纲

- 计划目的与流程
- 转换热源所产生的效应为等效力与力矩
- 数值有限元素法分析
- 数值模拟与实验结果之比较

为分析报告的大纲内容添加超

9.1 为幻灯片添加转场特效

为幻灯片添加转场动画并设置其动画效果

为了使演示文稿显得生动，我们通常会为幻灯片添加各种转场特效，PowerPoint 2013中的幻灯片切换效果较以前版本丰富了许多，3D动态效果也非常生动、逼真，如图9-1所示为其中的两种切换效果。

图9-1　“旋转”和“蜂巢”切换效果

9.1.1 添加切换动画

选择需要添加切换动画的幻灯片，单击“切换”选项卡“切换到此幻灯片”组中的“其他”按钮，在弹出的下拉列表中选择合适的切换动画即可，如图9-2所示。

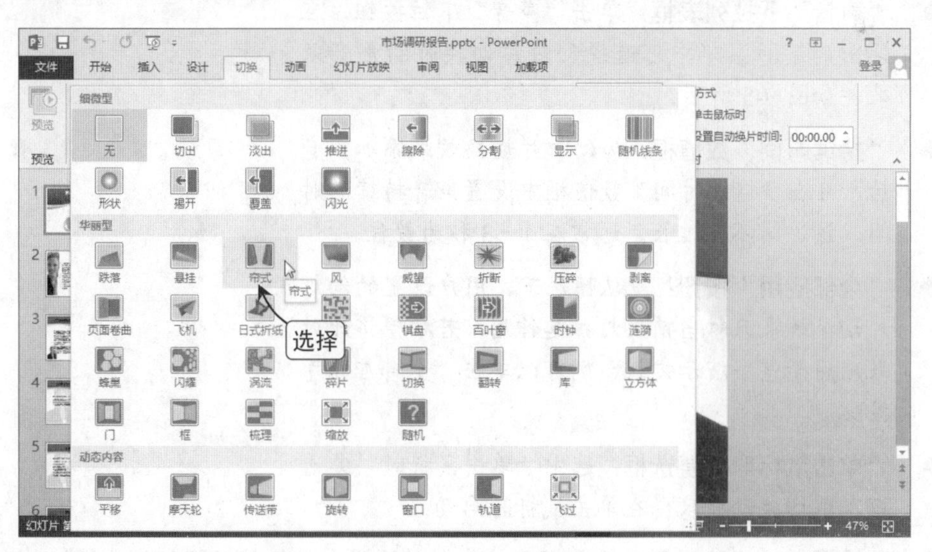

图9-2　添加切换效果

9.1.2 设置切换动画效果

为幻灯片选择不同的切换方式会出现不同的效果选项，单击“切换到此幻灯片”组的“效果选项”按钮，可在弹出的下拉列表中选择不同的效果选项。

图9-3（左）所示为“飞机”切换方式默认的“向右”切换动画效果，单击“效果选项”按钮，在弹出的下拉菜单中选择“向左”选项，则会有不同的切换动画效果，如图9-3（右）所示。

图9-3 不同方向的“飞机”切换动画

为幻灯片选择切换动画后，在“切换”选项卡的“计时”组中可以设置幻灯片切换动画的播放方式，如图9-4所示，该组中各个参数的具体作用如下。

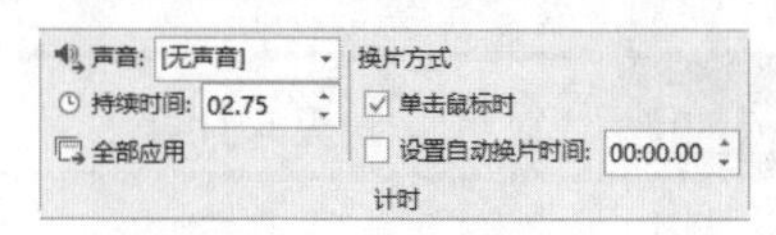

图9-4 “计时”组

- **“声音”下拉列表框**：单击“声音”下拉按钮，在弹出的下拉菜单中可选择幻灯片切换时的声音效果，如图 9-5 所示。
- **“持续时间”数值框**：为幻灯片切换效果添加声音后，可在“持续时间”数值框中设置声音持续的时间，该时间不宜过长，通常在 1~3 秒为最佳。
- **“全部应用”按钮**：默认情况下，用户设置的幻灯片切换效果只对当前幻灯片起作用，若希望将此效果应用于整个演示文稿，则可以单击“全部应用”按钮。
- **“单击鼠标时”复选框**：选中“单击鼠标时”复选框，则切换动画只会在单击鼠标时启动。

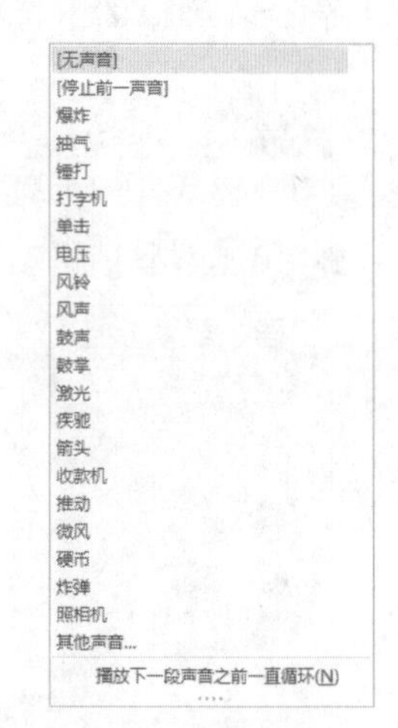

图9-5 “声音”下拉菜单

- **“设置自动换片时间”复选框**：若选中“设置自动换片时间”复选框，并在其后的数值框中输入确切的时间，则幻灯片的切换动画会在指定的时间自动播放。

9.2 为幻灯片中的对象添加动画

为对象添加进入、强调、退出动画并为对象添加自定义的动作路径

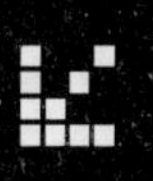

为了使演示文稿更加精彩，我们可以为幻灯片中的各种对象添加不同的动画效果。PowerPoint 2013为用户提供了多种幻灯片的动画方案，除使用系统预设的动画方案外，用户还可以自定义动画效果。

9.2.1 为对象添加进入、强调、退出动画

在PowerPoint 2013中切换到“动画”选项卡，在“动画”组中罗列了多种进入、强调和退出动画，如图9-6所示。

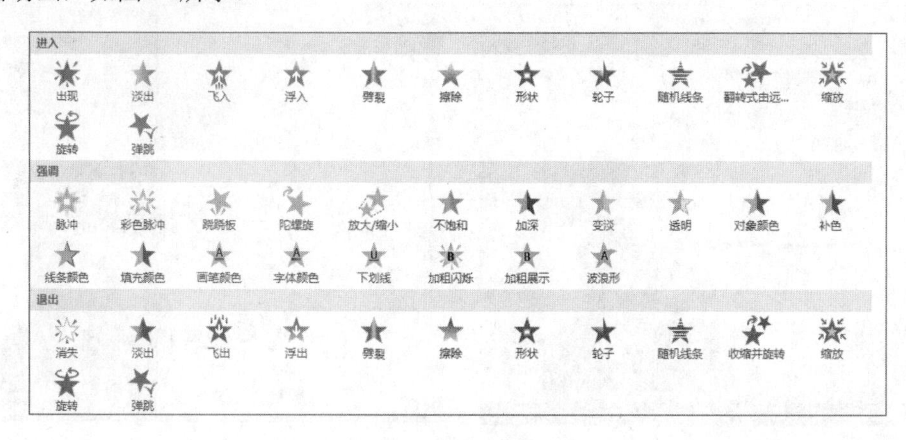

图9-6　系统预设动画效果

在动画样式库中选择“更多进入效果”、“更多强调效果”、“更多退出效果”命令，可以打开相应的对话框，在其中可为对象选择更多的动画效果，如图9-7所示。

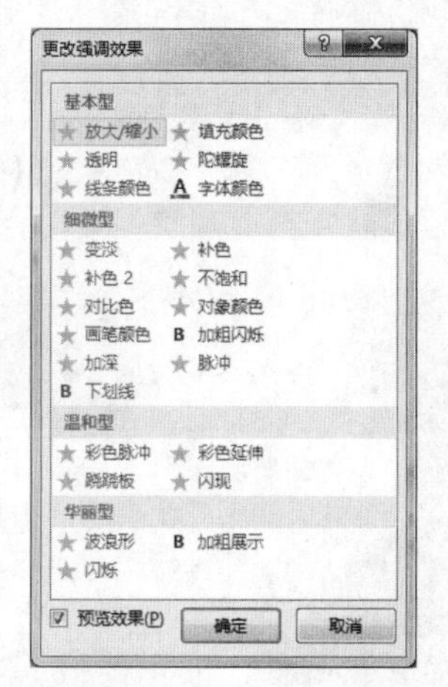

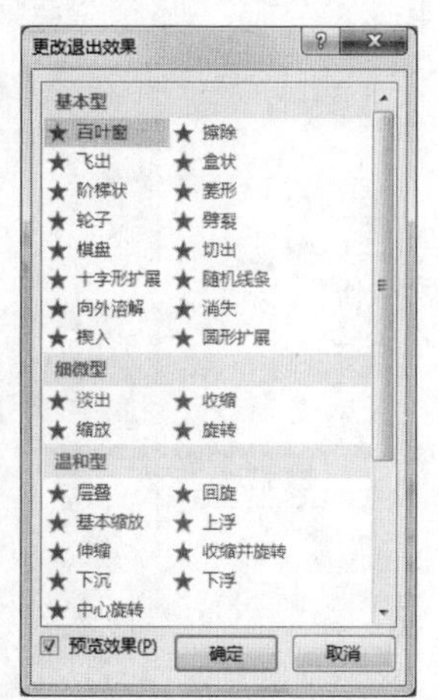

图9-7　更多动画效果

9.2.2 设置动画效果

为幻灯片中的各个对象添加动画后，需要为动画设置计时等效果，否则在放映演示文稿时，动画会显示得杂乱无章，设置动画效果的具体步骤如下。

操作演练：自定义动画效果

\素材\第 9 章\市场调研报告.pptx
\效果\第 9 章\市场调研报告.pptx

Step 01 添加进入动画

打开"市场调研报告"素材文件，将文本插入点定位到第一张幻灯片的标题中，切换到"动画"选项卡，在"动画"组的列表框中选择"浮入"进入动画。

Step 02 添加强调动画

单击"高级动画"组中的"添加动画"按钮，选择"更多强调效果"命令，在打开的对话框中选择"彩色延伸"选项，单击"确定"按钮。

Step 03 添加进入动画

将文本插入点定位到副标题中，在"动画"组中单击"其他"按钮，选择"更多进入动画"命令，在打开的对话框中选择"下拉"选项，单击"确定"按钮。

Step 04 打开动画窗格

在"高级动画"组中单击"动画窗格"按钮，打开动画窗格，单击强调动画选项右侧的下拉按钮，选择"效果选项"命令。

Step 05 设置彩色延伸效果

在打开的对话框中单击“颜色”列表框，选择白色选项，并将动画文本设置为“整批发送”，再单击“确定”按钮。

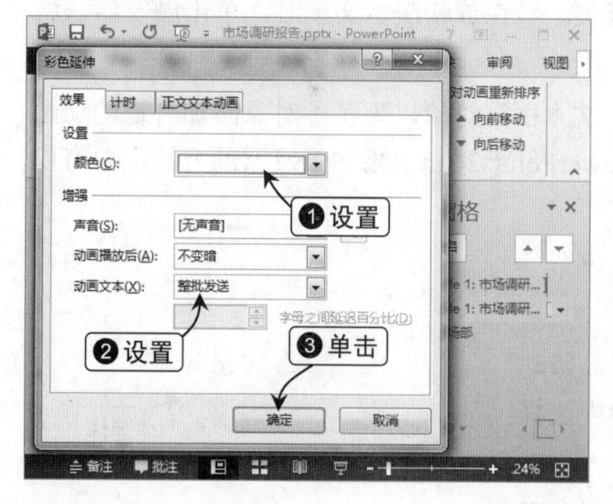

Step 06 设置计时效果

切换到“计时”选项卡，将开始方式设置为“上一动画之后”，期间为“中速（2秒）”，并选中“播完后快退”复选框，再单击“确定”按钮。

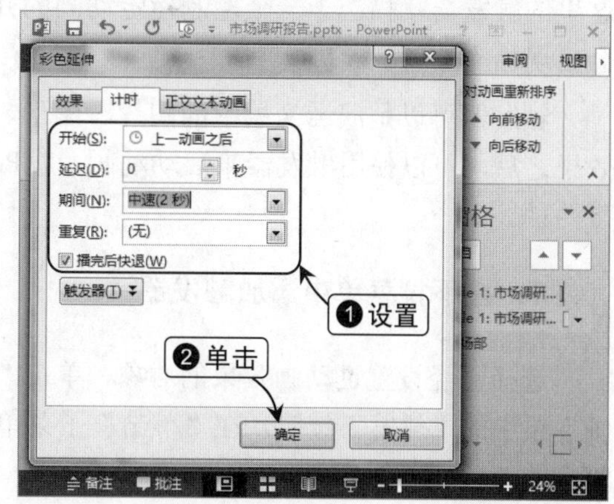

Step 07 设置开始方式

在动画窗格中选择副标题“市场部”选项，在“计时”组中单击“开始”列表框，选择“上一动画之后”选项。

提示 Attention

动画效果的计时设置

为添加的动画设置计时效果时，可以在打开的效果对话框的“计时”选项卡中进行，也可以在“动画”选项卡的“计时”组中进行，其中持续时间与期间为同一效果。

9.2.3 自定义动作路径

为对象添加动作路径后，在放映演示文稿时，对象会根据所选择或绘制的路径运动。

在动画样式库的“动作路径”栏中选择适合的选项，即可为选择的对象添加动作路径动画，如果选择“其他动作路径”命令，将打开“更改动作路径”对话框，如图9-8所示，在其中可以选择更丰富的路径样式。

若在“动作路径”栏中选择“自定义路径”选项，当鼠标光标呈十字形时，可在幻灯片上自行绘制对象的动作路径，双击鼠标左键可结束动作路径的绘制。

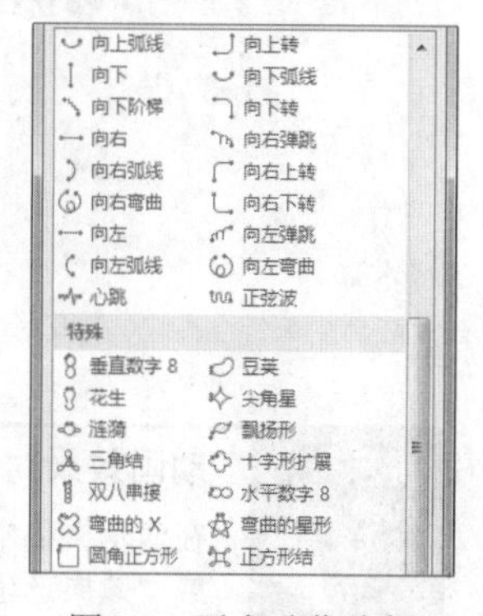

图9-8　更多动作路径

9.2.4 为动画添加触发器

使用触发器来控制幻灯片中的动画，可以实现在不同的环境下播放不同动画的效果，这里的触发器就相当于一个控制指定动画的开关，当在放映演示文稿时，单击触发器，就会出现相应的动画。

触发器可以是演示文稿中的图片、图形、文本框等对象，为各种对象添加合适的动画效果之后，可以使用触发器来启动动画，在PowerPoint 2013中添加触发器的方法主要有以下两种。

1．在下拉菜单中添加触发器

选择已经设置过动画效果的对象，单击“高级动画”组中的“触发”按钮，在“单击”子菜单中选择相应的选项即可，如图9-9所示。

此时，“答案2”选项就是被选择对象显示动画效果的触发器。

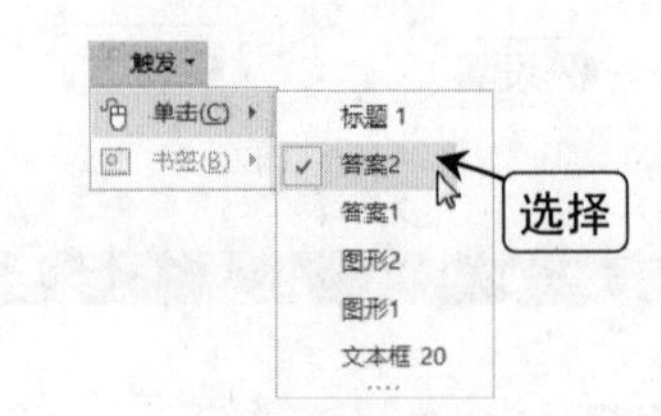

图9-9　在下拉菜单中添加触发器

2．在对话框中添加触发器

在动画窗格中选择需要添加触发器的动画选项，单击其右侧的下拉按钮，选择“计时”命令，打开“擦除”对话框，单击其中的“触发器”按钮，选中“单击下列对象时启动效果”单选按钮，并单击其右侧的列表框，在弹出的下拉列表中选择触发的对象，如图9-10所示。

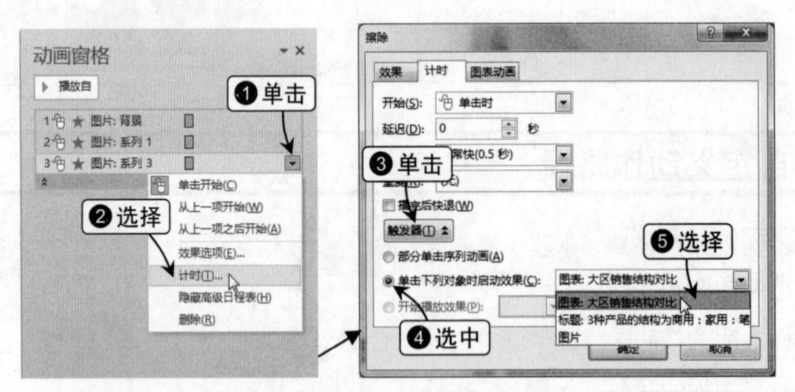

图9-10　通过对话框添加触发器

动画效果对话框

在演示文稿中为对象添加动画后，在动画窗格中单击该动画后的下拉按钮，选择“计时”或“效果选项”命令都能打开相应名称的对话框。

9.3 为对象添加交互动作

为对象添加超链接或动作

超链接是一个对象跳转到另一个对象的快捷途径，为对象添加超链接或动作，都可以实现对象间的交互。演示文稿中的超链接与网页中的超链接类似，都是对象之间相互跳转的手段，通过单击演示文稿中设置有超链接的文字、图片等对象，即可快速跳转到对应的内容，如图9-11所示。

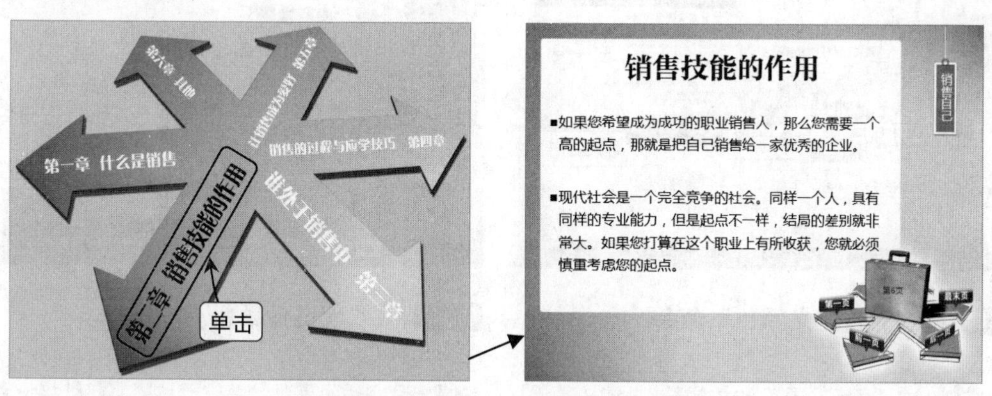

图9-11　通过超链接实现幻灯片之间的交互

9.3.1 为对象添加超链接

在演示文稿中添加超链接的对象并没有严格限制，可以是文本、图形或图片，也可以是表格或图示。下面以为“技术分析报告”演示文稿添加超链接为例来介绍如何为幻灯片中的对象添加超链接。

操作演练：为报告内容大纲添加超链接

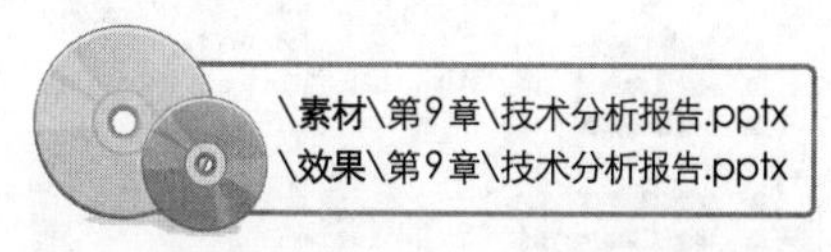

Step 01 单击“超链接”按钮

打开“技术分析报告”素材文件，在第二张幻灯片中选中“计划目的与流程”文本，单击“插入”选项卡“链接”组中的“超链接”按钮。

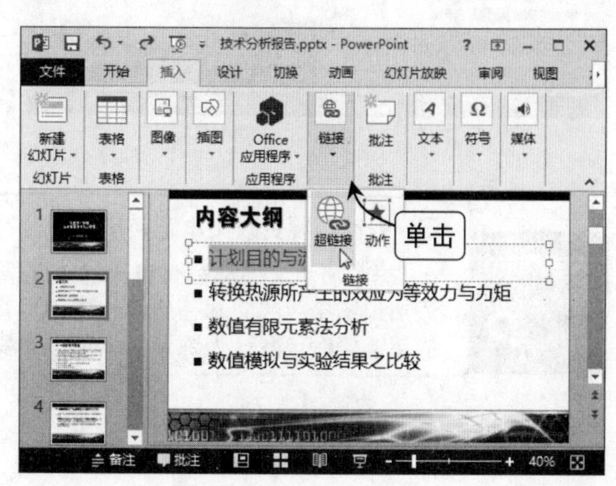

提示 Attention

文本超链接的颜色

当为文本添加超链接后，默认情况下文本颜色将变成蓝色，并且带有蓝色下画线。如果为演示文稿应用了模板或主题，则超链接字体的颜色以模板或主题预设的颜色为准。

Step 02 选择链接对象

在打开的“插入超链接”对话框中切换到“本文档中的位置”选项卡，在“请选择文档中的位置”列表框中选择第三张幻灯片，再单击“确定”按钮。

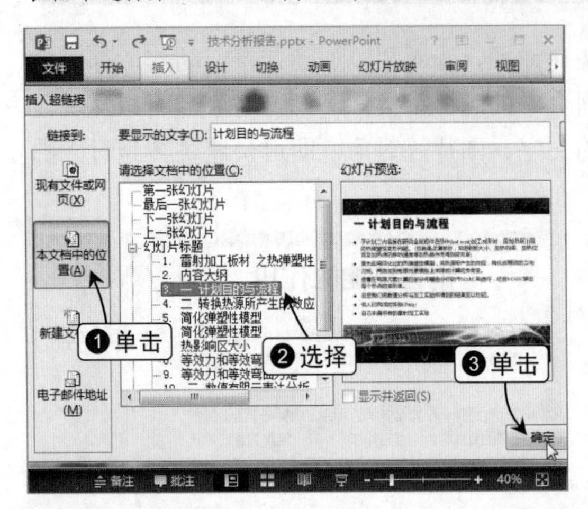

Step 03 为其他文本添加超链接

用相同的方法将内容大纲幻灯片中剩余的3个文本超链接到对应的幻灯片中。

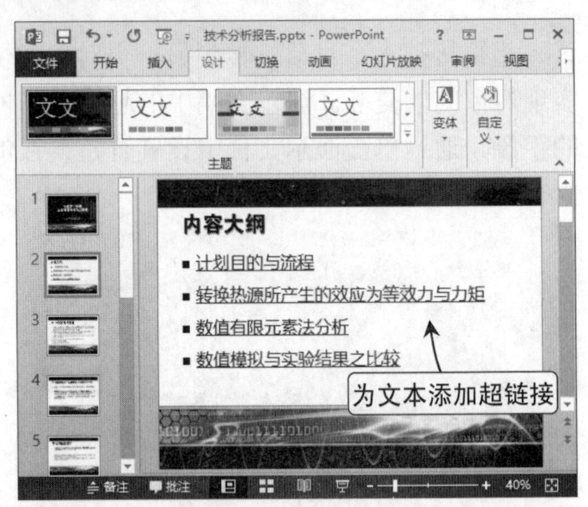

Step 04 选择“自定义颜色”命令

切换到“设计”选项卡，在“变体”组之后单击“其他”按钮，在“颜色”子菜单中选择“自定义颜色”命令。

Step 05 更改超链接颜色

在打开的对话框中单击“超链接”选项对应的按钮，选择一种合适的黑色，并为已访问的超链接设置相同的颜色，单击“保存”按钮。

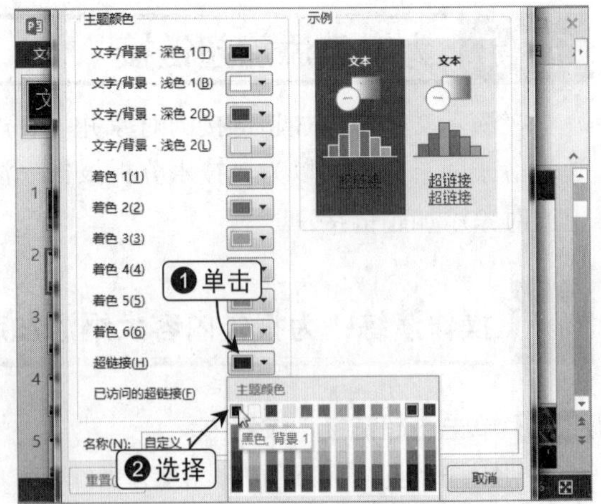

读者提问 Q+A

Q：为什么要更改文本超链接的颜色？

A：每个演示文稿都会有自己的主题颜色，本案例中演示文稿的整体基调为黑色，为了使添加超链接后的文本在幻灯片中不显得突兀，所以要改变文本超链接的颜色，而访问后的超链接颜色默认为深紫色，所以本案例中将已访问的超链接颜色也更改为黑色。

9.3.2 为对象添加动作

除了超链接，动作也是PowerPoint向其用户提供的一种幻灯片交互手段，通过设置动作，可以访问到所链接的对象。

选择对象后，切换到“插入”选项卡，在“链接”组中单击“动作”按钮，打开“操作设置”对话框，选中“超链接到”单选按钮，在其下方的下拉列表框中选择合适的选项，如选择“最后一张幻灯片”选项，则可将选择的对象超链接到最后一张幻灯片中。

若选择“幻灯片”命令，会打开“超链接到幻灯片”对话框，在“幻灯片标题”列表框中罗列了当前演示文稿中的所有幻灯片，选择需要的幻灯片后，单击“确定”按钮即可，如图9-12所示。

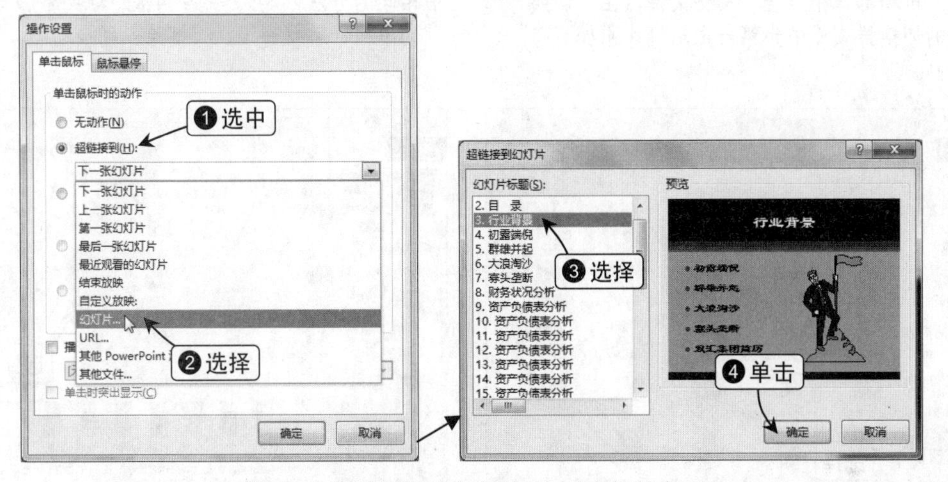

图9-12　通过添加动作实现幻灯片之间的交互

若选择“其他文件”命令，则会打开“超链接到其他文件”对话框，在其中可以选择其他格式的文件进行超链接，单击“确定”按钮，如图9-13所示。

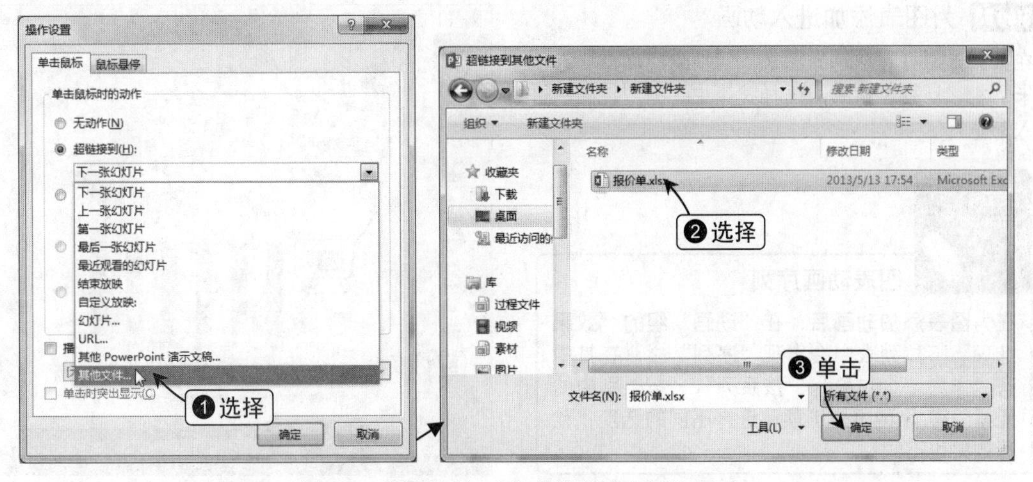

图9-13　通过添加动作实现文件之间的交互

办公演练 为“市场部营销报告”设置动画效果

某公司市场部针对7月份销售业绩以及大区销售情况制作了一份营销报告演示文稿，现需要为该演示文稿中的幻灯片添加转场特效，为大区销售结构对比图表添加动画并且为目录文本添加对应的超链接。要达到以上目的，可进行如下操作。

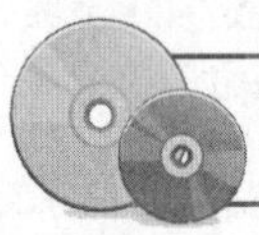

\素材\第 9 章\市场部营销报告.pptx
\效果\第 9 章\市场部营销报告.docx

Step 01 为第一张幻灯片添加切换动画

打开“市场部营销报告”素材文件，在“切换”选项卡的切换样式库中为第一张幻灯片添加“门”切换动画。

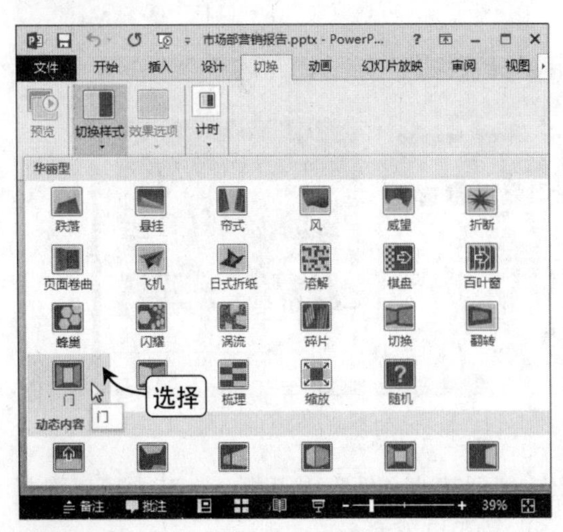

Step 03 为图表添加进入动画

在第五张幻灯片中选择图表，切换到“动画”选项卡，在“动画”组的动画样式库中选择“擦除”进入动画。

提示 Attention

图表动画序列

在为图表添加动画后，在“动画”组的“效果选项”下拉列表中会出现“序列”栏，在其中有“作为一个对象”、“按系列”、“按类别中的元素”等 5 种序列选项，选择不同的选项，动画效果也不同。

Step 02 为其他幻灯片添加动画效果

用相同的方法依次为剩余的4张幻灯片添加“淡出”、“切出”、“推进”、“擦除”切换动画。

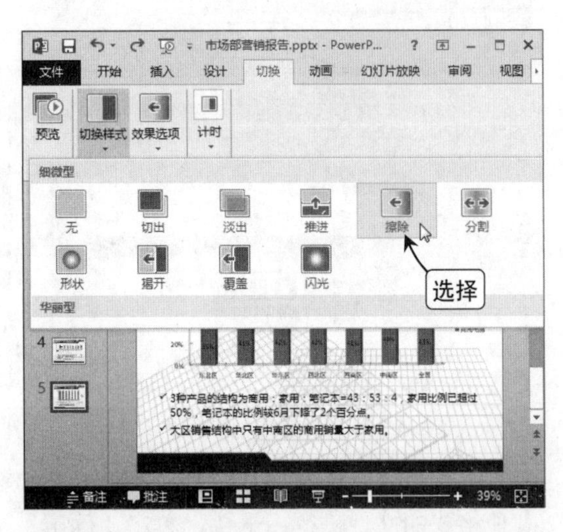

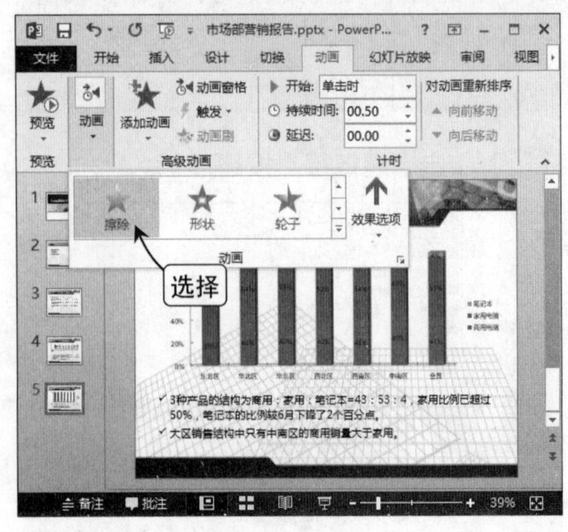

Step 04 设置效果选项

在“动画”组中单击“效果选项”按钮，在弹出的下拉列表中选择“按系列”选项。

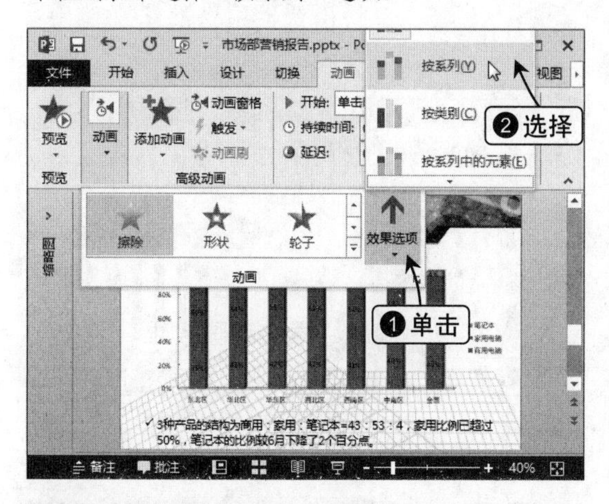

Step 05 打开动画窗格

在“高级动画”组中单击“动画窗格”按钮，打开动画窗格，单击⌄按钮，展开内容。

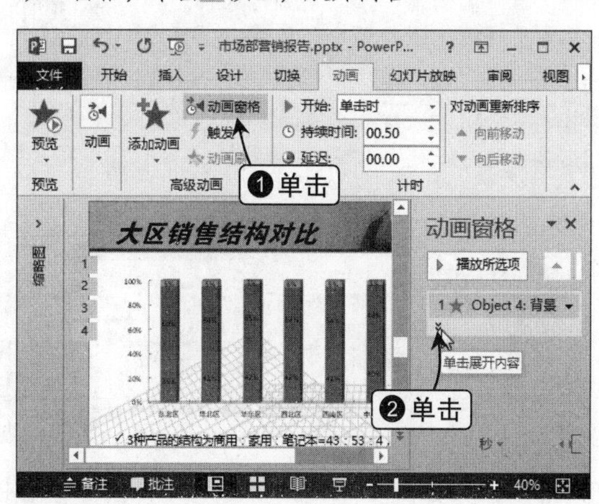

Step 06 设置坐标轴动画效果

选择“Object4：背景”选项，单击其右侧的下拉按钮，选择“动画选项”命令，在打开的对话框中将方向设置为“自左侧”，单击“确定”按钮。

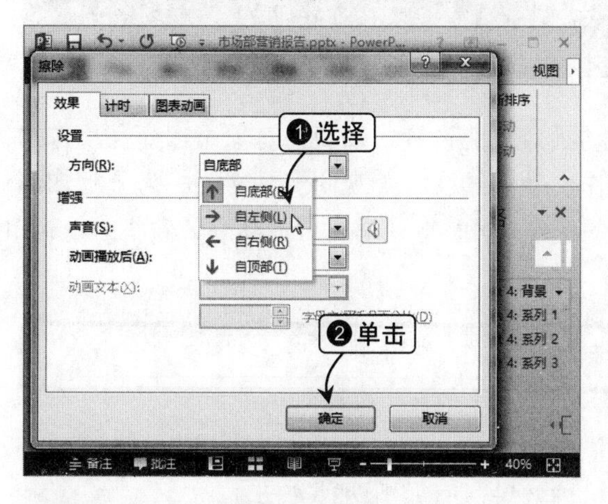

Step 07 使用分页符

按住【Shift】键，同时选择剩余的3个动画选项，在“计时”组中将开始方式设置为“上一动画之后”持续时间设置为“1.5”秒，关闭动画窗格。

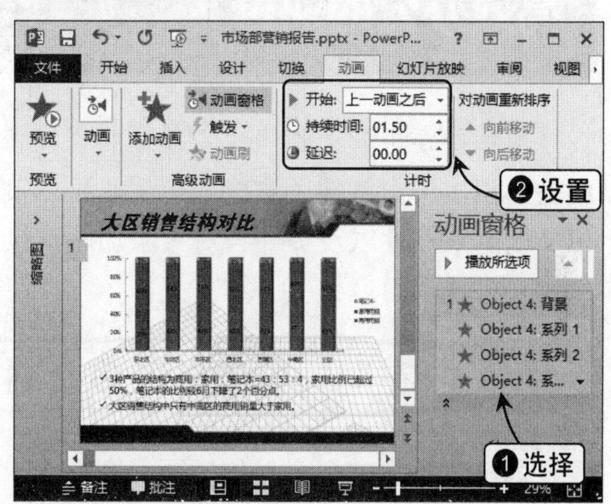

Step 08 单击“超链接”按钮

选择第二张幻灯片，选择“本月销售情况简述”文本框，在“插入”选项卡的“链接”组中单击“超链接”按钮。

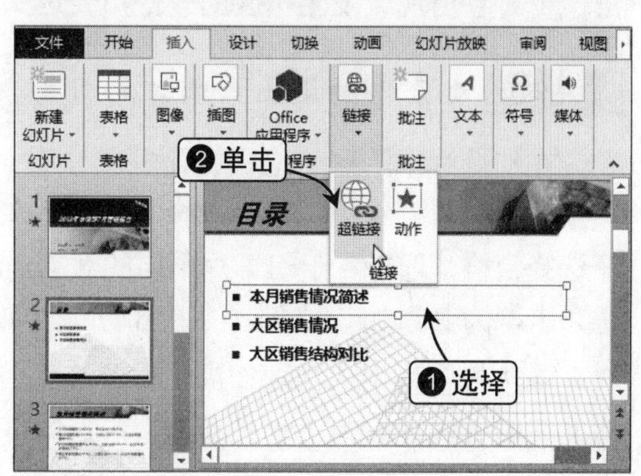

为文本框添加超链接

在为文本添加超链接时，若不想出现文本下画线，则可直接为文本框添加超链接。

Step 09 选择链接对象

在打开“插入超链接”对话框中切换到“本文档中的位置”选项卡，在“请选择文档中的位置”列表框中选择第三张幻灯片，再单击“确定”按钮。

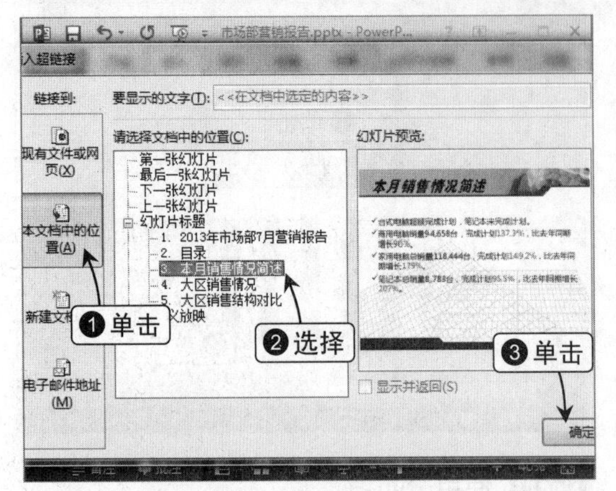

Step 10 为其他文本框添加超链接

用相同的方法分别将“大区销售情况”和“大区销售结构对比”文本框超链接到第四张幻灯片和第五张幻灯片中。

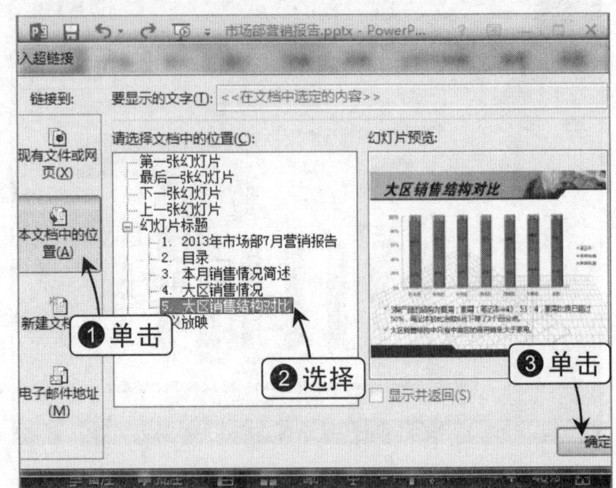

高效办公的诀窍

本章主要讲解了幻灯片中动画的添加和动画效果的设置，以及为对象添加交互动作的相关知识，用户掌握了这些知识后，可以制作出动静结合、美观的演示文稿。为了增加演示文稿的观赏性以及提高为对象添加超链接的速度，下面将列举几个提高办公效率的诀窍，供用户拓展学习。

窍门 1 在同一位置放映多个对象动画

同一位置放映多个对象动画，即在一个固定的位置上第一个对象消失或发生改变时，第二个对象出现或发生相应的改变，要达到这种效果，有如下两种方法。

【通过为对象添加退出动画达到目的】

在幻灯片中的同一位置放置多个对象，并将这些对象调整为同一大小，在“开始”选项卡的“编辑”组中单击“选择”按钮，在弹出的下拉菜单中选择“选择窗格”命令，打开选择窗格，选择置于幻灯片顶层的对象，即可选择窗格中的第一个选项，切换到“动画”选项卡，为其添加一种合适的退出动画，如“形状”退出动画，如图9-14所示。

在选择窗格中依次选择第二个和第三个选项，分别为其添加一种合适的退出动画，并将其开始方式设置为“上一动画之后”即可，如图9-15所示。

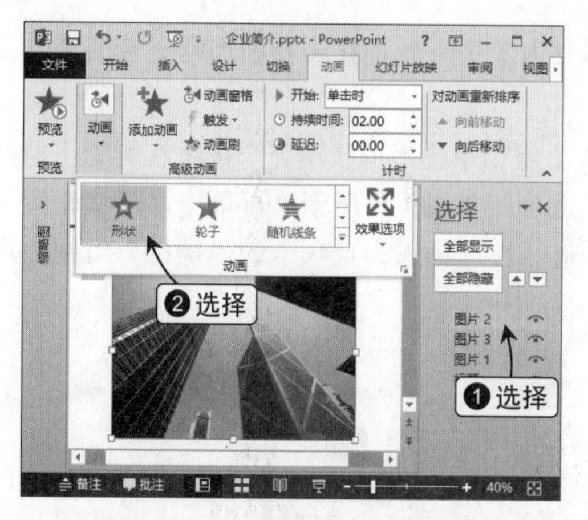

图9-14　为对象添加退出动画

图9-15　设置退出动画的开始方式

【通过设置动画效果达到目的】

为对象添加进入动画之后，在动画窗格中单击第一个动画选项右侧的下拉按钮，在弹出的下拉列表中选择“效果选项”命令，在打开的对话框的将“动画播放后”下拉列表中选择“播放动画后隐藏”，如图9-16所示，将剩余动画做相同设置，并将剩余动画的开始方式设置为“上一动画之后”即可。

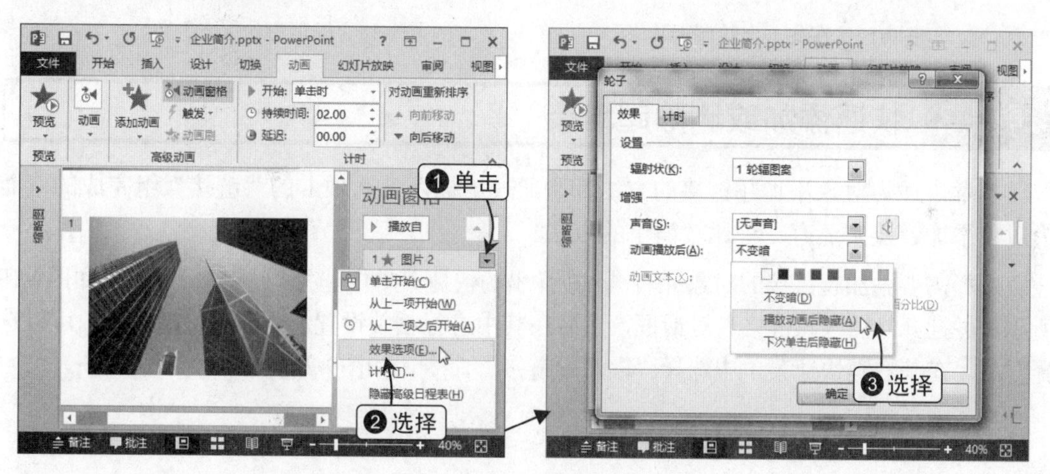

图9-16　设置播放后隐藏动画效果

窍门 2　为文本添加超链接而不产生下画线的方法

为文本对象添加超链接后，会在文本对象的下方产生一条下画线，但在演示文稿的放映过程中，为了美观，不希望在屏幕上出现下画线。除了本章讲到的为文本框添加超链接使其不产生下画线的方法外，还可以通过在文本上绘制透明形状，再为形状添加超链接的方法来达到不产生下画线的目的，其具体操作方法如下。

在PowerPoint中切换到“插入”选项卡，在“插图”组中单击“形状”按钮，在弹出的下拉列表中选择“矩形”选项，当鼠标光标变为十字形时，在需要添加超链接的文本上绘制形状将文本完全遮住，如图9-17所示。

在“绘图工具 格式”选项卡的“形状样式”组中单击“形状填充”按钮右侧的下拉按钮，在弹出的下拉菜单中选择“无填充颜色”选项，如图9-18所示。再单击“形状轮廓”按钮右侧的下拉按钮，选择“无轮廓”选项。最后在“插入”选项卡的“链接”组中为透明形状添加超链接即可。

图9-17 在文本上绘制形状

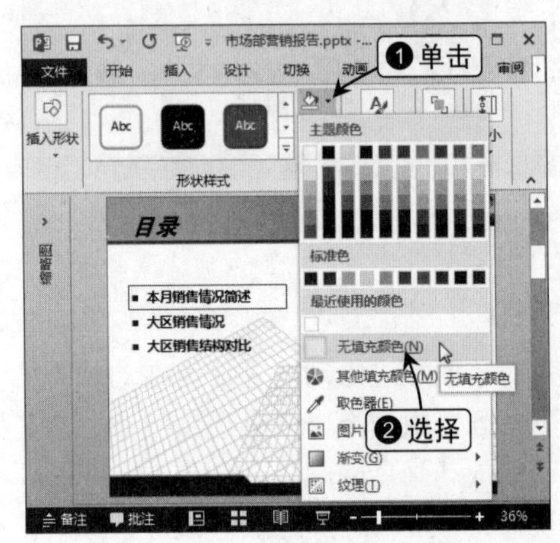

图9-18 取消形状填充颜色

窍门 3 快速添加或删除超链接

本章讲述为对象添加超链接的方法都是通过“插入”选项卡的“链接”组完成的，而为对象添加超链接还有一种比较简单的方法。

选择需要添加超链接的对象并右击，在弹出的快捷菜单中选择“超链接”命令，如图9-19所示，可打开“插入超链接”对话框，然后在其中进行相关设置。若要删除超链接，可以选择对象，在其右键快捷菜单中选择“取消超链接”命令，如图9-20所示。

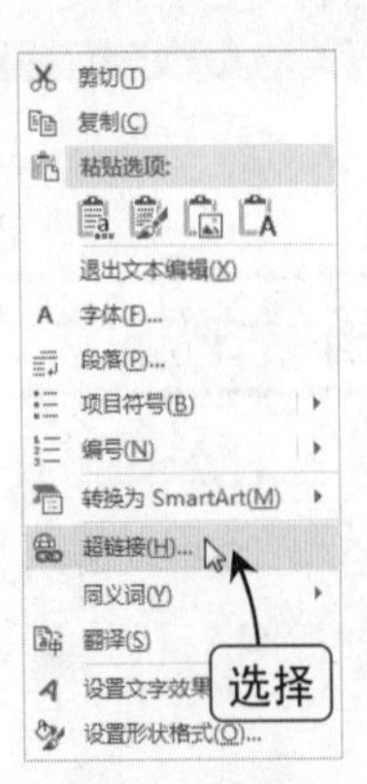

图9-19 选择“超链接”命令

图9-20 选择“取消超链接”命令

Chapter 10

演示文稿的放映与管理

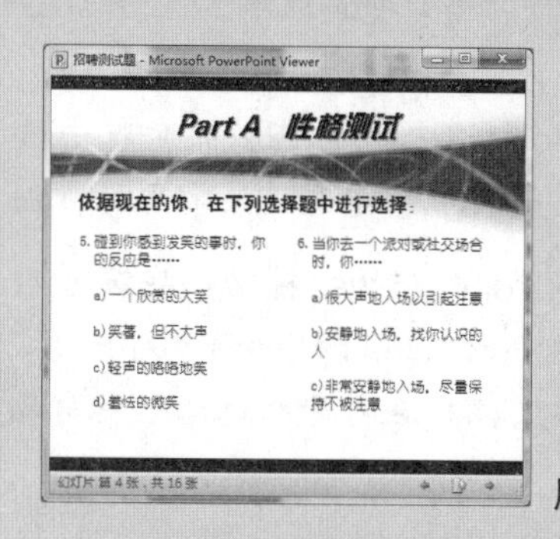

用 PowerPoint Viewer 播放演示文稿

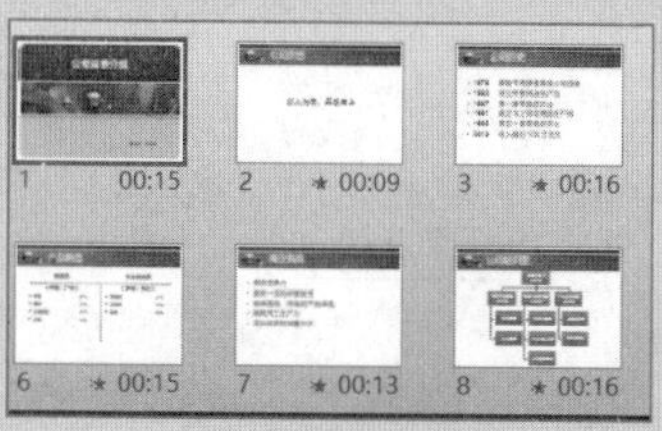

为公司背景介绍添加排练计时

通过互联网共享演示文稿

将演示文稿转换为视频文件

10.1 演示文稿放映的前期准备

对演示文稿的放映途径、放映方式以及排练计时等进行设置

演示文稿能够顺利放映，其中前期准备功不可没，只有将演示文稿的放映途径、放映方式、幻灯片的显示以及排练计时等准备工作做到位，才能够确保演示文稿在放映时万无一失。

10.1.1 设置演示文稿的放映途径

根据不同的放映场合可为演示文稿选择不同的放映途径。下面将介绍3种常见的放映途径，分别是：在PowerPoint中播放、通过PowerPoint Viewer播放以及将演示文稿保存为放映模式。

- **在 PowerPoint 中播放**：在放映时双击该演示文稿的图标，即可在 PowerPoint 中放映，这也是展示演示文稿最常用的方法，。
- **通过 PowerPoint Viewer 播放**：安装并启动 PowerPoint Viewer 程序，此时将打开“Microsoft PowerPoint Viewer”对话框，选择要放映的演示文稿，单击“打开”按钮，演示文稿将在打开的对话框中自动播放，如图 10-1 所示。

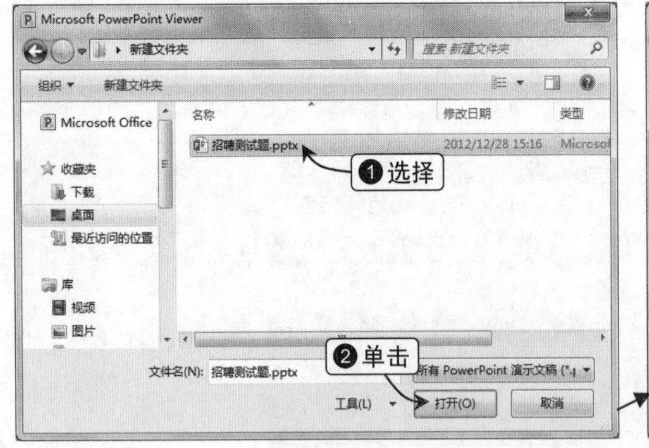

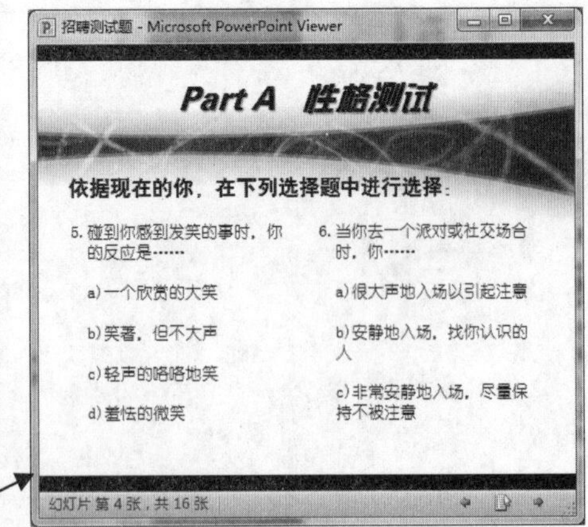

图10-1 利用PowerPoint Viewer播放演示文稿

- **将演示文稿保存为放映模式**：在 PowerPoint 2013 中，单击“文件”选项卡，切换到“另存为”选项卡，再单击“浏览”按钮，打开“另存为”对话框，单击“保存类型”列表框，在弹出的下拉列表中选择“PowerPoint 放映（*.ppsx）”选项，单击“保存”按钮即可，如图 10-2 所示。

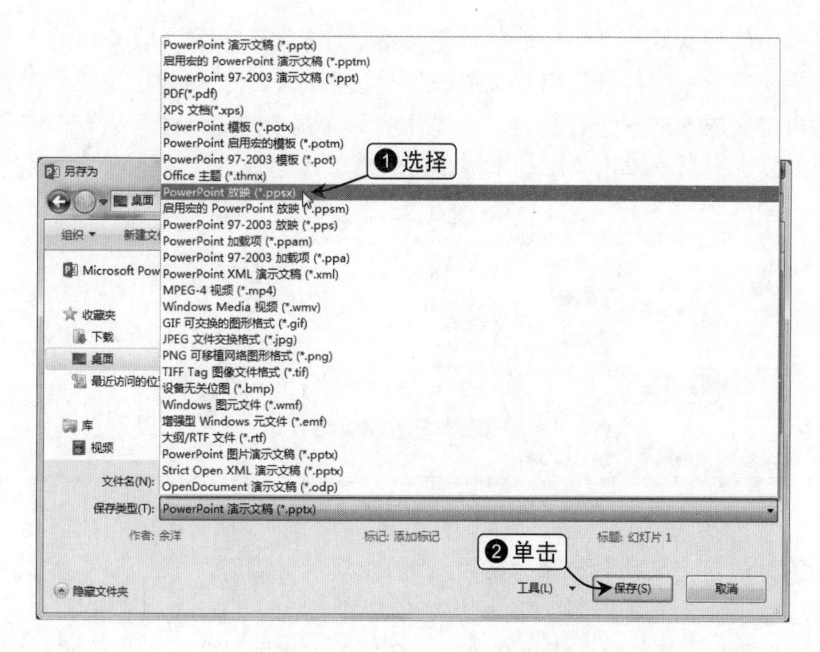

图10-2　将演示文稿保存为放映模式

将演示文稿保存为放映模式

将演示文稿保存为放映模式后，演示文稿就不能随意进行修改和编辑，这也是对演示文稿的一种保护。

10.1.2 自定义演示文稿的放映方式

在PowerPoint中直接播放幻灯片包括从当前幻灯片开始放映、从头开始放映和自定义幻灯片放映3种情况。

1．从当前幻灯片开始放映

切换到“幻灯片放映”选项卡，单击“开始放映幻灯片”组中的“从当前幻灯片开始”按钮，或者按【Shift+F5】组合键，都会从当前幻灯片开始放映演示文稿。

2．从头开始放映

单击“开始放映幻灯片”组中的“从头开始”按钮，或者按【F5】键，都可以让演示文稿从头开始放映。

3．自定义幻灯片放映

用户自定义放映的幻灯片，可针对不同的观众群体定制最适合的演示文稿放映方案。

单击“开始放映幻灯片”组中的“自定义幻灯片放映”按钮，在弹出的下拉列表中选择“自定义放映”命令，打开“自定义放映”对话框，单击“新建”按钮，在打开的对话框中可以对自定义放映方案进行命名，在“在演示文稿中的幻灯片”列表框中选中需要的幻灯片对应的复选框后，单击“添加”按钮，然后单击“确定”按钮即可，如图10-3所示。

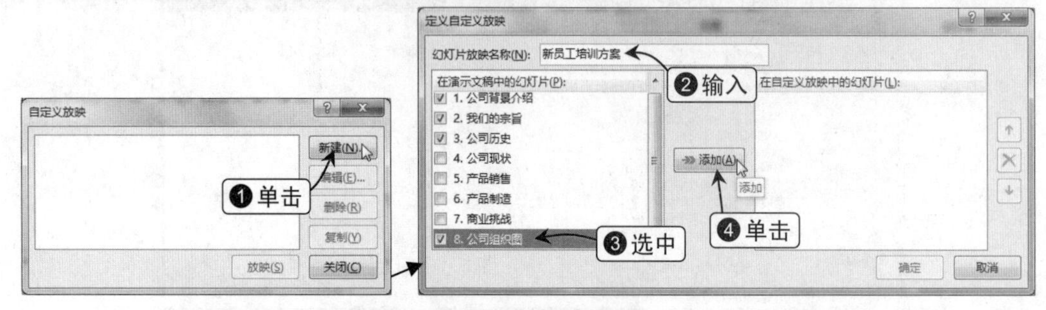

图10-3　自定义放映方案

用相同的方法自定义几套放映方案后，在放映演示文稿时，切换到“幻灯片放映”选项卡，在“开始放映幻灯片”组的“自定义幻灯片放映”下拉菜单中选择适合该演示环境的方案即可，如图10-4所示。

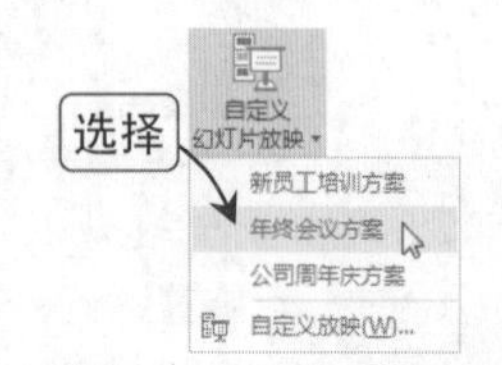

图10-4　选择放映方案

10.1.3 幻灯片的隐藏与显示

一份演示文稿中的幻灯片有时并不需要全部放映，在面对不同的观众时会选择不同幻灯片进行放映，除了使用“定义自定义放映”对话框设置需要放映的幻灯片外，还可以通过隐藏或显示幻灯片的功能来选择需要放映的部分。

选中需要隐藏的幻灯片，单击“幻灯片放映”选项卡“设置”组中的“隐藏幻灯片”按钮，在放映演示文稿时，被隐藏的幻灯片将不参与放映。

此时，切换到幻灯片浏览视图，可以看到被隐藏的幻灯片变成了半透明状，并且幻灯片编号也被画上了斜删除线，如图10-5所示。

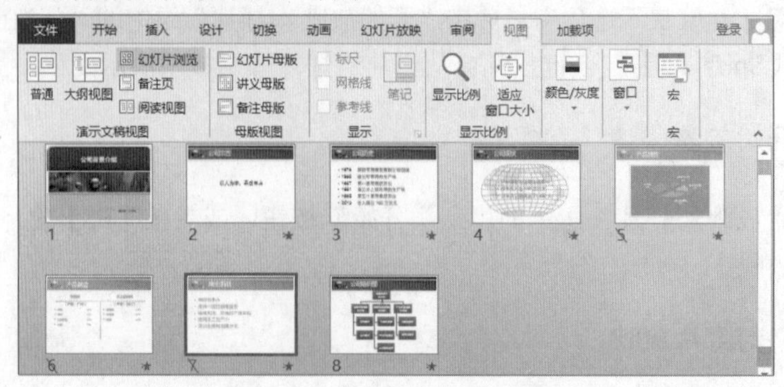

图10-5　查看被隐藏的幻灯片

若要重新显示被隐藏的幻灯片，可在普通视图的幻灯片窗格或幻灯片浏览视图中选中目标幻灯片后，再次单击“隐藏幻灯片”按钮，如图10-6所示。

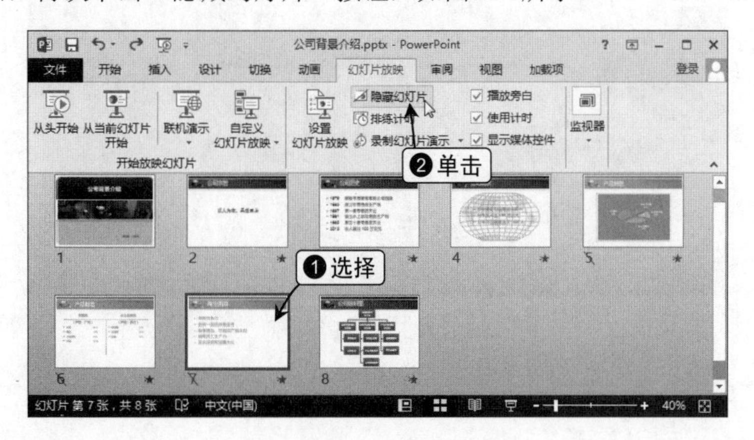

图10-6　显示被隐藏的幻灯片

技巧 Skill

隐藏或显示幻灯片的其他方法

在幻灯片窗格中选择需要被隐藏的幻灯片，在其右键快捷菜单中选择“隐藏幻灯片”命令可将其隐藏，需要显示时，可再次选择“隐藏幻灯片”命令让其重新显示。

10.1.4 添加排练计时

PowerPoint 2013向用户提供了排练计时功能，用户可以通过模拟演示现场，预计每张幻灯片需要显示的时间，确保在正式放映演示文稿时，演讲者能与演示文稿进行“默契”的配合。

要达到这种默契，可以在PowerPoint中切换到“幻灯片放映”选项卡，单击“设置”组中的“排练计时”按钮，如图10-7所示，进入演示文稿的录制状态，当确定了一张幻灯片的放映时间后，可以在“录制”对话框中单击“下一项”按钮，进入下一张幻灯片的计时，如图10-8所示。

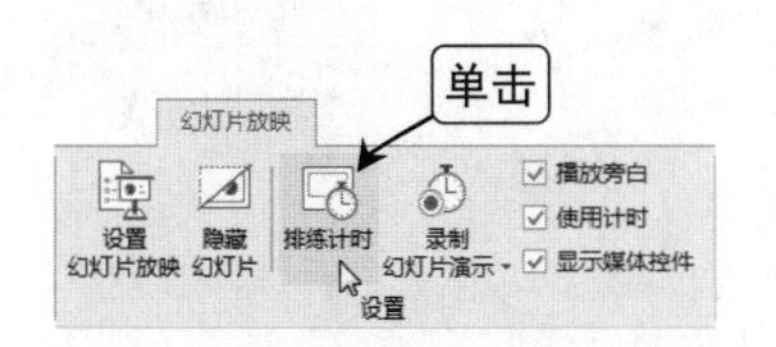

图10-7　单击“排练计时”按钮

图10-8　单击“下一项”按钮

当在录制的最后一张幻灯片中单击“下一项”按钮后，会出现如图10-9所示的提示对话框，在其中单击“是”按钮即可。

图10-9　保留幻灯片计时

排练计时完成后，切换到幻灯片浏览视图，在每张幻灯片的左下角可以查看到该张幻灯片播放所需的时间，如图10-10所示。

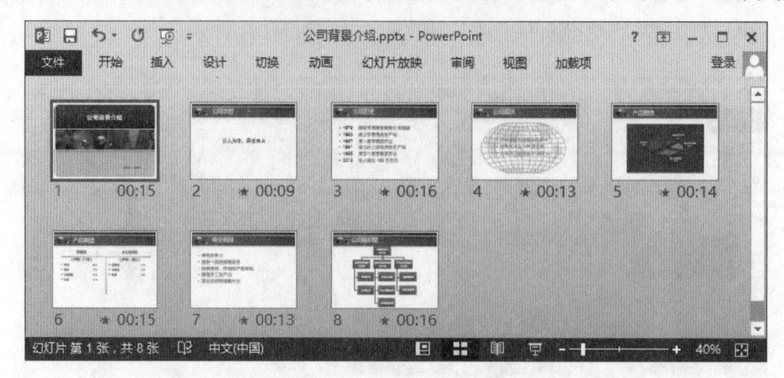

图10-10 查看排练计时

提示 Attention

关闭排练时间

在放映演示文稿时，添加了排练时间，则默认情况下会选中“幻灯片放映”选项卡“设置”组中的“使用计时”复选框，如果不需要使用排练时间，取消选中“使用计时”复选框即可。

10.2 控制演示文稿放映过程

在放映时进行书写与查看备注

制作演示文稿的最终目的是在观众面前进行放映，因此，做好了放映演示文稿的前期准备后，就可进入到演示文稿的放映阶段，下面将具体介绍相关知识。

10.2.1 在放映时添加标注

在演示文稿的放映过程中，用户可以通过选择激光笔或荧光笔在幻灯片中勾画重点或添加标注。在放映演示文稿时并右击，在“指针选项”子菜单中可以选择需要的笔的类型和颜色，如图10-11所示。

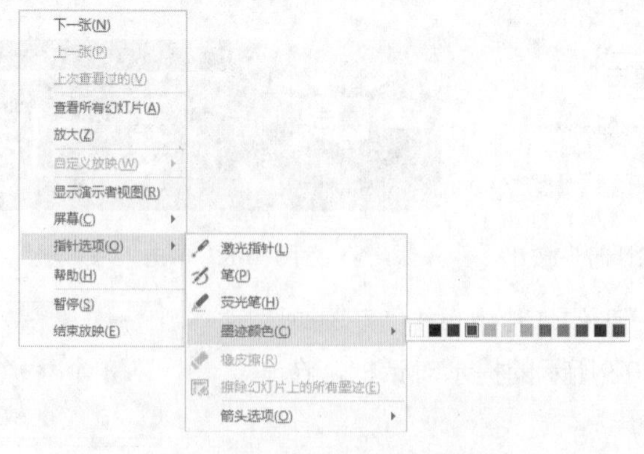

图10-11 选择笔类型和颜色

若选择“笔”选项，当鼠标光标变为一个红色的小圆点时，可以通过拖动鼠标进行书写；若选择“荧光笔”选项，当鼠标光标变为黄色小方块时，可以拖动鼠标在重点地方进行标注。

10.2.2 利用演示者视图查看备注

工作中经常需要放映演示文稿给上司、客户或者其他观众观看，演示者准备的备注资料并不希望在放映时被他人看到，这就要求在演示者的显示器屏幕上可以显示幻灯片的备注资料，而在投影仪或其他外部连接的显示器屏幕上只显示幻灯片，这一效果可以通过演示者视图来实现。

在PowerPoint 2013中放映演示者视图的方法十分简单，在放映的幻灯片上右击，在弹出的下拉菜单中选择“显示演示者视图”命令，即可进入演示者视图，在其中可以看到当前幻灯片内容及其备注，还能对下一张幻灯片进行预览，如图10-12所示。

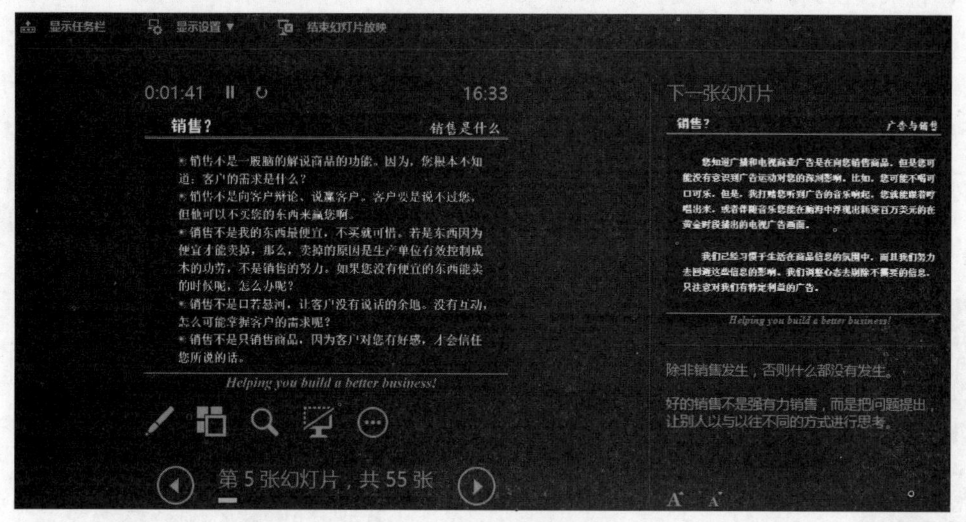

图10-12　演示者视图

在演示者视图的左上方单击“显示设置”下拉按钮，将弹出如图10-13所示的下拉列表，在其中选择“交换演示者视图和幻灯片放映”选项，可以让外部连接设备的显示器上显示演示者视图，而演示者的计算机上显示幻灯片的放映。

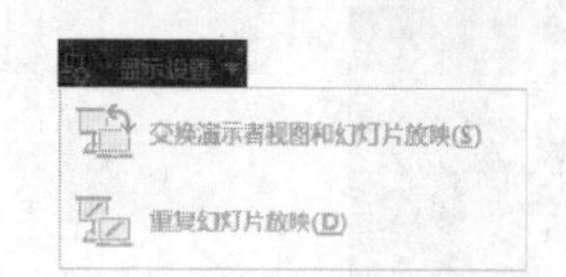

图10-13　“显示设置”下拉列表

单击备注栏中的放大文字按钮A或缩小文字按钮A，可以增大或减小备注文字。

技巧 Skill

快速进入演示者视图

在 PowerPoint 2013 中除了可以通过“显示演示者视图”命令进入演示者视图外，还可以在工作界面按【Alt+F5】组合键，快速进入演示者视图。

10.3 共享演示文稿

通过联机演示幻灯片和发布幻灯片的方法来共享演示文稿

在PowerPoint 2013中常用的共享演示文稿的方法有联机演示幻灯片和发布幻灯片两种，两者最大的区别是，联机演示幻灯片是针对整个幻灯片而言的，而发布幻灯片则可以只发布其中的某张或者多张幻灯片。

10.3.1 联机演示幻灯片

在PowerPoint 2013中可以通过互联网共享PowerPoint演示文稿。用户可以向参加会议的人发送指向幻灯片的超链接，他们可以从任何位置的任何设备使用Office Presentation Service加入会议。

Office Presentation Service是一项免费的公共服务，它允许其他人在其网络浏览器中观看演示，且无须进行设置。通过使用Office Presentation Service，用户可以不通过PowerPoint 2013放映演示文稿。下面将具体介绍联机演示的操作方法。

在PowerPoint 2013的“文件”选项卡中切换到“共享”选项卡，并在“联机演示”选项卡中选中“启用远程查看器下载演示”复选框，单击“联机演示”按钮，在打开的“联机演示”对话框中单击“复制链接”超链接，如图10-14所示。

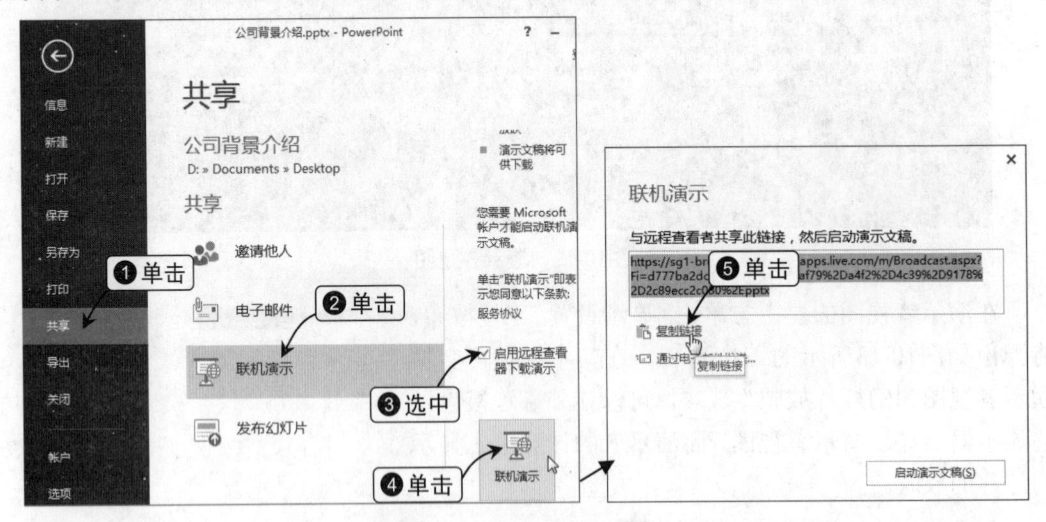

图10-14　复制联机演示超链接

通过聊天或办公软件将该超链接发送给指定的用户，该用户通过访问这个超链接，即可进入Microsoft PowerPoint Web App网页进行联机共享，当演示者单击“联机演示”对话框中的“启动演示文稿”按钮后，演示者将与其他共享演示文稿的用户同步放映演示文稿，如图10-15所示。

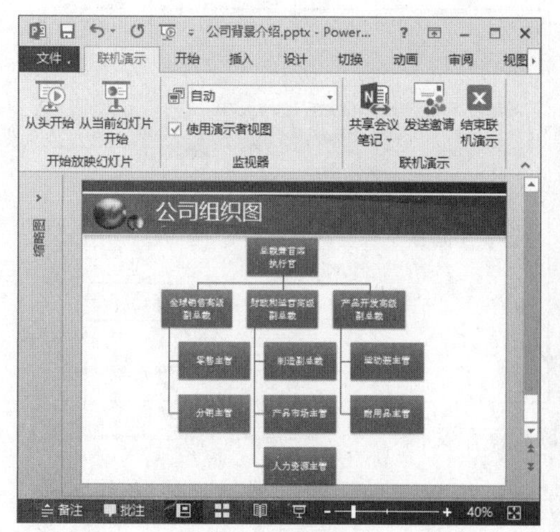

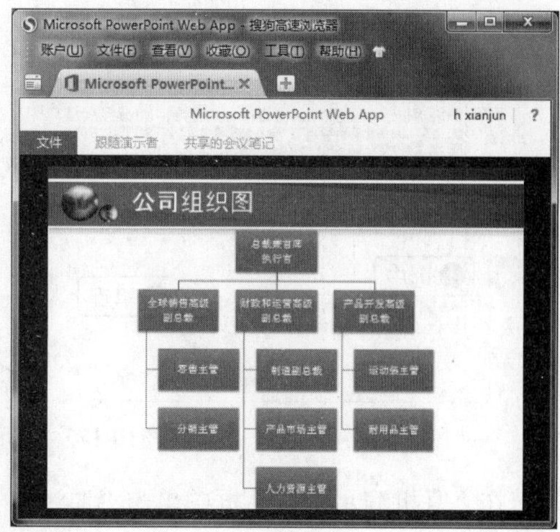

图10-15　同步放映演示文稿

当用户在PowerPoint的“联机演示”选项卡的“联机演示”组中单击“结束联机演示”按钮，在打开的对话框中单击“结束联机演示文稿”按钮，可退出联机演示，此时其他通过Microsoft PowerPoint Web App网页进行联机共享的用户也将退出演示文稿的放映状态，如图10-16所示。

图10-16　结束联机演示

提示 Attention

Office Presentation Service 联机演示的注意事项

在联机演示前必须要选中“启用远程查看器下载演示”复选框，否则其他人在单击收到的超链接后，不能下载演示文稿，进入联机会议。

在“幻灯片放映”选项卡的“开始放映幻灯片”组中单击“联机演示”按钮，也可以启动联机文稿，如图10-17所示。

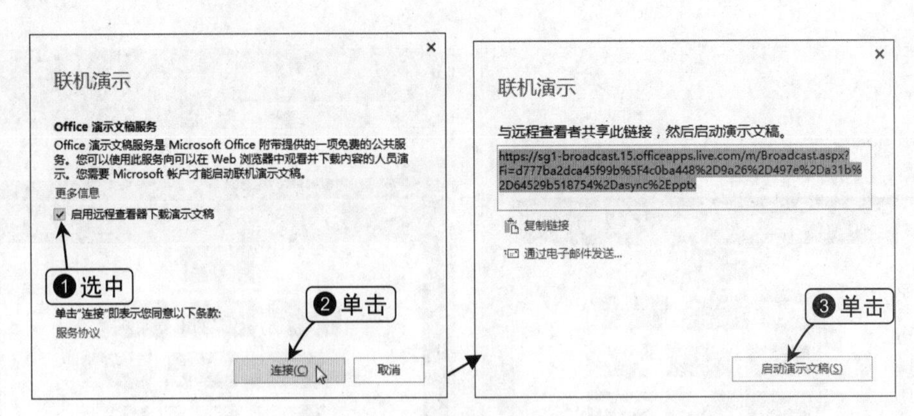

图10-17　启动联机演示文稿

若在“联机演示”对话框中单击“通过电子邮件发送”超链接，将打开Outlook程序，在“收件人”文本框中输入收件人地址，单击“发送”按钮，即可将演示文稿超链接发送给其他用户，如图10-18所示。当其他用户单击收到的超链接后可进入联机共享演示文稿状态。

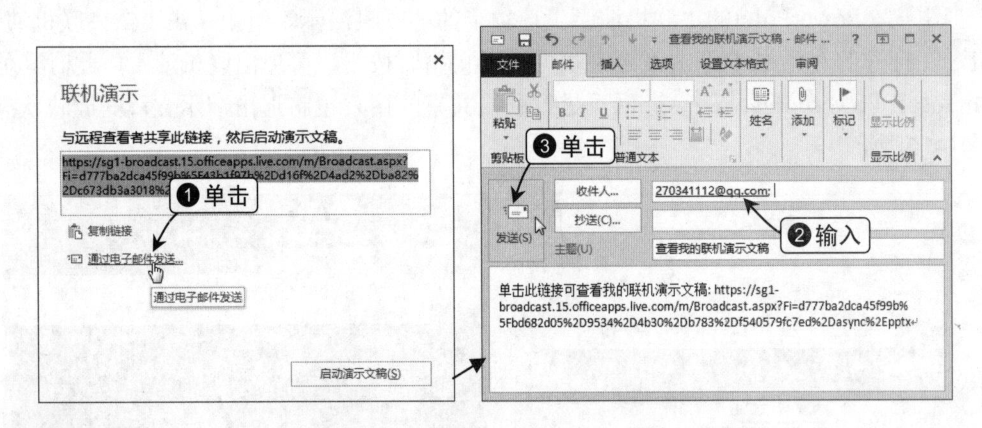

图10-18　通过电子邮件发送超链接

提示 Attention

通过电子邮件发送超链接的注意事项

在“联机演示”对话框中选择通过电子邮件发送演示文稿超链接时，应先确保计算机中已安装“Outlook 2013”组件，否则该功能将不能使用。

10.3.2 发布幻灯片

如果用户需要保存、共享或重复使用演示文稿中的某一张或某一组幻灯片，可以通过将这些幻灯片发布到幻灯片库或者文件共享的位置，这时用户与其他可以访问共享位置的用户就可以轻松查看或使用这些幻灯片，发布幻灯片的具体操作如下。

操作演练：发布单张财务报告幻灯片

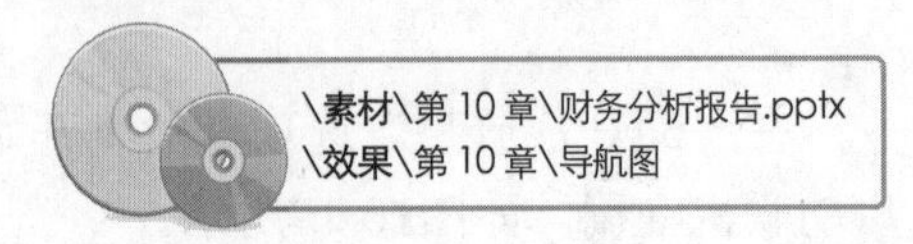

Step 01 单击“发布幻灯片”按钮

打开“财务分析报告”素材文件，在“文件”选项卡的“共享”选项卡中切换到“发布幻灯片”选项卡，单击“发布幻灯片”按钮。

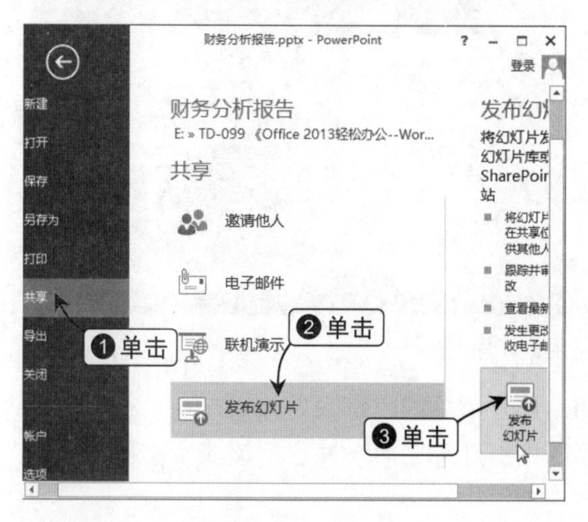

Step 02 选择要发布的幻灯片

在打开的“发布幻灯片”对话框中选中要发布的幻灯片对应的复选框，单击“浏览”按钮。

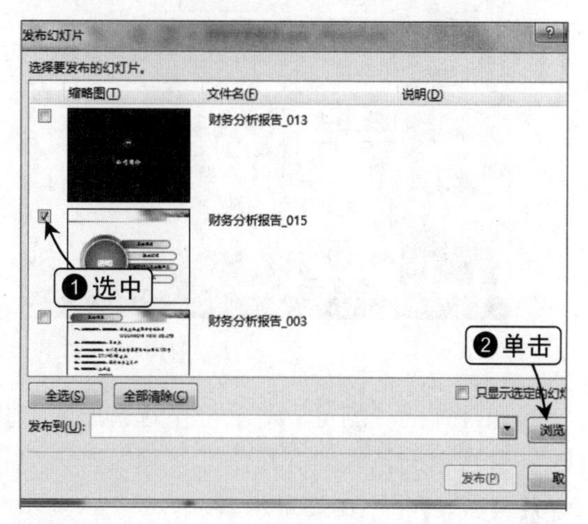

Step 03 设置保存位置

在打开的“选择幻灯片库”对话框中选择一个其他人都能访问的位置，单击“选择”按钮。

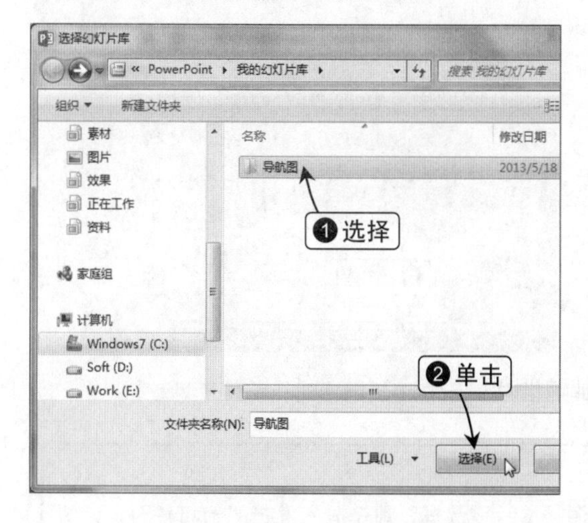

Step 04 发布幻灯片

在返回的“发布幻灯片”对话框中单击“发布”按钮，完成发布幻灯片的全部操作。

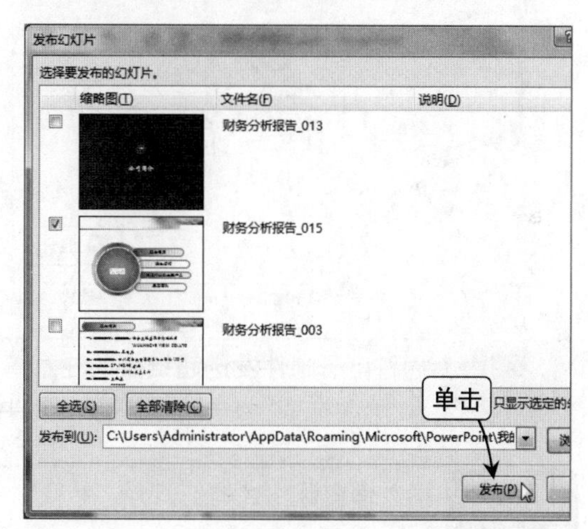

此时被发布的幻灯片将单独成为一份演示文稿被保存在共享的位置。若需要重复使用该幻灯片，可进行如下操作。

打开需要插入该幻灯片的演示文稿，选择其中的某张幻灯片，如选择第四张幻灯片，在“开始”选项卡的“幻灯片”组中单击“新建幻灯片”按钮，在弹出的下拉列表中选择“重用幻灯片”命令，打开“重用幻灯片”窗格，单击“浏览”按钮，在弹出的下拉列表中选择“浏览幻灯片库”命令，如图10-19所示。

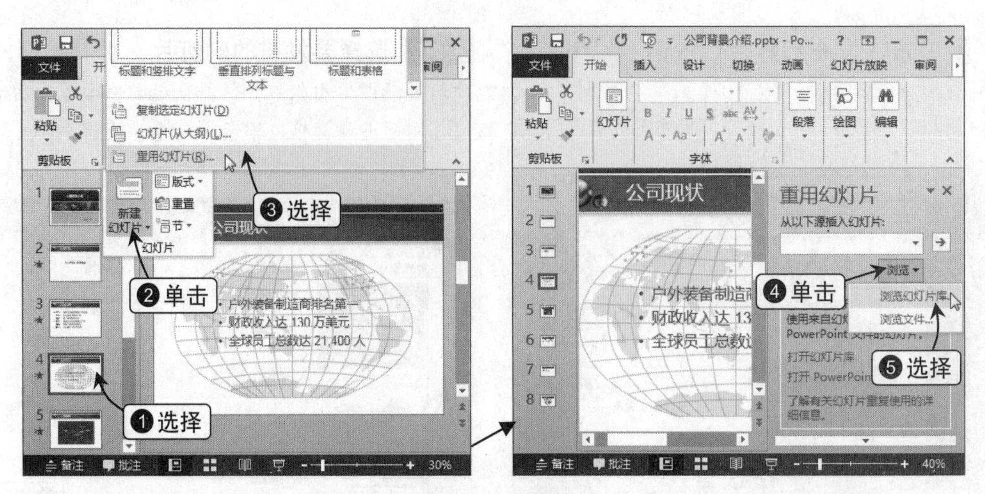

图10-19　打开“重用幻灯片”窗格

在打开的“浏览”对话框中选择被发布的幻灯片，单击“打开”按钮，在“重用幻灯片”窗格中选择该幻灯片，即可将其插入到第四张幻灯片之后，并应用该演示文稿中的幻灯片样式，如图10-20所示。

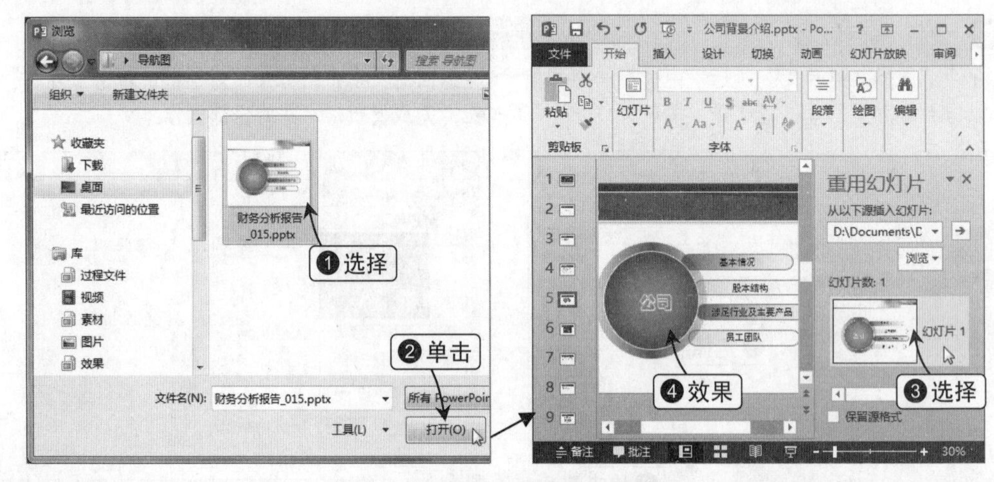

图10-20　重用被发布的幻灯片

提示 Attention

插入保留源格式的幻灯片

若在“重用幻灯片”窗格中选中“保留源格式”复选框，则在插入发布的幻灯片时，该幻灯片将保留现有格式，而不会随着演示文稿中的主题样式发生改变。

10.4 演示文稿的备份

通过将演示文稿创建为 PDF/XPS 文档或创建为视频来达到备份的目的

在制作完演示文稿后，特别是比较重要的演示文稿，我们通常会为其备份，以避免丢失演示文稿而造成的损失。在PowerPoint 2013中可以将演示文稿导出备份成各种形式，以方便在没有安装PowerPoint 2013组件的设备上浏览，下面将具体介绍其中最为常用的两种导出备份方式。

10.4.1 创建 PDF/XPS 文档

PDF和XPS是电子文件格式，它能够高品质地展现演示文稿的内容，这种格式的演示文稿精致且不可修改。

在PowerPoint 2013中切换到“文件”选项卡，在“导出”选项卡中单击“创建PDF/XPS”按钮，如图10-21所示。

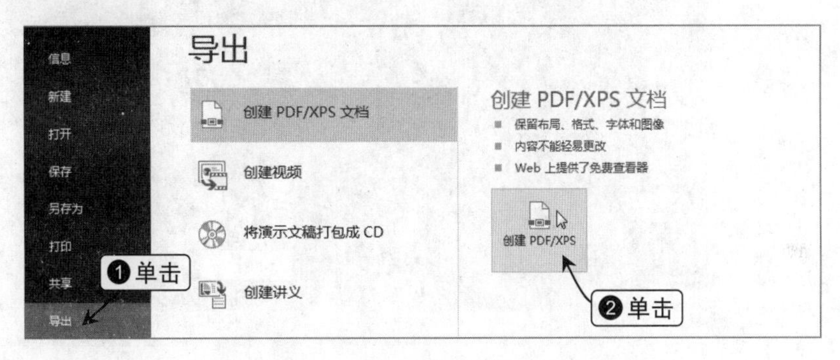

图10-21　单击“创建PDF/XPS”按钮

此时将打开“发布为PDF或XPS”对话框，在其中设置文件名、保存类型和保存路径后，单击“发布”按钮即可，如图10-22所示。在该对话框中单击“选项”按钮，打开“选项”对话框，在其中还可对演示文稿保存范围、发布的内容等参数进行设置，如图10-23所示。

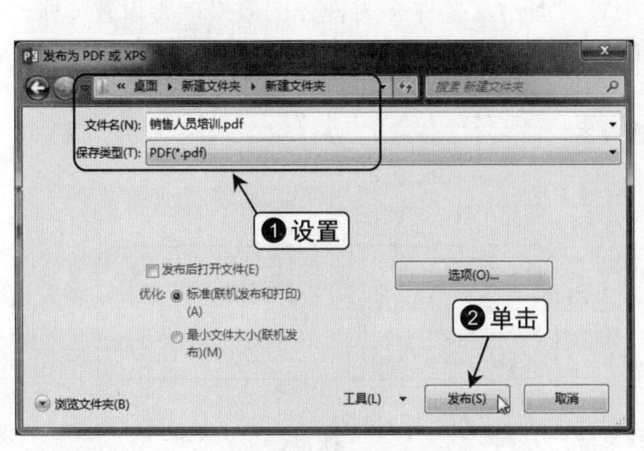

图10-22　将演示文稿创建为PDF文件

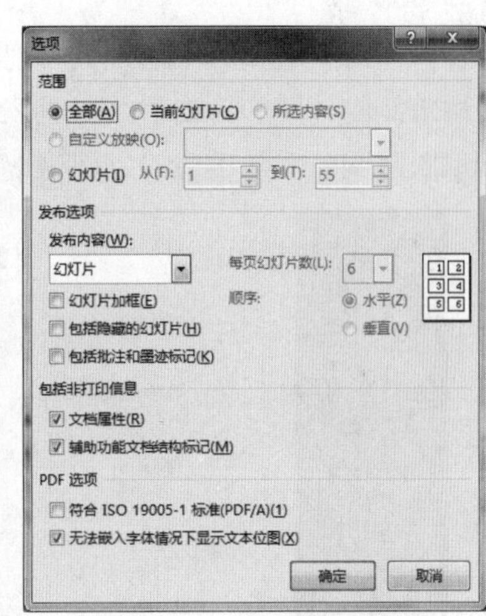

图10-23　“选项”对话框

图10-24所示分别为将演示文稿创建为PDF文件和XPS文件的效果。在XPS Viewer程序中单击“选择查看此文档的方法”下拉按钮，在弹出的下拉列表中选择“缩略图”选项，可切换到缩略图视图，通过移动鼠标光标可以大图预览幻灯片内容，以便快速进行幻灯片的选择。

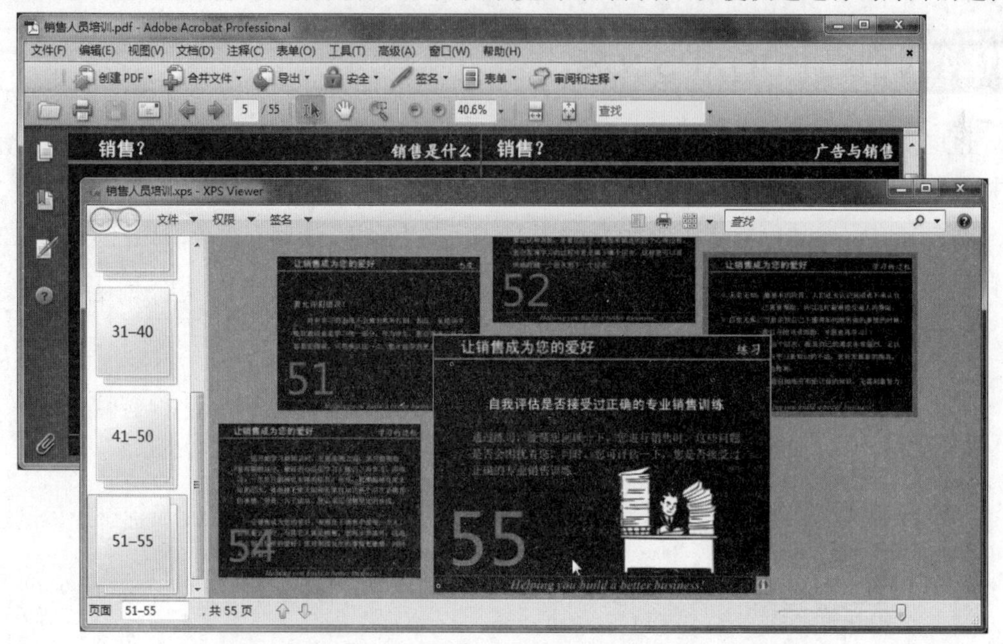

图10-24　将演示文稿保存为PDF和XPS文件的最终效果

10.4.2 将演示文稿创建为视频

将演示文稿创建为视频文件，不仅可以确保演示文稿的高保真质量，还便于演示文稿的发送与观看。

在“导出”选项卡中切换到“创建视频”选项卡，分别在“计算机和HD显示”和“不要使用录制的计时和旁白”下拉列表中设置演示文稿保存为视频的效果，再设置每张幻灯片的放映时间，然后单击“创建视频”按钮，如图10-25所示。

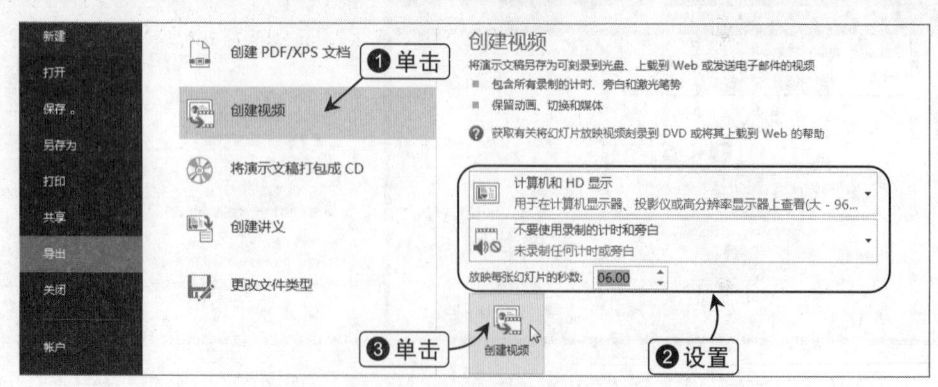

图10-25　创建视频前的设置

此时将打开“另存为”对话框，在其中设置视频文件名、保存类型和保存路径后单击“保存”按钮，返回工作界面，在状态栏中将显示视频创建的进度，如图10-26所示。

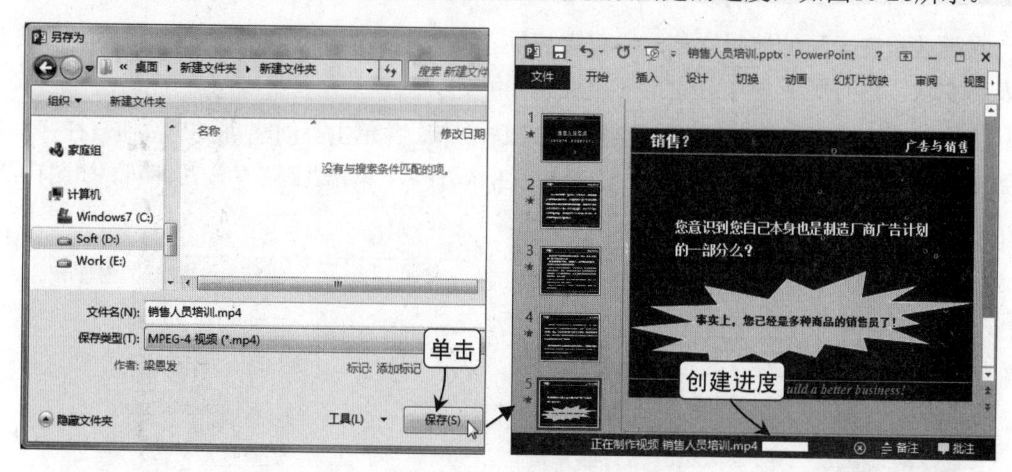

图10-26　将演示文稿创建为视频

默认情况下，演示文稿将被转换为mp4格式的视频文件，在保存路径中找到演示文稿所创建的视频文件并进行播放，将得到如图10-27所示的效果。

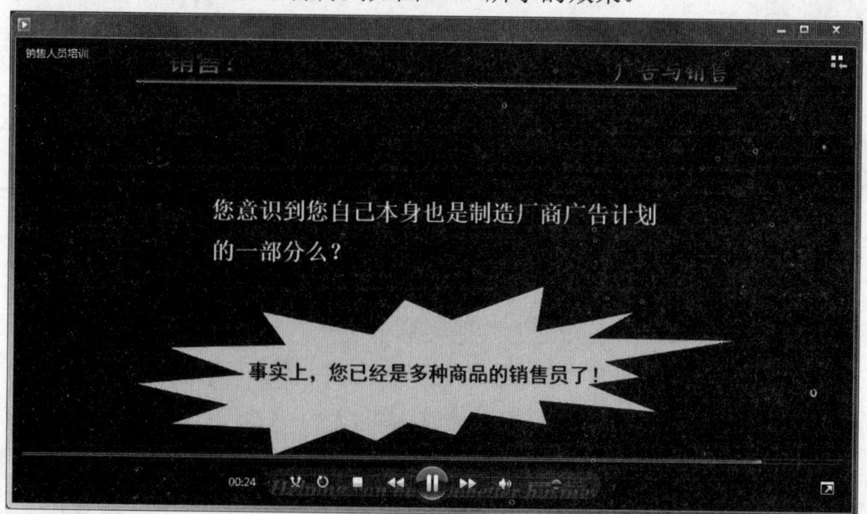

图10-27　播放视频文件

高效办公的诀窍

本章主要讲解了演示文稿放映、共享和备份的相关操作，用户掌握了这些知识后，可以顺利地对演示文稿进行放映和共享。为了提高用户在放映演示文稿时的成功率，下面将列举几个提高办公效率的诀窍，供用户拓展学习。

窍门 1 将演示文稿创建为讲义

在放映报表方面的演示文稿时，可以将演示文稿创建为讲义并打印成纸稿，在放映前分发给观众，这有利于观众对数据的记忆和理解。

在“导出”选项卡中切换到“创建讲义”选项卡，并单击“创建讲义”按钮，打开“发送到Microsoft Word”对话框，在其中选择讲义的版式后，单击“确定”按钮即可，如图10-28所示。

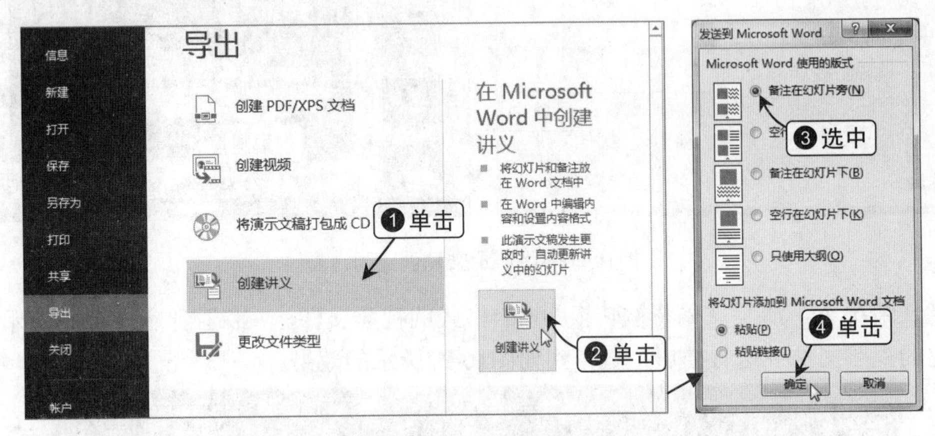

图10-28　创建讲义

窍门 2 在放映演示文稿时切换到指定幻灯片

当演示文稿中没有设置超链接或添加相关动作按钮时，在放映过程中若要切换到指定的幻灯片，可以进入幻灯片的浏览视图中进行选择。

在放映的幻灯片上右击，在弹出的快捷菜单中选择“查看所有幻灯片”命令，或者在幻灯片下方的媒体控件组中单击“查看所有幻灯片”按钮，将进入放映幻灯片的浏览视图，如图10-29所示，在其中选择需要的幻灯片即可。

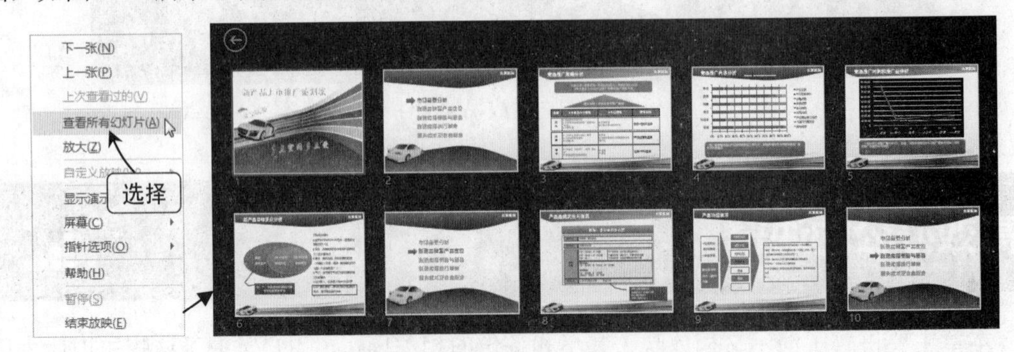

图10-29　放映幻灯片时的浏览视图

Chapter 11

Word 办公综合案例

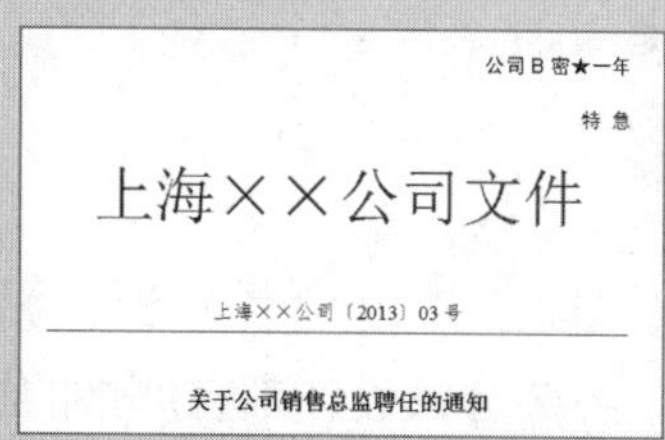
公司 B 密★一年

特 急

上海××公司文件

上海××公司〔2013〕03 号

关于公司销售总监聘任的通知

任免通知

招聘启事

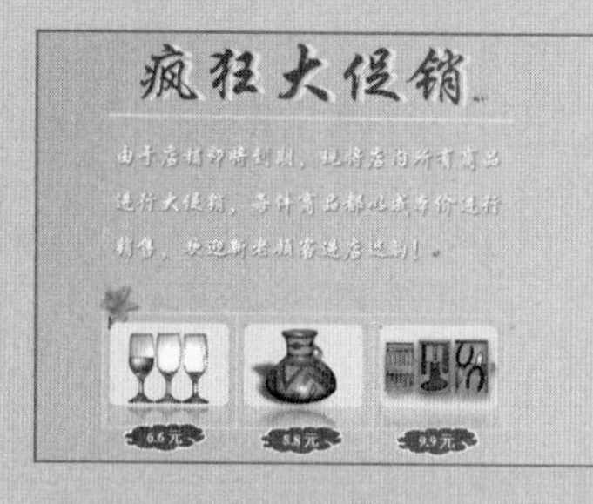

产品促销海报

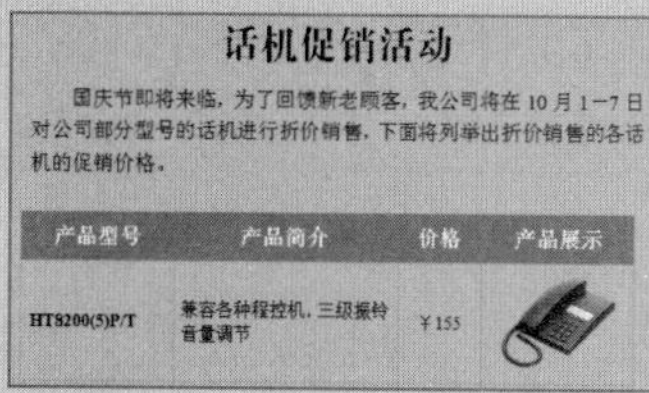
话机促销活动

国庆节即将来临，为了回馈新老顾客，我公司将在 10 月 1—7 日对公司部分型号的话机进行折价销售，下面将列举出折价销售的各话机的促销价格。

产品型号	产品简介	价格	产品展示
HT8200(5)P/T	兼容各种程控机，三级振铃音量调节	￥155	

产品价格表

11.1 行政与人事管理。

制作任免通知和招聘启事

在行政与人事管理中，经常需要制作各种各样的文档，下面将通过制作任免通知和招聘启事来讲解Word在行政与人事管理中的具体应用。

11.1.1 制作“任免通知”

通知是向特定受文对象告知或转达有关事项或文件，让受文对象知道或执行相关事项或文件的一种公文。在办公过程中，经常会看到各种各样的通知，根据通知的适用范围不同，可以将其划分为六大类，分别是发布性通知、批转性通知、转发性通知、指示性通知、任免性通知和事务性通知。

1. 案例制作目标

本案例制作的“任免通知”文档是一个比较正式的公文，是运用最广泛的下行文，其版面设计不会很个性，各部分的设计都有严格的标准和规定。

本案例主要是通过制作一个任免性类型的通知来讲解如何制作一个符合规范的通知，其制作的最终效果如图11-1所示。

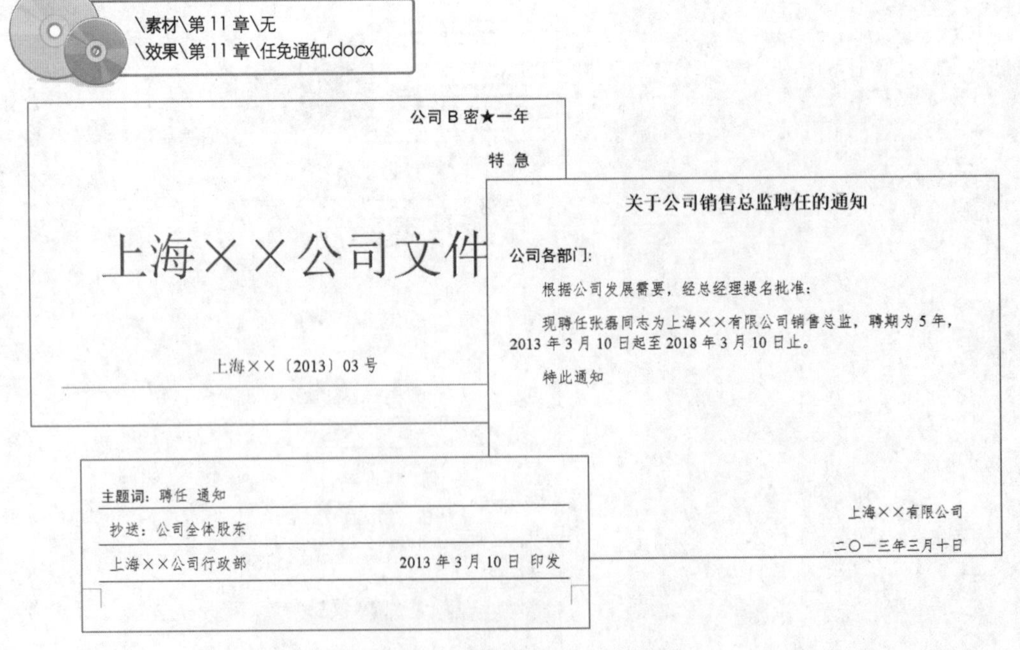

\素材\第 11 章\无
\效果\第 11 章\任免通知.docx

公司 B 密★一年

特 急

上海××公司文件

上海××〔2013〕03 号

关于公司销售总监聘任的通知

公司各部门：

根据公司发展需要，经总经理提名批准：

现聘任张嘉同志为上海××有限公司销售总监，聘期为 5 年，2013 年 3 月 10 日起至 2018 年 3 月 10 日止。

特此通知

上海××有限公司

二〇一三年三月十日

主题词：聘任 通知

抄送：公司全体股东

上海××公司行政部 2013 年 3 月 10 日 印发

图11-1 “任免通知”文档效果

2. 案例制作分析

本案例的制作大概可以分为3部分，即制作眉首、制作主体和制作版记。眉首即为红头公文的头部，主要包括公文保密程度、紧急程度、发文机关标识、发文字号等部分；主体部分主要包括标题、主送机关、正文、落款等部分；而版记部分主要包括主题词、抄送、印发机关和印发时间等部分。

各部分的主要制作对象都是文本，包括字体格式及段落格式的设置，在眉首部分还包括符号的插入以及横线的绘制。本案例具体的制作流程如图11-2所示。

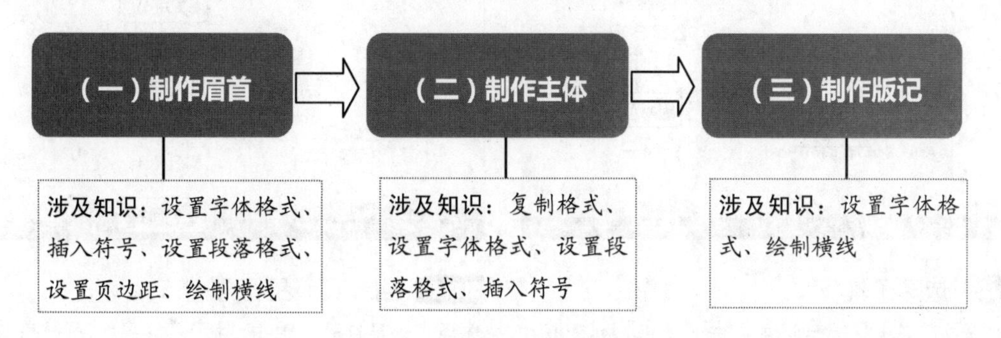

图11-2　“任免通知”文档的制作流程

3. 案例制作详解

下面将具体讲解“任免通知”文档的制作过程。

（一）制作眉首

Step 01　输入文本

新建“任免通知”文档，在第一行输入文件保密程度文本，在第二行输入紧急程度文本，并使其中间间隔一个字符。

Step 02　设置字体格式

选择输入的文本，在“开始”选项卡的“字体”组中将字体格式设置为“黑体、三号”，在“段落”组中将对其方式设置为“右对齐”。

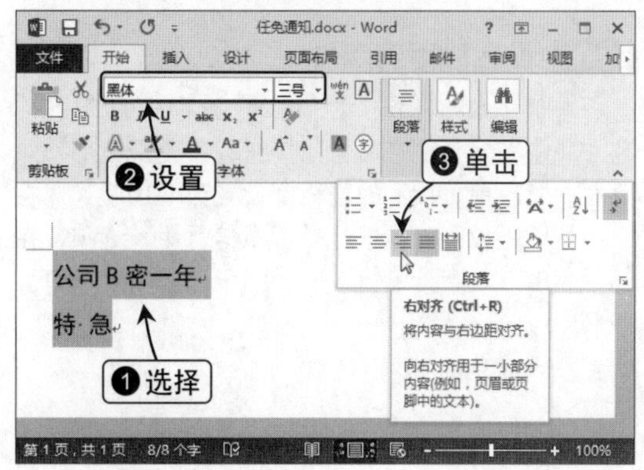

Step 03 设置英文字体格式

选择"B"文本，在"字体"下拉列表框中选择"Arial"字体选项。

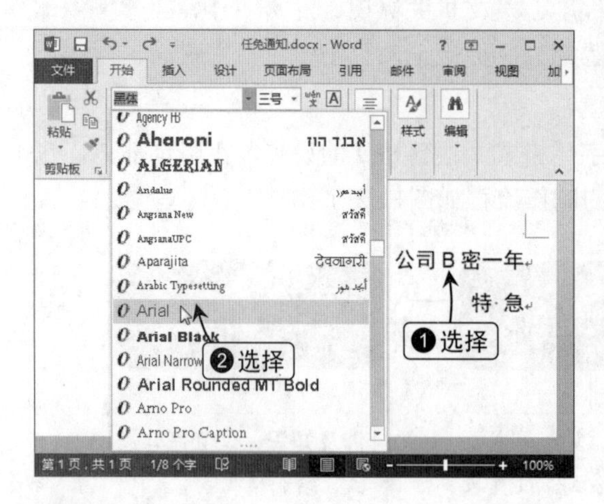

Step 04 选择"其他符号"命令

将文本插入点定位到"密"文本后，在"插入"选项卡的"符号"组中单击"符号"按钮，选择"其他符号"命令。

Step 05 选择子集

在打开的"符号"对话框中单击"子集"列表框右侧的下拉按钮，选择"其他符号"命令。

Step 06 插入实心星符号

选择实心星符号，单击"插入"按钮，再单击"关闭"按钮，关闭对话框。

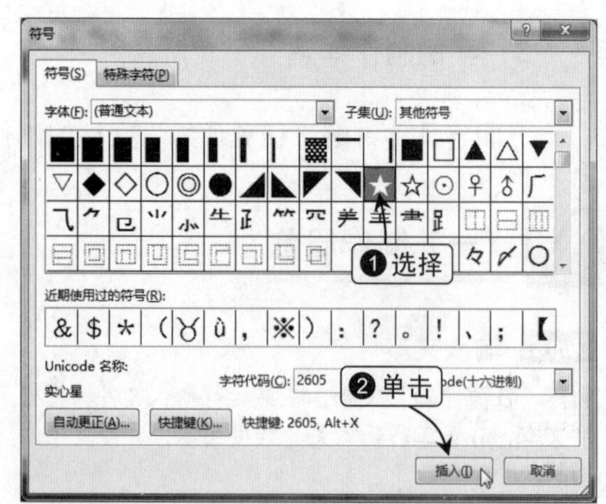

Step 07 设置段落间距

选择全部文本和符号，在"插入"选项卡的"段落"组中单击"对话框启动器"按钮，打开"段落"对话框，将段前、段后的间距都设置为"10磅"，在"行距"下拉列表框中选择"多倍行距"选项，在"设置值"数字框中输入值"1.15"，单击"确定"按钮。

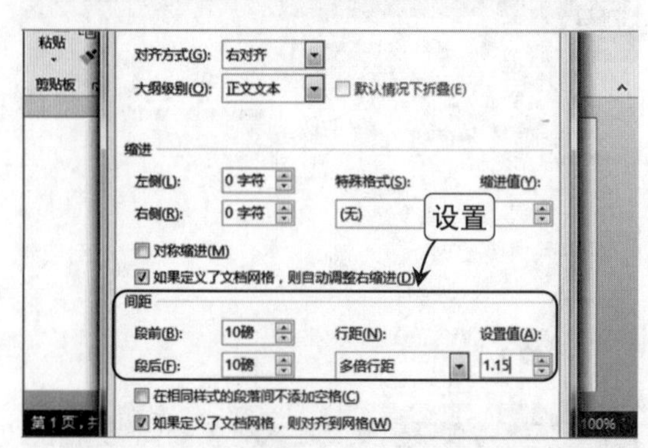

Step 08 设置字体格式

在第三行输入发文机关名称，并选择该文本，在“字体”组中将其字体格式设置为“宋体（中文标题）、48号、红色”。

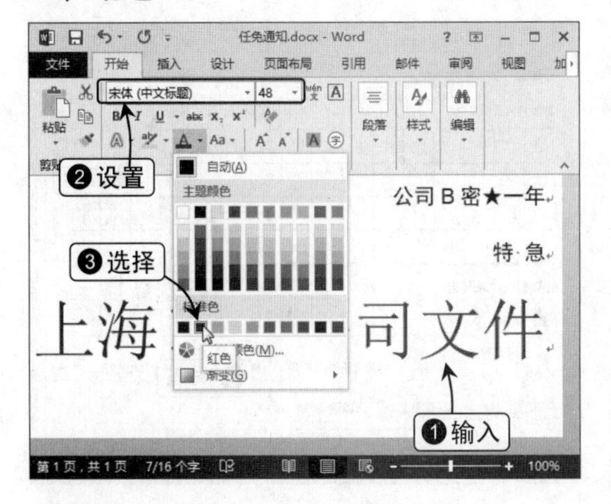

Step 09 设置段落格式

在选择的文本上右击，选择“段落”命令，打开“段落”对话框，将对齐方式设置为“居中”，将段前间距设置为“自动”。

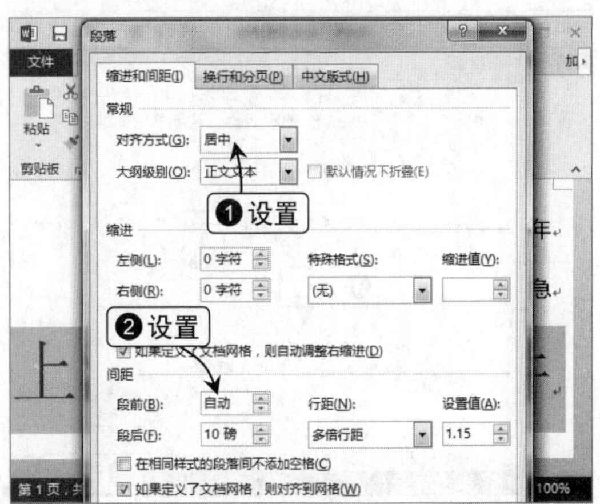

Step 10 设置段落标记字号大小

将文本插入点定位在“件”文本后，连续两次按【Enter】键，并选择出现的两个段落标记，将其字号设置为“五号”。

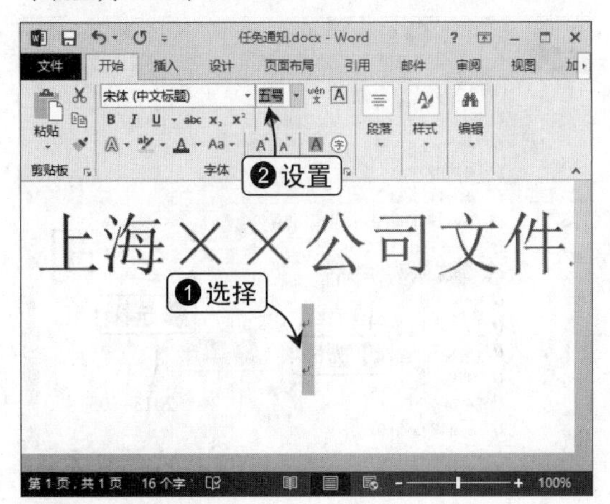

Step 11 设置段落标记间距

在选择的段落标记上右击，选择“段落”命令，打开“段落”对话框，将段前和段后间距都设置为“0”，并将行距设置为“最小值”。

Step 12 设置字体格式

将文本插入点定位在第二个段落标记之前，再次按【Enter】键，切换到下一行，输入发文字号文本。选择该文本，在“字体”组中将其字体格式设置为“仿宋、三号、黑色”。

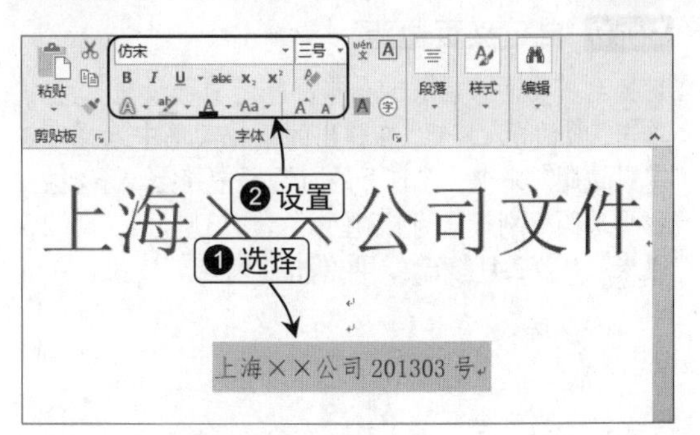

Step 13 选择“其他符号”命令

将文本插入点定位在发文字号文本的“司”文本后，在“插入”选项卡的“符号”组中选择“其他符号”命令。

Step 14 插入左龟壳形括号符号

在“子集”下拉列表框中选择“CJK符号和标点”选项，在中间的符号列表框中选择左龟壳形括号符号，单击“插入”按钮。

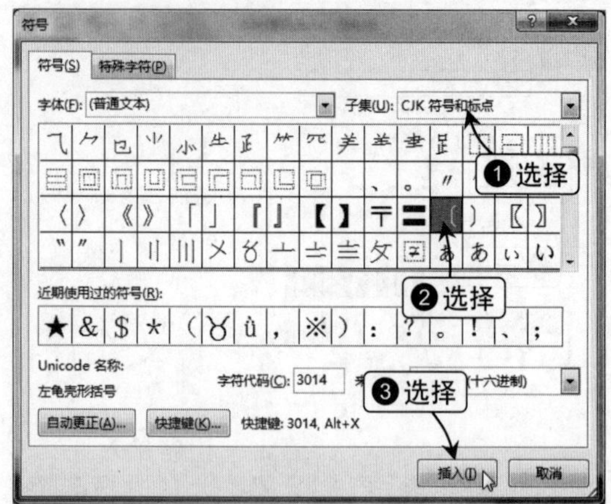

Step 15 插入右龟壳形括号符号

保持“符号”对话框的打开状态，将文本插入点定位到“2013”文本之后，在对话框中选择右龟壳形括号符号，单击“插入”按钮，再单击“关闭”按钮。

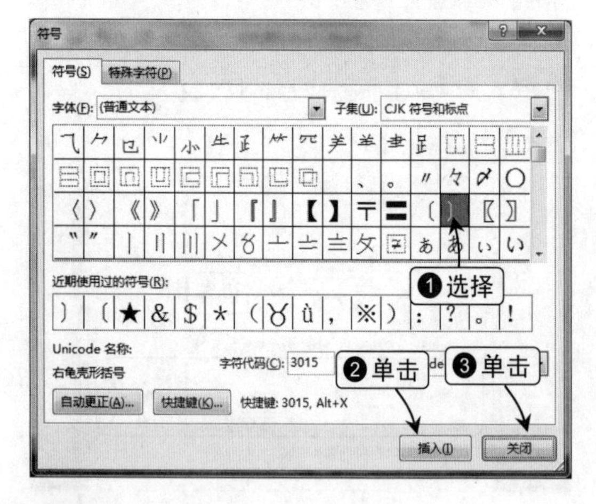

Step 16 设置英文字体格式

按住【Ctrl】键选择文本“2013”和“03”，在“开始”选项卡的“字体”组中单击“字体”列表框，选择“Times New Roman”选项。

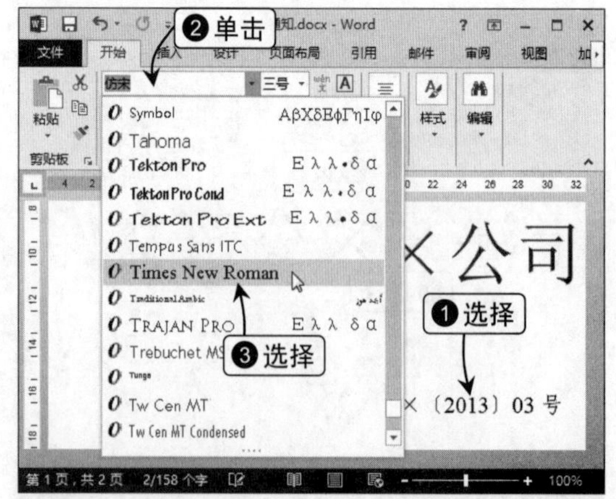

Step 17 自定义页边距

切换到“页面布局”选项卡，在“页面设置”组中单击“页边距”按钮，在弹出的下拉菜单中选择“自定义边距”命令，在打开的对话框中将上、下、左、右页边距分别设置为“3厘米”、“3厘米”、“2.5厘米”、“2.4厘米”，再单击“确定”按钮。

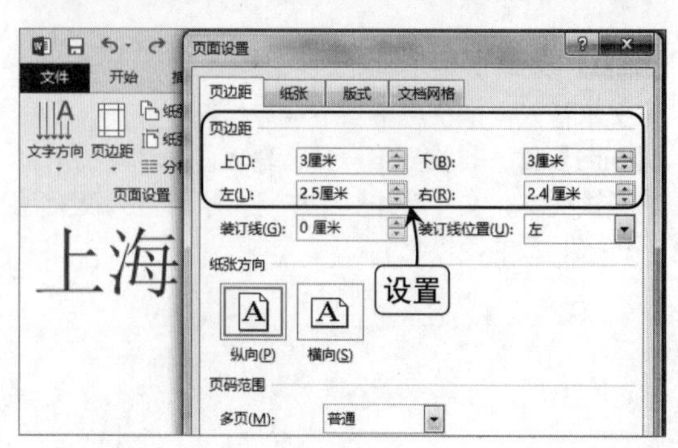

Step 18 显示标尺

切换到“视图”选项卡，在“显示”组中选中“标尺”复选框，显示标尺。

Step 19 绘制横线

在“插入”选项卡的“插图”组中单击“形状”按钮，选择“直线”选项，按住【Shift】键，在发文字号下方绘制一条横线。

Step 20 调整横线宽度

通过单击标尺上的首行缩进和右缩进滑块检查该横线是否与页面同宽，按住【Shift】键拖动横线，将横线与页面的宽度调整为一样宽。

Step 21 设置横线颜色

适当调整横线与文本之间的距离，在“绘图工具 格式”选项卡的“形状格式”组中单击“形状轮廓”按钮右侧的下拉按钮，选择“红色”选项。

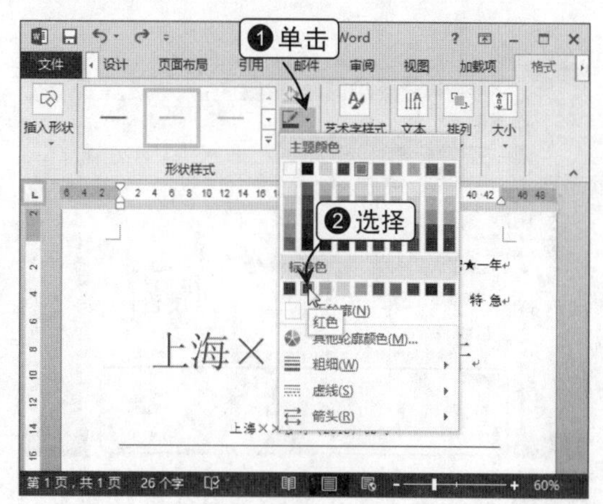

Step 22 调整横线粗细

保持横线的选择状态，单击“形状轮廓”按钮右侧的下拉按钮，在“粗细”子菜单中选择“0.75磅”选项。

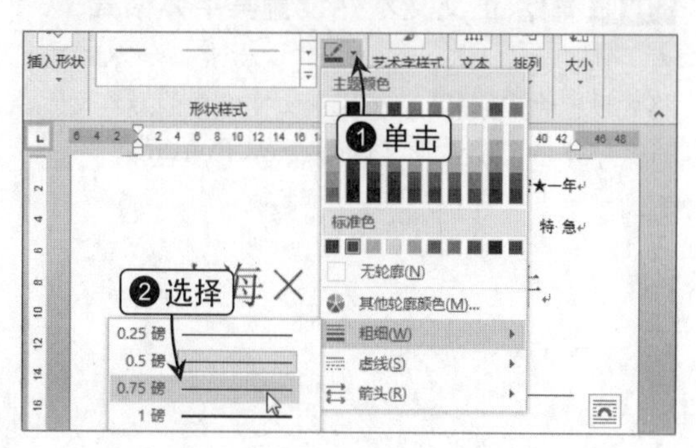

（二）制作主体

Step 01 复制段落标记格式

在发文字号下敲3个空行，利用格式刷功能将前两个段落标记的格式复制到这3个段落标记上。

Step 02 输入标题文本并设置字体格式

在第三个段落标记前输入标题文本，并将其字体格式设置为“小二、黑体、加粗”。

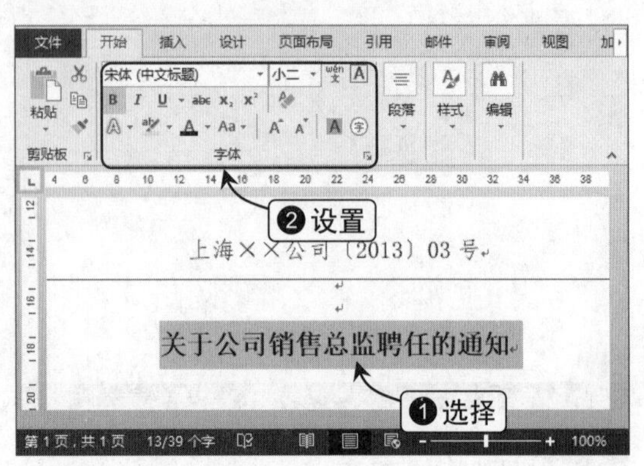

Step 03 设置标题段落格式

在标题文本的右键菜单中选择“段落”命令，将段前间距设置为“自动”，行距为固定值“18磅”。

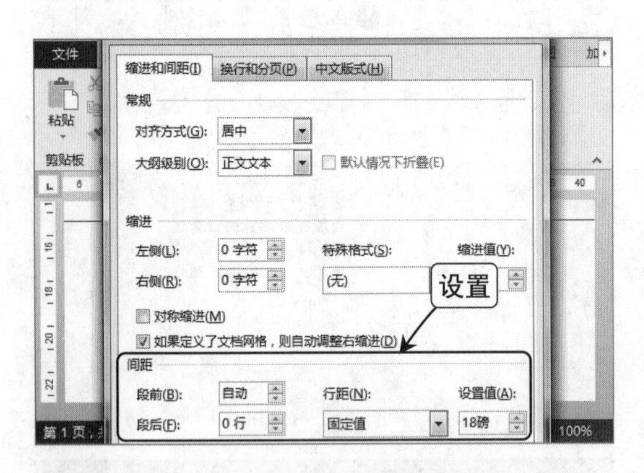

Step 04 设置主送机关文本格式

在与标题间隔一个五号字体的空行后，输入主送机关名称，并将其字体格式设置为“黑体、小三、黑色”，并将字体居中。

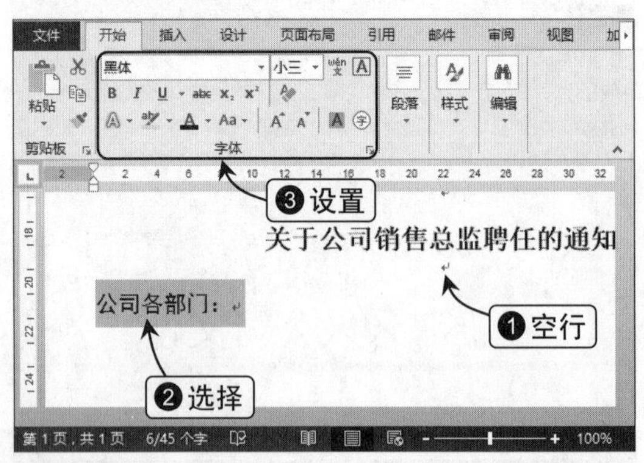

Step 05 输入正文文本并设置其字体格式

在主送机关文本下一行输入正文文本，并将其字体格式设置为“仿宋”，选择正文文本中的数字文本，将其字体格式设置为“Times New Roman”。

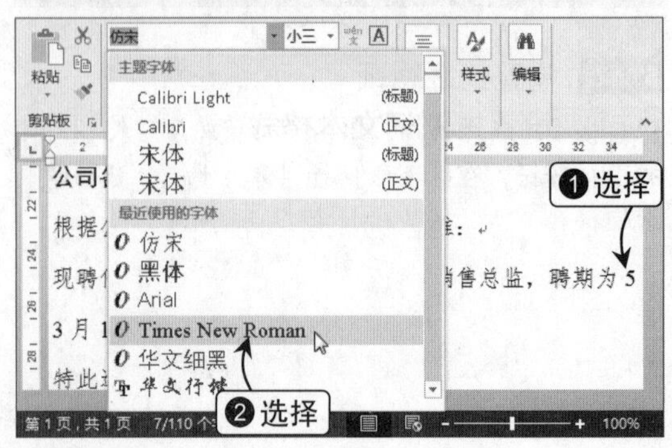

Step 06 设置正文段落格式

选择正文文本，打开“段落”对话框，在“特殊格式”下拉列表框中选择“首行缩进”选项，并将其段前间距设置为“自动”，行距为固定值“18磅”。

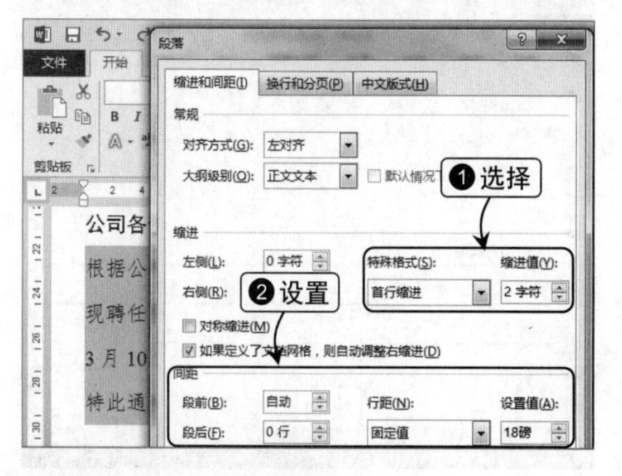

Step 07 输入落款

在合适位置输入公司名称，并在其下一行输入文本“二”，切换到“插入”选项卡，在“符号”组中单击“符号”按钮，选择“其他符号”命令。

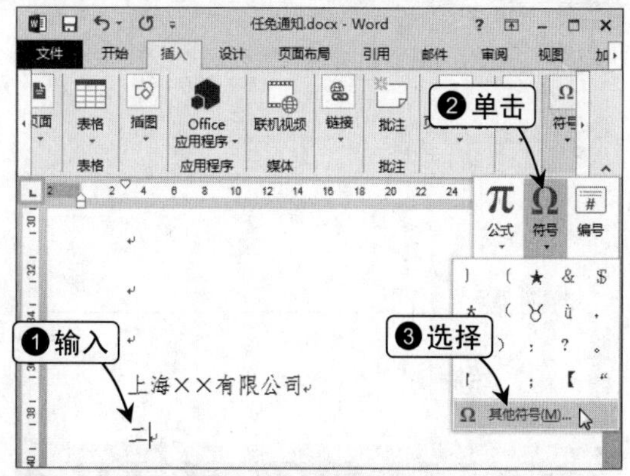

Step 08 插入白色圈符号

在“子集”下拉列表框中选择“几何图形符”选项，在符号列表框中选择白色圈符号，单击“插入”按钮后，再单击“关闭”按钮。

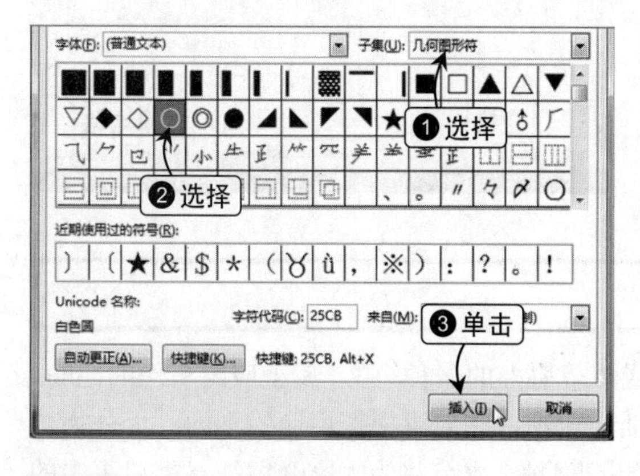

Step 09 设置落款文本格式

继续输入时间，将其字号大小设置为“四号”，并使其右对齐，分别在公司名称和时间后面空出3个字符位置。

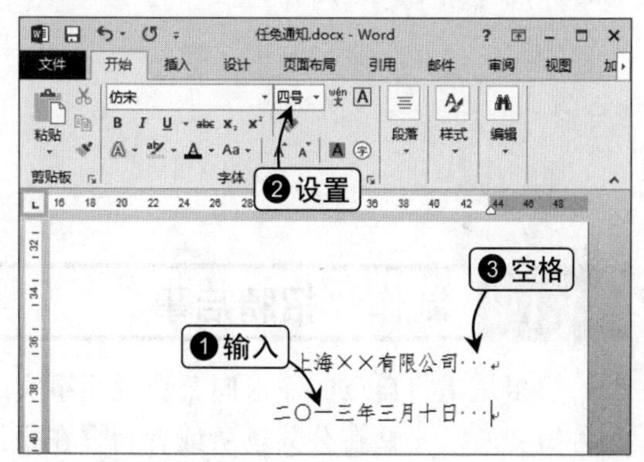

（三）制作版记

Step 01 设置主题词文本格式

在第二页的底端输入主题词，将文本“主题词”字体格式设置为“黑体、小三”，将主题词“聘任 通知”的字体设置为“仿宋”，并将其左对齐，取消首行缩进。

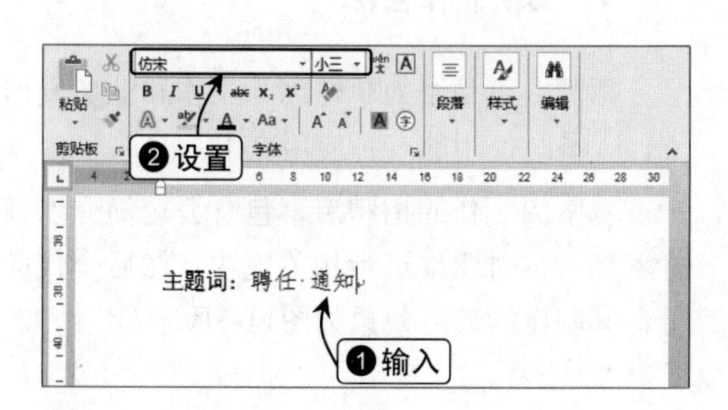

Step 02 绘制横线

在主题词文本下方绘制一条粗细为0.75磅且与页面等宽的横线。

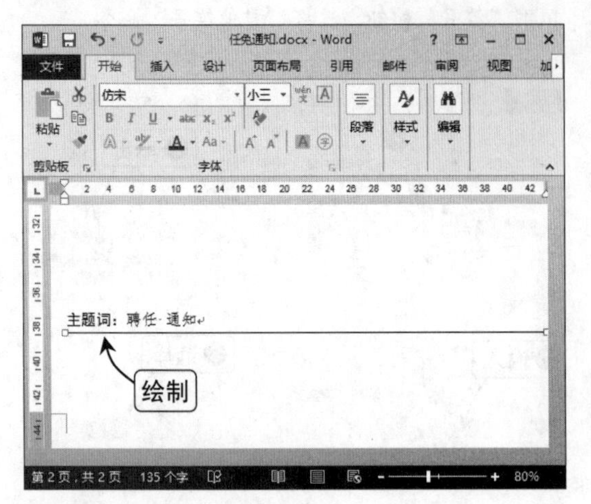

Step 03 设置字体格式

在合适位置输入抄送对象、印发机关和时间，并设置其对应的字体格式，分别复制两条横线在文本下方。

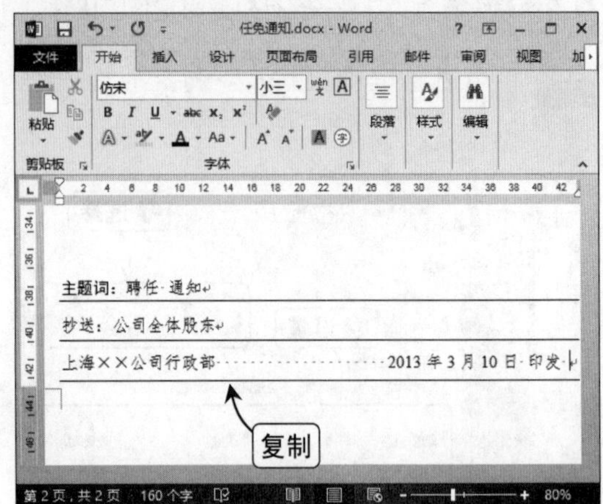

Step 04 设置文本格式

在抄送文本和印发机关文本前空一个字符的距离，并在印发时间文本后空一个字符的距离，保存文本，完成本次案例的全部操作。

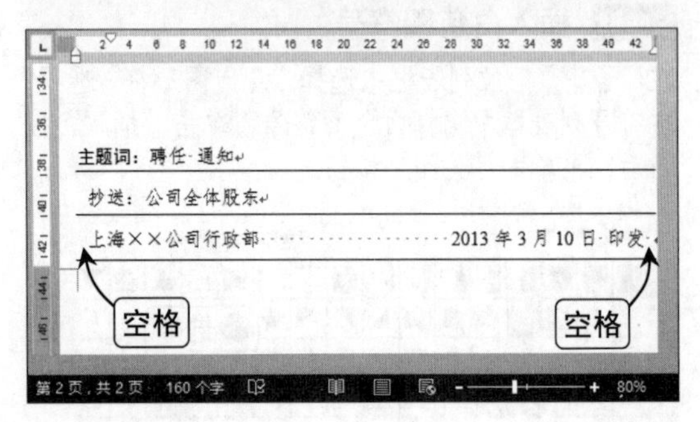

11.1.2 制作“招聘启事”

启事是指将自己的需求向公众说明事实或希望协办的一种短文，属于应用写作的范畴，这种短文通常张贴在公共场所或者刊登在报纸、刊物上。启事根据用途的不同，可分为寻找类启事、征召类启事、周知类启事和声明类启事4种，本节将为大家介绍征召类启事中的招聘启事的制作方法。

1. 案例制作目标

招聘启事是用人单位因为工作和业务发展的需求，从而拟定的面向社会公开招聘有关工作人员时使用的一种应用文书。

本案例制作的招聘启事包含公司简介以及公司相关图片，并且对招聘的岗位用表格进行罗列，再对职位进行相关说明，然后交代应聘方式和联系方法，最后再添加一个招聘口号，其制作的最终效果如图11-3所示。

图11-3　“招聘启事”文档效果

2. 案例制作分析

在案例的制作过程中，主要涉及页面设置、内容制作以及口号设置3方面，其具体的制作流程如图11-4所示。

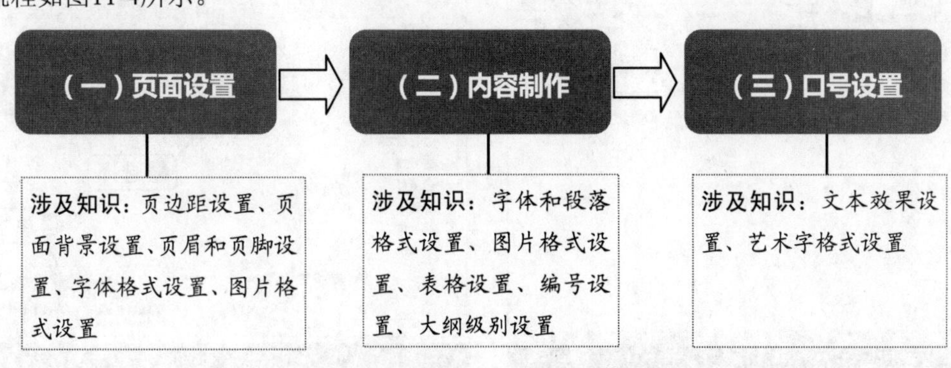

图11-4　“招聘启事”文档的制作流程

3. 案例制作详解

下面将具体讲解“招聘启事”文档的制作过程。

（一）页面设置

Step 01 设置页边距

新建“招聘启事”文档，切换到“页面布局”选项卡，在“页面设置”组中单击“页边距”按钮，选择“适中”选项。

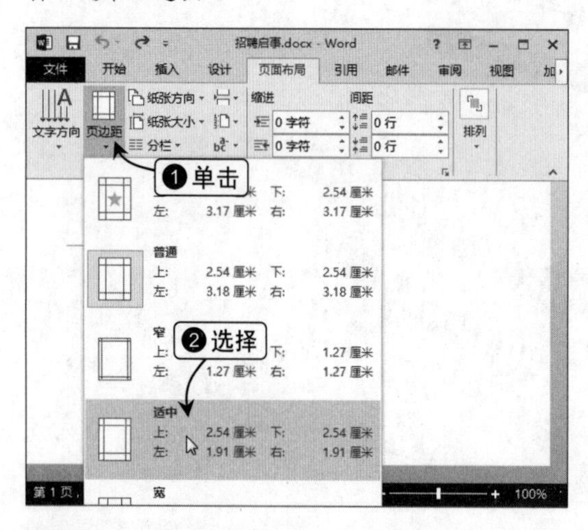

Step 02 去掉页眉横线

在页面版心上方双击，选择页眉横线上的段落标记，在“开始”选项卡的“段落”组中单击“边框”按钮右侧的下拉按钮，选择“无框边”选项。

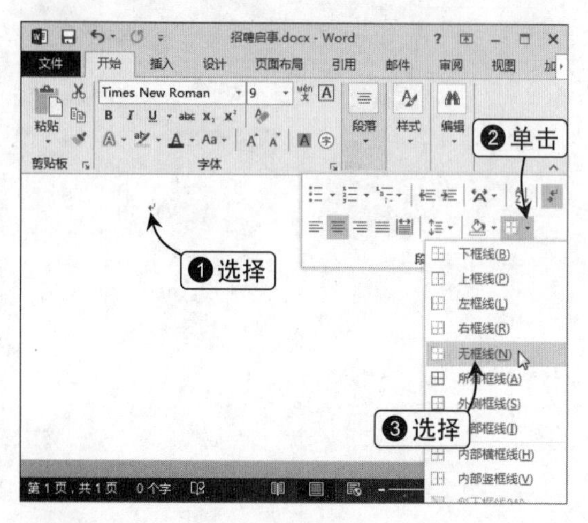

Step 03 设置页眉顶端距离

在“页眉和页脚工具 设计”选项卡的“位置”组中将页面顶端距离设置为“3厘米”。

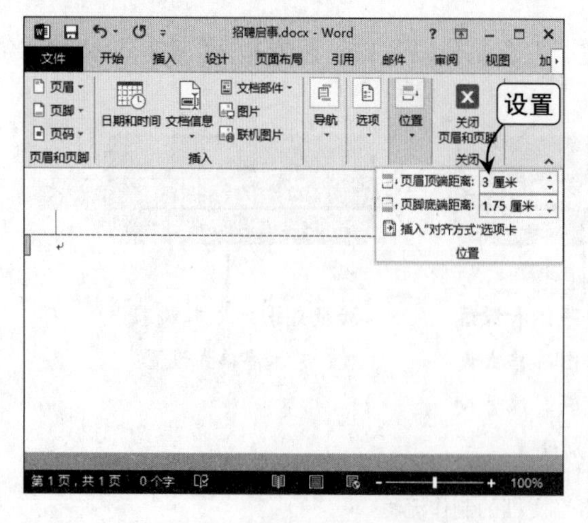

Step 04 插入并调整背景图片

在“插入”组中单击“图片”按钮，在打开的对话框中选择“背景”素材图片，单击“插入”按钮。

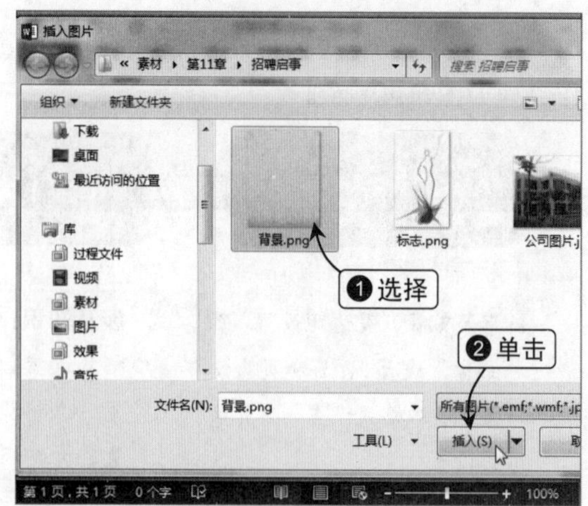

Step 05 设置文字环绕方式

单击图片右上角的“布局选项”按钮，选择“衬于文字下方”选项。

Step 06 调整图片大小

按住【Shift】键，拖动图片周边的白色控制点，使图片铺满整个页面。

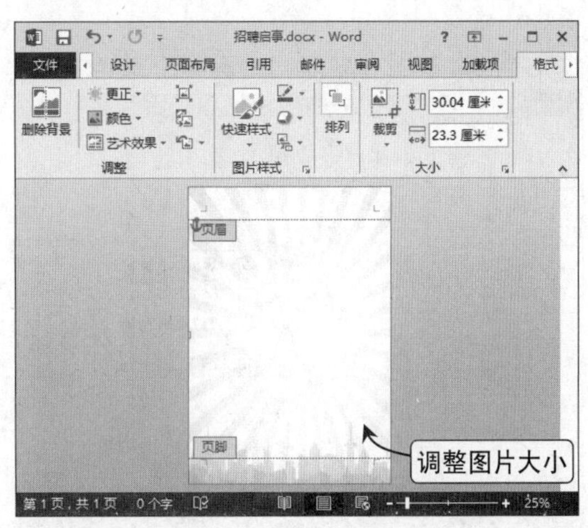

Step 07 在页脚中插入图片

在“页眉和页脚工具 设计”选项卡的“导航”组中单击“转置页脚”按钮，在“插入”组中单击“图片”按钮，插入“标志”素材图片。

Step 08 设置图片格式

单击图片右上角的“布局选项”按钮，将图片的文字环绕方式设置为“浮于文字上方”，并适当调整图片的大小和位置。

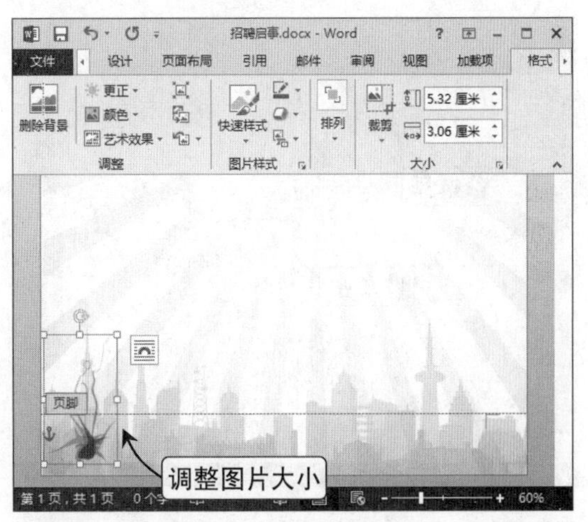

Step 09 绘制横线

将文本插入点定位在页眉中，切换到“插入”选项卡，在“插图”组中单击“形状”按钮，选择“直线”选项，当鼠标光标变为十字形时，按住【Shift】键在页眉的合适位置绘制一条与纸张等宽的横线。

Step 10 设置横线颜色

在“绘图工具 格式”选项卡的“形状样式”组中单击“形状轮廓”按钮右侧的下拉按钮，选择“绿色，着色6”选项。

Step 11 设置横线粗细

再次单击“形状轮廓”按钮右侧的下拉按钮，在“粗细”子菜单中选择“2.25磅”选项。

Step 12 绘制文本框

在“插入”选项卡的“文本”组中单击“文本框”按钮，选择“绘制文本框”选项，在横线右上方绘制一个大小适宜的文本框。

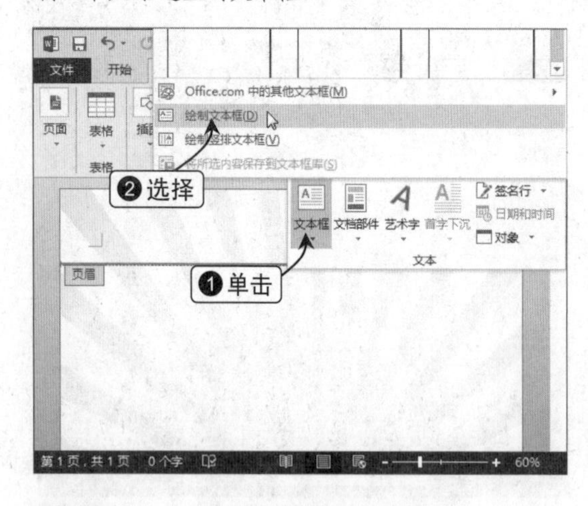

Step 13 设置文本框格式

在“绘图工具 格式”选项卡的“形状样式”组的“形状填充”下拉菜单中选择“无填充颜色”选项，并在“形状轮廓”下拉菜单中选择“无轮廓”选项。

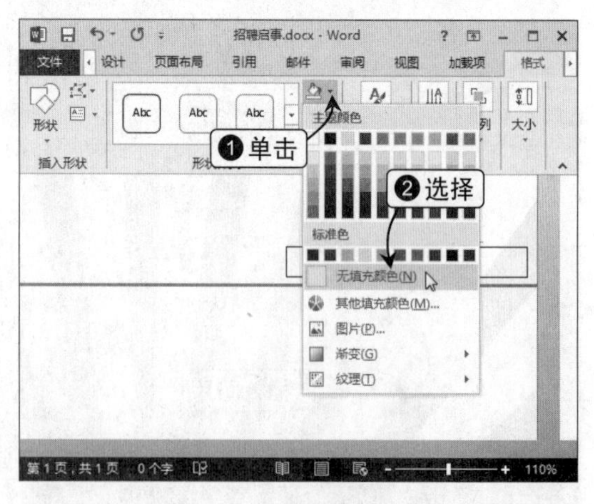

Step 14 输入文本并设置其字体格式

将文本插入点定位在文本框中，输入公司名称，选择该文本，在浮动工具栏中将字体格式设置为“方正粗雅宋_GBK、小四”，字体颜色为“绿色，着色6，深色25%”。退出页眉和页脚编辑状态。

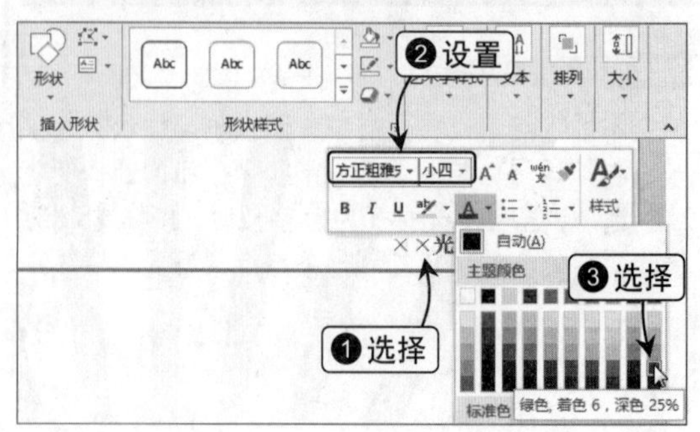

（二）内容制作

Step 01 插入艺术字

切换到“插入”选项卡，在“文本”组中单击“艺术字”按钮，选择一种合适的艺术字选项，在艺术字占位符中输入标题，并将文本框拖动到居中位置。

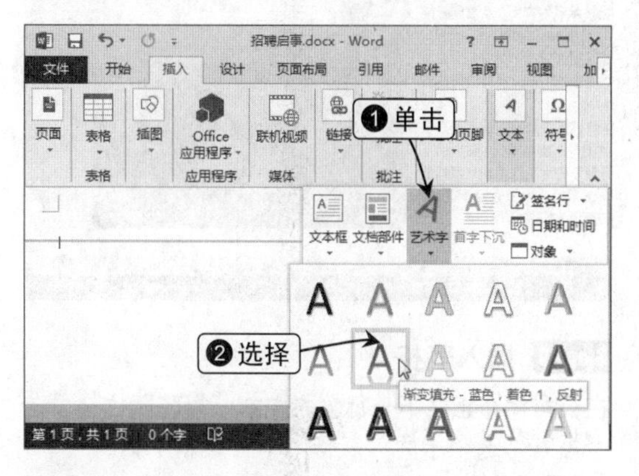

Step 02 设置艺术字样式

选择标题文本，将其字体格式设置为“方正综艺简体、54”，并将标题的填充颜色和轮廓颜色都设置为“绿色，着色6，深色25%”。

Step 03 输入文本并设置其字体格式

在合适位置输入公司简介标题及正文，选择公司简介标题文本，将其字体格式设置为“四号、加粗”。

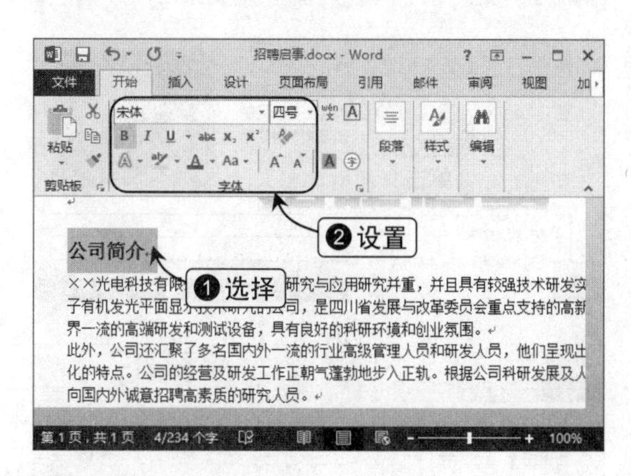

Step 04 设置段落格式

在选择的标题文本上右击，选择“段落”命令，在打开的对话框中将大纲级别设置为“1级”，段前和段后间距都设置为“0.5行”，行距设置为“1.5倍行距”。

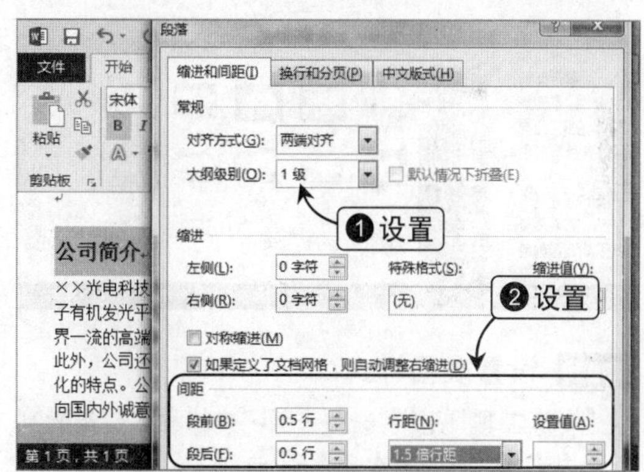

Step 05 设置段落缩进

选择正文文本，在“段落”组中单击“对话框启动器”按钮，打开“段落”对话框，单击“特殊格式”列表框，选择“首行缩进”选项。

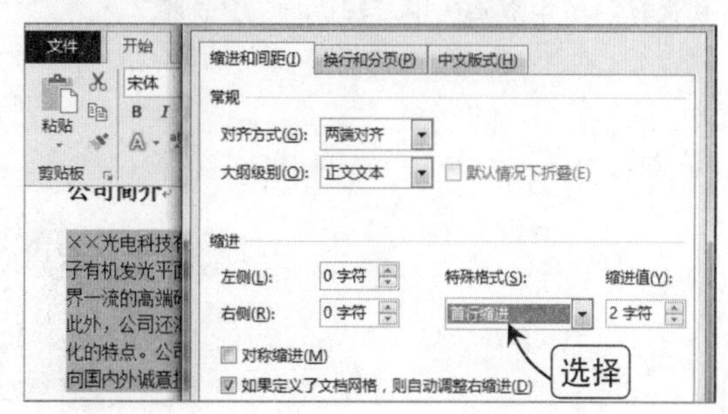

Step 06 插入公司图片

在“插入”选项卡的“插图”组中单击“图片”按钮，在打开的对话框中选择“公司图片.jpg”素材图片，单击“插入”按钮。

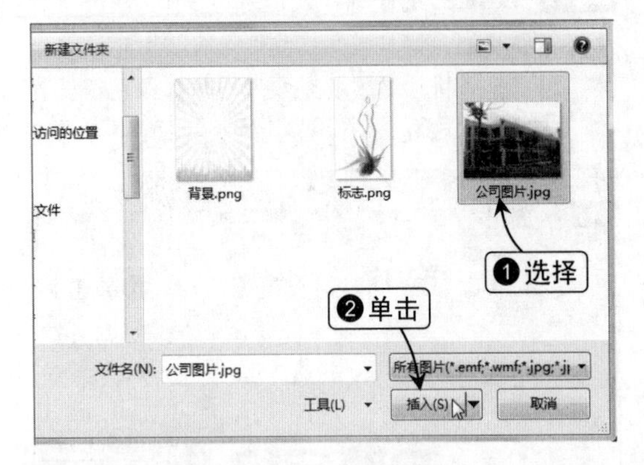

Step 07 设置图片格式

单击图片右上角的“布局选项”按钮，选择“四周型环绕”文字环绕方式选项，并适当调整图片的大小和位置。

Step 08 设置图片样式

保持图片的选中状态，在“图片工具 格式”选项卡的“图片样式”组的列表框中选择“柔化边缘矩形”选项。

Step 09 插入表格

在公司简介正文下一行输入文本“招聘职位”，在“插入”选项卡的“表格”下拉菜单中插入一个3行4列的表格。

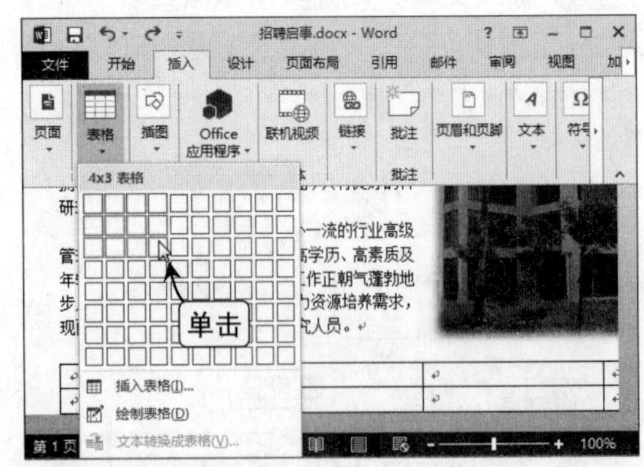

Step 10 设置表格样式

在“表格工具 设计”选项卡的“表格样式”组的列表框中选择“网格表4-着色6”选项，并在“表格样式选项”组中取消选中“镶边行”复选框。

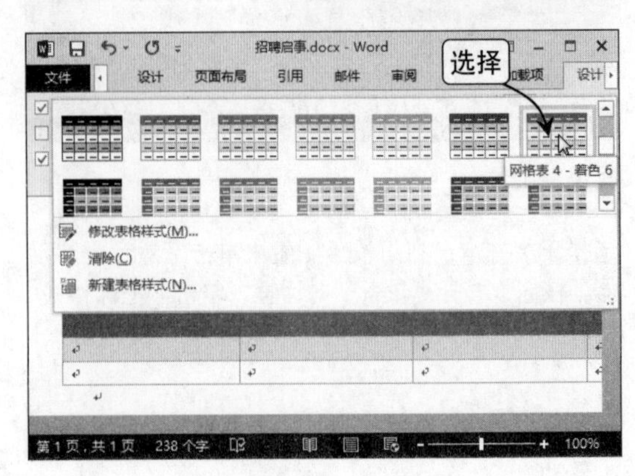

Step 11 调整表格大小

在表格中输入相应的文本，根据文本内容，拖动表格框线调整表格的大小。

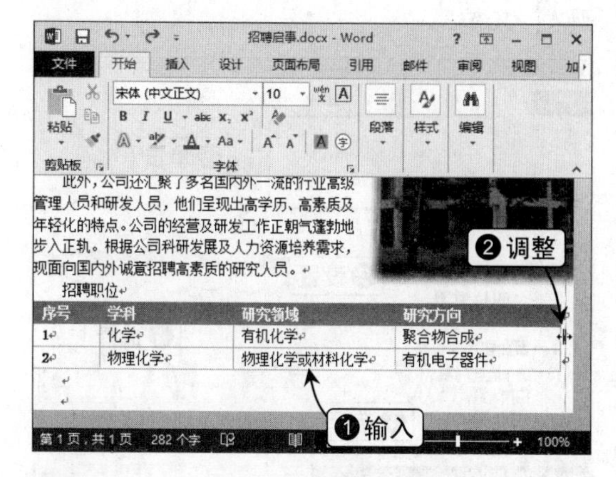

Step 12 设置文本对齐方式

单击表格左上角的⊞按钮，选择整个表格，在“表格工具 布局”选项卡的“对齐方式”组中单击“水平居中”按钮。

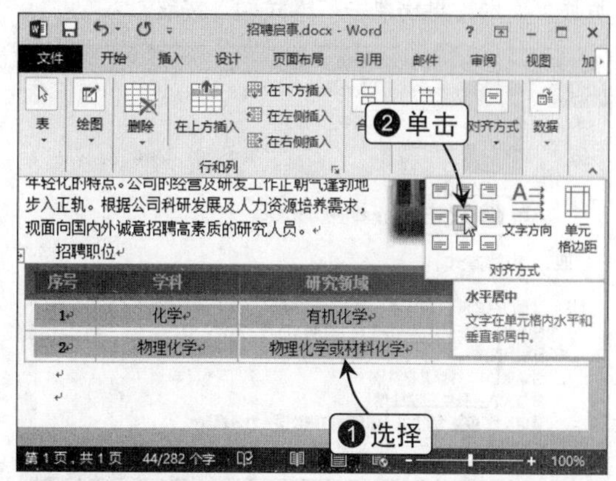

Step 13 输入文本并设置字体格式

在文档中完成其他文本内容的输入，选择“招聘职位”文本以下的所有文本及表格，按【Ctrl+D】组合键打开“字体”对话框，将西文字体设置为“Times New Roman”，单击“确定”按钮。

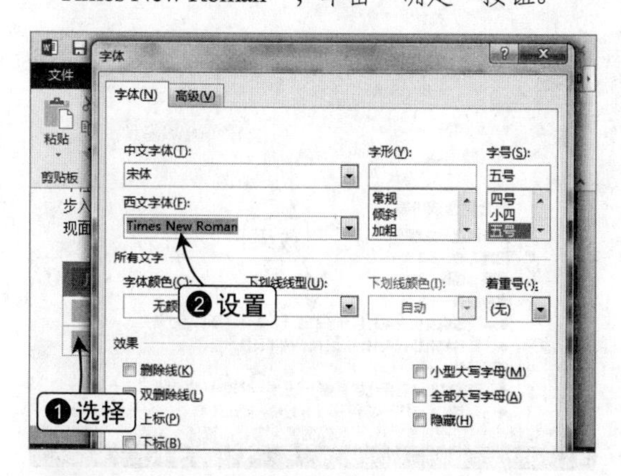

Step 14 添加编号

将文本插入点定位到公司简介的标题文本中，在“开始”选项卡的“段落”组中单击“编号”按钮右侧的下拉按钮，选择“编号对齐方式：左对齐”编号样式选项。

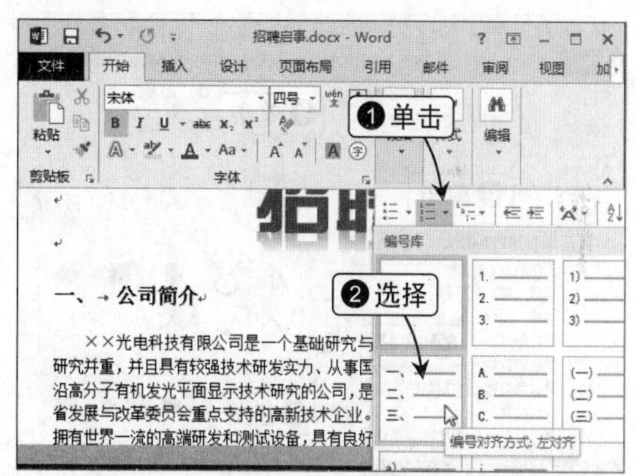

Step 15 调整列表缩进量

在编号上右击，选择“调整列表缩进”命令，在打开的对话框中单击“编号之后”列表框，选择“空格”选项，单击“确定”按钮。

Step 16 复制文本格式

将文本插入点定位到公司简介的标题文本中，双击“剪贴板”组中的“格式刷”按钮，依次选择“招聘职位”、“职位说明”、“应聘方式”、“联系方式”文本，再次单击“格式刷”按钮。

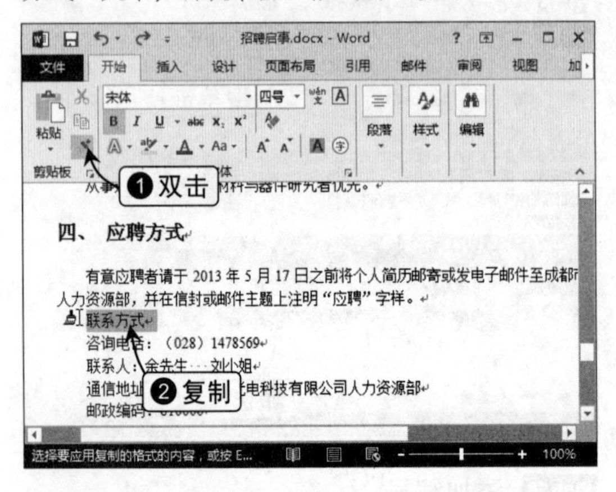

Step 17 设置文本格式

选择“聚合物合成研发”文本，将其字体格式设置为“小四、加粗”，并为其选择一种合适的编号样式。用格式刷工具将该格式复制到“有机电子器件研发”文本上。

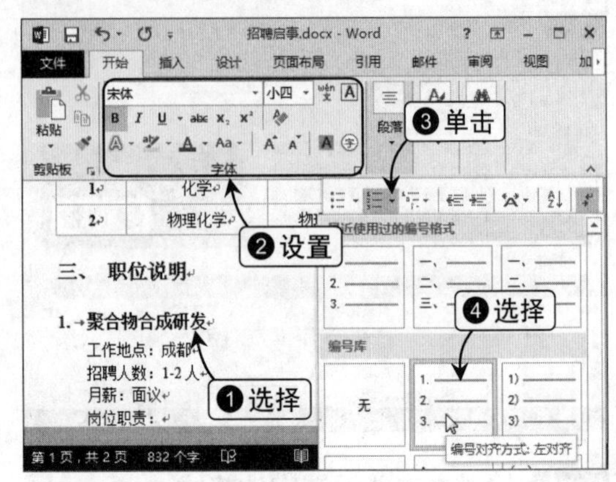

Step 18 添加项目符号

选择“工作地点：成都”文本，删除文本缩进，在“字体”组中单击“加粗”按钮，在“段落”组的“项目符号”下拉菜单中选择一种合适的项目符号。

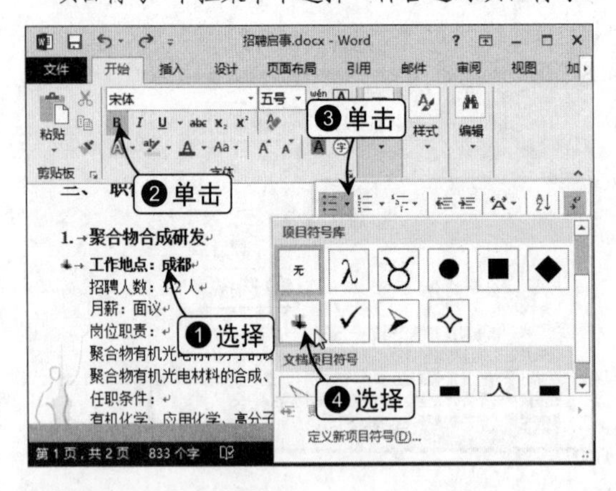

Step 19 复制文本格式

在合适的位置复制该文本格式，再为“职位说明”标题下的剩余文本添加合适的项目符号。

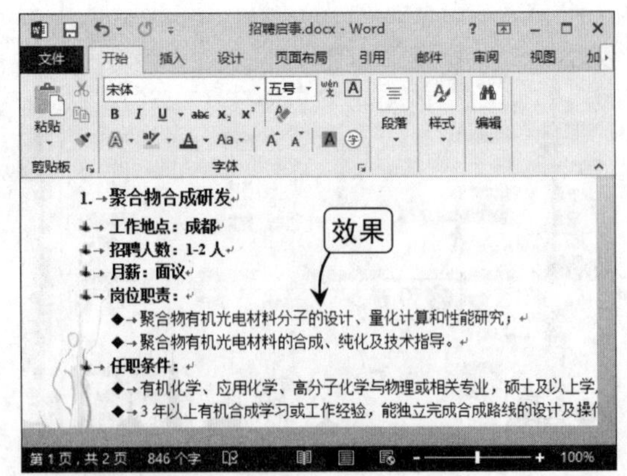

Step 20 更改主题颜色

为了使文档的整体色系与背景统一，可在“设计”选项卡的“文档格式”组中单击“颜色”按钮，选择“蓝色Ⅱ”选项，将文档色系更改成蓝色系。

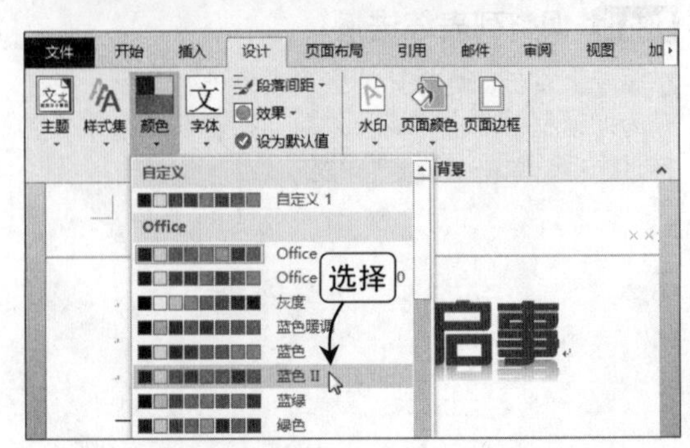

（三）口号设置

Step 01 输入口号

在文档末尾绘制文本框，在“绘图工具 格式”选项卡的“形状样式”组中取消形状填充和形状轮廓的颜色，输入口号。

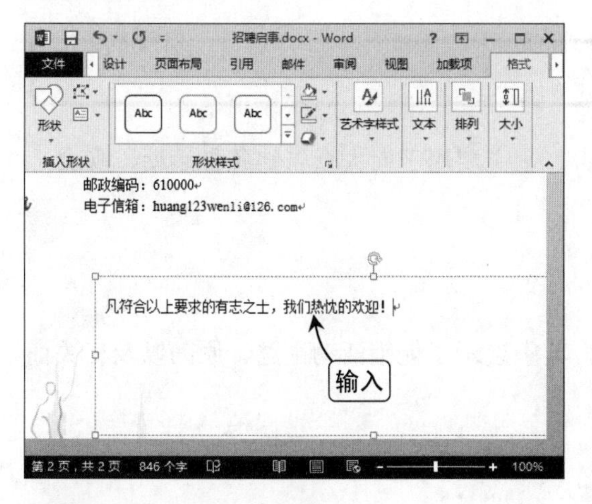

Step 02 设置文本效果

选择口号文本，在“开始”选项卡的“字体”组中单击“文本效果和版式”按钮，在弹出的下拉菜单中选择一种合适的文本效果。

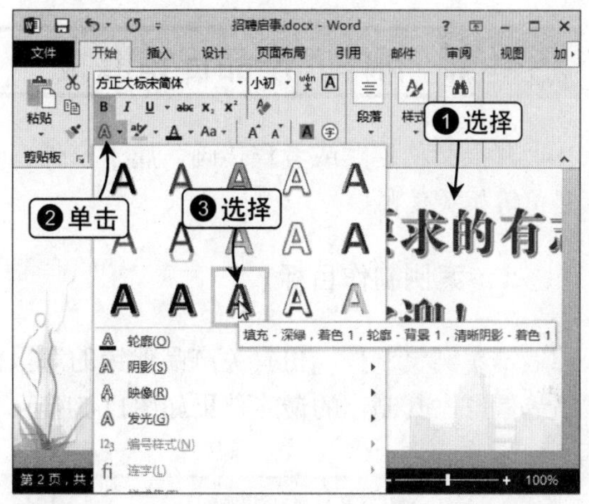

Step 03 添加三维旋转效果

保持文本的选中状态，在“绘图工具 格式”选项卡的“艺术字样式”组中单击“文本效果”按钮，在“三维旋转”子菜单中选择“右向对比透视”选项。

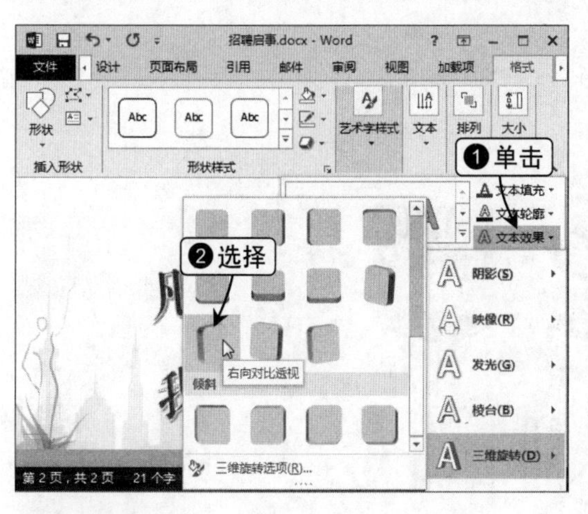

Step 04 添加阴影效果

再次单击“文本效果”按钮，在“阴影”子菜单中选择“右上对角透视”选项，保存文档，完成本案例的全部操作。

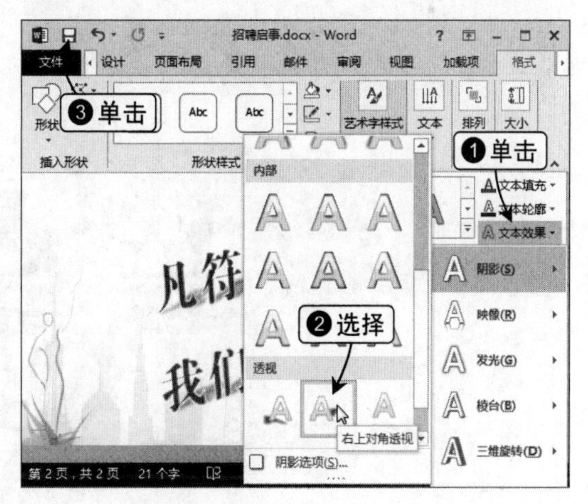

提示 Attention

设置文本框中的字体格式

在文本框中输入文本后，若要对其进行字体格式设置，可以在“开始”选项卡的“字体”组中进行设置，也可以在“绘图工具 格式”选项卡的“艺术字样式”组中进行设置。

11.2 产品推广与销售

制作产品促销海报和产品价格表

Word除了用来编辑办公文档外，还可以用来制作各种宣传、促销海报以及制作各种类型的表格等。下面将以制作产品促销海报以及产品价格表为例来讲解Word具体在产品推广与销售领域中的主要应用。

11.2.1 制作“产品促销海报”

海报又称招贴或者宣传画，属于户外广告。它主要用于向大众告知各种活动、晚会、展览等相关信息。

1. 案例制作目标

本案例将制作一份有关产品促销的海报，其中展示了促销活动主题、原因以及相关商品等信息，其制作的最终效果如图11-5所示。

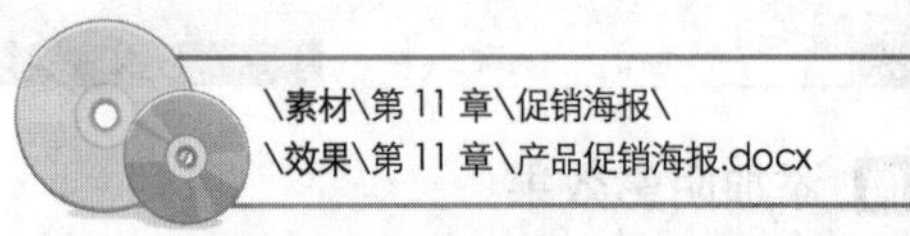

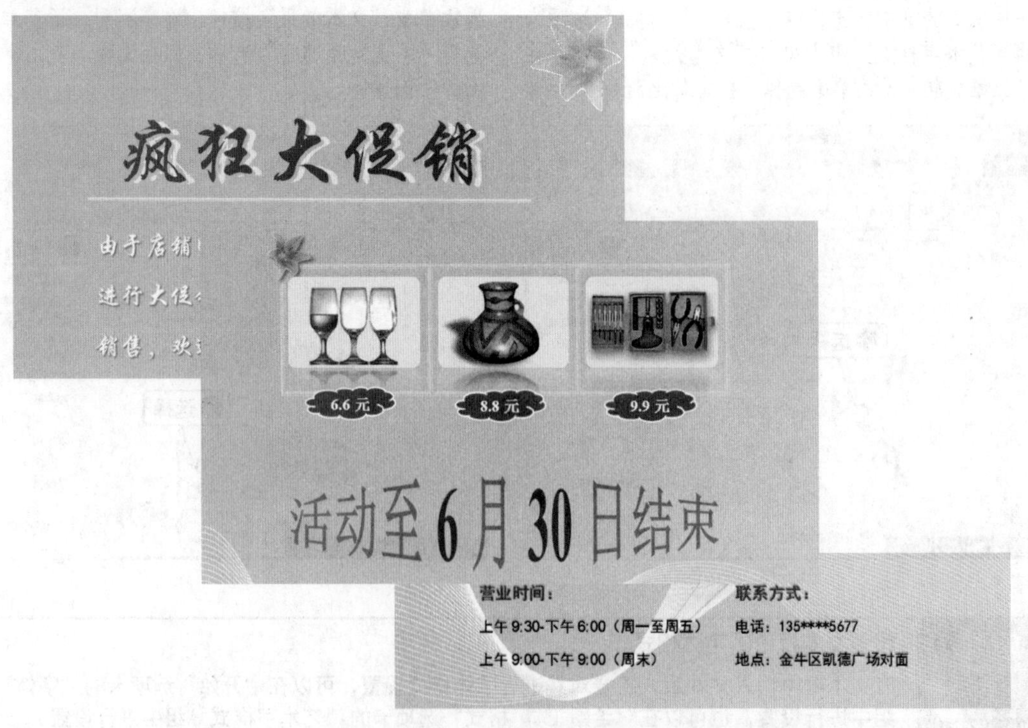

图11-5　“产品促销海报”文档效果

2．案例制作分析

在案例的制作过程中，主要分为制作页面背景、制作标题和制作海报内容3部分。本案例需制作一个适宜夏天使用的淡绿色背景的清凉型促销海报，通过背景颜色的确定，在制作标题和内容时就需要根据背景颜色来调整各个对象的基调颜色，使整个海报的风格统一。

本案例背景素材图片为粉红色，若要变为清凉的绿色，需对图片颜色进行调整；而标题是通过字体重叠来达到艺术字效果，这也是一种常见的艺术字自定义方式；海报内容的设置分为文本、表格、图片的设置。本案例具体的制作流程如图11-6所示。

图11-6　“产品促销海报”文档的制作流程

3．案例制作详解

下面将具体讲解“产品促销海报”文档的制作过程。

（一）制作页面背景

Step 01 新建文档

新建“产品促销海报”文档，在文档版心上方双击，单击“页眉和页脚工具 设计”选项卡“插入”组中的“图片”按钮。

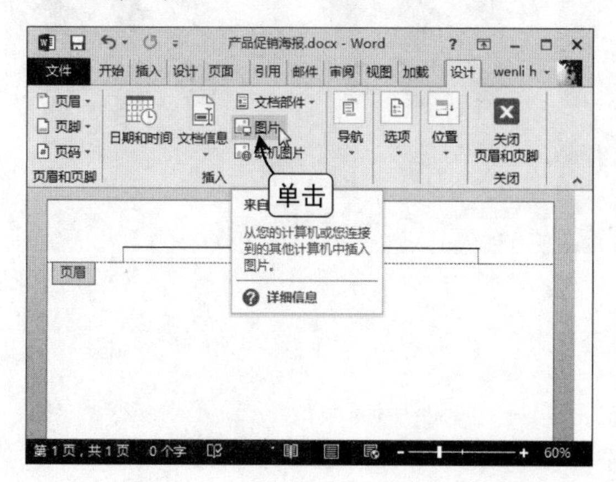

Step 02 插入背景图片

在打开的“插入图片”对话框中选择“背景.png”素材图片，单击“插入”按钮。

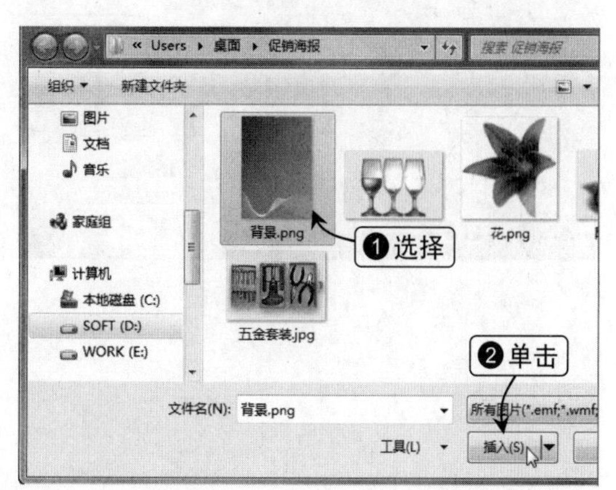

Step 03 调整图片

在“图片工具 格式”选项卡的“排列”组中单击“自动换行”按钮，选择“浮于文字上方”选项，再适当调整图片大小。

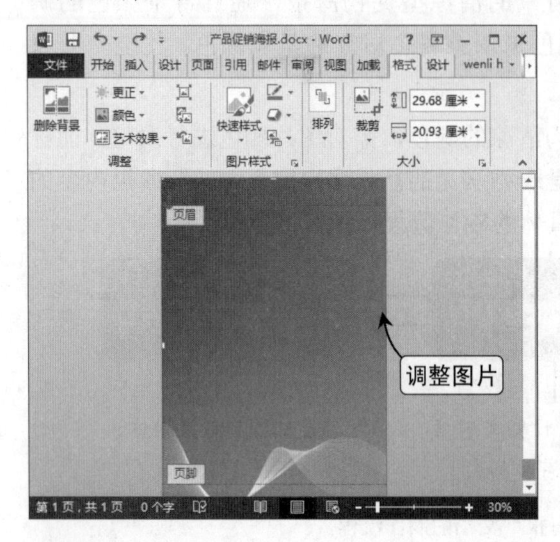

Step 04 调整图片颜色

在“图片工具 格式”选项卡的“调整”组中单击“颜色”按钮，在弹出的下拉菜单中选择“绿色，着色6浅色”选项。

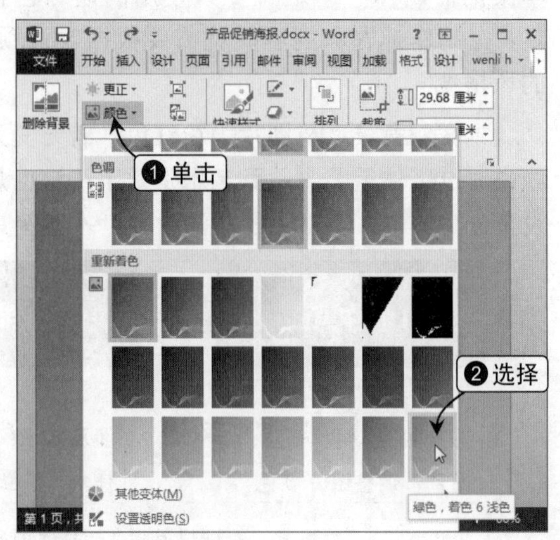

Step 05 插入素材图片

在页眉中插入“花”素材图片，单击图片右上角的“布局选项”按钮，选择“浮于文字上方”文字环绕方式选项。

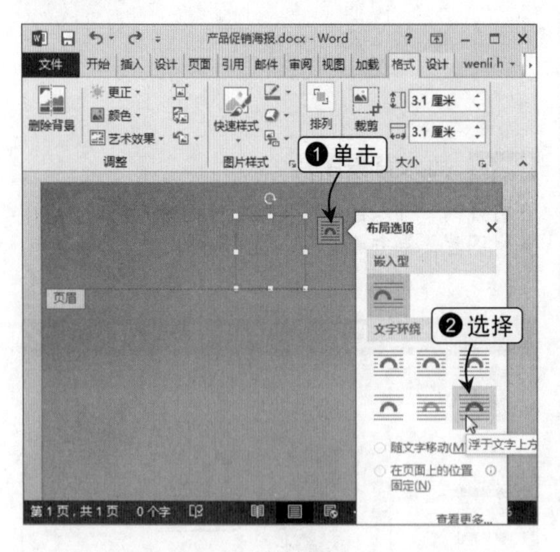

Step 06 调整图片颜色

在“图片工具 格式”选项卡的“调整”组中单击“颜色”按钮，选择“橙色，着色2浅色”选项，退出页眉和页脚编辑状态。

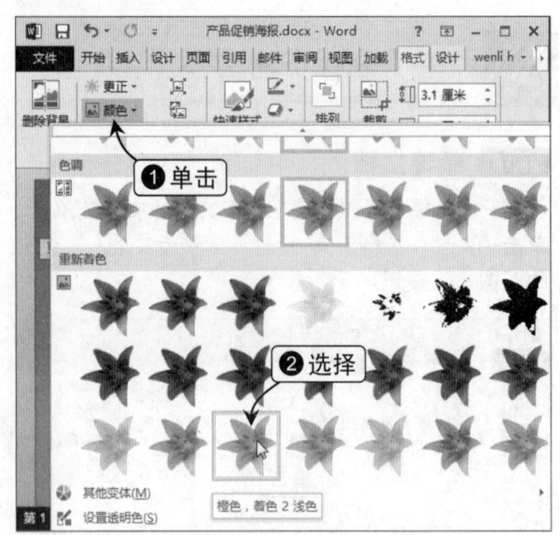

（二）制作标题

Step 01 设置文本框样式

在文档中绘制文本框，在“形状样式”组的“形状填充”下拉菜单中选择“无填充颜色”选项，在“形状轮廓”下拉菜单中选择“无轮廓”选项。

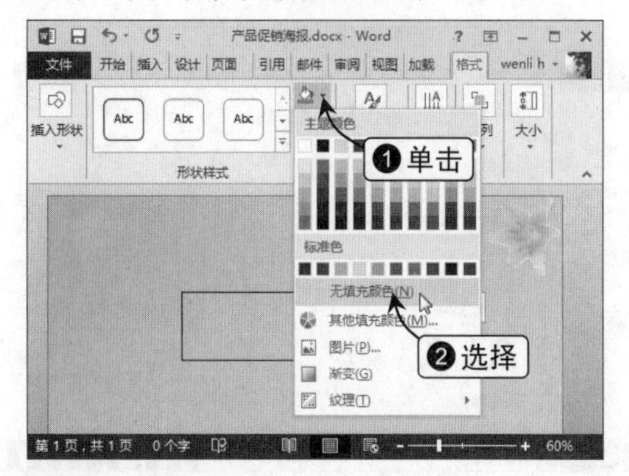

Step 02 设置字体格式

在文本框中输入标题并选中，在“开始”选项卡的“字体”组中将字体格式设置为“方正行楷简体、72号”，颜色为“白色，背景1，深色5%”。

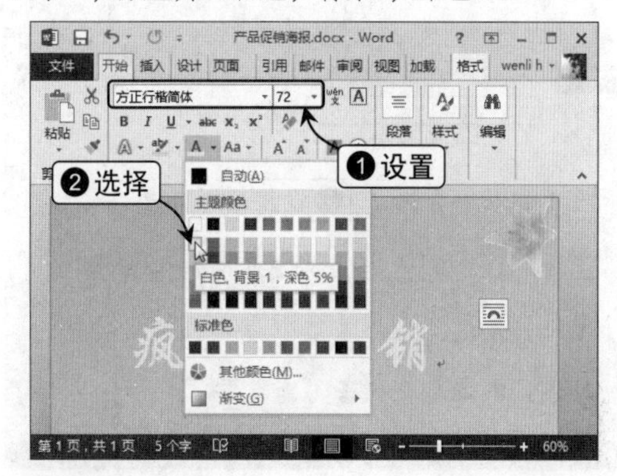

Step 03 复制文本并更改字体颜色

适当调整文本框位置，按住【Ctrl】键向左上方拖动文本框，适当调整复制的文本框的位置，选择其文本，将其字体颜色改为“蓝色，着色1，淡色60%”。

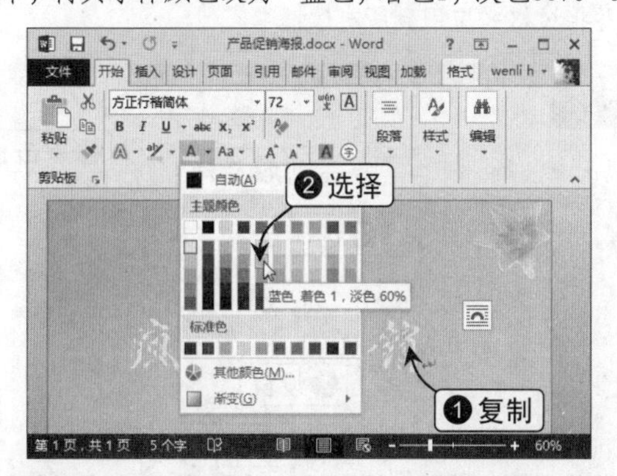

Step 04 重叠文本

选择图表，按住鼠标左键不放，并进行拖动，当拖动到合适位置后，释放鼠标左键完成图表位置的移动操作。

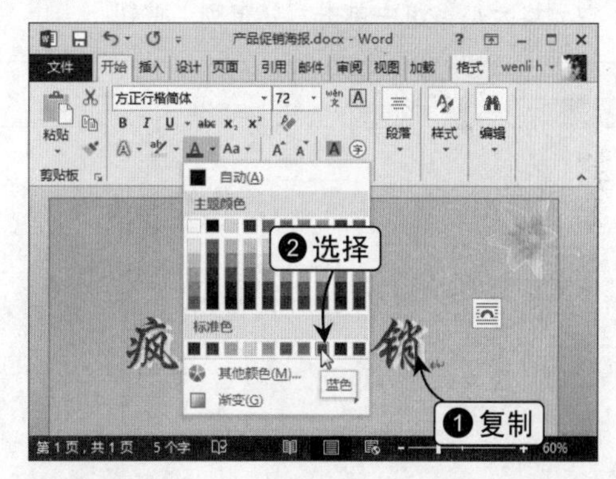

Step 05 添加横线

在标题下方绘制一条横线，在“形状样式”组中单击“对话框启动器”按钮，打开“设置形状格式”窗格，在“颜色”下拉菜单中为其设置一种合适的轮廓颜色，并将其宽度设置为“3磅”，在“复合类型”下拉列表框中选择“由粗到细”选项。

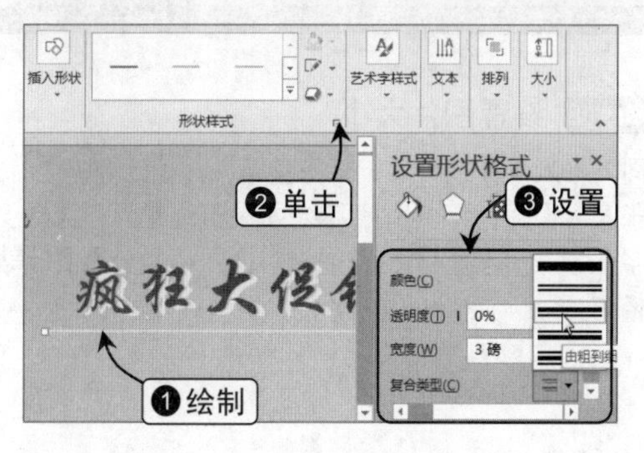

（三）制作海报内容

Step 01 设置文本格式

在文档合适位置绘制透明文本框，并在其中输入合适的文本，选择该文本，将其字体格式设置为“方正行楷简体、小一”。

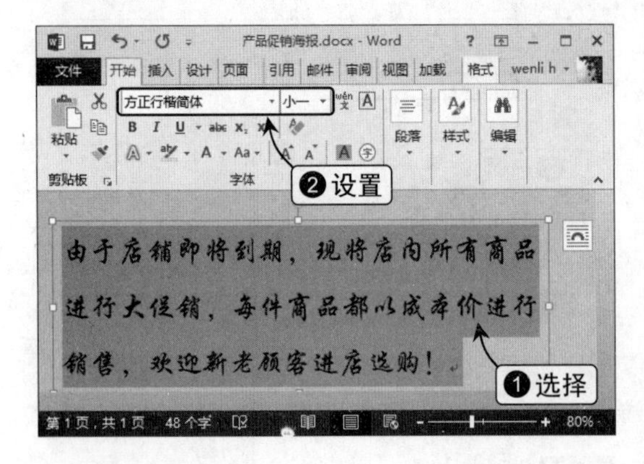

Step 02 设置字体轮廓颜色

在“字体”组中单击“文本效果和版式”按钮，在“轮廓”子菜单中选择“灰色-25%，背景2”选项，并且为其添加“右下斜偏移”阴影效果。

Step 03 绘制表格

在文本下方绘制一个1行3列且与标题横线等宽的表格，选择表格内容，在“表格工具 布局”选项卡的“单元格大小”组中单击“分布列”按钮。

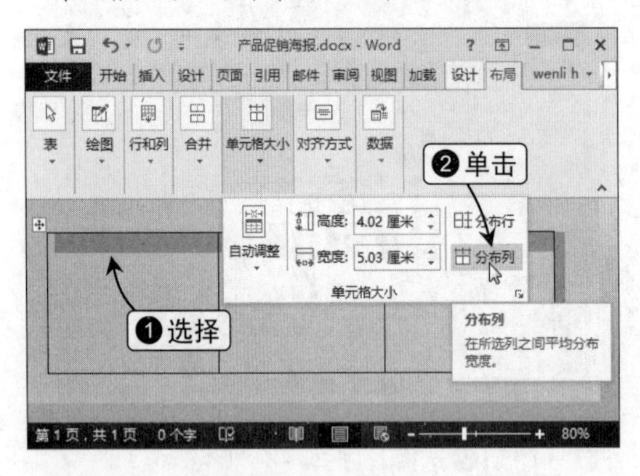

Step 04 设置边框样式

在“表格工具 设计”选项卡的“边框”组中选择一种合适的边框样式和颜色，粗细设置为“3.0磅”，并将该格式应用到所有边框中。

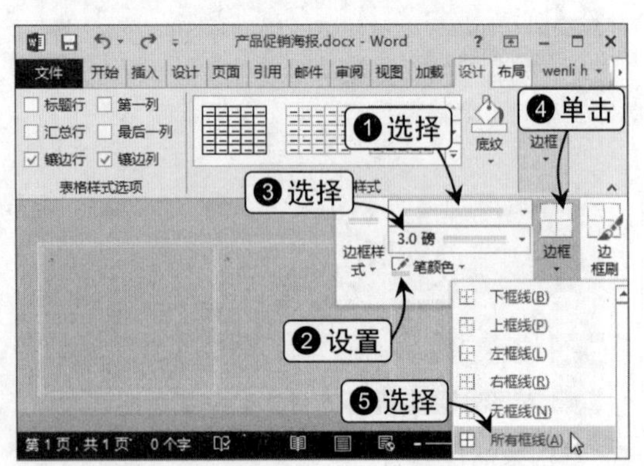

Step 05 设置图片大小

同时插入“玻璃杯”、“陶瓷罐”、“五金套装”3张素材图片，将其文字环绕方式都设置为“浮于文字上方”，高度都为“3厘米”，并将其分别置于表格中。

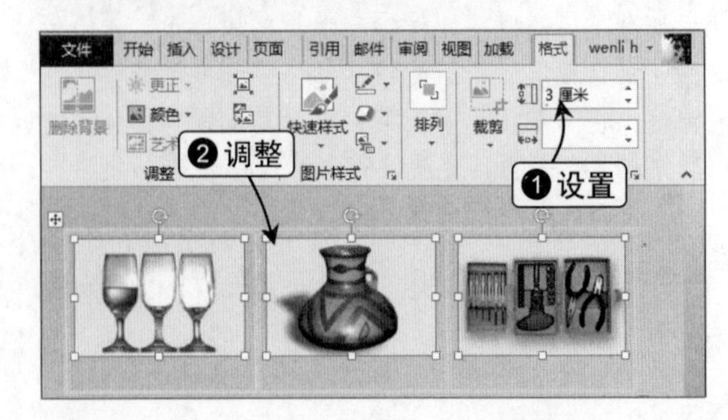

Step 06 设置图表样式

在“图片工具 格式”选项卡的“图片样式”组的列表框中选择“映像圆角矩形”选项。

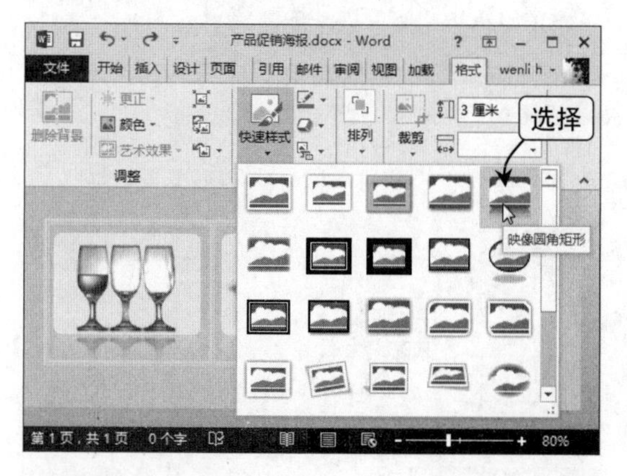

Step 07 添加形状

在“玻璃杯”素材图片下方绘制一个云形形状，并为其应用合适的外观样式。

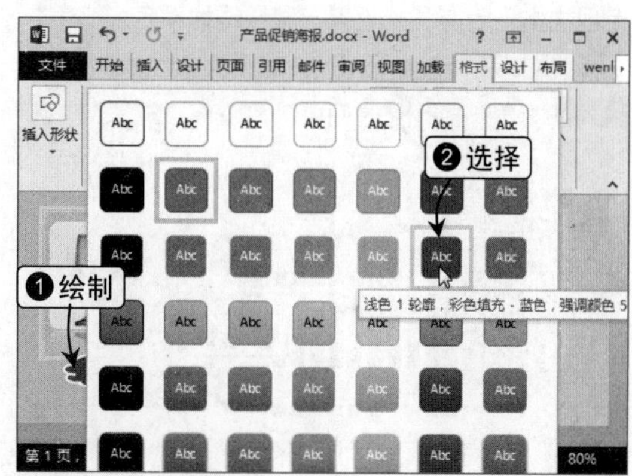

Step 08 组合对象

在形状上方绘制透明文本框，并在其中输入合适的文本，设置字体格式，然后在“绘图工具 格式”选项卡的“排列”组中将形状与文本框进行组合。

Step 09 复制对象

按住【Ctrl+Shift】组合键的同时向右拖动组合后的形状至合适位置，重复上一操作，修改文本框中的价格。

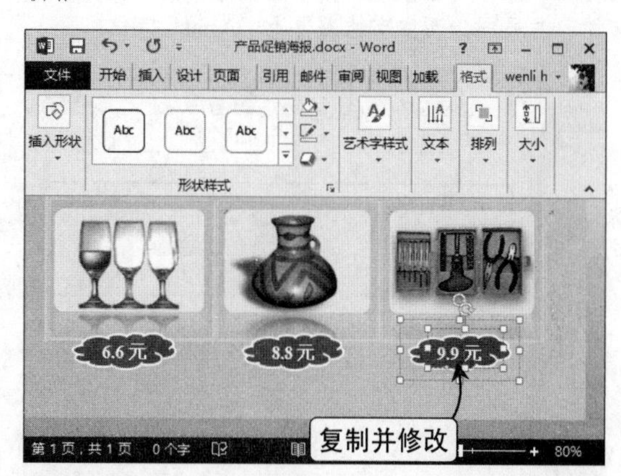

Step 10 设置图片格式

插入“花”素材图片，将其文本环绕方式设置为“浮于文字上方”，调整其大小和位置，在“图片工具 格式”选项卡的“排列”组中单击“旋转”按钮，选择“水平翻转”选项，然后为其添加“右下斜偏移”阴影效果。

Step 11 设置文本外观样式

在文档中的合适位置绘制透明文本框，在其中输入活动截止日期，为其设置合适的字体格式，并选择时间文本，为其另外设置一种合适的颜色。

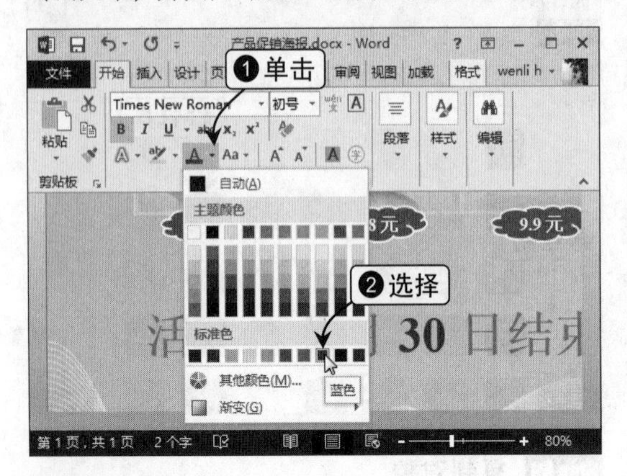

Step 12 设置文本效果

选择该文本，在“绘图工具 格式”选项卡的“艺术字样式”组中单击“文本效果”按钮，在“转换”子菜单中选择“停止”选项。

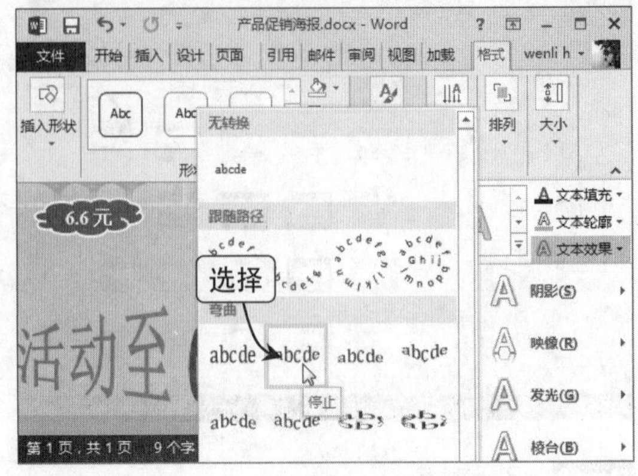

Step 13 设置中、西文字体格式

在文档末尾绘制透明文本框，输入活动营业时间，在“字体”对话框中将其中文字体格式设置为“黑体、四号”，西文字体设置为“Arial”字体。

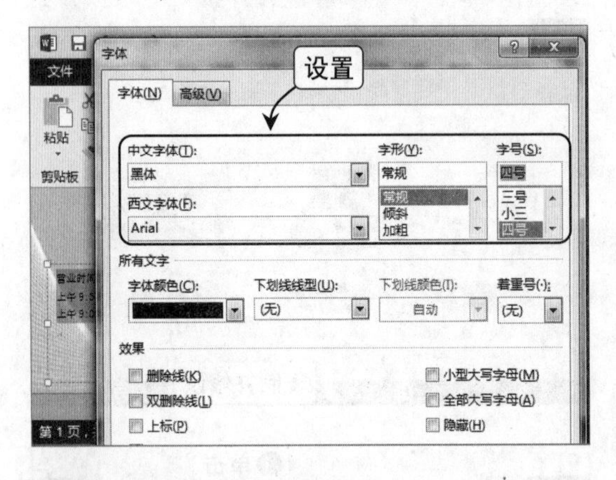

Step 14 设置标题文本字体格式

选择该文本框中的小标题文本，在浮动工具栏中将其字号设置为“三号”，单击“加粗”按钮，再为其选择一种合适的文本颜色。

Step 15 复制并修改文本

选择该文本框中的文本，为其添加“向上偏移”的阴影效果，按住【Ctrl+Shift】组合键向右拖动文本框，并修改其中的文本，保存文档，完成本案例的最后操作。

11.2.2 制作“产品价格表”

产品价格表主要是对产品价格的数据进行相关的处理，包括对不同产品的价格进行统计、对产品在某个时间段的价格的分析等。

1．案例制作目标

产品价格表是嵌入在文档中辅助说明文档表达的主题思想，对于不同类型的价格表，其具体包含的内容不同，但是产品的名称和单价两项数据是不可缺少的数据项。

本案例的制作环境是国庆节来临，对公司的部分话机进行促销活动。为了使活动话机的型号和价格能够更好地对应，现需将活动话机的图片、型号、价格等信息罗列在插入的表格中，其制作的最终效果如图11-7所示。

\素材\第 11 章\产品图片
\效果\第 11 章\产品价格表.docx

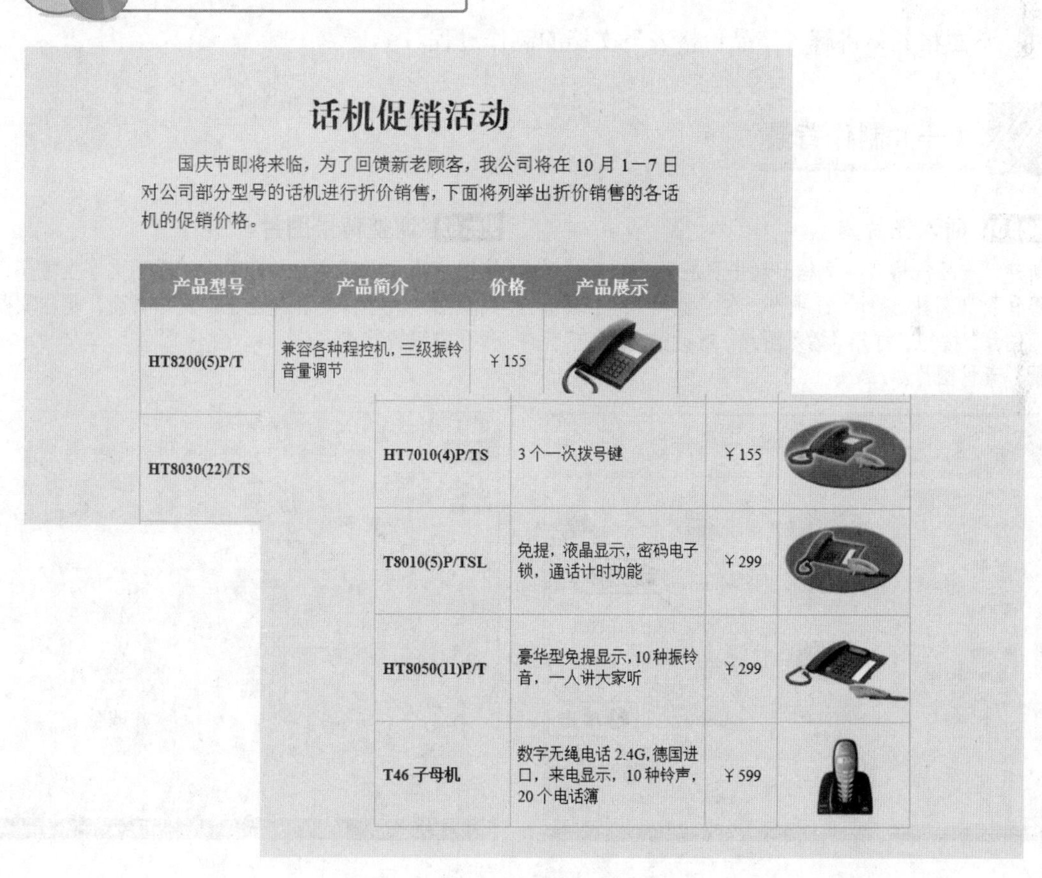

话机促销活动

国庆节即将来临，为了回馈新老顾客，我公司将在 10 月 1—7 日对公司部分型号的话机进行折价销售，下面将列举出折价销售的各话机的促销价格。

产品型号	产品简介	价格	产品展示
HT8200(5)P/T	兼容各种程控机，三级振铃音量调节	￥155	
HT8030(22)/TS			
HT7010(4)P/TS	3 个一次拨号键	￥155	
T8010(5)P/TSL	免提，液晶显示，密码电子锁，通话计时功能	￥299	
HT8050(11)P/T	豪华型免提显示，10 种振铃音，一人讲大家听	￥299	
T46 子母机	数字无绳电话 2.4G，德国进口，来电显示，10 种铃声，20 个电话薄	￥599	

图11-7　“产品价格表”文档效果

2. 案例制作分析

本案例的制作大概可以分为制作背景、制作正文和制作表格3个方面，其中制作表格内容的为本案例的重点制作对象。本案例具体的制作流程如图11-8所示。

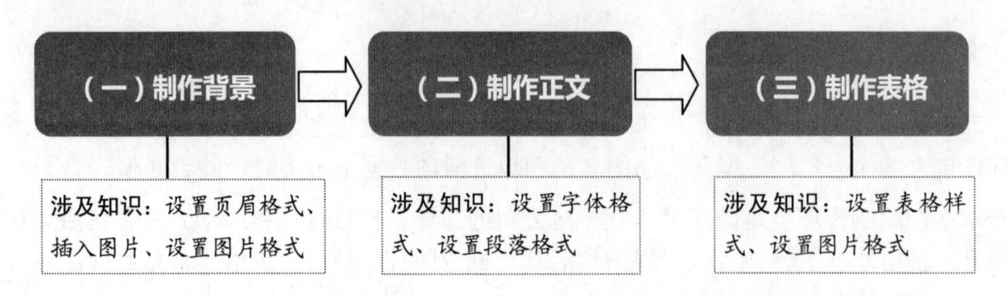

图11-8 “产品价格表”文档的制作流程

3. 案例制作详解

下面将具体讲解“产品价格表”文档的制作过程。

（一）制作背景

Step 01 插入图片

新建“产品价格表”文档，双击页眉区域打开“页眉和页脚工具 设计”选项卡，在“插入”组中单击“图片”按钮，打开“插入图片”对话框，插入“背景”素材图片。

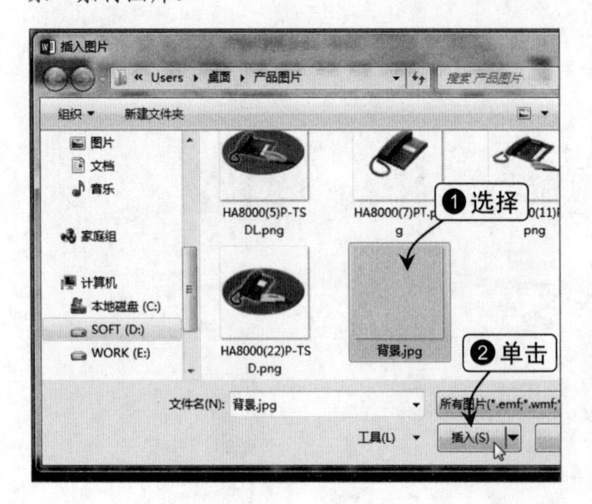

Step 02 调整背景图片

将图片的文本环绕方式设置为“浮于文字上方”，调整图片大小，使其覆盖整个文档页面，退出页眉和页脚编辑状态。

（二）制作正文

Step 01 设置字体格式

在文档中输入文本，将标题文本的字体格式设置为“方正大标宋简体、小一”，并将其居中，将正文文本的字号设置为“四号”。

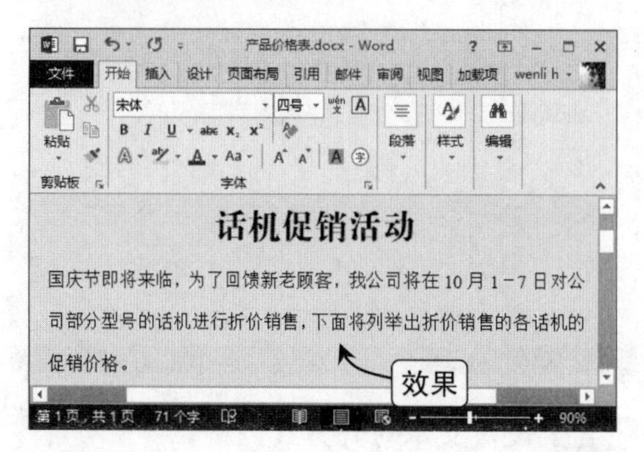

Step 02 设置段落格式

选择正文文本右击，选择“段落”命令，在打开的对话框中将文本缩进方式设置为“首行缩进”，段后间距为“1.5行”，行距为固定值“21磅”。

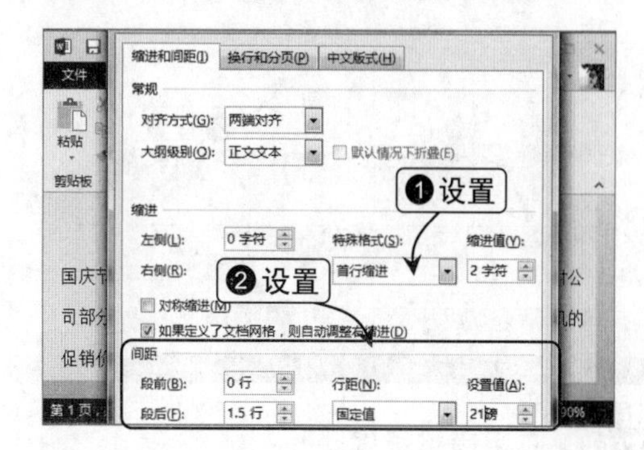

（三）制作表格

Step 01 插入表格

将文本插入点定位到需要插入表格的位置，插入一个7行4列的表格。

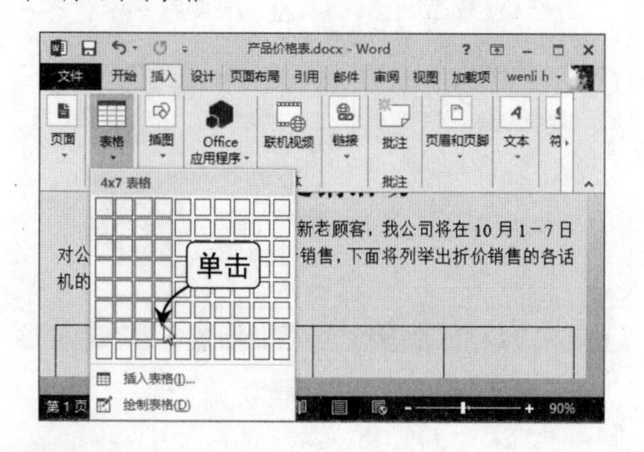

Step 02 设置文本格式

在表格中输入文本，将产品型号文本字体格式设置为“小四、加粗”，产品简介文本字号设置为“小四”。

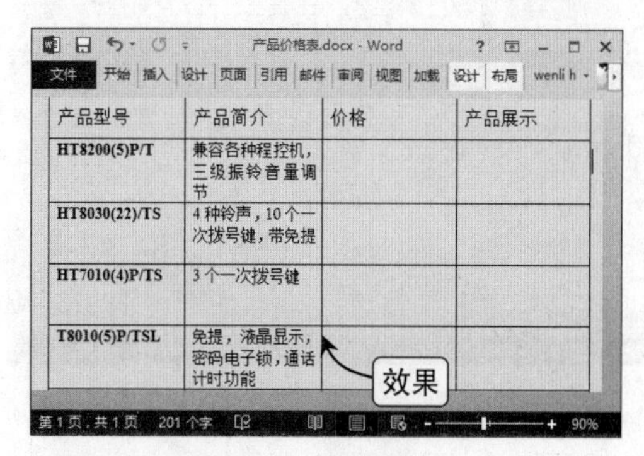

Step 03 输入货币文本

将文本插入点定位到第2行第3列单元格中，按住【Shift+4】组合键，输入符号“￥”，然后继续输入文本，并将字号设置为“小四”。

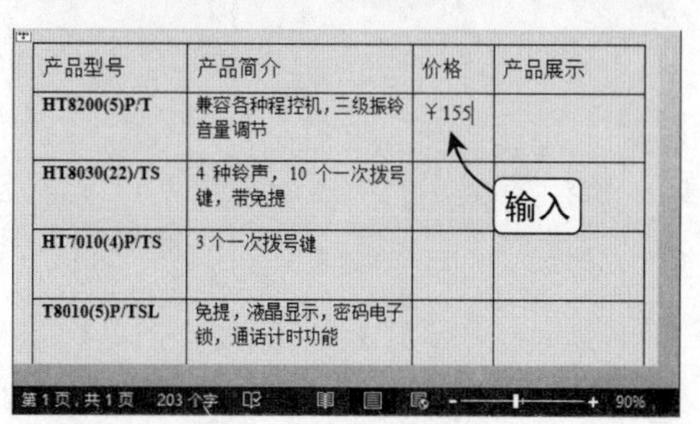

Step 04 调整单元格高度

选择第2~7行，在“单元格大小”组中将高度设置为“2.8厘米”。

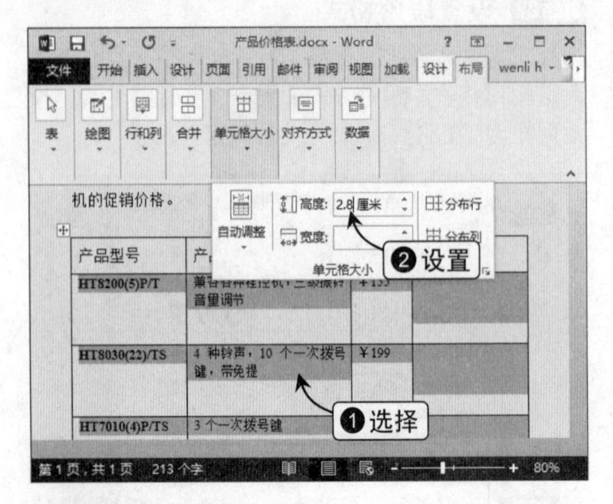

Step 05 插入图片

插入素材图片“1”，将其文字环绕方式设置为“浮于文字上方”，适当调整其大小，将其放置在第2行第4列单元格中。

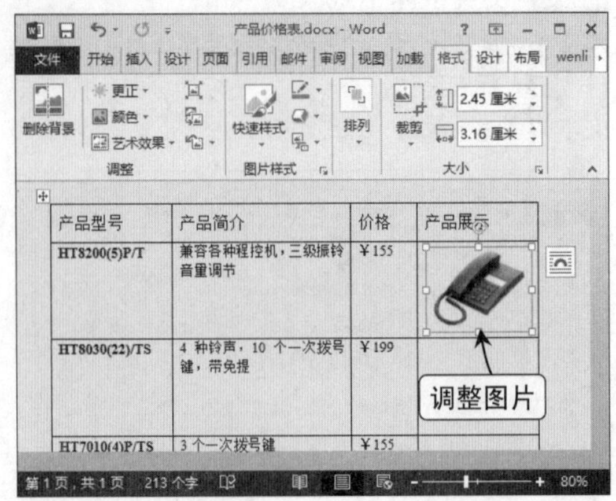

Step 06 应用表格样式

用相同的方法插入并调整其他图片。选择整个表格，在“表格工具 设置”选项卡的“表格样式”列表框中选择一种合适的表格样式。

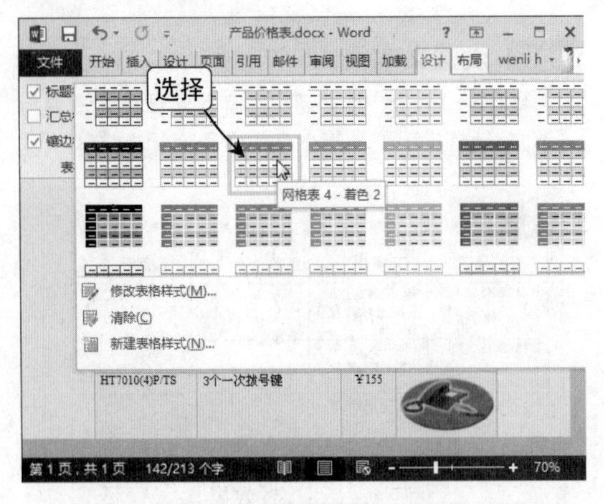

Step 07 设置文本对齐方式

单击表格左上角的⊞按钮，在“表格工具 布局”选项卡的“对齐方式”组中单击“水平居中”按钮，再选择产品型号和产品简介内容，将其中部两端对齐。

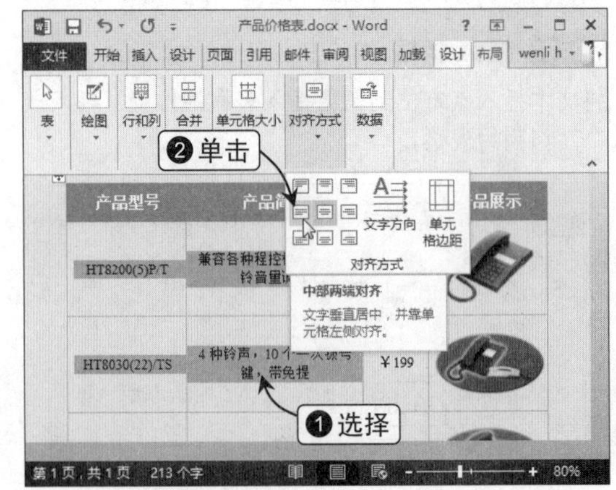

Chapter 12

Excel 办公综合案例

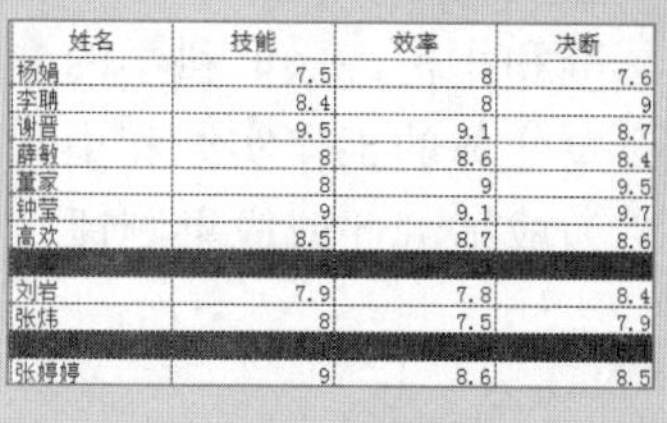

姓名	技能	效率	决断
杨娟	7.5	8	7.6
李聃	8.4	8	9
谢晋	9.5	9.1	8.7
薛敏	8	8.6	8.4
董家	8	9	9.5
钟莹	9	9.1	9.7
高欢	8.5	8.7	8.6
刘岩	7.9	7.8	8.4
张炜	8	7.5	7.9
张婷婷	9	8.6	8.5

员工工作能力测评表

员工编号	员工姓名	基本工资	奖金	住房补助
YGBH1001	李丹	¥ 3,000.00	¥ 300.00	¥ 100.00
YGBH1002	杨陶	¥ 2,000.00	¥ 340.00	¥ 100.00
YGBH1003	刘小明	¥ 2,500.00	¥ 360.00	¥ 100.00
YGBH1004	张嘉	¥ 2,000.00	¥ 360.00	¥ 100.00
YGBH1005	张炜	¥ 3,000.00	¥ 340.00	¥ 100.00
YGBH1006	李聃	¥ 2,000.00	¥ 300.00	¥ 100.00
YGBH1007	杨娟	¥ 2,000.00	¥ 300.00	¥ 100.00
YGBH1008	马英	¥ 3,000.00	¥ 340.00	¥ 100.00
YGBH1009	周晓红	¥ 2,500.00	¥ 250.00	¥ 100.00
YGBH1010	薛敏	¥ 1,500.00	¥ 450.00	¥ 100.00
YGBH1011	祝苗	¥ 2,000.00	¥ 360.00	¥ 100.00
YGBH1012	周纳	¥ 3,000.00	¥ 360.00	¥ 100.00

员工薪资管理表

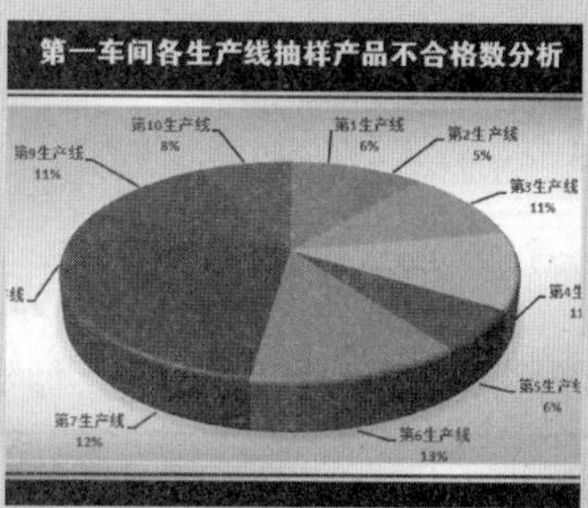

产品质量检测分析

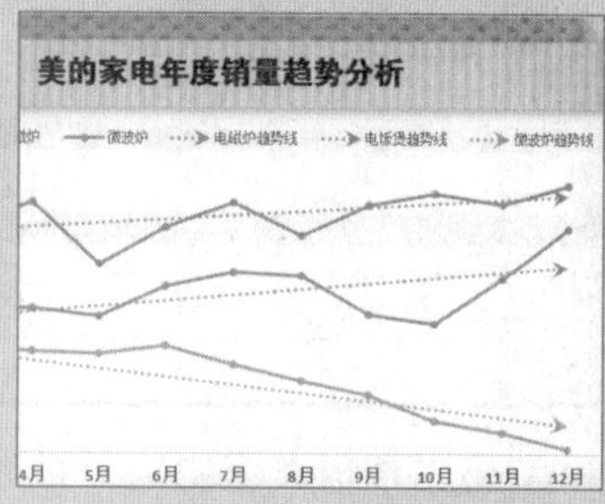

产品年度销量分析

12.1 人事与财会管理

制作员工工作能力测评表和员工薪资管理表

在日常的认识与财会管理工作中，利用Excel的存储、计算与管理功能可以方便、快速地制作出不同功能的表格，并使用各种管理功能得到需要的结果。

下面将具体通过制作员工工作能力测评表和员工信息管理表来讲解Excel具体在人事与财会管理中的主要应用。

12.1.1 制作“员工工作能力测评表”

员工工作能力测评表是绩效管理中的绩效考核部分，通常，企业为了实现生产经营目的，都会运用特定的标准和指标，采取科学的方法，对承担生产经营过程及结果的各级管理人员或者员工完成指定任务的工作实绩和由此带来的诸多效果做出价值判断，这个过程就称为绩效考核，也称为成绩测评或成果测评。

1. 案例制作目标

本案例制作的“员工工作能力考评表”工作表主要用于企业对员工在指定时间段的工作能力的一个考察，该表格主要包括个人编号、姓名、技能、效率、决断、协同、测评总分等。

此外，本案例假设测评总分为40分，当总分在24分以下时为不合格，并用红色填充色将不合格的员工的测评记录突出显示出来，其制作的最终效果如图12-1所示。

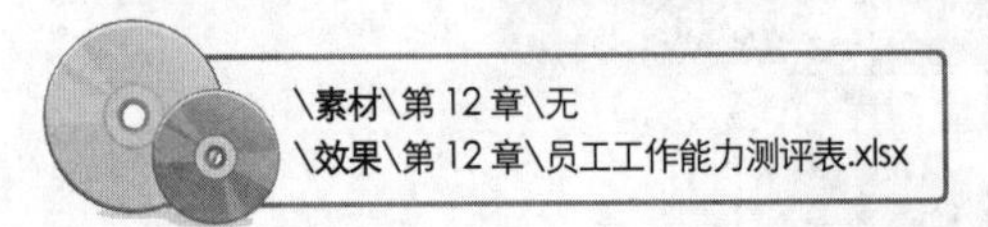

员工工作能力测评表

备注：工作能力测评总分为40分，从独立作业能力（技能）、吸收及学习能力以便在指定时间内完成任务（效率）、问题处理与解决能力（决断）、领导组织能力（协同）等方面来综合评定。其中，技能总分10分，效率总分10分，决断总分10分，协同总分10分。

个人编号	姓名	技能	效率	决断	协同	测评总分
YGBH20141001	杨娟	7.5	8	7.6	9	32.1
YGBH20141002	李聃	8.4	8	9	8.7	34.1
YGBH20141003	谢晋	9.5	9.1	8.7	8.2	35.5
YGBH20141004	薛敏	8	8.6	8.4	7.9	32.9
YGBH20141005	董家	8	9	9.5	9	35.5
YGBH20141006	钟莹	9	9.1	9.7	9.5	37.3
YGBH20141007	高欢	8.5	8.7	8.6	8.3	34.1
[illegible]	[illegible]	[illegible]	[illegible]	[illegible]	[illegible]	[illegible]
YGBH20141009	刘岩	7.9	7.8	8.4	8.2	32.3
YGBH20141010	张炜	8	7.5	7.9	7.6	31
[illegible]	[illegible]	[illegible]	[illegible]	[illegible]	[illegible]	[illegible]
YGBH20141012	张婷婷	9	8.6	8.5	9.4	35.5
YGBH20141013	谢小明	8.8	7.9	8.5	8.6	33.8
YGBH20141014	杨晓莲	8.6	8.7	8.9	9	35.2
YGBH20141015	胡艳	7.6	7.7	7.8	7.9	31
YGBH20141016	刘雪	8.6	8.5	7.9	8.7	33.7

图12-1 员工工作能力测评表效果

2. 案例制作分析

在案例的制作过程中，主要涉及表格结构和外观效果的制作，需要注意的是，为了让测评更明确，需要将测评的项目和测评分数等规则信息在表格前面显示。

另外，将所有员工的测评结果逐一记录后，再通过条件格式功能将不合格的员工测评记录用颜色填充突出显示出来。本案例具体的制作流程如图12-2所示。

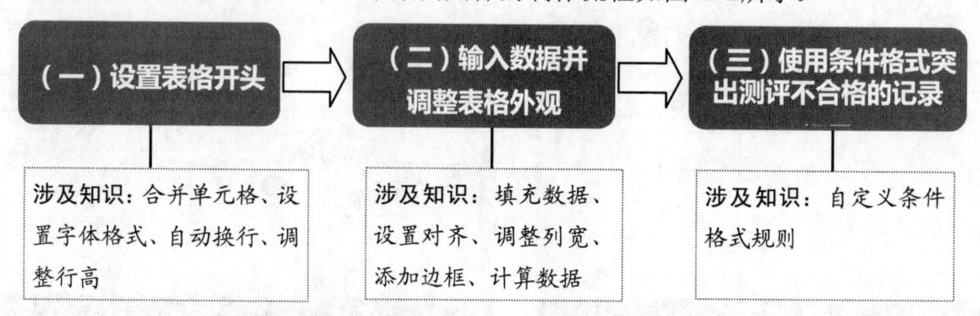

图12-2　“员工工作能力测评表”工作表的制作流程

3. 案例制作详解

下面具体讲解“员工工作能力测评表”工作表的制作过程。

（一）设置表格开头

Step 01 合并单元格

新建“员工工作能力测评表”工作簿，将“Sheet1”工作表重命名为“8月”，选择A1:G1单元格区域，单击“合并后居中”按钮，合并该单元格区域。

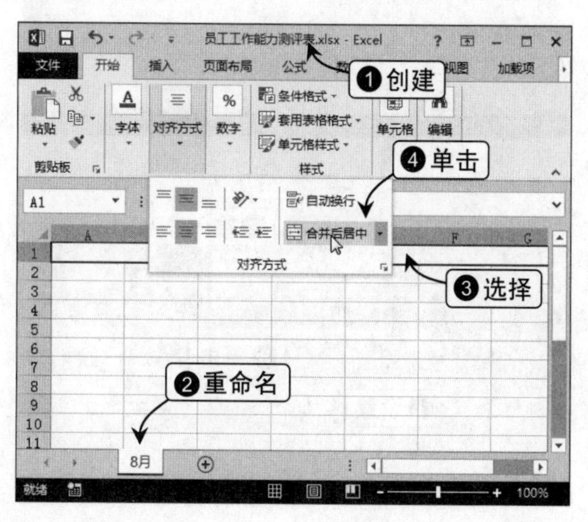

Step 02 设置单元格行高

保持A1单元格的选择状态，打开“行高”对话框，在“行高”文本框中输入“25.5”，单击“确定”按钮，为单元格应用设置的行高。

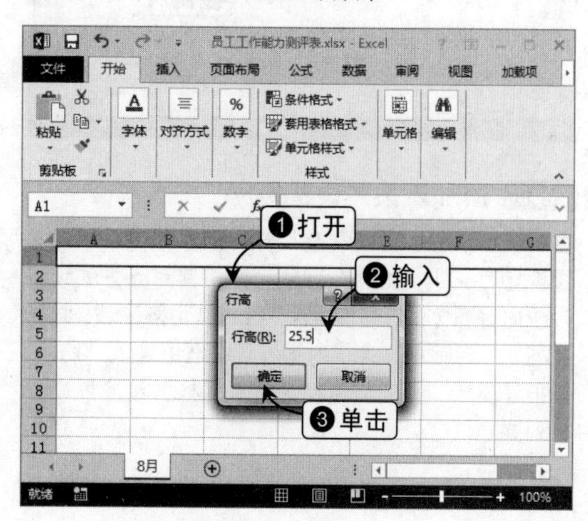

Step 03 设置表格标题效果

在A1单元格中输入标题，将其字体格式设置为“方正大黑简体、20号”，并设置对应的单元格填充色。

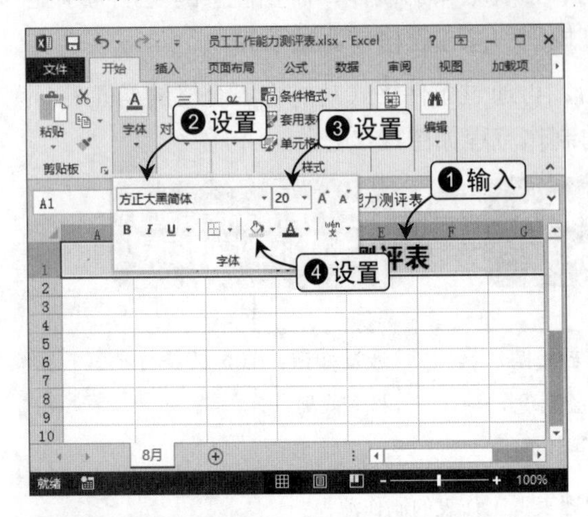

Step 04 设置表格开头的布局

将第2、4行的行高设置为“8.28”，将第3行单元格的行高设置为“29.25”，合并A3:G3单元格区域。

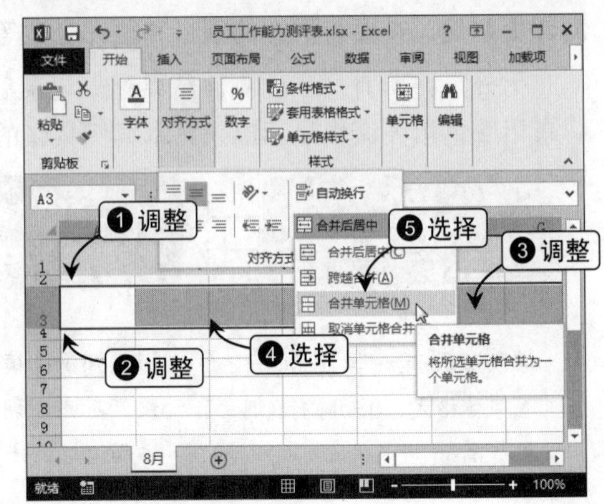

Step 05 输入说明文本

在A3单元格中输入相应的说明文本，并将其字体格式设置为“宋体、9号”。

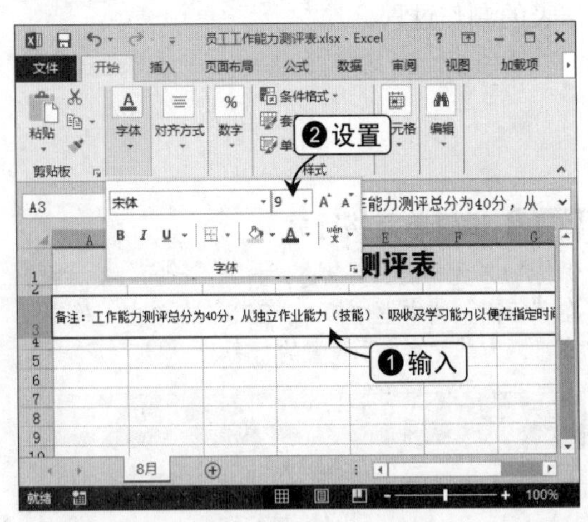

Step 06 设置自动换行

选择A3单元格，单击“对齐方式”组中的“自动换行”按钮，为该单元格设置自动换行格式。

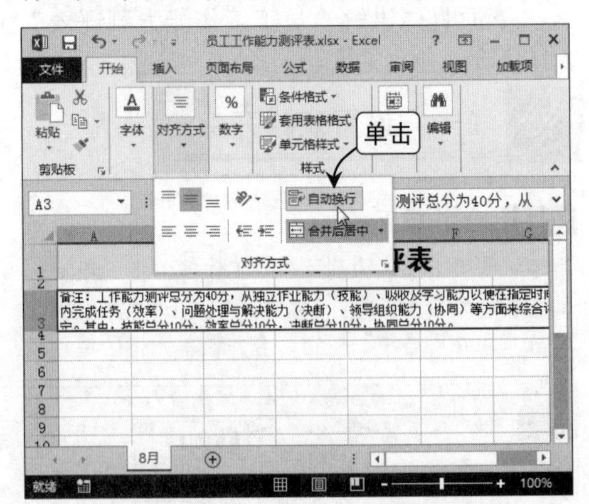

Step 07 添加表头并调整列宽

在A5:G5单元格区域中输入表头文本，将其字体格式设置为“华文细黑、12号”，将其对齐方式设置为居中对齐方式，选择第A～G列单元格区域，打开“列宽”对话框，在“列宽”文本框中输入“13”，单击“确定”按钮，为选择的单元格区域应用设置的列宽。

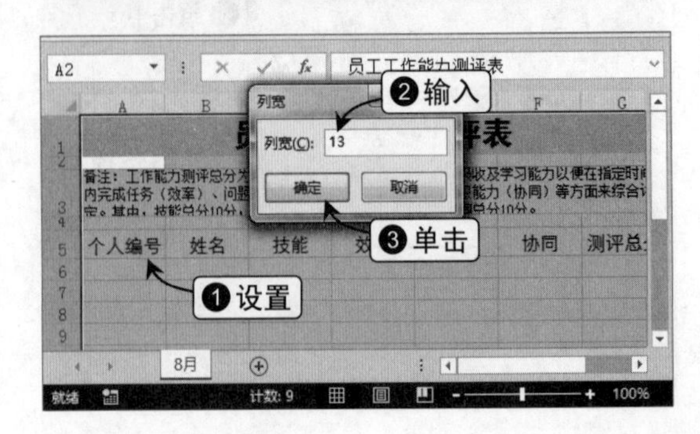

（二）输入数据并调整表格外观

Step 01 填充编号数据

在A6单元格中输入“YGBH20141001”，然后在A7:A21单元格区域中快速填充其他编号数据。

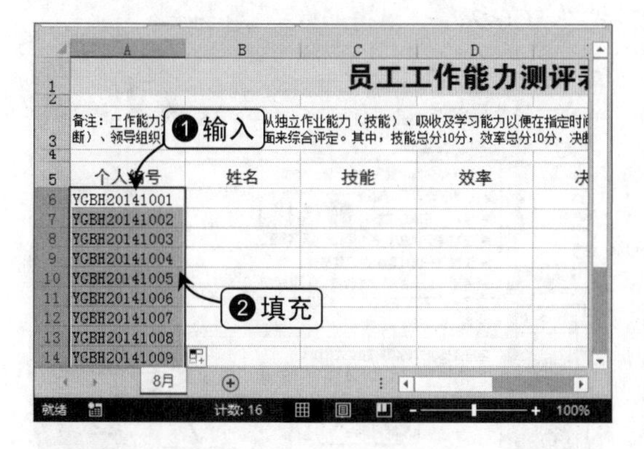

Step 02 填充其他数据

在B6:F21单元格区域的对应位置分别输入姓名、技能、效率、决断、协同数据。

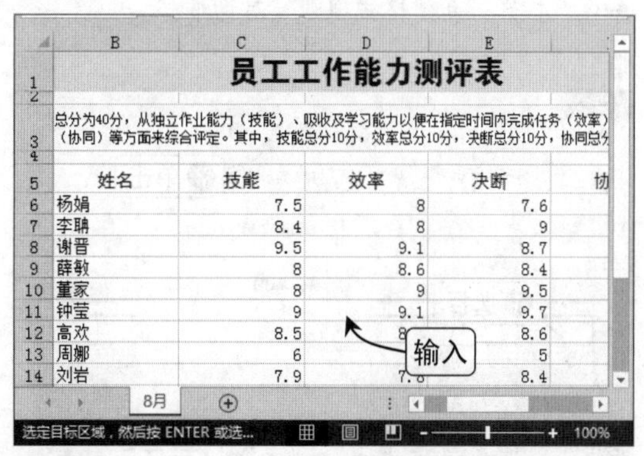

Step 03 计算第 1 位员工的测评总分

在G6单元格中输入公式“=C6+D6+E6+F6”，按【Enter】键，计算第1位员工的测评总分。

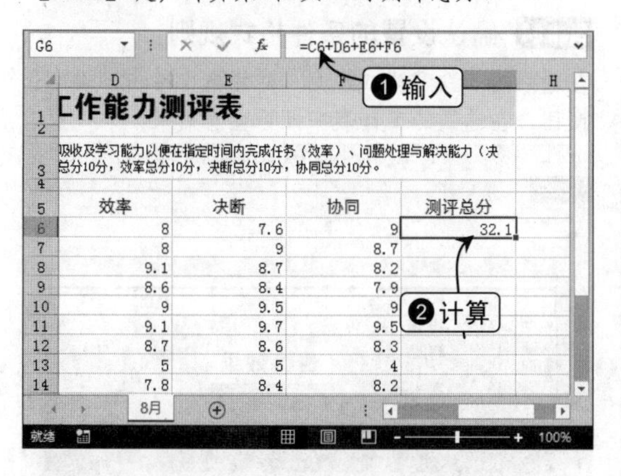

Step 04 计算其他员工的测评总分

向下拖动G7单元格的控制柄，复制该公式计算出其他员工的测评总分。

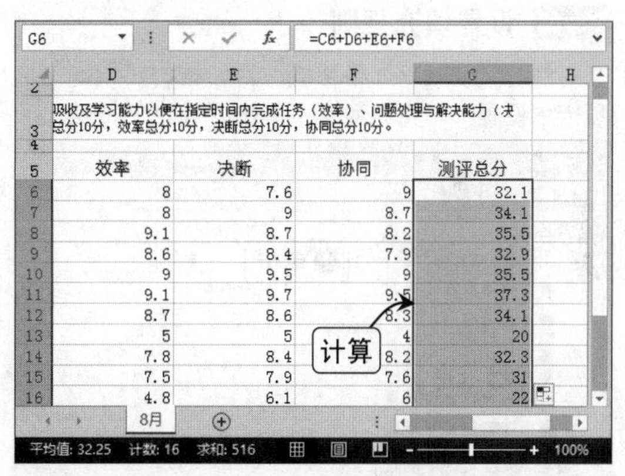

Step 05 为表头和表格内容应用边框效果

选择A5:G21单元格区域，打开“设置单元格格式”对话框，单击“边框”选项卡，将外边框设置为“线条样式”列表框中右侧的倒数第二种样式，将内部边框设置为“线条样式”列表框中左侧的倒数第二种样式，单击“确定”按钮，为选择的单元格区域应用设置的边框样式。

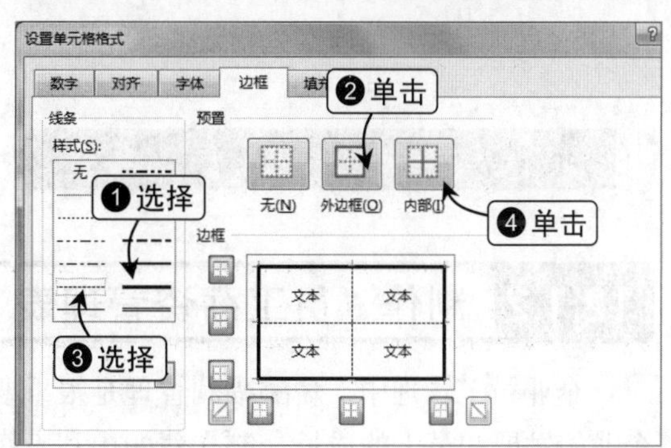

（三）使用条件格式突出测评不合格的记录

Step 01 选择“新建规则”命令

选择A6:G21单元格区域，在“开始”选项卡的“样式”组中单击“条件格式”按钮，选择“新建规则”命令，打开“新建格式规则”对话框。

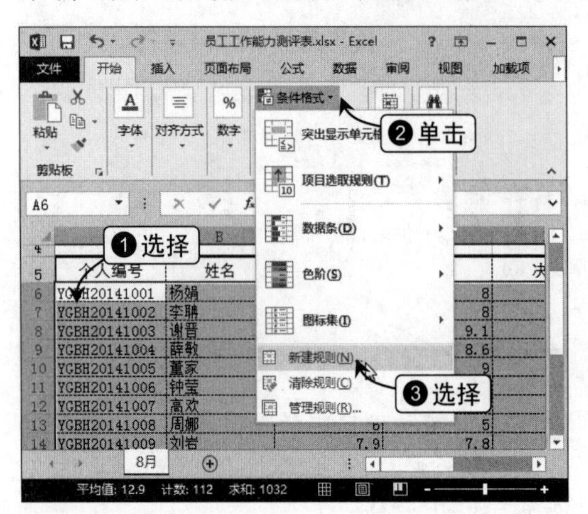

Step 02 自定义公式

选择“使用公式确定要设置格式的单元格”选项，在“为符合此公式的值设置格式”文本框中输入公式“=$G6<24”，单击“格式”按钮。

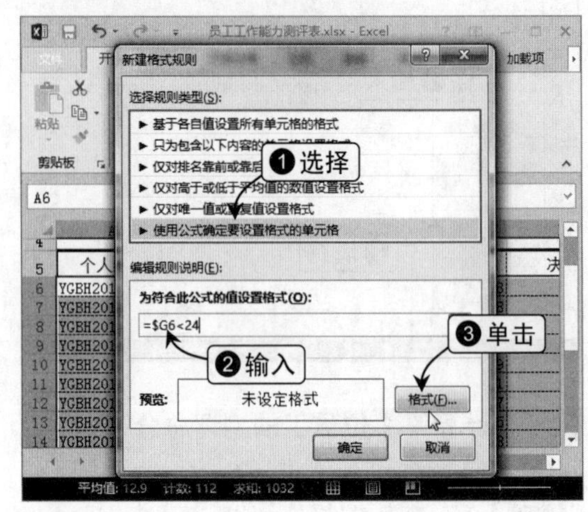

Step 03 设置填充规则

在打开的“设置单元格格式”对话框的“填充”选项卡中设置一种填充颜色，单击“确定”按钮。

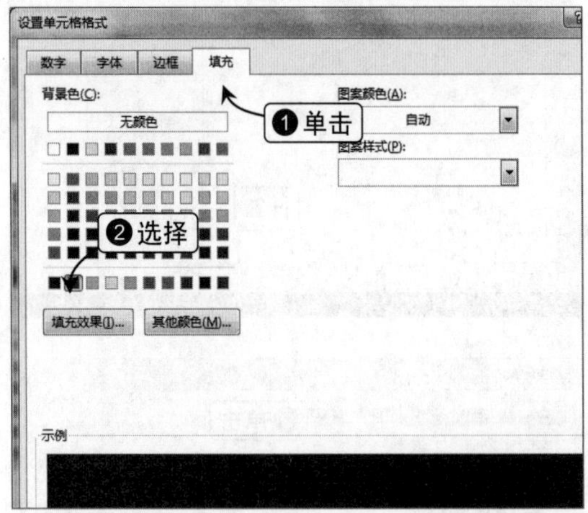

Step 04 确认设置的条件格式规则

在返回的“新建格式规则”对话框中单击“确定”按钮，在返回的工作表中即可查看效果。

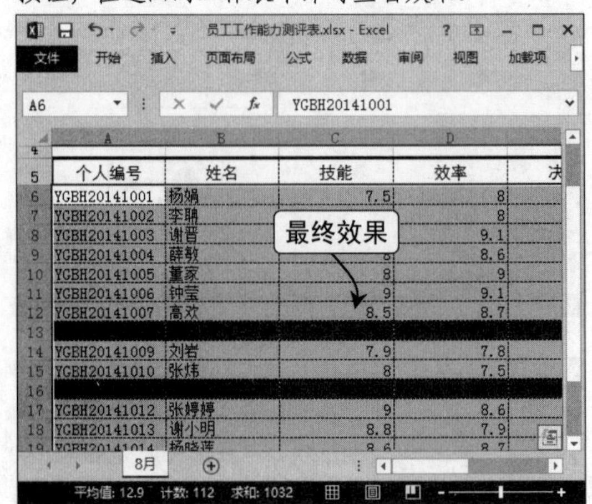

12.1.2 制作“员工薪资管理表”

企业员工管理中，薪酬福利管理是很重要的一块，通过对薪酬福利的有效管理，有利于企业的发展和员工的成长。制作薪酬福利表格可以轻松地了解和统计员工的各种福利金额。

1. 案例制作目标

本案例制作的员工薪资管理表主要用来记录和统计员工每月的工资情况，为了方便对各种薪酬的管理，本案例并没有将所有涉及的金额项目设计在一张表格，而是使用工作表的引用的相关知识来获取需要的数据源。

本案例制作的员工薪资管理表主要包括4张表格，具体作用如下：

- 福利表主要用于记录和统计员工所得的相应的福利薪酬。
- 社保扣款表主要用于记录员工的社保扣除项目和金额。
- 考勤表主要用于记录和统计员工的出勤扣除金额。
- 员工工资表作为一张主表，将所有员工的各个项目汇总在一起，它是员工工资单的数据来源。

此外，在本例中，假设迟到一次应扣金额为10元，事假一次应扣金额为30元，病假一次应扣金额为15元，旷工一次应扣金额为100元。其制作的最终效果如图12-3所示。

\素材\第 12 章\无
\效果\第 12 章\员工薪资管理表.xlsx

福利表

员工编号	员工姓名	住房补助	车费补助	生活补助
YGBH1001	李丹	¥ 100.00	¥ 100	
YGBH1002	杨陶	¥ 100.00	¥ 100	
YGBH1003	刘小明	¥ 100.00	¥ 100	
YGBH1004	张嘉	¥ 100.00	¥ 100	
YGBH1005	张炜	¥ 100.00	¥ 100	
YGBH1006	李聃	¥ 100.00	¥ 100	
YGBH1007	杨娟	¥ 100.00	¥ 100	
YGBH1008	马英	¥ 100.00	¥ 100	
YGBH1009	周晓红	¥ 100.00	¥ 100	
YGBH1010	薛敏	¥ 100.00	¥ 100	
YGBH1011	祝苗	¥ 100.00	¥ 100	
YGBH1012	周纳	¥ 100.00	¥ 100	
YGBH1013	李菊芳	¥ 100.00	¥ 100	
YGBH1014				
YGBH1015				
YGBH1016				
YGBH1017				
YGBH1018				

社保扣款表

员工编号	员工姓名	基本养老保险	基本医疗保险	失业保险	工伤保险	生育保险	扣款总额
YGBH1001	李丹	¥ 151.68	¥ 34.00	¥ 17.00	¥ -	¥ -	¥ -202.68
YGBH1002	杨陶	¥ 151.68	¥ 34.00	¥ 17.00	¥ -	¥ -	¥ -202.68
YGBH1003	刘小明	¥ 151.68	¥ 34.00				
YGBH1004	张嘉	¥ 151.68	¥ 34.00				
YGBH1005	张炜	¥ 151.68	¥ 34.00				
YGBH1006	李聃	¥ 151.68	¥ 34.00				
YGBH1007	杨娟	¥ 151.68	¥ 34.00				
YGBH1008	马英	¥ 151.68	¥ 34.00				
YGBH1009	周晓红	¥ 151.68	¥ 34.00				
YGBH1010	薛敏	¥ 151.68	¥ 34.00				

考勤表

员工编号	员工姓名	迟到	事假	病假	旷工	考勤扣除
YGBH1001	李丹	2	0	0	0	¥ -20.00
YGBH1002	杨陶	1	1	2	0	¥ -70.00
YGBH1003	刘小明	0	0	0	0	¥ -
YGBH1004	张嘉	0	1	0	1	¥ -130.00
YGBH1005	张炜	0	2	0	0	¥ -60.00
					1	¥ -110.00
					0	¥ -20.00
					0	¥ -30.00
					0	¥ -
					0	¥ -
					0	¥ -
					0	¥ -
					0	¥ -10.00
					0	¥ -60.00
					0	¥ -
					0	¥ -15.00
					0	¥ -
					0	¥ -10.00

员工工资表

员工编号	员工姓名	基本工资	奖金	住房补助	车费补助	生活补助	考勤扣除	社保扣款	应发金额
YGBH1001	李丹	¥ 3,000.00	¥ 300.00	¥ 100.00	¥ 100.00	¥ 200.00	¥ -20.00	¥ -202.68	¥ 3,477.32
YGBH1002	杨陶	¥ 2,000.00	¥ 340.00	¥ 100.00	¥ 100.00	¥ 200.00	¥ -70.00	¥ -202.68	¥ 2,467.32
YGBH1003	刘小明	¥ 2,500.00	¥ 360.00	¥ 100.00	¥ 100.00	¥ 200.00	¥ -	¥ -202.68	¥ 3,057.32
YGBH1004	张嘉	¥ 2,000.00	¥ 360.00	¥ 100.00	¥ 100.00	¥ 200.00	¥ -130.00	¥ -202.68	¥ 2,427.32
YGBH1005	张炜	¥ 3,000.00	¥ 340.00	¥ 100.00	¥ 100.00	¥ 200.00	¥ -60.00	¥ -202.68	¥ 3,477.32
YGBH1006	李聃	¥ 2,000.00	¥ 300.00	¥ 100.00	¥ 100.00	¥ 200.00	¥ -110.00	¥ -202.68	¥ 2,387.32
YGBH1007	杨娟	¥ 2,000.00	¥ 300.00	¥ 100.00	¥ 100.00	¥ 200.00	¥ -20.00	¥ -202.68	¥ 2,477.32
YGBH1008	马英	¥ 3,000.00	¥ 340.00	¥ 100.00	¥ 100.00	¥ 200.00	¥ -30.00	¥ -202.68	¥ 3,507.32
YGBH1009	周晓红	¥ 2,500.00	¥ 250.00	¥ 100.00	¥ 100.00	¥ 200.00	¥ -	¥ -202.68	¥ 2,947.32
YGBH1010	薛敏	¥ 1,500.00	¥ 450.00	¥ 100.00	¥ 100.00	¥ 200.00	¥ -	¥ -202.68	¥ 2,147.32
YGBH1011	祝苗	¥ 2,000.00	¥ 360.00	¥ 100.00	¥ 100.00	¥ 200.00	¥ -	¥ -202.68	¥ 2,557.32
YGBH1012	周纳	¥ 3,000.00	¥ 360.00	¥ 100.00	¥ 100.00	¥ 200.00	¥ -	¥ -202.68	¥ 3,557.32
YGBH1013	李菊芳	¥ 2,500.00	¥ 120.00	¥ 100.00	¥ 100.00	¥ 200.00	¥ -10.00	¥ -202.68	¥ 2,807.32
YGBH1014	赵磊	¥ 3,000.00	¥ 450.00	¥ 100.00	¥ 100.00	¥ 200.00	¥ -60.00	¥ -202.68	¥ 3,587.32
YGBH1015	王涛	¥ 2,000.00	¥ 120.00	¥ 100.00	¥ 100.00	¥ 200.00	¥ -	¥ -202.68	¥ 2,317.32
YGBH1016	刘仪伟	¥ 3,000.00	¥ 120.00	¥ 100.00	¥ 100.00	¥ 200.00	¥ -15.00	¥ -202.68	¥ 3,302.32
YGBH1017	杨柳	¥ 2,000.00	¥ 450.00	¥ 100.00	¥ 100.00	¥ 200.00	¥ -	¥ -202.68	¥ 2,647.32
YGBH1018	张洁	¥ 2,500.00	¥ 450.00	¥ 100.00	¥ 100.00	¥ 200.00	¥ -10.00	¥ -202.68	¥ 3,137.32

图12-3 员工薪资管理表效果

2. 案例制作分析

在案例的制作过程中，主要涉及制作表格结构、录入表格数据以及计算各种数据，其具体的制作流程如图12-4所示。

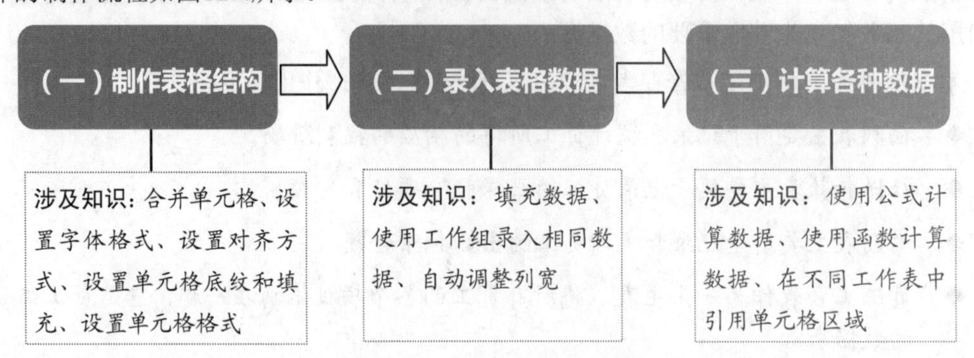

图12-4　员工薪资管理表的制作流程

3. 案例制作详解

下面具体讲解员工薪资管理表的具体制作过程。

（一）制作表格结构

Step 01 新建并重命名工作表

新建“员工薪资管理表”工作簿，新建“Sheet2”、“Sheet3”、“Sheet4”3张空白工作表，并分别将工作表重命名为“福利表”、“社保扣款”、“考勤表”和“工资表”。

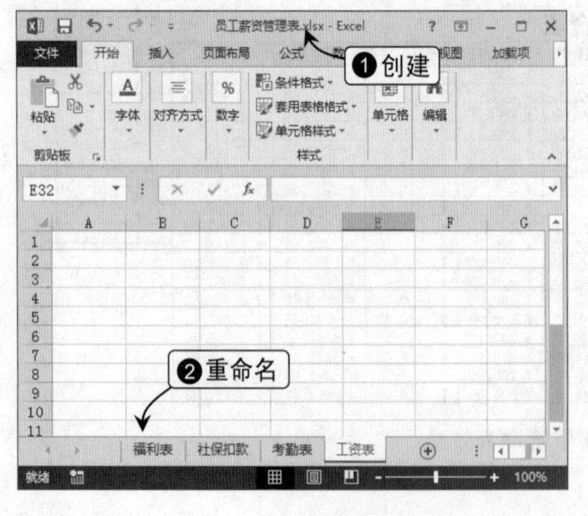

Step 02 在福利表中添加标题

在“福利表”工作表中合并A1:E1单元格区域，在A1单元格中输入标题，将其字体格式设置为“方正大黑简体、20号”。

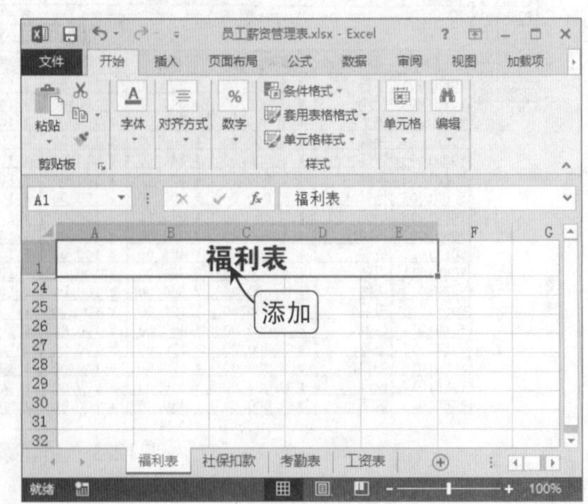

Step 03 在福利表中添加表头

在A2:E2单元格区域中输入表头，将其字体格式设置为“微软雅黑、居中”，并为该单元格区域设置对应的填充颜色。

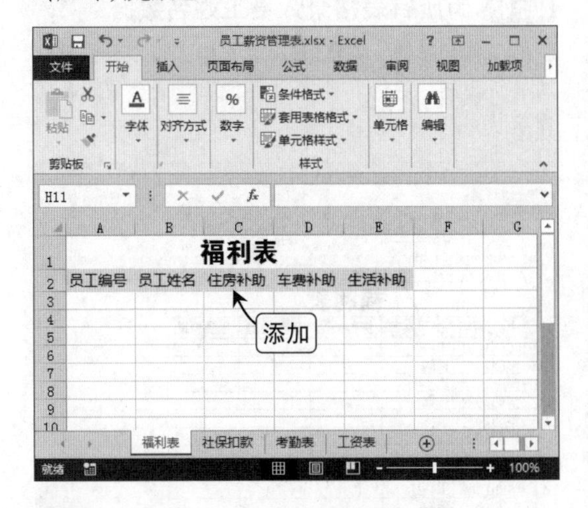

Step 04 为福利表添加边框效果

选择A2:E20单元格区域，在设置边框效果的下拉菜单中选择“所有框线”选项，为其添加所有框线边框效果。

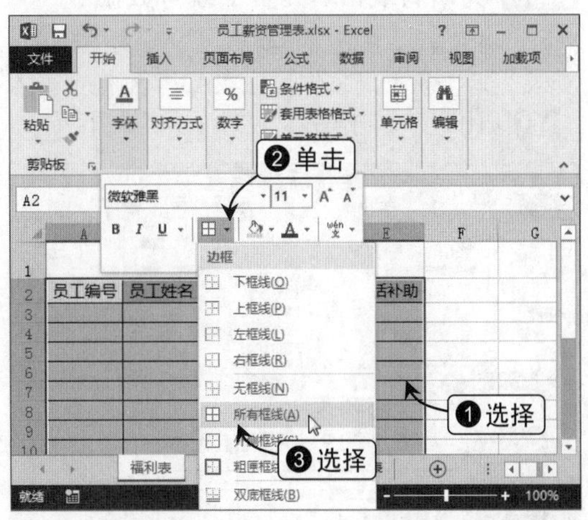

Step 05 更改单元格区域的数字格式

选择C2:E20单元格区域，在“数字”组的“常规”下拉列表中选择“会计专用”选项，更改单元格的默认数字格式。

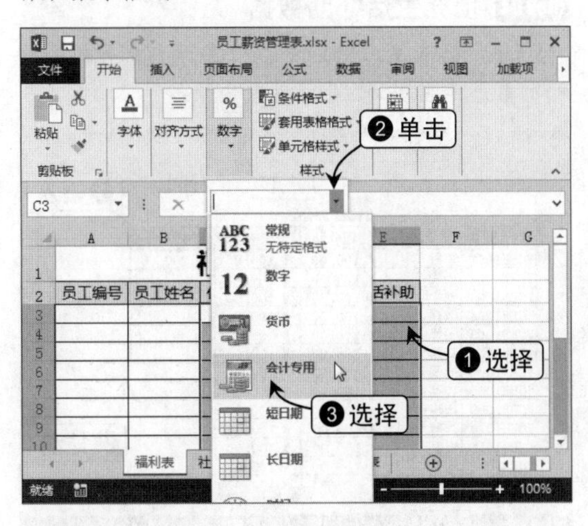

Step 06 自动调整列宽

选择A~E列，在“格式”下拉菜单中选择“自动调整列宽”选项，更改表格的列宽。

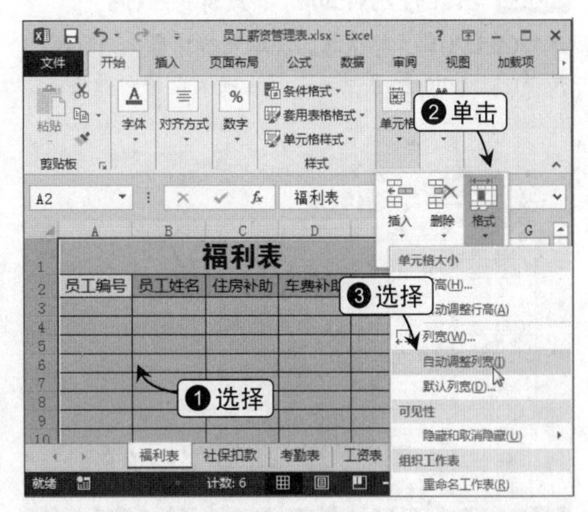

Step 07 制作其他表格结构

用相同的方法制作“社保扣款”、“考勤表”和“工资表”工作表的表格结构，并为创建的表格设置对应的外观效果和数字格式。

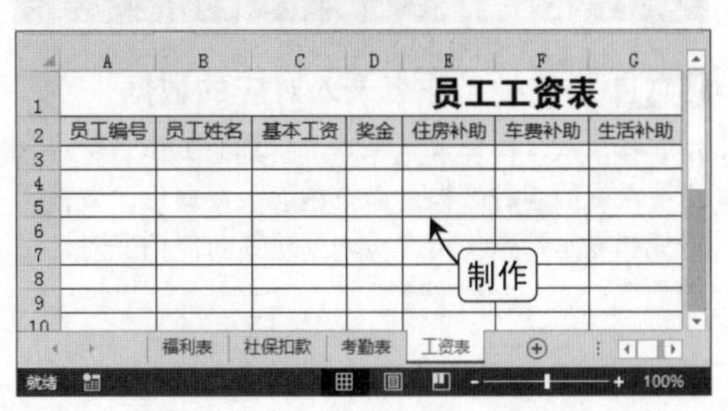

（二）录入表格数据

Step 01 为所有表格填充员工编号数据

选择“福利表”、“社保扣款”、“考勤表”和“工资表”工作表形成工作组，在A3单元格中输入“YGBH1001”，向下拖动控制柄填充数据。

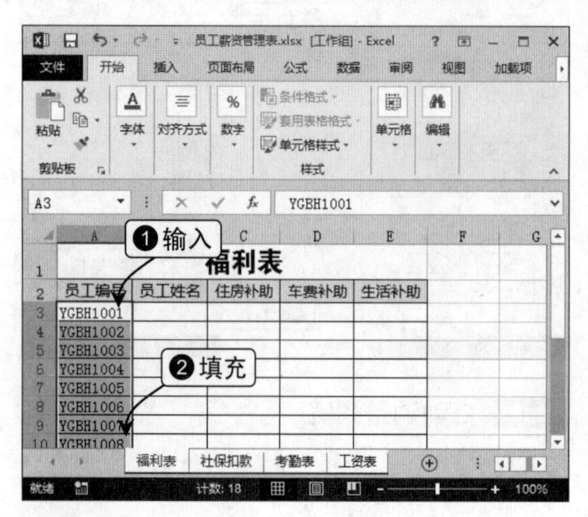

Step 02 为所有表格录入员工姓名数据

保持工作组状态，在B3:B20单元格区域中分别输入所有员工的姓名，单击任意其他工作表标签退出工作组状态。

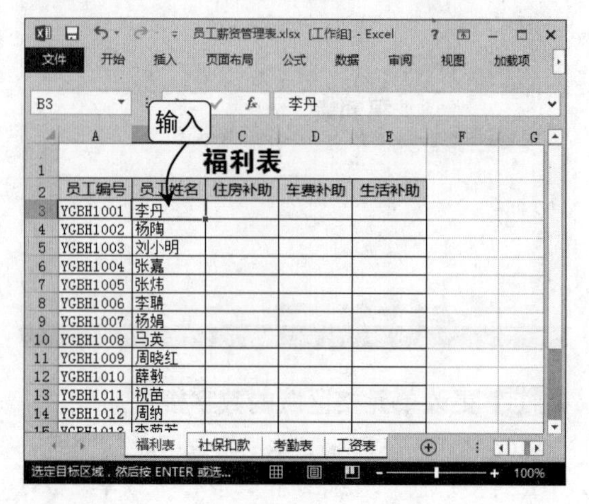

Step 03 填充住房补助和车费补助数据

选择C3:D20单元格区域，在编辑栏中输入“100”，按【Ctrl+Enter】组合键为该区域填充相同数据。

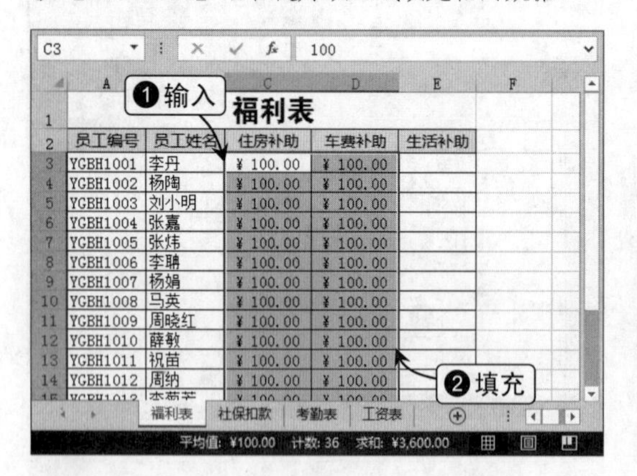

Step 04 填充生活补助数据

在E3单元格输入“200”，向下拖动该单元格的控制柄填充其他员工的生活补助金额。

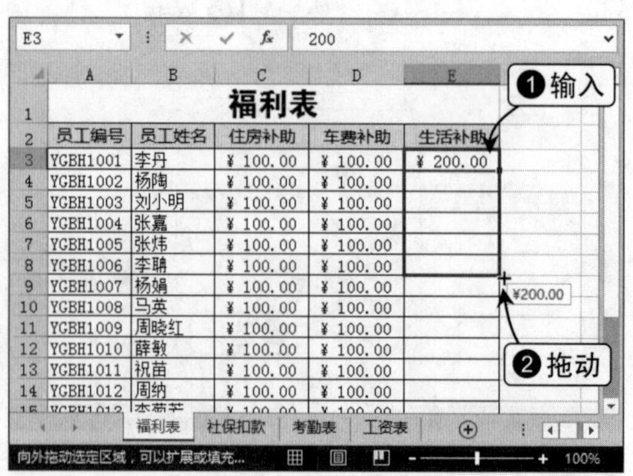

Step 05 为其他工作表录入对应的数据

用直接录入、快速填充等方法在其他工作表中录入需要录入的各种数据，如果在录入数据后，数据不能完整显示，则使用自动调整列宽功能调整对应列的列宽。

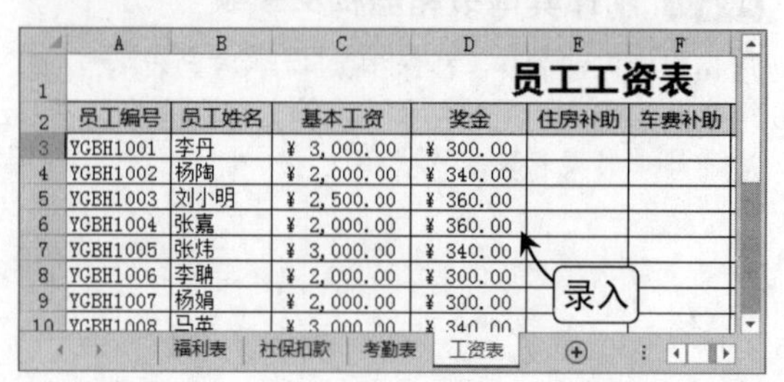

（三）计算各种数据

Step 01 计算员工的社保扣款总额

在“社保扣款”工作表中选择H3:H20单元格区域，在编辑栏中输入公式“=-SUM(C3:G3)”，按【Ctrl+Enter】组合键计算员工的社保扣款总额。

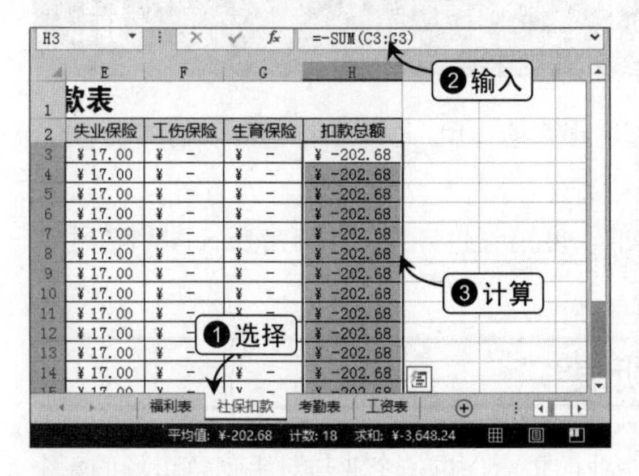

Step 02 计算员工的考勤扣除总额

在“考勤表”工作表中选择G3:G20单元格区域，在编辑栏中输入公式“=-(C3*10+D3*30+E3*15+F3*100)”，按【Ctrl+Enter】组合键计算考勤扣除总额。

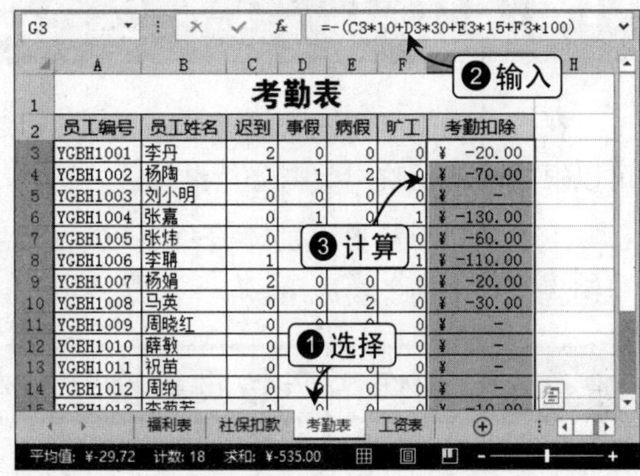

Step 03 引用住房补助数据

在“工资表”工作表中使用公式“=VLOOKUP(A3,福利表!$A$3:$E$20,3,FALSE)”将“福利表”工作表的住房补助数据引用到该表格。

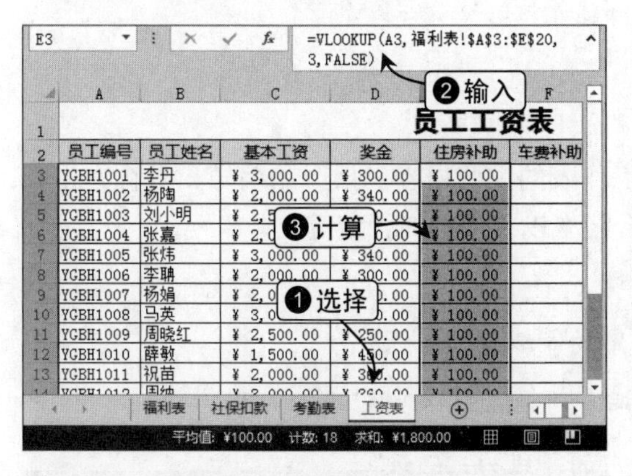

Step 04 引用其他数据

用相同方法将“福利表”工作表的其他数据、“社保扣款”和“考勤表”工作表中的汇总数据引用到“工资表”工作表的对应位置。

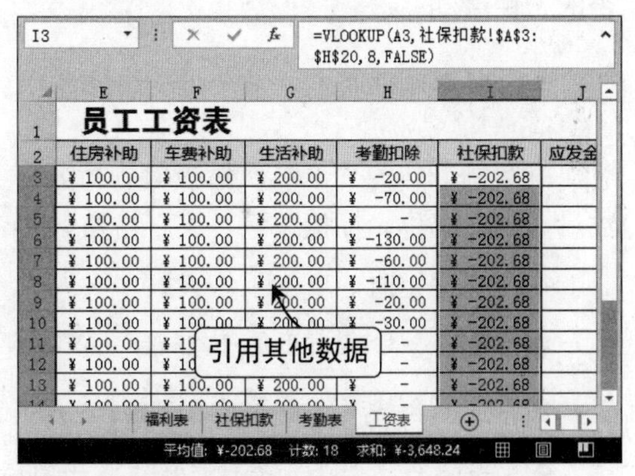

Step 05 计算每位员工的应发金额

在“工资表”工作表中选择J3:J20单元格区域，在编辑栏中输入公式“=SUM(C3:I3)”，按【Ctrl+Enter】组合键确认输入的公式，并计算所有员工的应发金额数据。

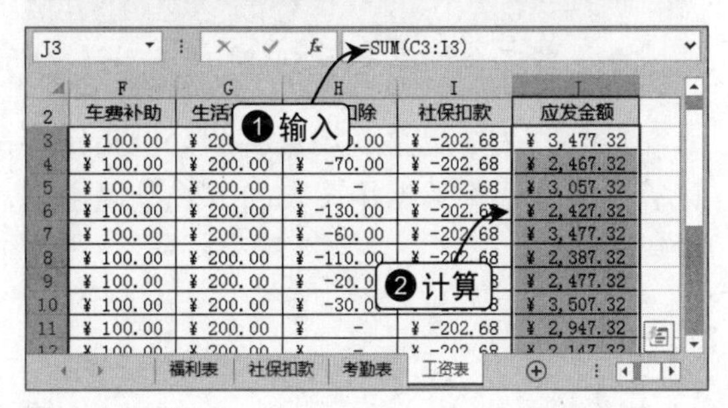

制作工资条的注意事项

在实际办公过程中，如果要根据工资表制作工资条，最好复制一张“工资表”副本工作表，这样可以避免将工资明细单的结构打乱，如果直接在“工资表”工作表上制作工资条，整个表格结构被打乱，后期如果需要再管理工资表的数据，就显得麻烦了。

12.2 生产与销售管理

制作产品生产不合格率图表和年度销售趋势分析图表

在产品的生产与销售管理方面，Excel也起着很大的作用，尤其是使用Excel的图表功能，可以很清晰地反映出数据分析结果。

下面将以分析产品的不合格率以及产品的年度销售趋势为例来讲解Excel具体在生产与销售管理中的主要应用。

12.2.1 制作“产品质量检验分析表”

在竞争激烈的经济形势下，产品质量是企业的生命，也是企业与对手竞争市场的一个重要筹码。建立完善的质量体系必须依赖于生产，而生产过程则是保证产品质量的关键。

质量检验是整个质量管理工作的重要内容，它主要是对产品的一项或多项质量特性进行观察、测量、试验，并将结果与规定的质量要求进行比较，以判断每项质量特性合格与否的一种活动。

1. 案例制作目标

本案例制作的“产品质量检验分析表”工作表的主要内容包括产品编号、名称、生产数量、生产单位、抽检数量、不合格数、不合格率以及等级的评定等。

在等级评定时，有如下假设：

- 当不合格率小于等于 2%时，产品评定的等级为“A 级”。
- 当不合格率小于等于 3.5%时，产品评定的等级为“B 级”。
- 当不合格率小于等于 5%时，产品评定的等级为“C 级”。
- 当不合格率大于 5%时，产品评定的等级为“D 级”。

此外，为了更直观地查看和分析指定产品的不合格率占比情况，本案例采用将表格中计算的不合格率数据用图表的方式呈现出来，其制作的最终效果如图12-5所示。

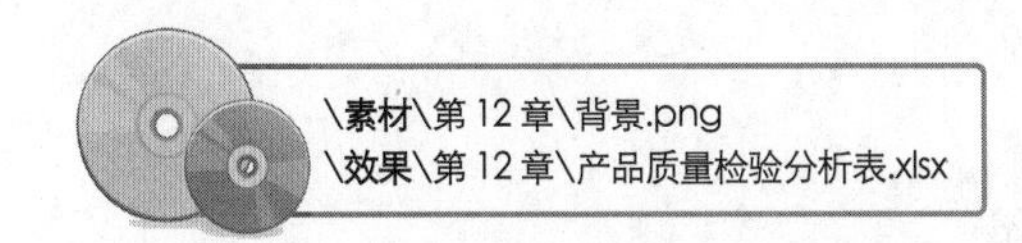

一车间产品质量检验报告表

填表日期：2013-5-17

生产日期	生产单位	生产数量	抽检数量	不合格数	不合格率	评级
2013/5/16	第1生产线	4854	600	12	2.00%	A级
2013/5/16	第2生产线	4765	580	10	1.72%	A级
2013/5/16	第3生产线	4892	600	21	3.50%	B级
2013/5/16	第4生产线	4687	580	22	3.79%	C级
2013/5/16	第5生产线	4321	520	12	2.31%	B级
2013/5/16	第6生产线	3894	480	25	5.21%	D级
2013/5/16	第7生产线	3975	480	24	5.00%	C级
2013/5/16	第8生产线	4201	520	32	6.15%	D级
2013/5/16	第9生产线	4601	560	22	3.93%	C级
2013/5/16	第10生产线	4756	580	15	2.59%	B级

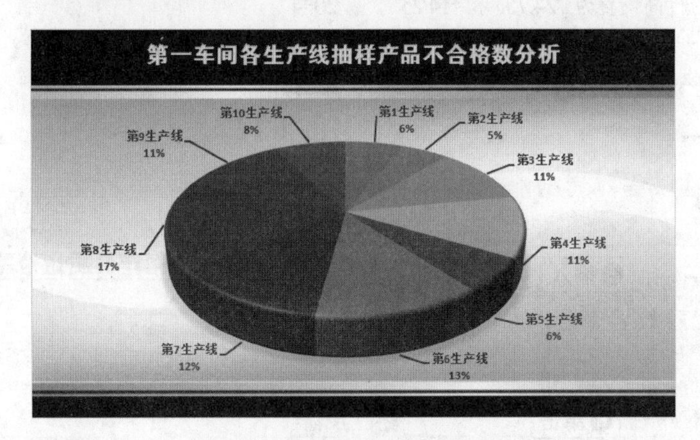

图12-5　产品质量检验分析表效果

2. 案例制作分析

在案例的制作过程中，主要涉及表格数据的录入和图表的制作。需要注意的是，由于品质检验是某一个时间的抽样检查，因此在表格中必须将制表日期记录详细。本案例具体的制作流程如图12-6所示。

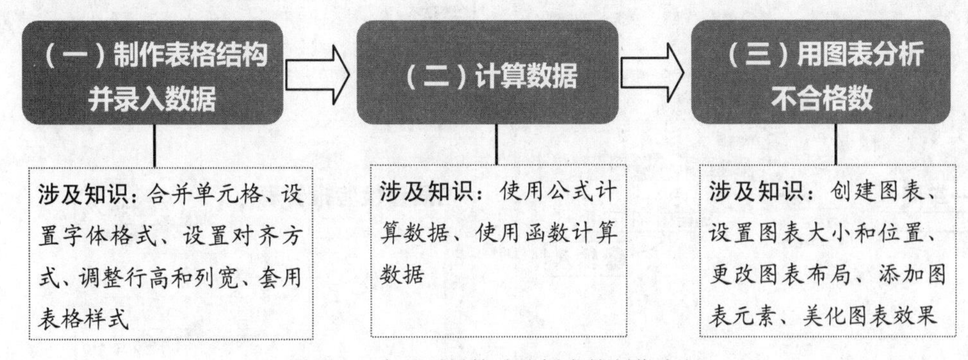

图12-6　产品质量检验分析表的制作流程

3. 案例制作详解

下面具体讲解产品质量检验分析表的制作过程。

（一）制作表格结构并录入数据

Step 01 调整行高

新建“产品质量检验分析表”工作簿，将“Sheet1”工作表重命名为“质量检验报告表”，分别将第1行和第2行单元格的行高设置为“24.75”和“14.25”。

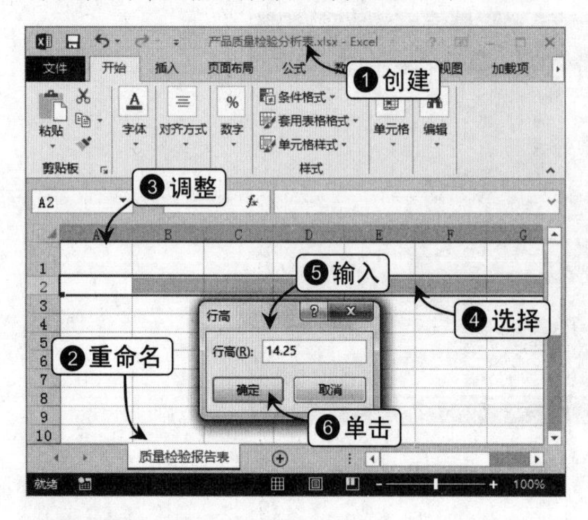

Step 02 添加标题

分别合并A1:H1和A2:H2单元格区域，在A1单元格中输入标题，将其字体格式设置为“方正大黑简体、20号”。

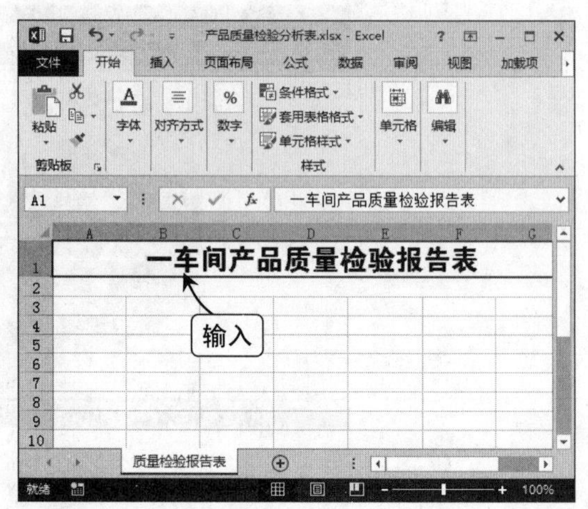

Step 03 添加填表日期

在A2单元格中输入填表日期，将其字体格式设置为“宋体、10号”，选择A2单元格，在“对齐方式”组中单击“右对齐”按钮，设置对齐方式。

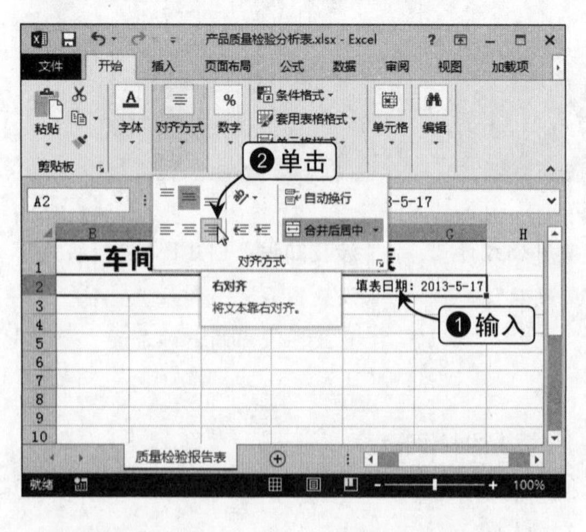

Step 04 设置单元格行高

将第3行的行高设置为“18.75”，将第A~F列单元格的列宽设置为“12.38”，将第G列单元格的列宽设置为“7.88”。

Step 05 添加表格数据并设置表头

在A3:G3单元格区域中输入相应的表格数据，将表头数据的字体格式设置为“微软雅黑”，将其对齐方式设置为居中对齐。

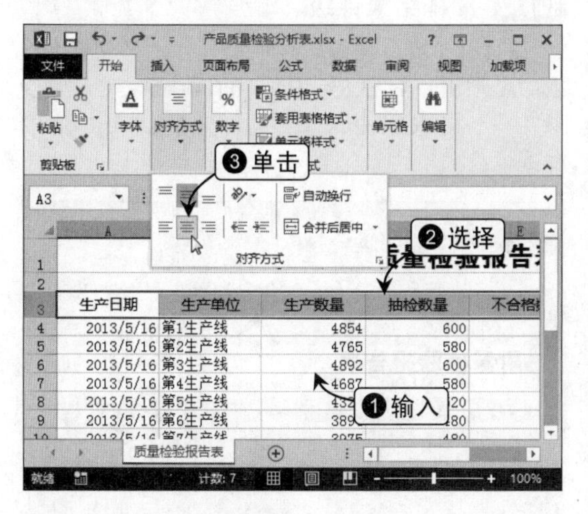

Step 06 设置表格内容格式并设置数字格式

将C4:G13单元格区域的对齐方式设置为居中对齐方式，将F4:F13单元格区域的单元格的数据类型设置为百分比类型。

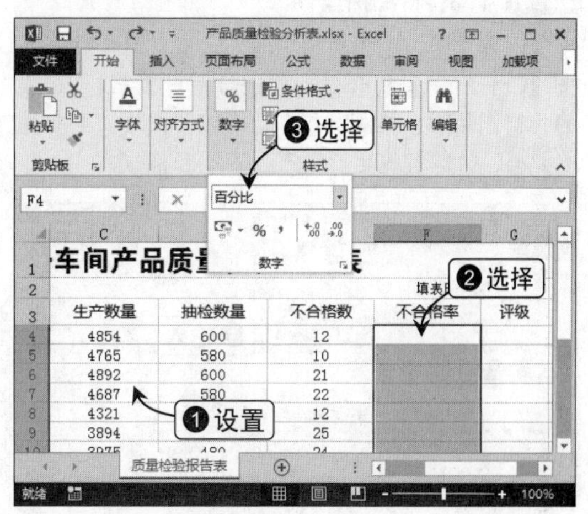

Step 07 选择表格样式

选择A3:G13单元格区域，单击“套用表格格式”按钮，选择“表样式中等深浅9”样式。

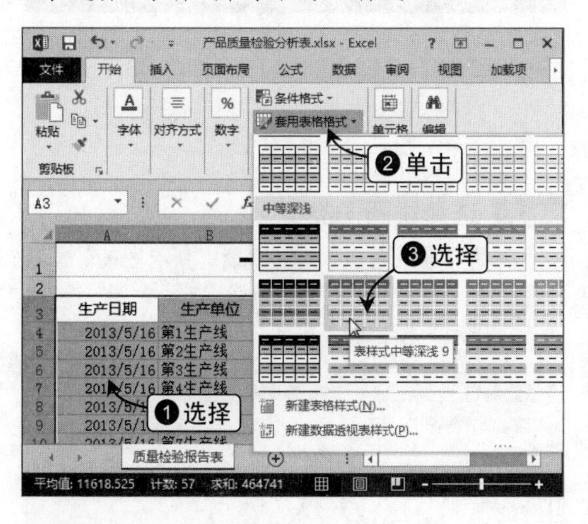

Step 08 确认设置的表格样式

在打开的对话框中单击“确定”按钮，确认为表格套用的样式。

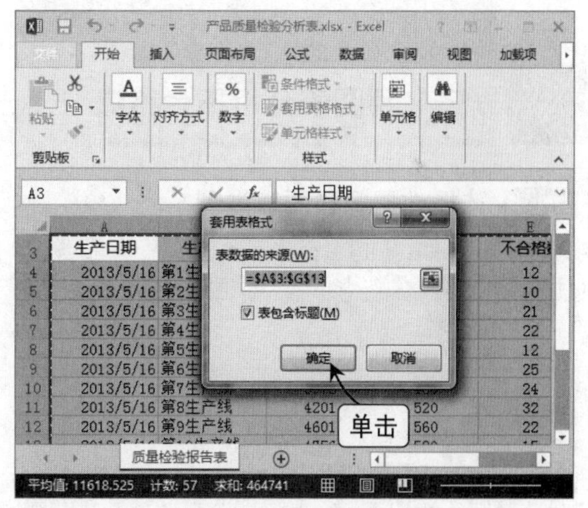

Step 09 退出自动筛选状态

单击“表格工具 设计”选项卡，在“表格样式选项”组中取消选中“筛选按钮”复选框，退出表头右侧添加的自动筛选下拉按钮。

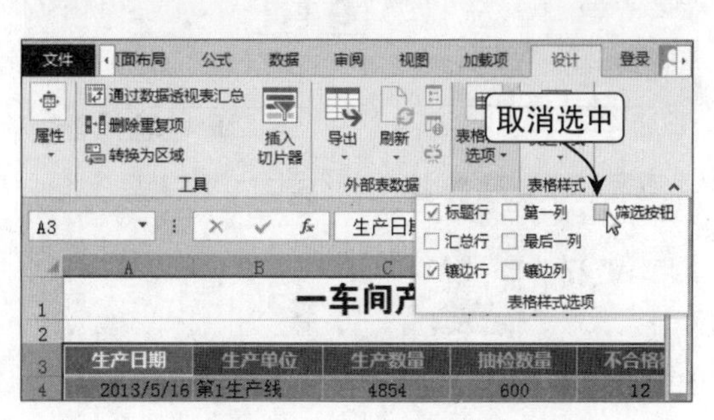

（二）计算数据

Step 01 计算不合格率

选择F4单元格，在编辑栏中输入公式“=E4/D4”，按【Ctrl+Enter】组合键，程序自动计算第1生产线的抽样产品不合格率，并自动将该公式填充到其他单元格，计算其他生产线产品的不合格率。

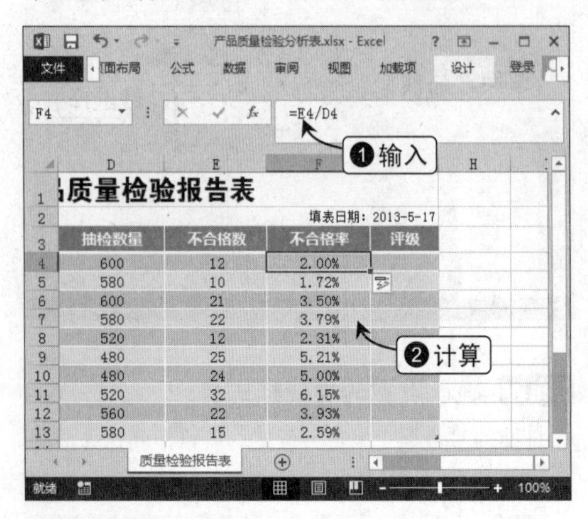

Step 02 抽样结果评级

选择G4单元格，在编辑栏中输入公式“=IF(F4<=2%,"A级",IF(F4<=3.5%,"B级",IF(F4<=5%,"C级","D级")))”，按【Ctrl+Enter】组合键为各生产线的抽样结果评级。

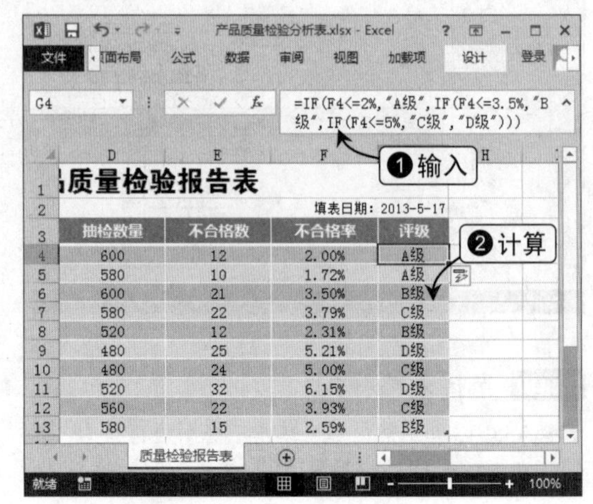

（三）用图表分析不合格数

Step 01 选择数据源和图表类型

选择B3:B13和E3:E13单元格区域，单击“插入”选项卡，在“图表”组中单击“饼图”按钮，选择“更多饼图”选项。

Step 02 选择饼图子类型

在打开的“插入图表”对话框的“所有图表”选项卡中，在“饼图”选项卡中选择“三维饼图”选项，单击“确定”按钮插入饼图。

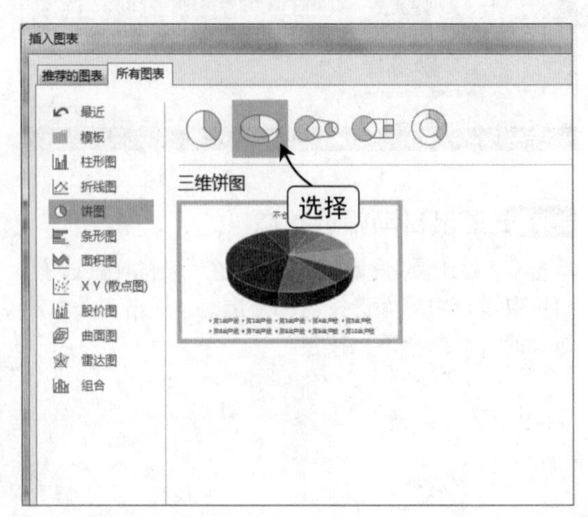

Step 03 调整图表大小

单击“图表工具 格式”选项卡，在“大小”组的“高度”数值框中输入“10.7厘米”，在“宽度”数值框中输入“18.31厘米”。

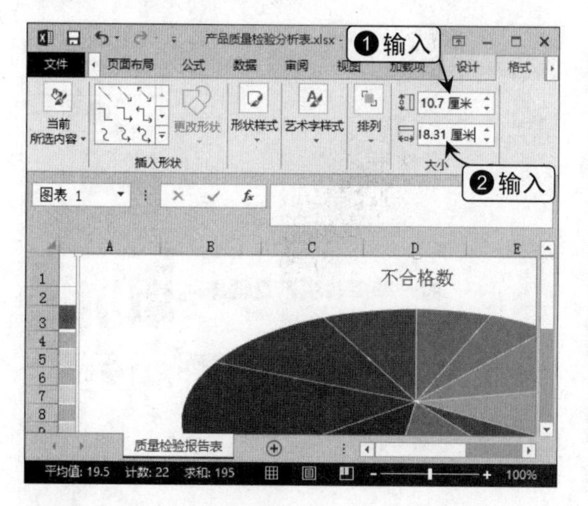

Step 04 移动图表位置

选择图表，按住鼠标左键不放，并进行拖动，当拖动到合适位置后，释放鼠标左键完成图表位置的移动操作。

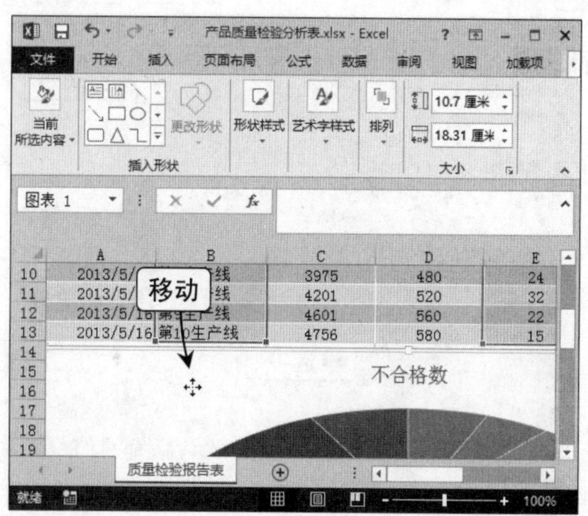

Step 05 更改图表样式

单击“图表工具 设计”选项卡，在“图表样式”组中单击“快速样式”按钮，选择“样式8”选项。

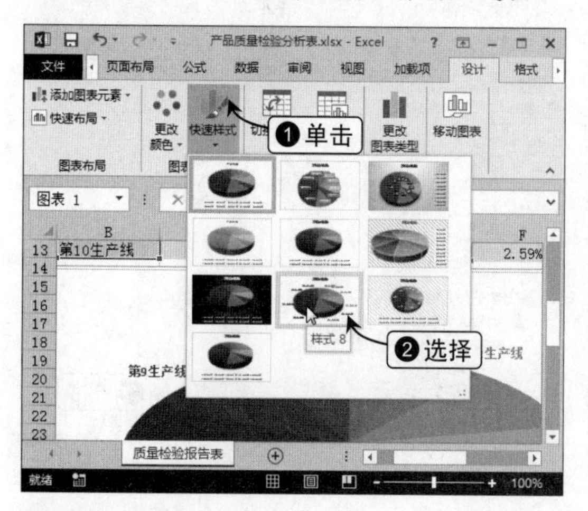

Step 06 设置图表标题

修改图表标题，并将其字体格式设置为“方正大黑简体、18、加粗”。

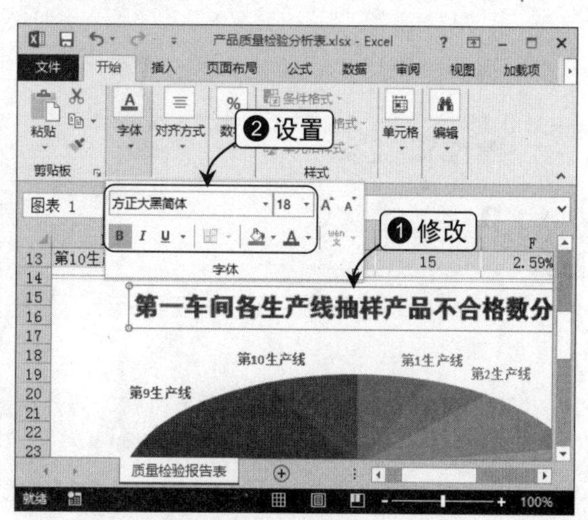

Step 07 添加图表元素

单击图表右侧的“图表元素”快速按钮，将鼠标光标移动到“数据标签”复选框选项上，单击右侧的▶按钮，选择“更多选项”命令。

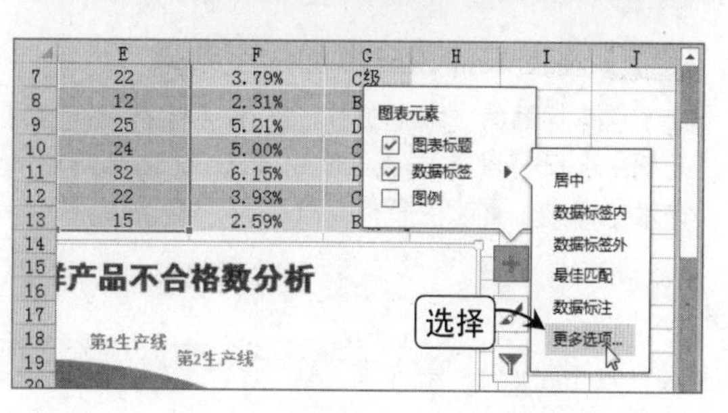

Step 08 添加数据标签的显示内容

在打开的"设置数据标签格式"窗格中选中"百分比"复选框，然后单击右上角的"关闭"按钮关闭该窗格。

Step 09 选择"图片"命令

选择图表，单击"图片工具 格式"选项卡，在"形状样式"组中单击"形状填充"下拉按钮，选择"图片"命令。

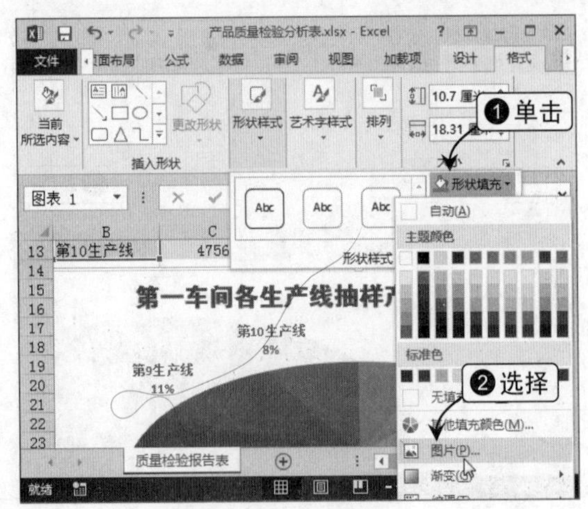

Step 10 单击"浏览"按钮

在打开的界面中单击"来自文件"选项右侧的"浏览"按钮。

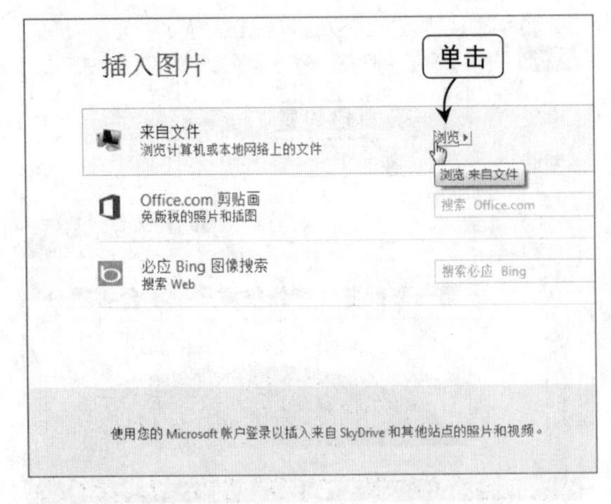

Step 11 选择需要插入的图片

在打开的对话框中选择需要插入的背景图片，单击"插入"按钮，将该图片设置为图表的背景填充。

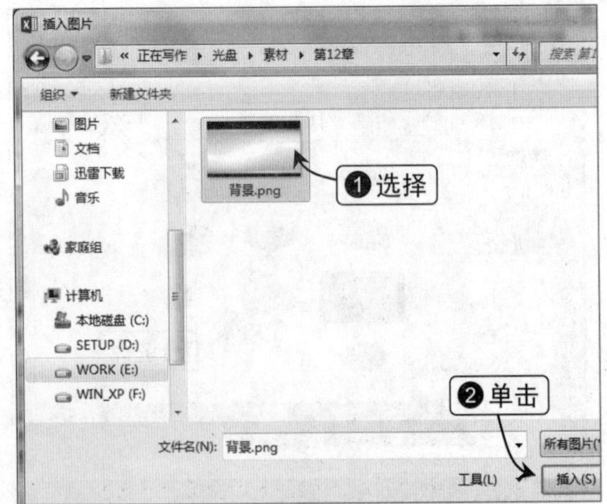

Step 12 将图表标题应用艺术字效果

选择图表标题的文本框，在"艺术字样式"组的列表框中选择"填充-灰色-25%，背景2，内部阴影"艺术字样式，更改图表标题效果。

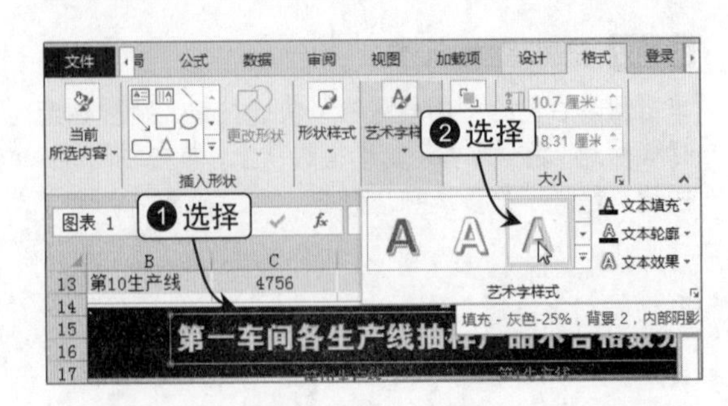

Step 13 调整绘图区大小

选择绘图区，将鼠标光标移动到任意顶角控制点上，按住【Shift】键的同时，向内拖动鼠标光标调整绘图区的大小。

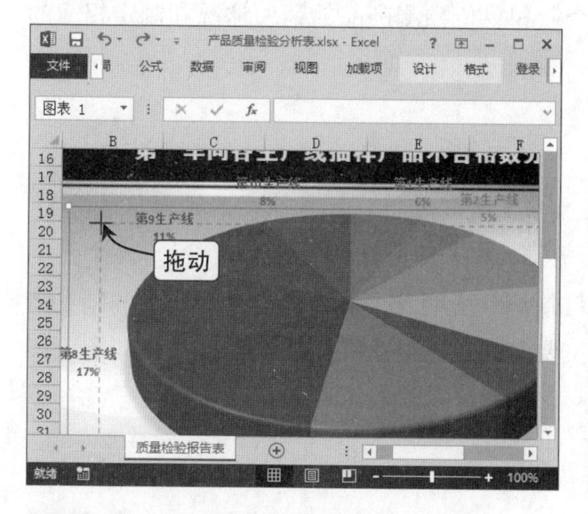

Step 14 调整数据标签的显示位置

两次单击任意数据标签将其选择，按住鼠标左键不放，拖动鼠标调整数据标签的显示位置。

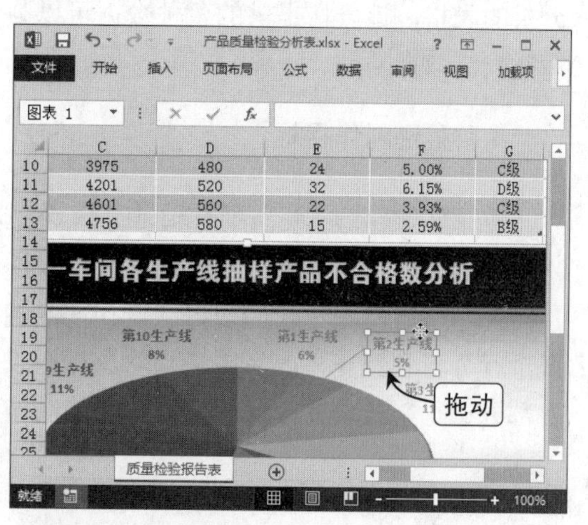

Step 15 调整其他数据标签的显示位置

用相同的方法调整其他数据标签的显示位置，将其调整为全部用引导线指向对应的图表扇区。

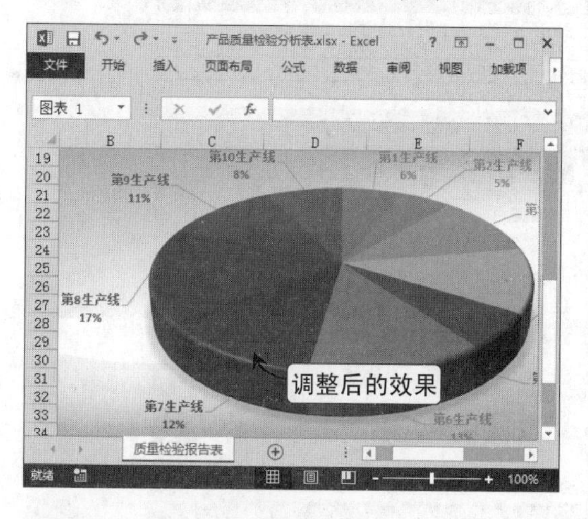

Step 16 设置数据标签的字体颜色

选择所有数据标签，在“开始”选项卡中将其字体颜色设置为“紫色”。

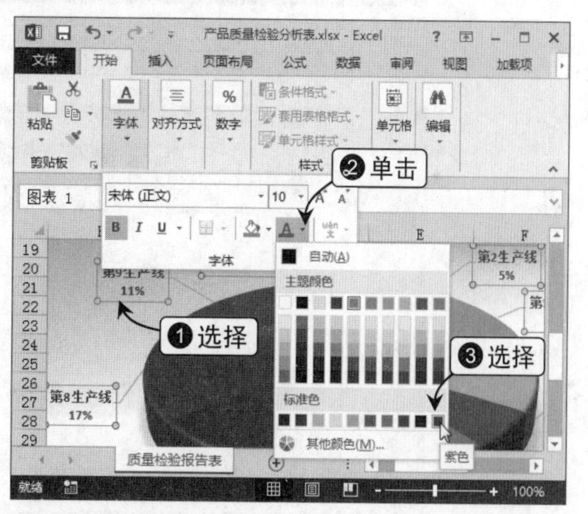

Step 17 设置引导线的格式

选择所有引导线，在“图表工具 格式”选项卡的“形状轮廓”下拉菜单中将其轮廓颜色设置为红色，再次弹出该下拉菜单，在“粗细”子菜单中选择“1.5磅”选项，更改引导线的显示格式。

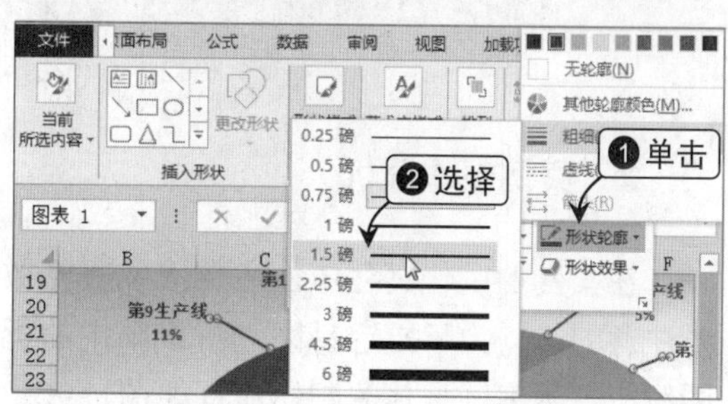

12.2.2 制作“产品年度销量分析表”

产品年度销量分析表是企业或单位对指定产品在指定时间段中的销售情况进行统计与分析的表格，该表格提供的各种数据可以为企业和单位预测产品的销售情况和制定相应的策略提供数据基础。

1. 案例制作目标

本案例制作的“产品年度销量分析表”工作表主要是统计当年各季度的销售总量情况，该表格的主要内容包括商品名称及1～12月的销量。

本案例将根据统计的数据，制作产品销量趋势分析图表，从而直观地对产品的销量情况进行分析和预测，产品销量趋势分析图表主要是通过创建折线图图表，然后再对图表的各部分进行格式设置，从而完成图表的制作，其制作的最终效果如图12-7所示。

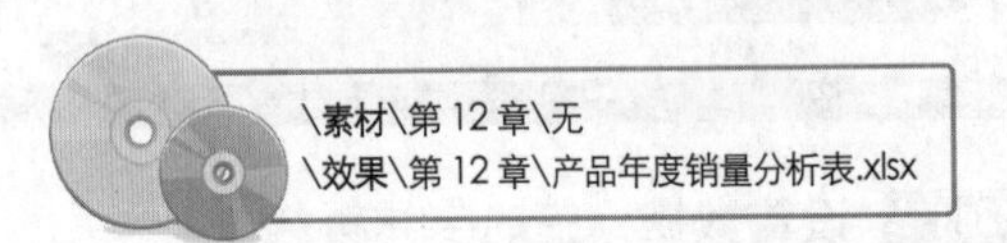

美的家电2014年各月销量统计

商品名称	1月	2月	3月	4月	5月	6月	7月	8月	9月	10月	11月	12月
电饭煲	251	283	295	297	286	328	346	342	289	276	338	407
电磁炉	380	423	412	443	358	408	442	398	439	455	441	466
微波炉	212	223	245	238	235	246	221	198	180	145	129	106

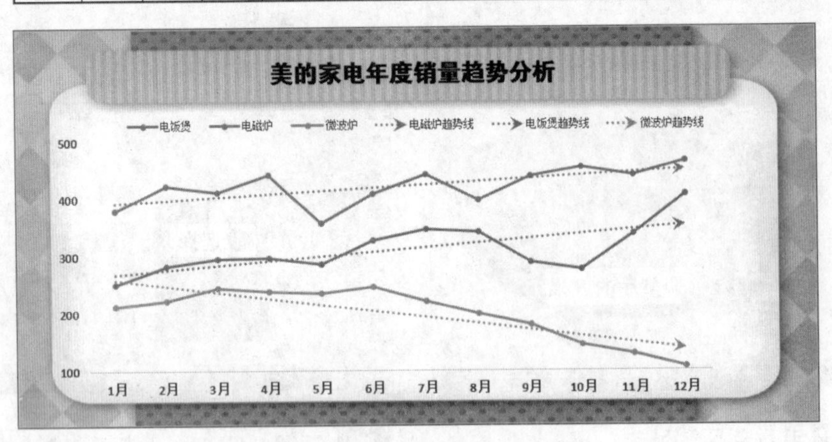

图12-7 产品年度销量分析表效果

2. 案例制作分析

在案例的制作过程中，主要涉及表格数据的录入并设置，以及根据数据创建图表，需要注意的是，为了更容易区别折线图中的折线与添加的趋势线，二者最好不要同时设置相同线型。本案例具体的制作流程如图12-8所示。

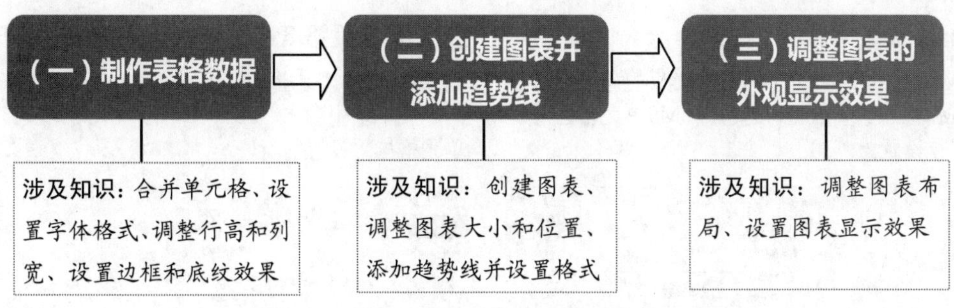

图12-8　产品年度销量趋势分析表的制作流程

3. 案例制作详解

下面具体讲解产品年度销量分析表的制作过程。

（一）制作表格数据

Step 01　调整第 1 行的行高

新建“产品年度销量分析表”工作簿，选择第1行单元格，打开“行高”对话框，在“行高”文本框中输入“33”，单击“确定”按钮。

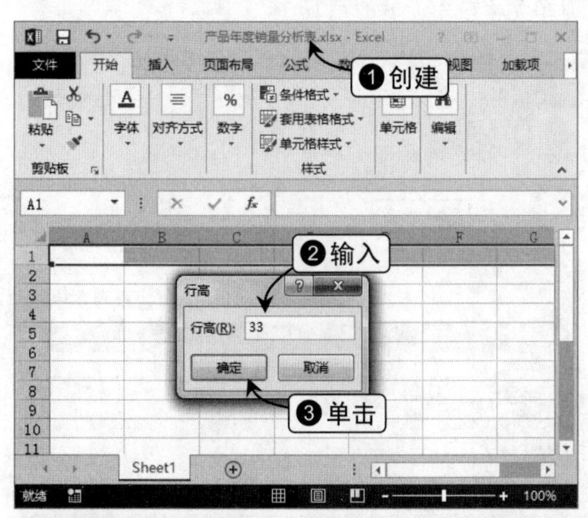

Step 02　添加标题并设置效果

合并A1:M1单元格区域，输入标题文本，将其字体格式设置为“方正大黑简体、20”，将其字体颜色设置为“橙色，着色2，深色25%”。

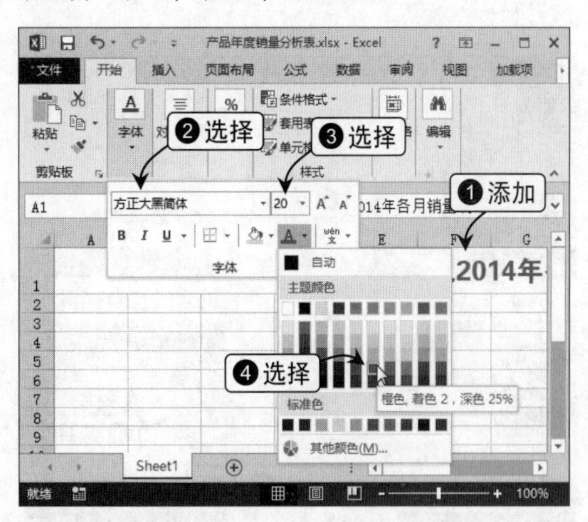

Step 03　添加表头并设置效果

将第2行的行高设置为21，在A2:M2单元格区域中输入表头文本，将其字体格式设置为“微软雅黑、加粗、居中”，将其字体颜色设置为白色，并为A2:M2单元格区域设置“橙色，着色2，深色25%”填充颜色。

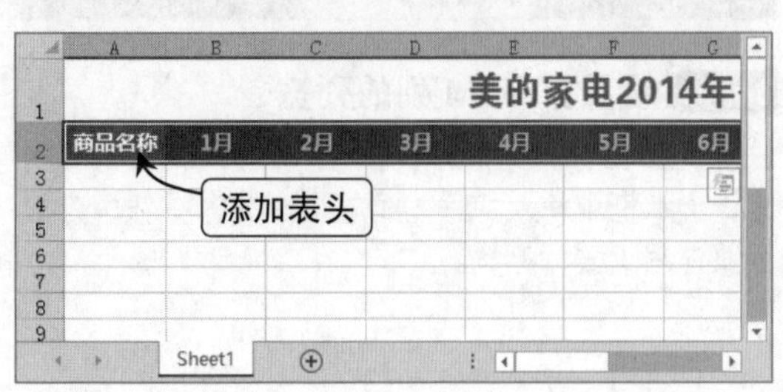

Step 04 添加表格数据

在A3:M5单元格区域中分别输入对应的商品名称和各商品各月的销量数据，选择A3:M5单元格区域，将其字号设置为“10”。

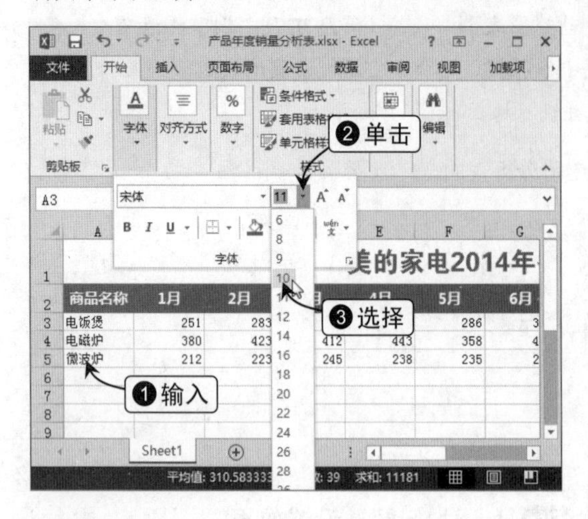

Step 05 设置第 3~5 行单元格的行高

选择第3~5行单元格，打开“行高”对话框，在“行高”文本框中输入“18”，单击“确定”按钮，为单元格应用设置的行高。

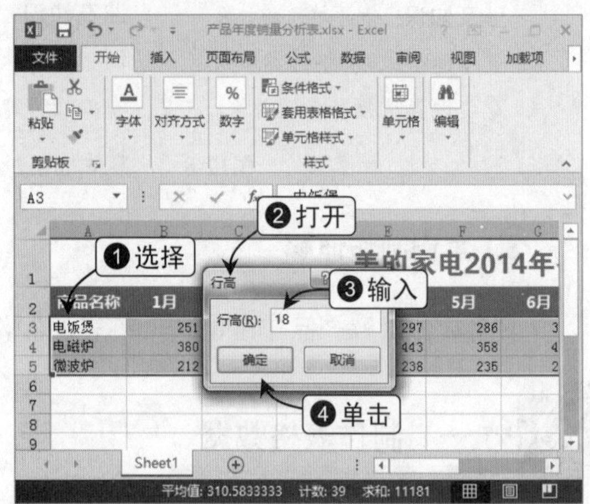

Step 06 添加边框

选择A2:M5单元格区域，单击“下边框”按钮右侧的下拉按钮，选择“所有框线”选项，为单元格区域添加边框效果。

Step 07 设置第 A 列的列宽

选择第A列单元格，打开“列宽”对话框，在“列宽”文本框中输入“9.13”，单击“确定”按钮，为单元格应用设置的列宽。

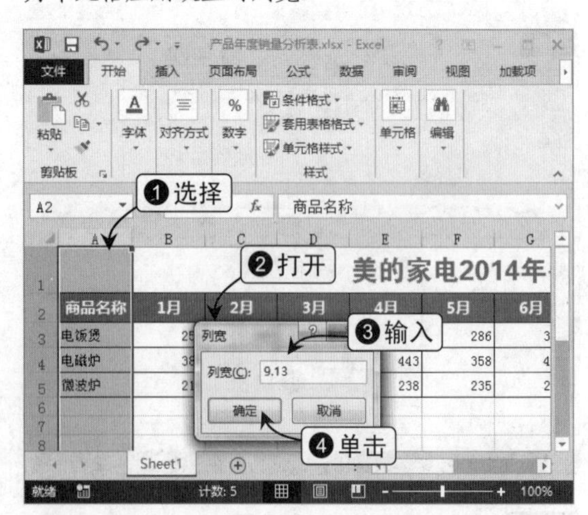

Step 08 设置第 B~M 列的列宽

选择第B~M列单元格，打开“列宽”对话框，在“列宽”文本框中输入“8”，单击“确定”按钮，为单元格应用设置的列宽。

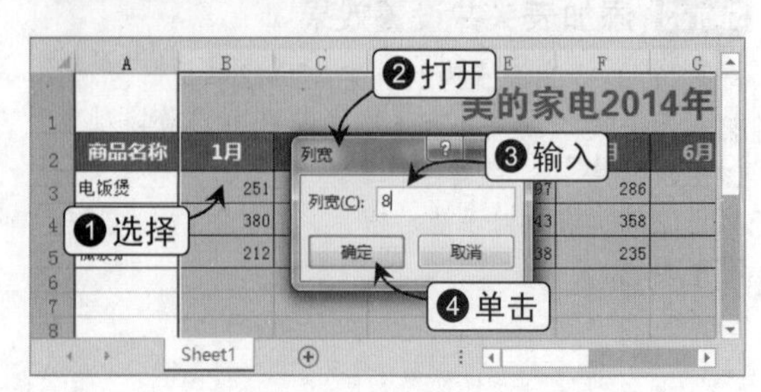

（二）创建图表并添加趋势线

Step 01 创建图表

选择A3:M5单元格区域，在“折线图”下拉菜单中选择“带数据标记的折线图”选项，创建图表。

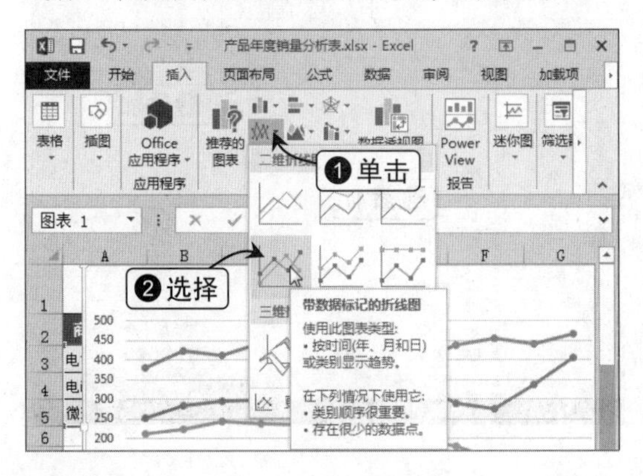

Step 02 移动图表位置并调整大小

将图表移动到合适的位置，并将其高度和宽度分别设置为“11.5厘米”和“24厘米”。

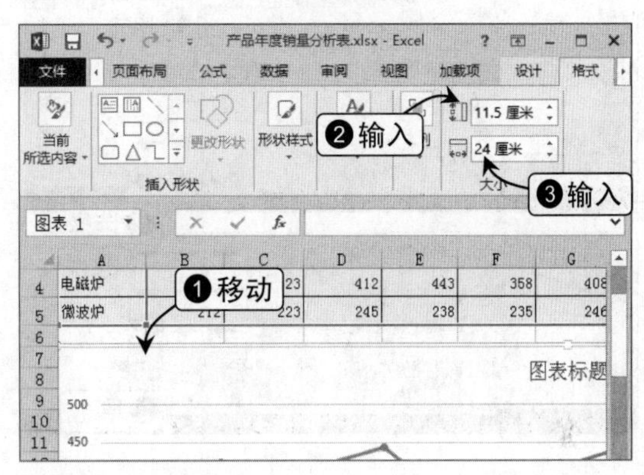

Step 03 选择“添加趋势线”命令

选择电磁炉数据系列右击，在弹出的下拉菜单中选择“添加趋势线”命令。

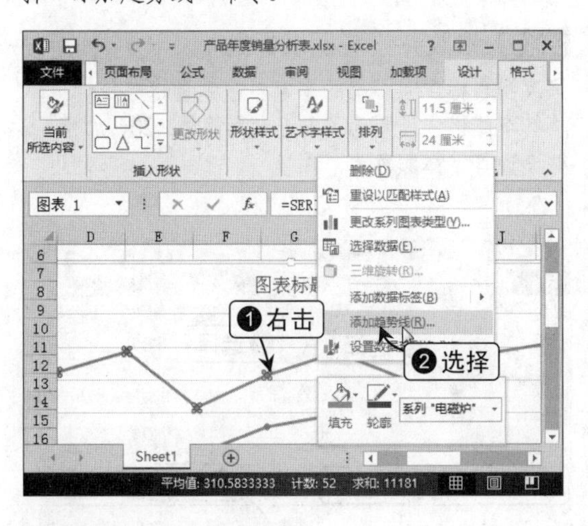

Step 04 更改趋势线名称

在打开的“设置趋势线格式”窗格中选中“自定义”单选按钮，并在其后输入“电磁炉趋势线”文本。

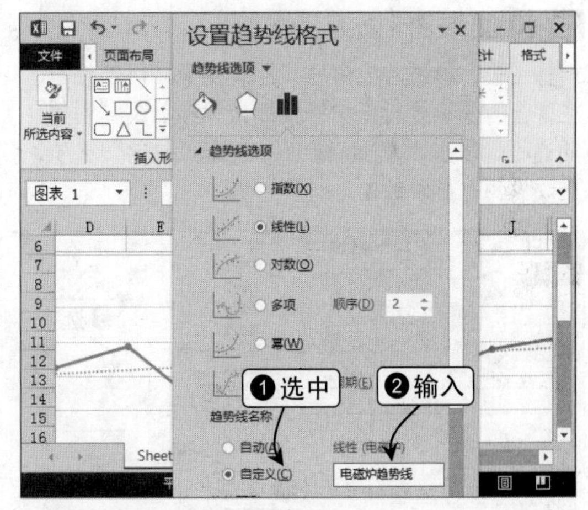

Step 05 设置趋势线线宽

单击“填充线条”选项卡，在“线条”栏的“宽度”数值框中输入“2磅”，更改默认的趋势线线宽。

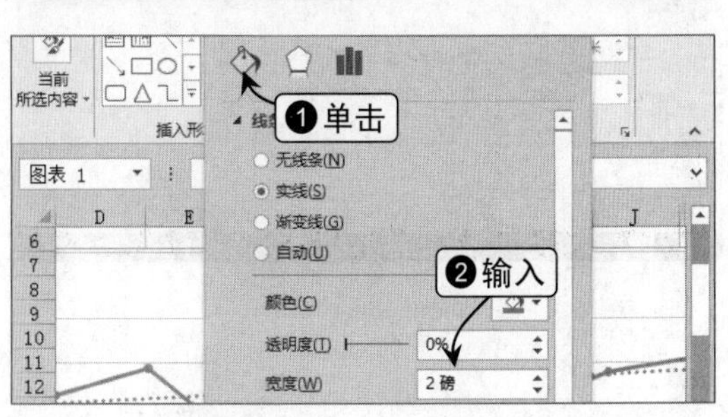

Step 06 更改趋势线的末端箭头效果

单击“箭头末端类型”按钮，选择“燕尾箭头”样式，单击“箭头末端大小”按钮，选择“右箭头9”选项，更改趋势线的末端箭头类型和大小。

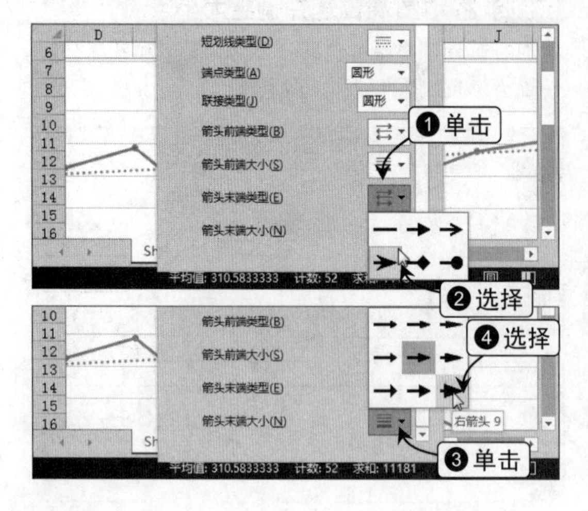

Step 07 添加其他趋势线

用相同的方法分别为“电饭煲”和“微波炉”数据系列添加对应效果的“电饭煲趋势线”和“微波炉趋势线”。

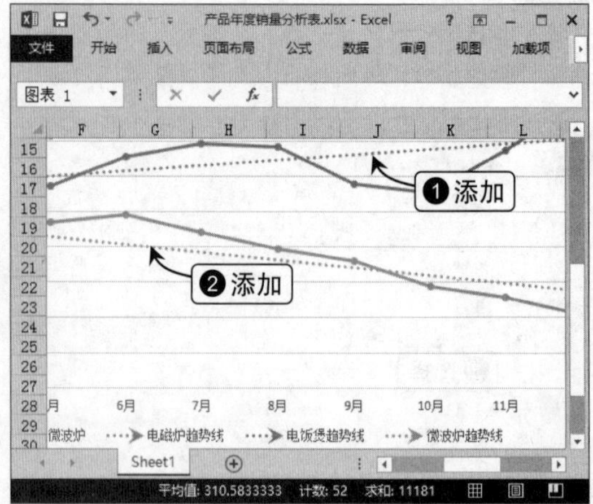

（三）调整图表的外观显示效果

Step 01 更改图例显示为位置

选择图表，单击右上角的“图表元素”快速按钮，在弹出的快速分析库中将鼠标光标移动到“图例”复选框选项上，单击▶按钮，选择“顶部”选项，更改图例的显示位置。

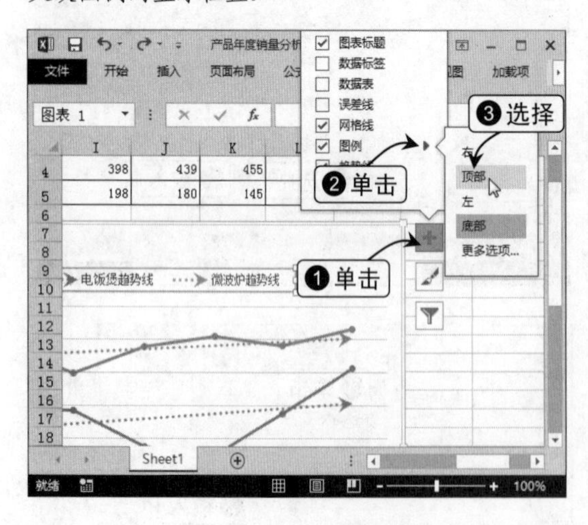

Step 02 修改并设置图表标题

修改图表标题为“美的家电年度销量趋势分析”，将其字体格式设置为“方正大黑简体、20、加粗”，并设置其字体颜色为“深蓝”。

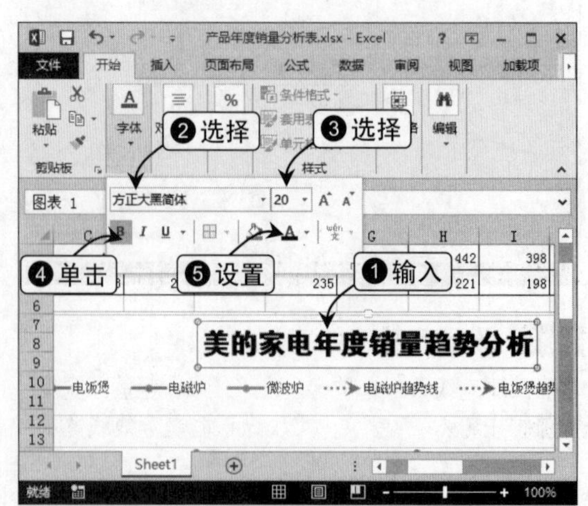

Step 03 调整坐标轴文本的字体格式

将纵坐标轴刻度以及横坐标轴的分类文本的字体格式设置为“11、加粗”。

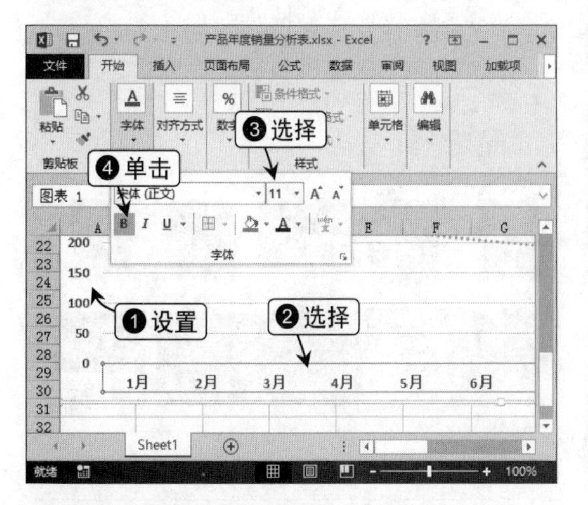

Step 04 选择“设置坐标轴格式”命令

选择纵坐标轴刻度右击，选择“设置坐标轴格式”命令。

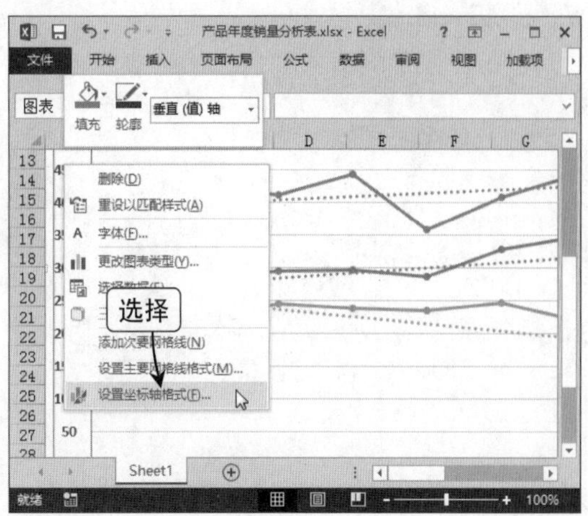

Step 05 自定义坐标轴刻度

打开“设置坐标轴格式”窗格，在“最小值”文本框中输入“100”，在“主要”文本框中输入“100”，单击窗格右上角的“关闭”按钮，关闭该窗格。

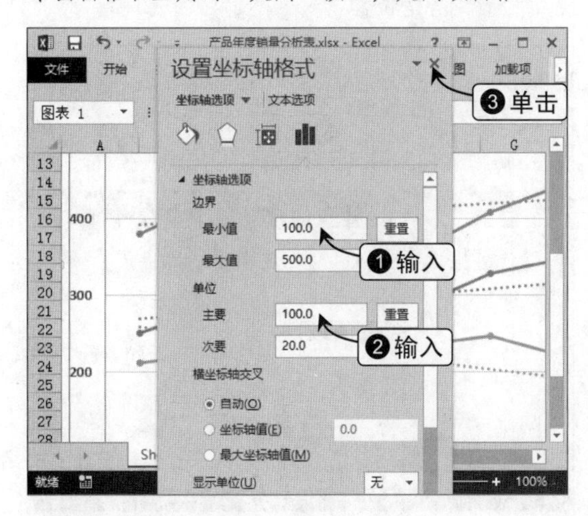

Step 06 取消显示网格线

选择图表，单击“图表元素”按钮，在“网格线”子菜单中取消选中“主轴主要水平网格线”复选框，取消显示图表中显示的网格线。

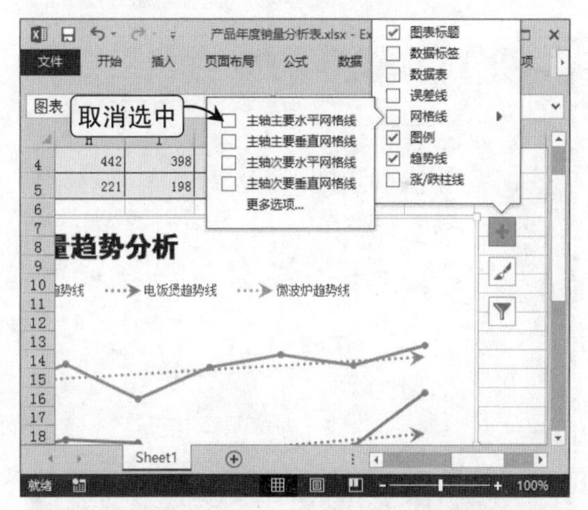

Step 07 选择“图片”命令

单击“图表工具 格式”选项卡，在“形状样式”组中单击“形状填充”下拉按钮，选择“图片”命令。

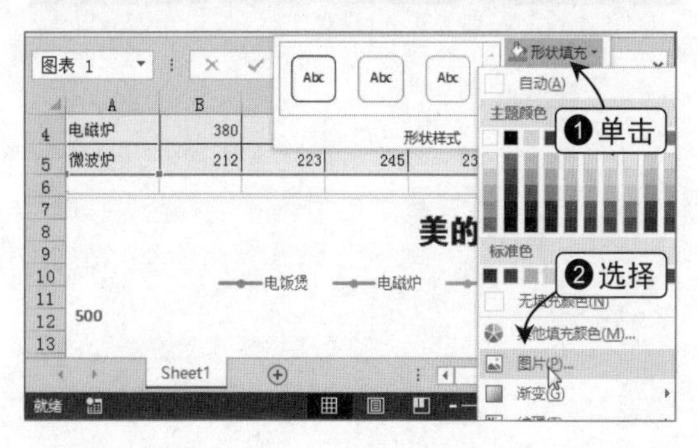

Step 08 用关键字搜索剪贴画

在打开的界面中将文本插入点定位到“Office.com 剪贴画”选项右侧的文本框中，输入“背景”关键字，按【Enter】键。

Step 09 插入需要的剪贴画

在搜索结果选择需要的剪贴画选项，单击“插入”按钮，将选择的剪贴画插入到图表的图表区，作为图表的背景填充，并关闭该界面。

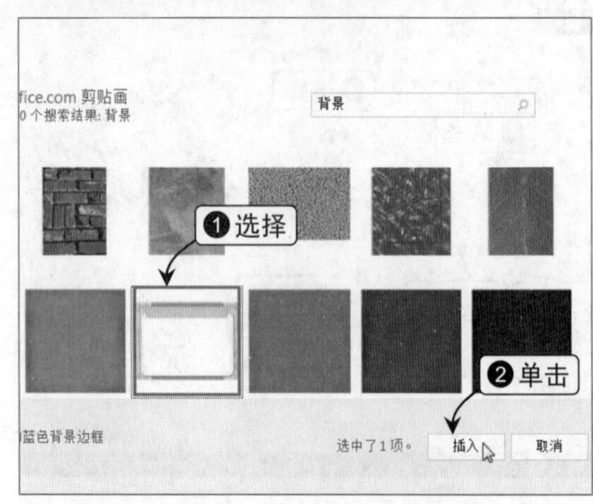

Step 10 调整绘图区的大小

选择绘图区，按住【Shift】键的同时，向内拖动鼠标调整绘图区的显示区域到背景的白色区域中。

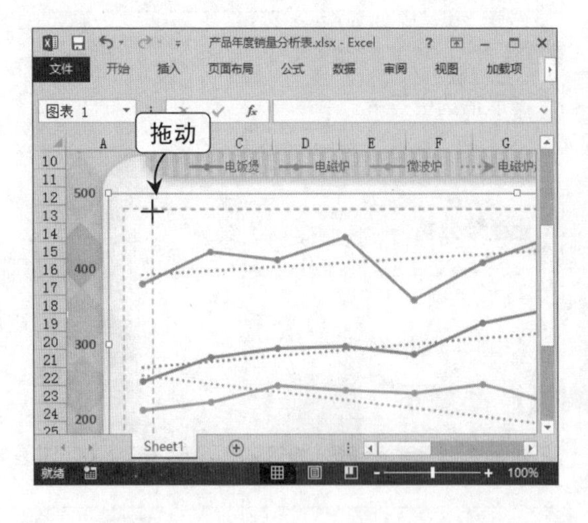

Step 11 移动图例和图表标题的位置

选择图例，按住【Shift】键的同时，向下拖动鼠标将其下移到白色区域中，用同样的方法移动图表标题的位置到合适位置。

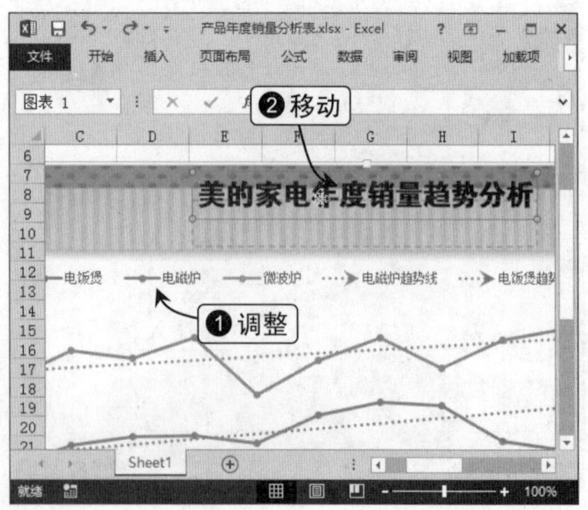

Chapter 13

PowerPoint 商务演示综合案例

员工培训

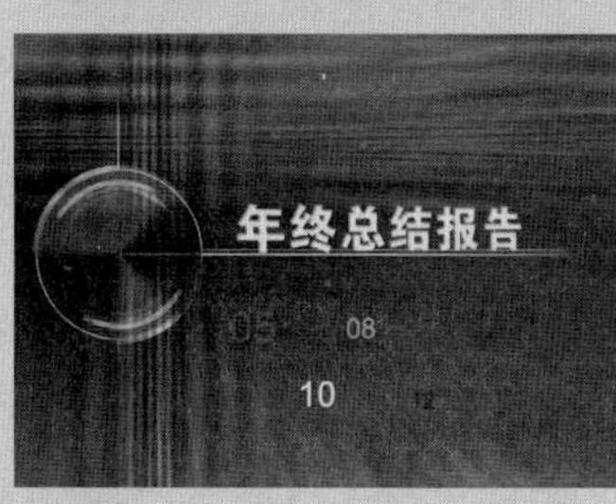

年终总结报告

陶瓷品宣传

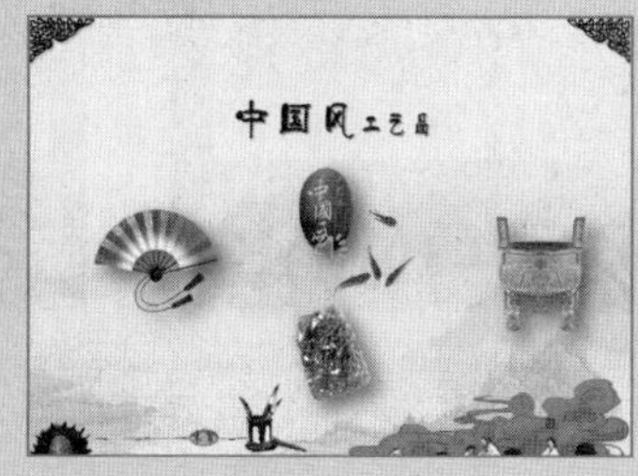

工艺品推广销售

13.1 人事与行政管理

制作员工培训和年终总结报告演示文稿

企业的人事与行政管理包括多项不同的工作，如对新员工进行职前教育与培训、召开各种工作会议等，在这些方面借助PowerPoint强大的辅助展示功能，可以使管理工作更加得心应手，事半功倍。

下面将具体通过制作员工培训和年终总结报告演示文稿来讲解PowerPoint在人事与行政管理中的主要应用。

13.1.1 制作“员工培训”演示文稿

员工培训是指公司或企业为开展业务及培训人才的需要，采用各种方式对员工进行有目的、有计划的培养和训练的管理活动，其目的是使员工了解企业，不断地更新知识，开拓技能，改进员工的动机、态度和行为，从而促进组织效率的提高和组织目标的实现。

1. 案例制作目标

本案例制作的“员工培训”演示文稿的受众主要是公司新员工，所以，本案例将从公司情况、背景、结构、制度、岗位职责等方面进行设计，其制作的最终效果如图13-1所示。

\素材\第 13 章\员工培训
\效果\第 13 章\员工培训.pptx

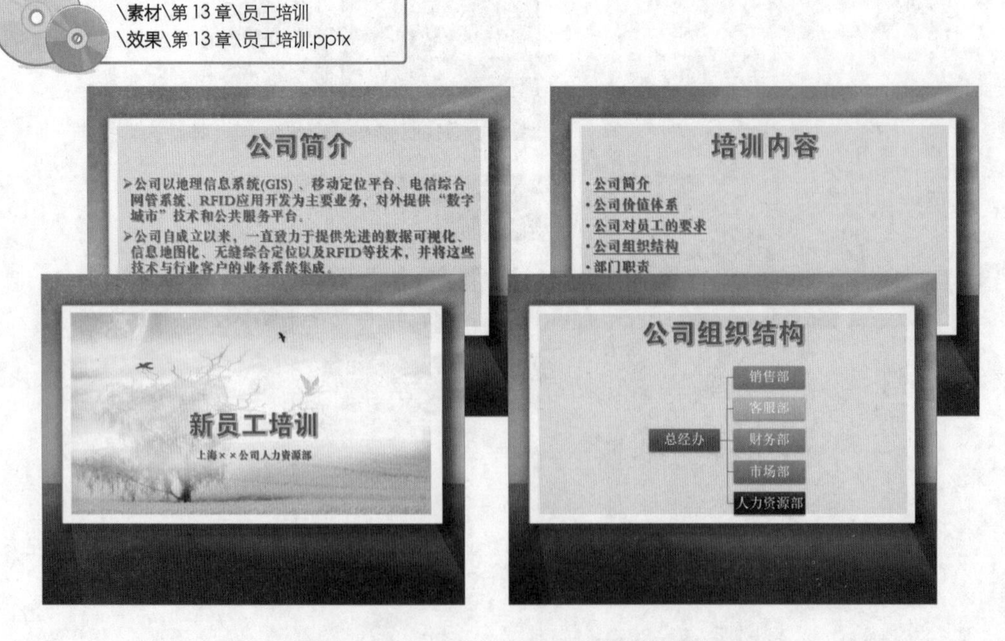

图13-1　“员工培训”演示文稿部分效果

2．案例制作分析

在案例的制作过程中，主要涉及制作幻灯片母版、制作内容幻灯片以及制作动画效果，本案例提供了一张背景图片，为了使幻灯片背景不显得太单一，可以对该图片稍作处理。在制作内容幻灯片时，为了让目录幻灯片能够起到导航作用，需对其添加对应的超链接。本案例具体的制作流程如图13-2所示。

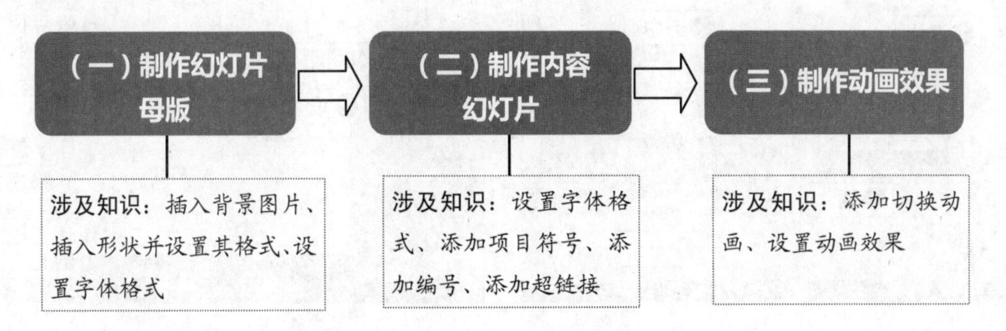

图13-2　“员工培训”演示文稿的制作流程

3．案例制作详解

下面将具体讲解“员工培训”演示文稿的制作过程。

（一）制作幻灯片母版

Step 01 设置幻灯片大小

新建“员工培训”演示文稿，切换到“设计”选项卡，在“自定义”组中单击“幻灯片大小”按钮，选择“标准（4:3）”选项。

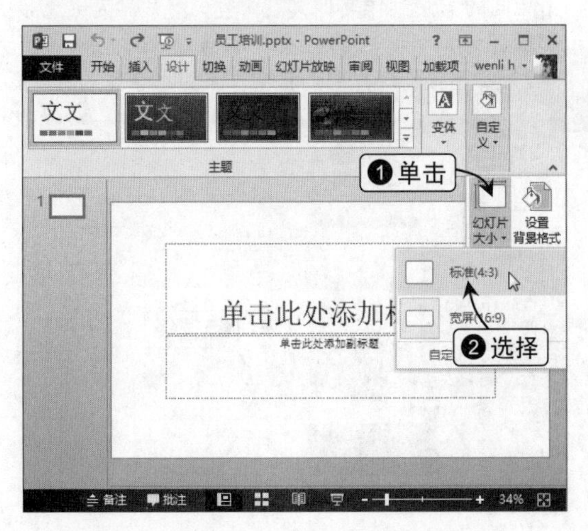

Step 02 打开“设置背景格式”窗格

切换到“视图”选项卡，在“母版视图”组中单击“幻灯片母版”按钮，单击“背景”组中的“对话框启动器”按钮，打开“设置背景格式”窗格。

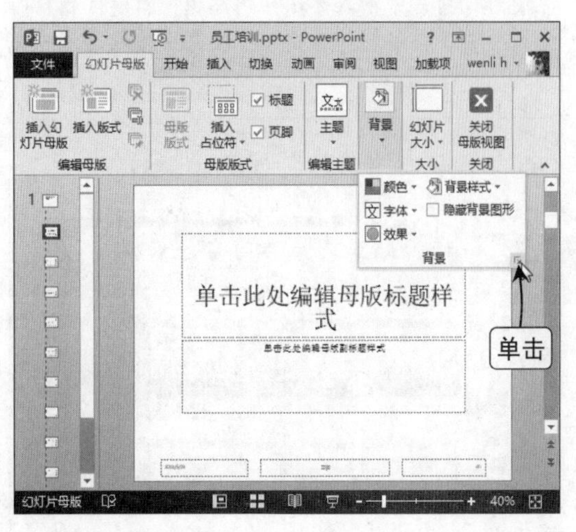

Step 03 插入背景图片

选择主题母版幻灯片，在窗格中选中“图片或纹理填充”单选按钮，单击“文件”按钮，插入“背景”素材图片，关闭“设置背景格式”窗格。

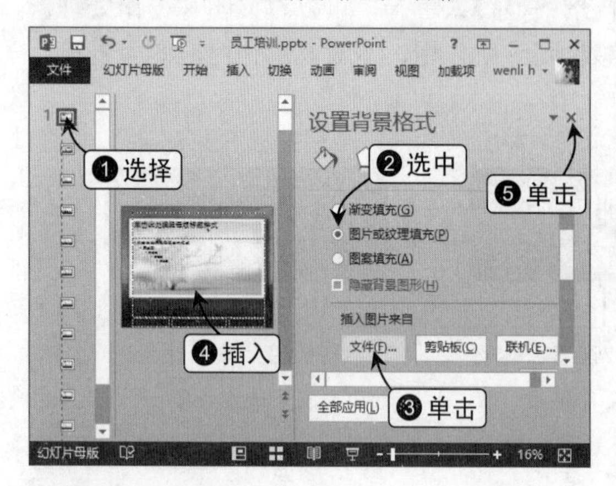

Step 04 设置形状格式

在幻灯片中绘制矩形，为其设置合适的填充颜色和轮廓颜色，然后将其置于底层，切换到标题幻灯片中，在“背景”组中选中“隐藏背景图形”复选框。

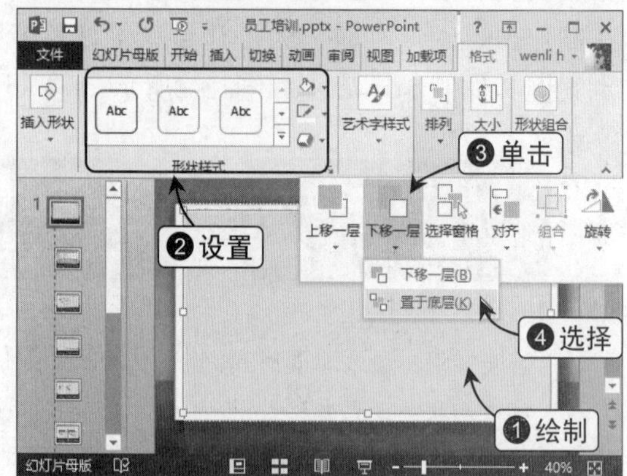

Step 05 设置字体格式

选择主题母版幻灯片，适当调整文本框的大小和位置，适当调整标题和第一级正文文本的字体格式，退出幻灯片母版视图。

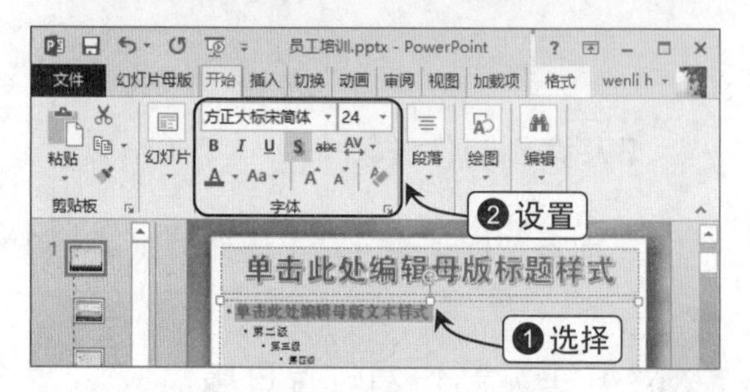

（二）制作内容幻灯片

Step 01 新建幻灯片

在标题幻灯片中输入标题和副标题，新建标题和内容幻灯片，在幻灯片的文本占位符中输入合适的文本内容。

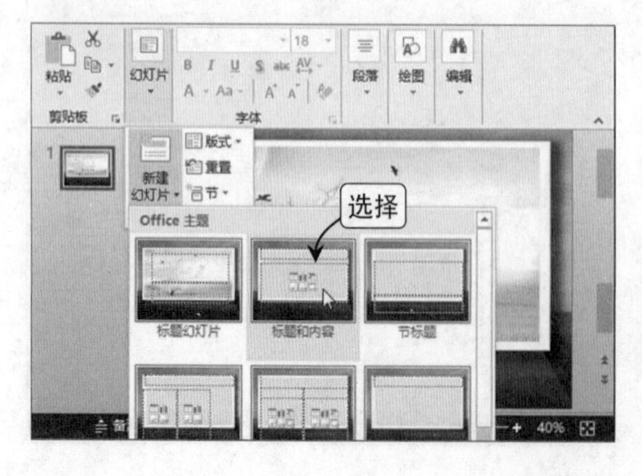

Step 02 添加项目符号和编号

用相同的方法制作其他文本内容幻灯片。为第三张和第四张幻灯片中的正文文本添加合适的项目符号，为第五张幻灯片中的正文文本添加合适的编号。

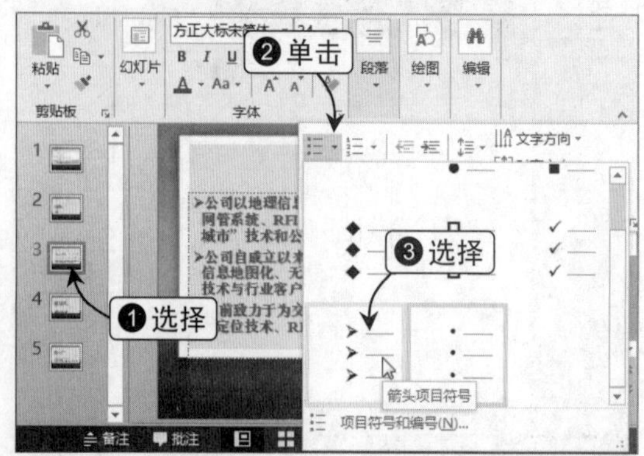

Step 03 插入 SmartArt 图形

在第五张幻灯片后新建仅标题幻灯片，输入标题文本，并在幻灯片空白处插入“水平多层层次结构”SmartArt图形。

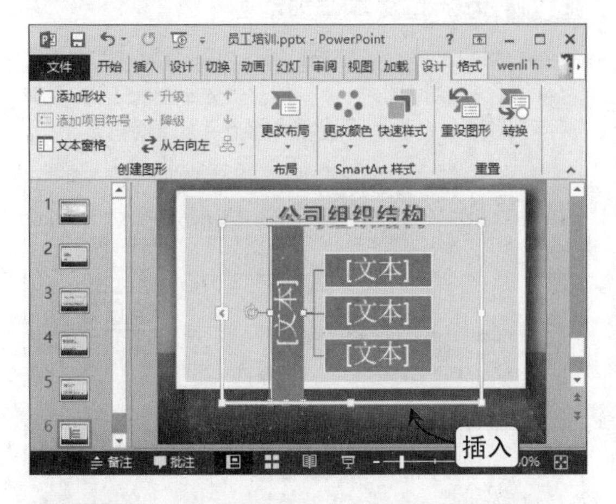

Step 04 搭建组织结构图

调整图形大小和位置，并在其中输入合适的文本，通过在现有形状后面添加形状，完成公司组织结构图的搭建。

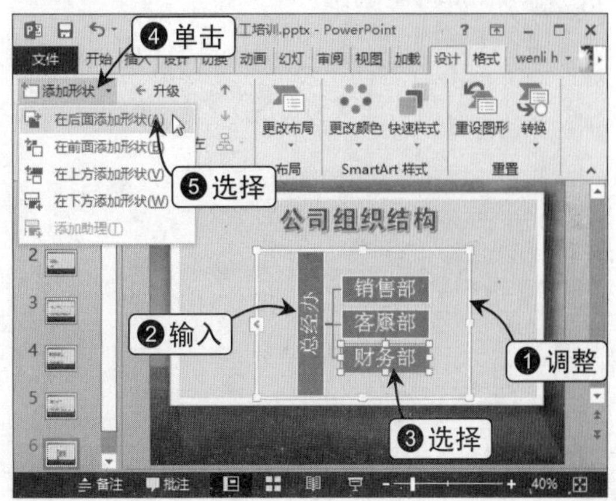

Step 05 更改 SmartArt 图形的布局和颜色

在“布局”列表框中将图形的布局更改为“水平组织结构图”，在“SmartArt工具 格式”选项卡的“形状样式”组中更改各个形状的颜色。

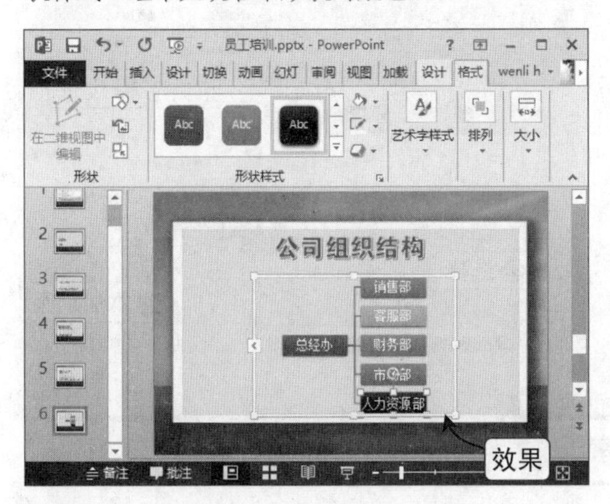

Step 06 添加超链接

继续新建幻灯片完成内容幻灯片的制作。在第二张幻灯片中选择“公司简介”文本，在“插入超链接”对话框中为其添加对应的超链接。

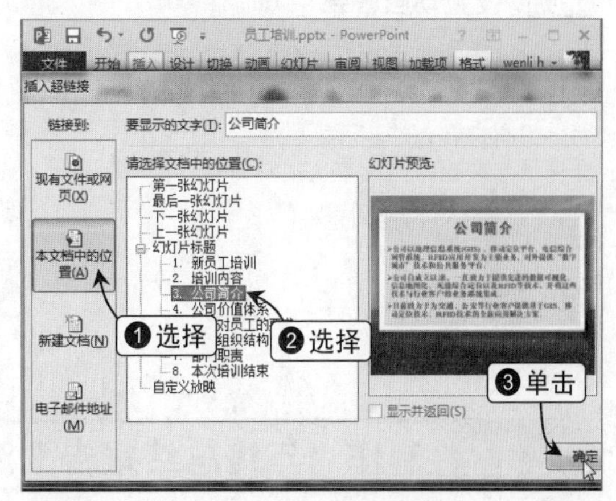

Step 07 更改超链接颜色

用相同的方法为其他目录文本添加对应的超链接。在“新建主题颜色”对话框中将超链接和已访问的超链接颜色设置为与幻灯片中的字体颜色一致。

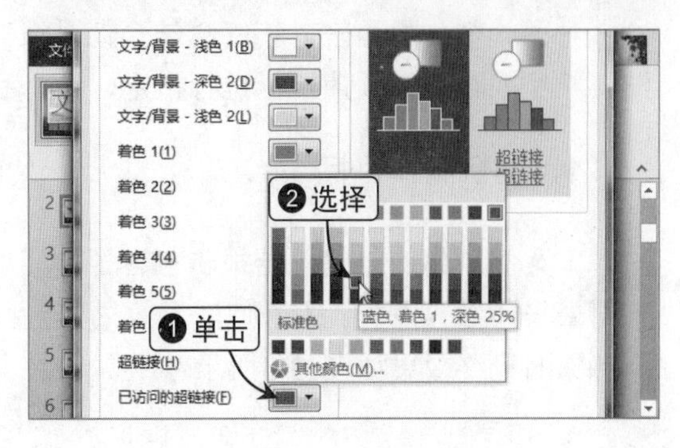

（三）制作动画效果

Step 01 添加切换动画

选择第一张幻灯片，在“切换”选项卡的“切换样式”列表框中为其选择一种合适的切换动画，用相同的方法为其他幻灯片添加切换动画。

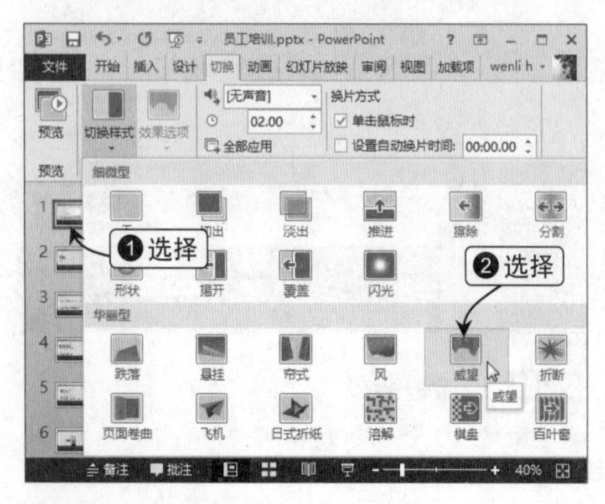

Step 02 为标题文本添加动画

选择标题幻灯片中的标题文本，为其添加“淡出”进入动画，持续时间为“1”秒，再为副标题文本添加“浮入”进入动画，开始方式都为“上一动画之后”。

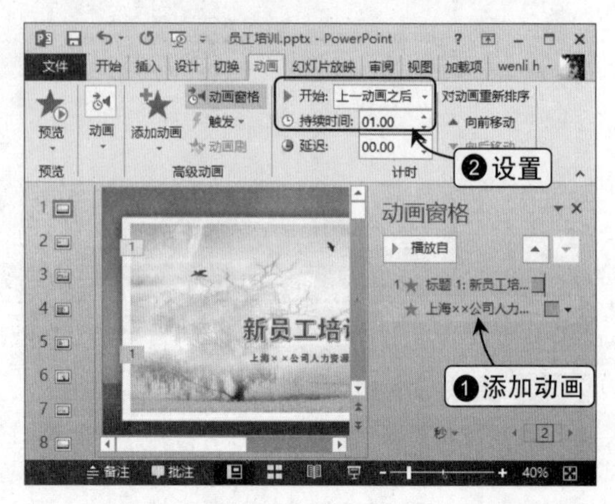

Step 03 设置动画效果

选择第八张幻灯片，为标题文本添加“劈裂”进入动画，持续时间为“0.5”秒，为副标题文本添加“缩放”进入动画，开始方式都为“上一动画之后”，保存演示文稿，完成本次案例的全部操作。

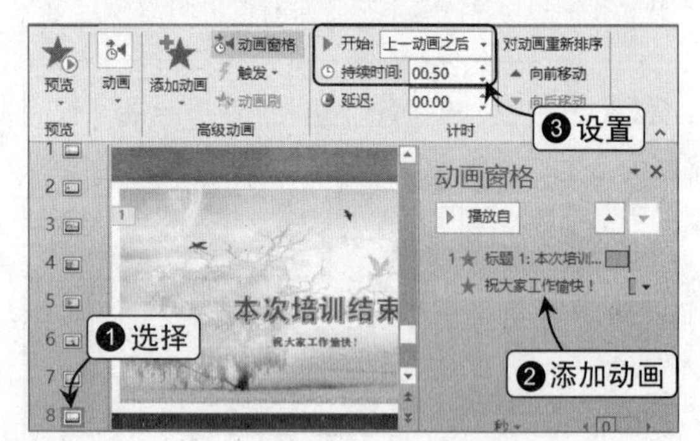

13.1.2 制作“年终总结报告”演示文稿

对于一个公司而言，年终总结会议是很有必要的，公司应对本年相关工作情况进行总结，并且需对来年预期目标进行指定，这有利于公司的长期稳定发展。

1. 案例制作目标

本案例制作的年终总结报告包含了公司业务范围、公司现状、预期计划的完成情况、公司未来计划等内容。为了使演示效果更生动、形象，本案例应用了多个图片和图示效果，其制作的最终效果如图13-3所示。

图13-3　“年终总结报告”演示文稿部分效果

2．案例制作分析

在案例的制作过程中，主要涉及制作标题幻灯片、制作内容幻灯片以及制作结束幻灯片，需要注意的是，在标题幻灯片中要添加几组对于公司来说十分有意义的数字，其具体的制作流程如图13-4所示。

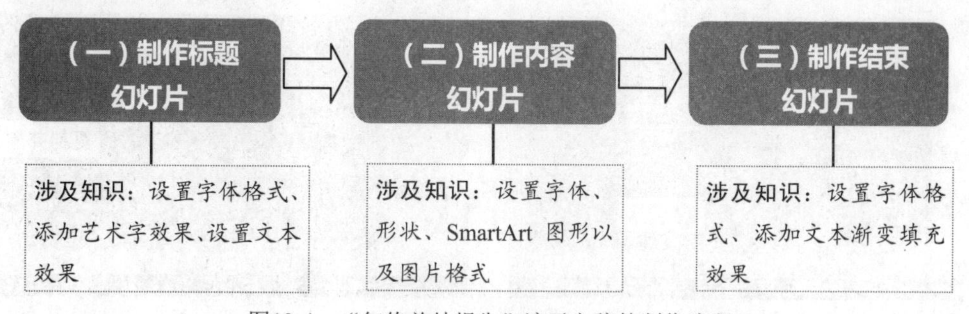

图13-4　“年终总结报告”演示文稿的制作流程

3. 案例制作详解

下面将具体讲解“年终总结报告”演示文稿的制作过程。

（一）制作标题幻灯片

Step 01 设置字体格式

打开“年终总结报告”素材文件，在标题占位符中输入标题文本，将其字体格式设置为“方正大黑简体、80号”。

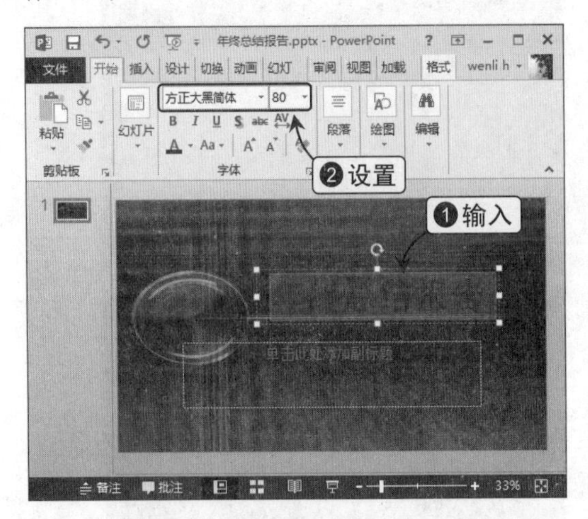

Step 02 设置文本效果

在“绘图工具 格式”选项卡的“艺术字样式”组中为标题文本添加一种合适的艺术字效果和三维旋转效果，调整标题文本框的大小和位置。

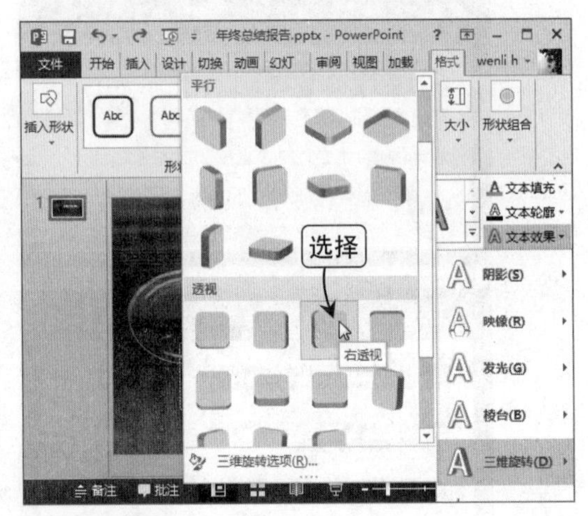

Step 03 设置数字文本格式

在副标题文本框中添加文本“05”（公司成立年份），设置其字体格式为“Arial Unicode MS、66号、加粗、阴影”，调整该文本框的大小和位置。

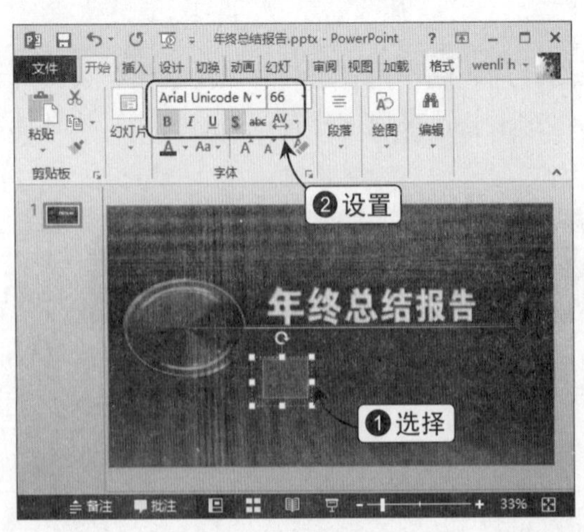

Step 04 复制并修改文本

按住【Ctrl】键拖动副标题文本框，复制文本，重复上述操作，适当调整各个文本框的位置及文本格式。

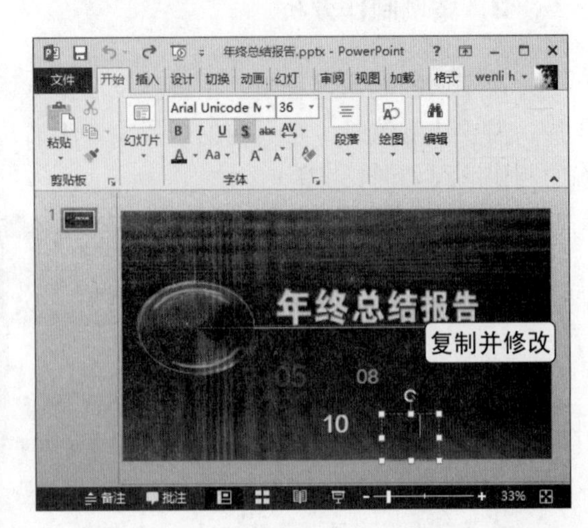

（二）制作内容幻灯片

Step 01 插入 SmartArt 图形

新建标题和内容幻灯片，输入标题和内容，并设置相应的字体格式，调整内容文本框大小，插入“射线循环”SmartArt图形。

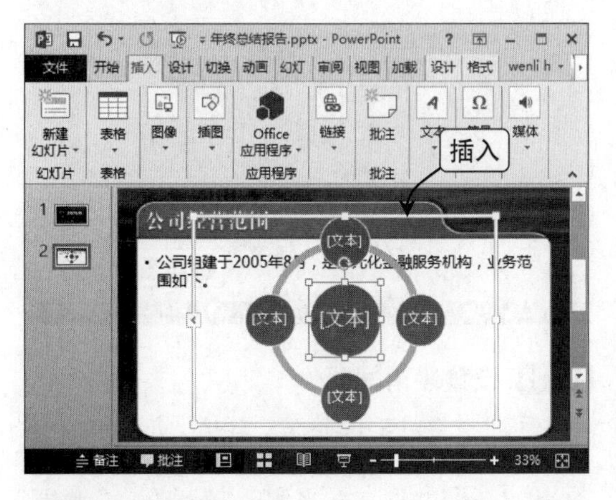

Step 02 设置 SmartArt 图形样式

调整图形大小和位置，通过添加形状完成文本的输入，将图形颜色设置为“彩色-着色”，并为其添加“中等效果”样式。

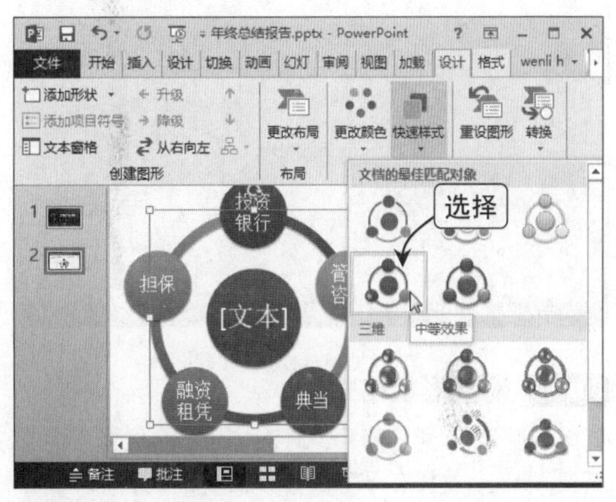

Step 03 设置图片格式

选择图形中间的形状，将其缩小，插入“图片1”素材图片，将其放置在缩小形状上，并为其添加“向下偏移”阴影效果。

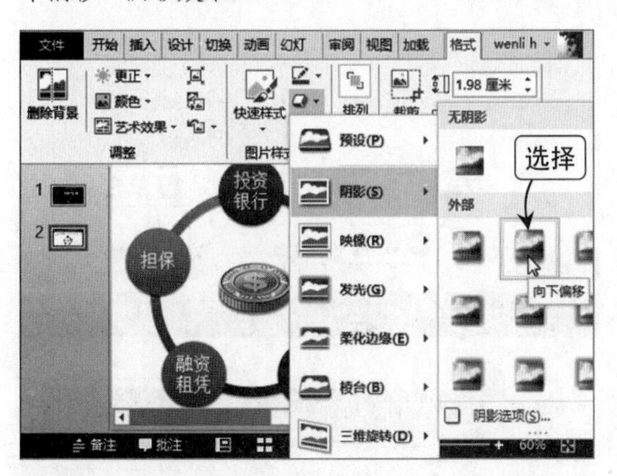

Step 04 突出数字文本

新建标题和内容幻灯片，输入文本并设置其字体格式，选择其中的数字文本，为其添加一种合适的艺术字效果，并将其文本填充颜色设置为“绿色”。

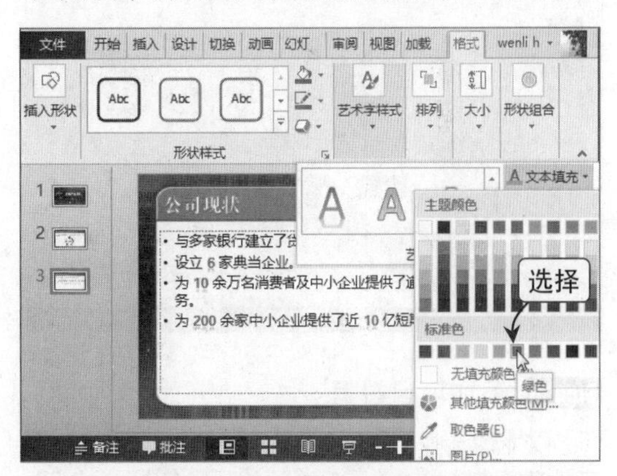

Step 05 插入图片

插入“图片2”素材图片，调整其大小和位置。新建仅标题幻灯片，输入标题文本并设置其字体格式。

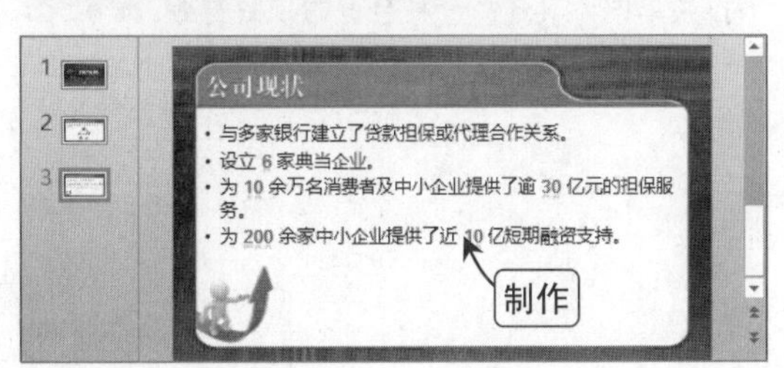

Step 06 绘制形状

在该幻灯片中根据任务完成情况，绘制5个高低不一的圆柱形，并在其中输入月份文本。在这些圆柱体下方再绘制一个燕尾形箭头形状，输入文本。

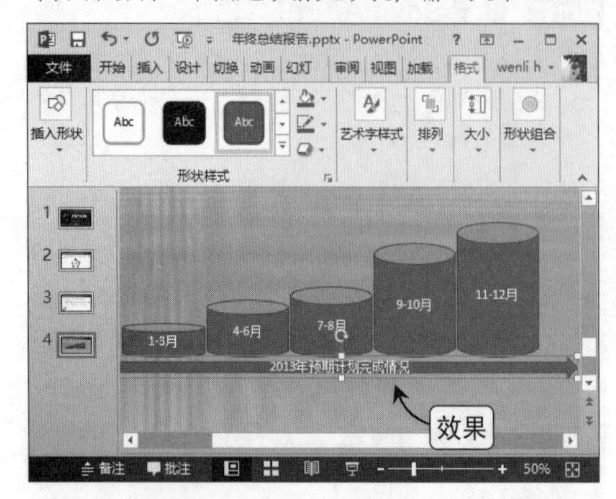

Step 07 设置形状样式

在圆柱体形状上方绘制透明文本框，输入合适的文本，并设置其字体格式，再为所有形状选择不同的形状样式。

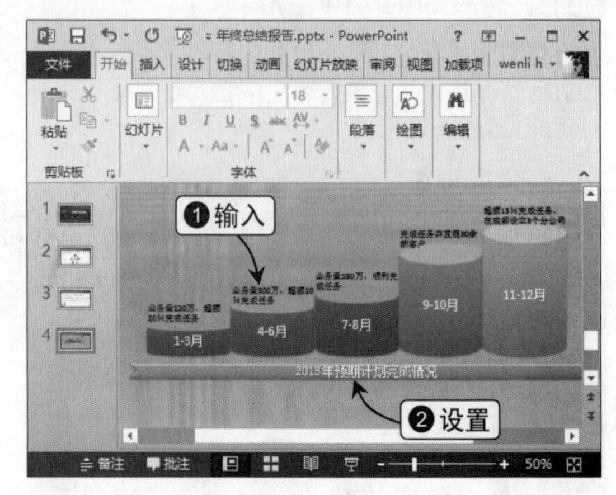

Step 08 设置形状格式

插入“图片3”素材图片，调整其大小和位置，再将其复制4次，放置在每个圆柱形上方，并为其设置合适的颜色和阴影效果。

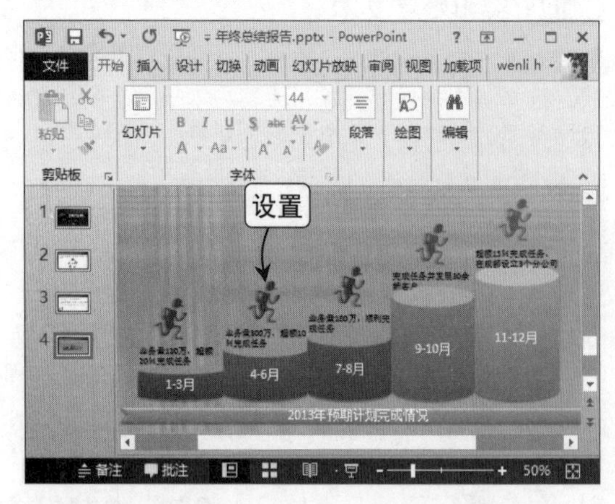

Step 09 设置段落间距

新建标题和内容幻灯片，输入文本内容，并设置其字体格式，选择正文文本，在其右键菜单中选择“段落”命令，将其段前间距设置为“6磅”，单击“确定”按钮。

Step 10 添加项目符号

保持文本的选择状态，在“段落”组的“项目符号”下拉菜单中为其选择一种合适的项目符号。插入“图片4”素材图片，适当调整其大小和位置。

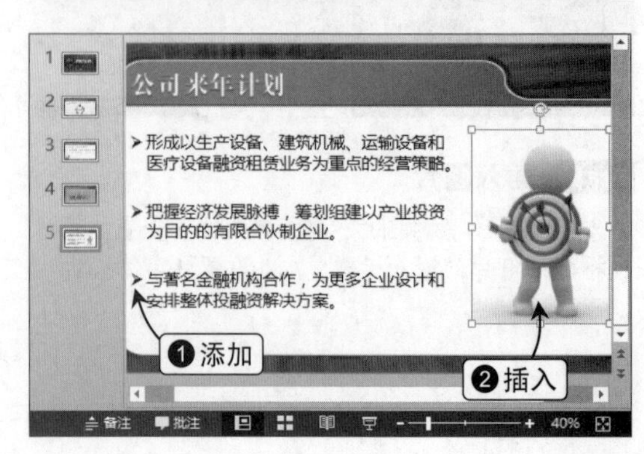

（三）制作结束幻灯片

Step 01 设置文本渐变填充效果

新建节标题幻灯片，在上方的文本框中输入文本内容，设置其字体格式，并为该文本设置“从右下角”文本渐变填充效果。

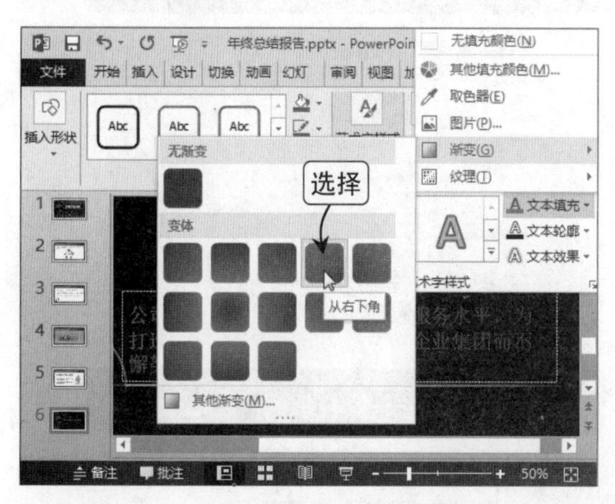

Step 02 添加艺术字效果

在下方的文本框中输入文本，设置其字体格式，并将其文本对齐方式设置为“右对齐”，再为该文本选择一种合适的艺术字效果，完成本案例所有操作。

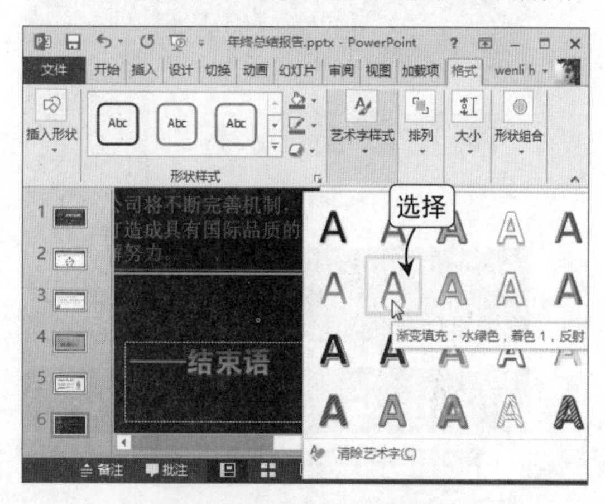

13.2 产品宣传与推广

制作陶瓷产品宣传和工艺品推广销售演示文稿

在当今社会是“酒香也怕巷子深”，所以信息宣传就显得尤为重要。产品介绍与展示是商务领域中的一项重要宣传手段，也是PowerPoint的重要应用之一。借助演示文稿，公司可将产品的相关信息、参数以及图片资料等展示给客户或员工，达到宣传与推广产品的目的。

下面将以陶瓷产品宣传以及工艺品推广销售演示文稿为例来讲解PowerPoint具体在产品宣传与推广中的应用。

13.2.1 制作“陶瓷品宣传”演示文稿

产品展示类演示文稿多用图、表等对象直观地对产品进行介绍，文字不宜过多，其中包括公司相关情况、产品生产背景、产品具体情况、产品的订货方式等信息。

1. 案例制作目标

本案例制作的“陶瓷品宣传”演示文稿，主要介绍与展示公司生产的各种陶瓷餐具，用于向客户进行销售宣传，其中展示了公司及产品的各种相关信息，其制作的最终效果如图13-5所示。

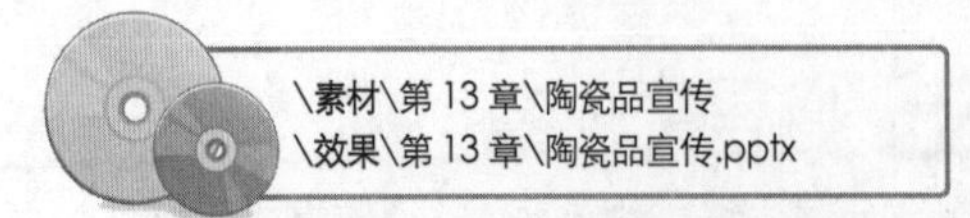

图13-5 “陶瓷品宣传”演示文稿部分效果

2. 案例制作分析

在本案例的制作过程中，重点操作是图表的制作和动画的设置。本案例具体的制作流程如图13-6所示。

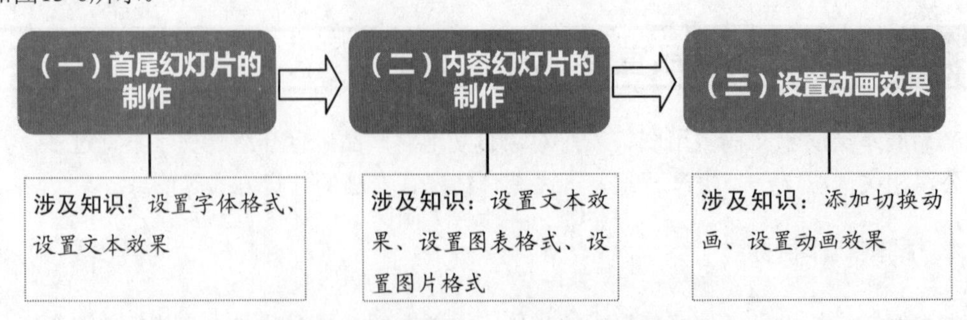

图13-6 “陶瓷品宣传”演示文稿的制作流程

3. 案例制作详解

下面将具体讲解“陶瓷品宣传”演示文稿的制作过程。

（一）首尾幻灯片的制作

Step 01 制作开始幻灯片

打开“陶瓷品宣传”演示文稿，在标题幻灯片中输入标题和副标题文本，设置其字体格式，并适当调整其位置。

Step 02 制作结束幻灯片

新建标题幻灯片，输入结束语，设置其字体格式，适当调整文本框位置。

（二）内容幻灯片的制作

Step 01 设置字体格式

选择第一张幻灯片，新建标题和内容幻灯片，在其中输入公司简介的相关文本，并设置其标题和正文文本格式。

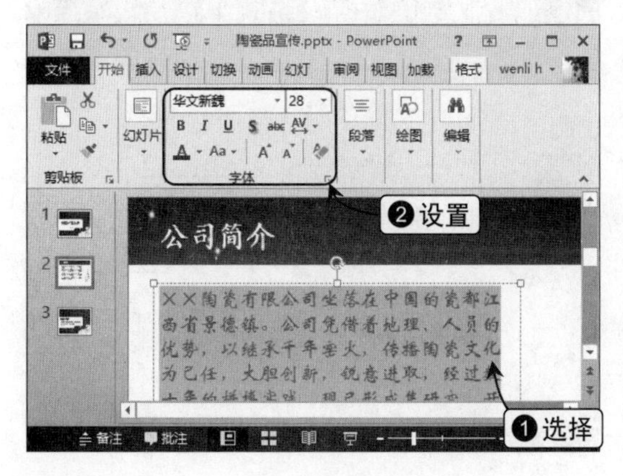

Step 02 插入表格

新建标题和内容幻灯片，输入标题和内容文本，设置其字体格式，在“表格”下拉菜单中选择“插入表格”命令，插入一个2列13行的表格。

Step 03 输入文本

在“表格工具 设计”选项卡的“表格样式”列表框中选择“清除表格”选项，在表格中输入文本，设置其字体格式，将不同类别的小标题用不同颜色显示。

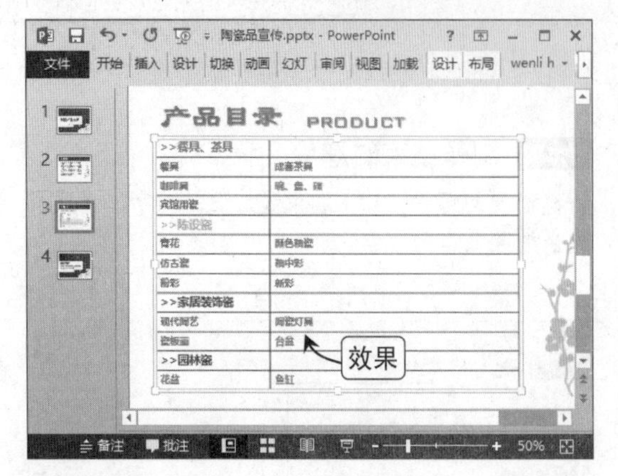

Step 04 绘制直线

在“表格样式”组的“框线”下拉列表框中选择“无边框”选项，绘制一条直线，为其应用“细线-强调颜色1”样式，并将其复制3次，放置在合适位置。

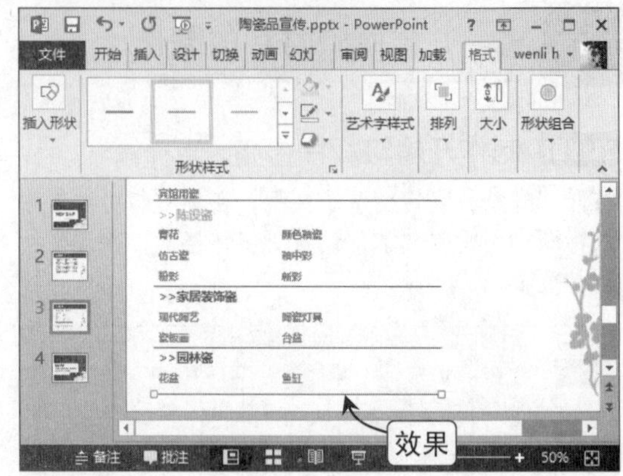

Step 05 插入表格

新建仅标题幻灯片，输入标题文本，并设置其字体格式，在“插入”选项卡的“表格”下拉菜单中插入一个6列4行的表格。

Step 06 合并单元格

用橡皮擦在表格的框线上单击，可以合并相邻的两个单元格，在表格中输入文本内容，设置其字体格式，为表格应用“中度样式2-强调2”表格样式。

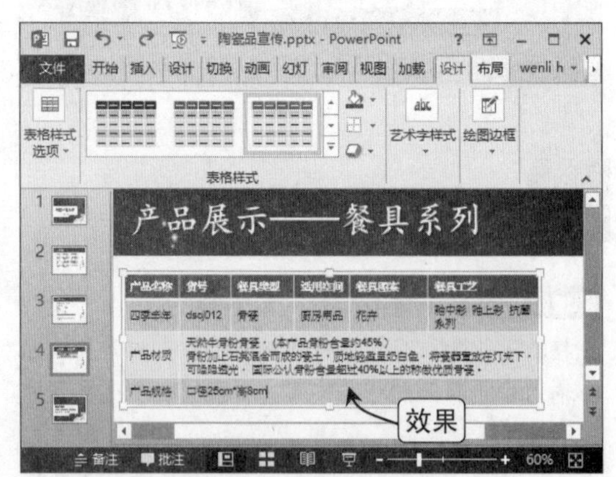

Step 07 插入图片

插入“图片1”素材图片，调整其大小和位置，在该图片的左上方绘制文本框，输入文本并设置其字体格式。

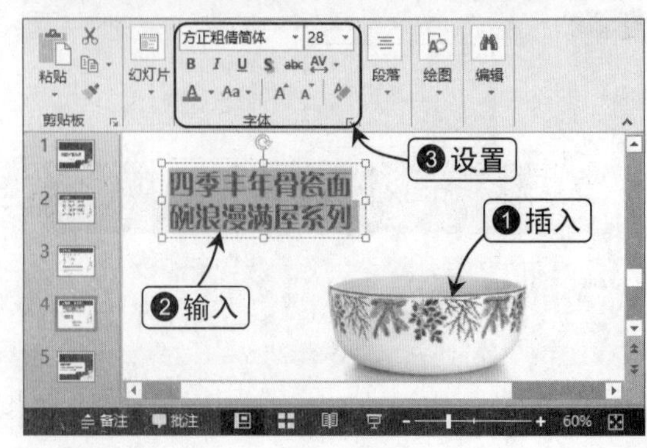

Step 08 复制并修改文本

按住【Ctrl】键拖动文本框，复制两个文本框后放置在合适位置，修改复制的文本框中的文本内容并设置其字体格式。

Step 09 复制幻灯片

在幻灯片的合适位置绘制两条垂直的直线，在幻灯片窗格中的第四张幻灯片上右击，选择“复制幻灯片”命令，创建第五张幻灯片。

Step 10 调整表格样式

修改表格中的文本内容，选择表格，在“表格工具 设计”选项卡的“表格样式”列表框中选择“中度样式2-强调3”选项。

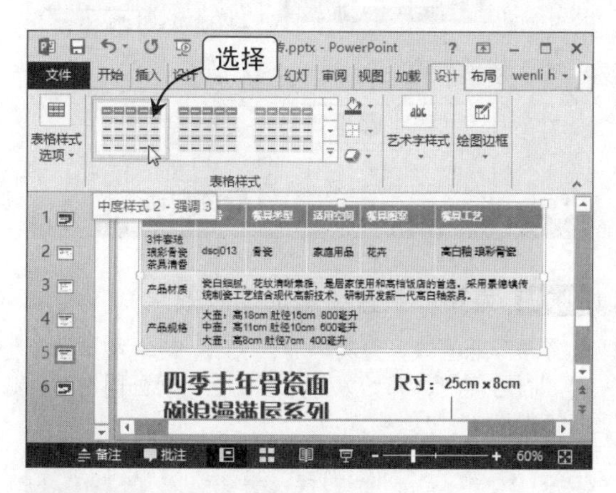

Step 11 更换图片

删除图片，插入“图片2”素材图片，调整图片与文本框的大小和位置，修改对应的文本框中的文本内容，并重新设置字体颜色。

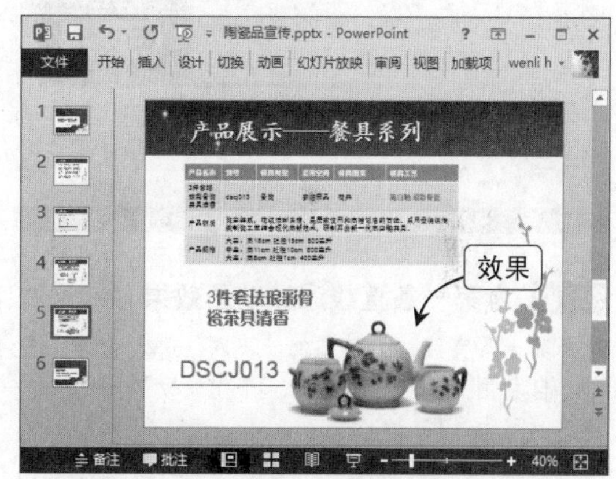

Step 12 制作第六张幻灯片

复制第五张幻灯片，创建第六张幻灯片，用相同的方法修改表格内容和表格样式，更换图片，在第四张幻灯片中复制“尺寸”文本框，修改文本框中的字体颜色。

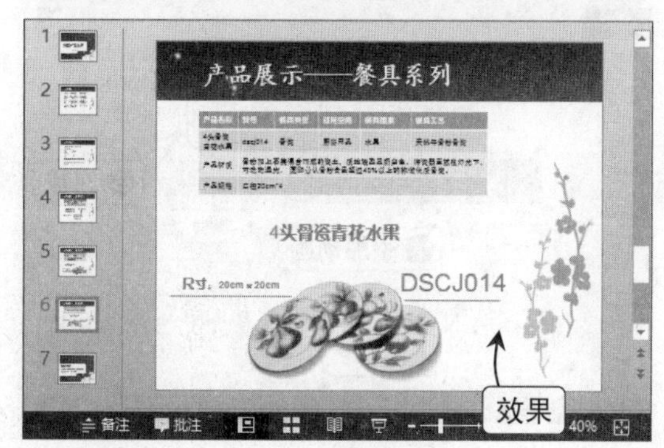

Step 13 制作第七张幻灯片

新建标题和内容幻灯片，输入文本内容，并设置其字体格式。

（三）设置动画效果

Step 01 添加进入动画

切换到第三张幻灯片中，选择“产品目录”文本所在的文本框，切换到“动画”选项卡中，为其添加“浮入”进入动画。

Step 02 设置动画效果

单击“动画窗格”按钮，打开“动画窗格”，选择图表，为其添加“擦除”进入动画，方向“自顶部”，开始方式为“上一动画之后”，持续时间为“4”秒。

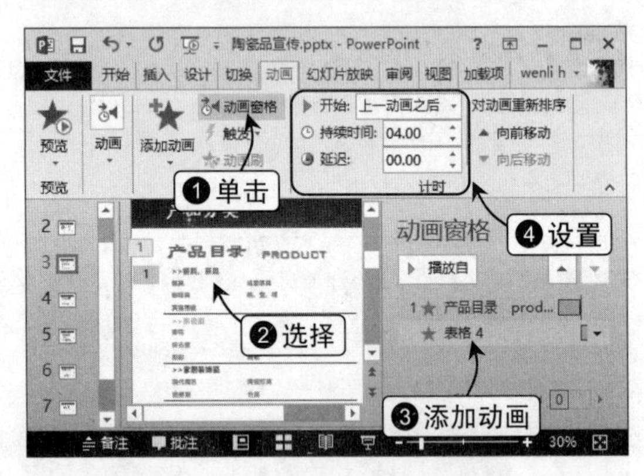

Step 03 为第一条直线添加动画效果

选择第一条直线，为其添加“飞入”进入动画，方向“自左侧”，开始方式为“与上一动画同时”，延迟时间为“1”秒。

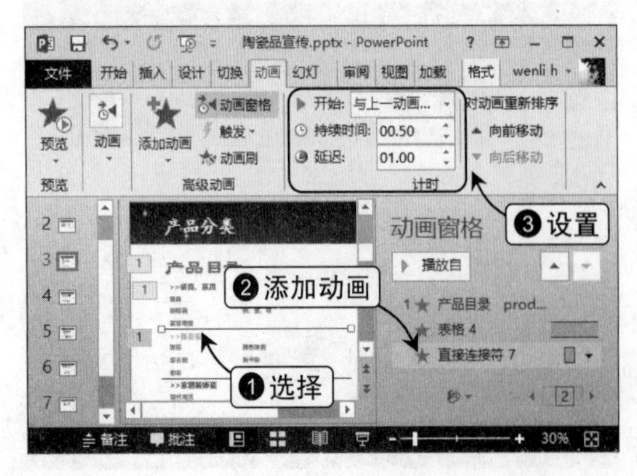

Step 04 为第二条直线添加动画效果

选择第二条直线，为其添加“飞入”进入动画，方向“自右侧”，开始方式为“与上一动画同时”，延迟时间为“2”秒。

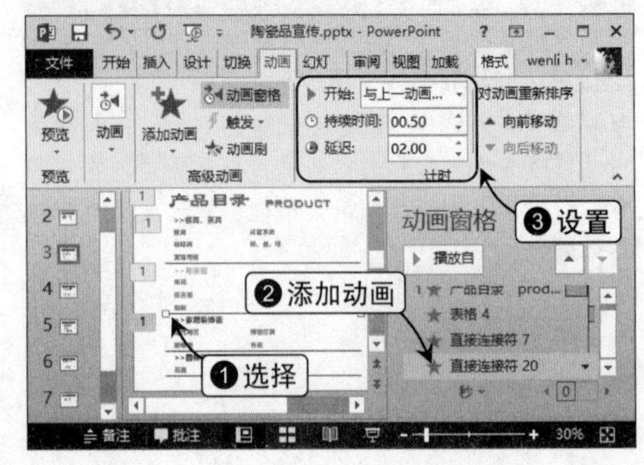

Step 05 为剩余两条直线添加动画效果

用相同的方法，为剩余的两条直线添加“飞入”进入动画，方向分别“自左侧”和“自右侧”，开始方式都为“与上一动画同时”，延迟时间分别为“3”秒和“4”秒。

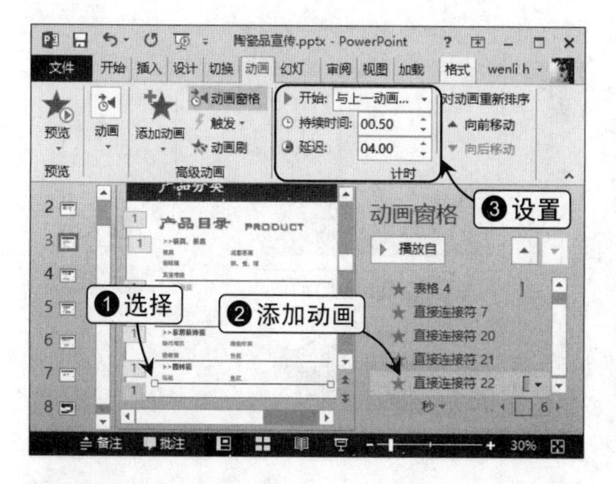

Step 06 为图片添加进入动画

选择第四张幻灯片，选择表格，为其添加“缩放”进入动画，选择图片，为其添加“形状”进入动画，开始方式为“上一动画之后”。

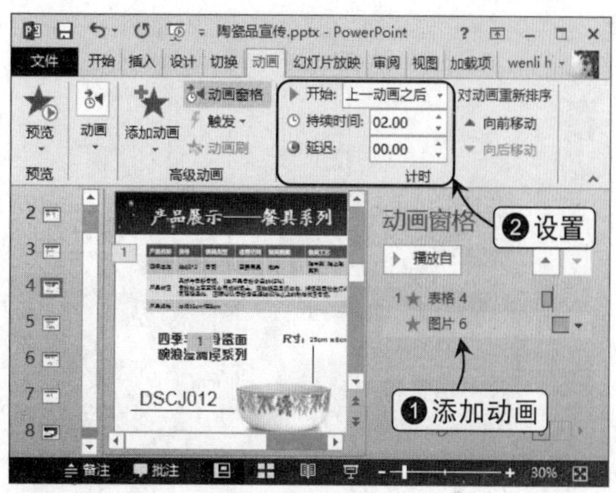

Step 07 设置动画效果

选择文本框6，为其添加“淡出”进入动画，开始方式为“上一动画之后”，选择水平直线，为其添加“飞入”进入动画，开始方式为“与上一动画同时”。

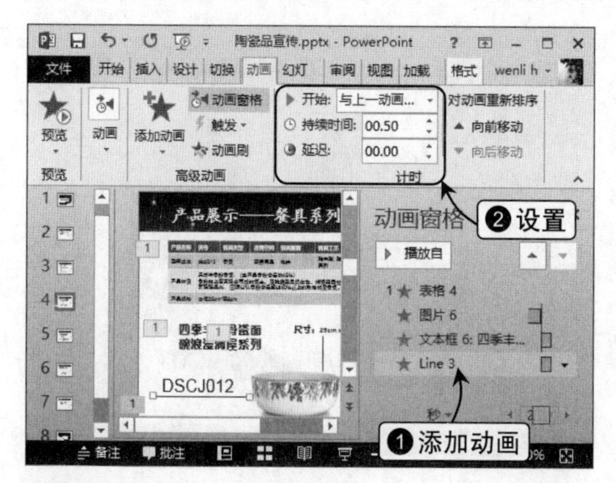

Step 08 为剩余对象添加动画

依次选择型号文本框、竖直直线、尺寸文本框，分别为其添加“淡出”、“飞入”“淡出”进入动画，开始方式都为“上一动画之后”。

Step 09 为第五、六张幻灯片设置动画效果

用相同的方法为第五张和第六张幻灯片中的对象添加合适的进入动画，并设置其动画效果。

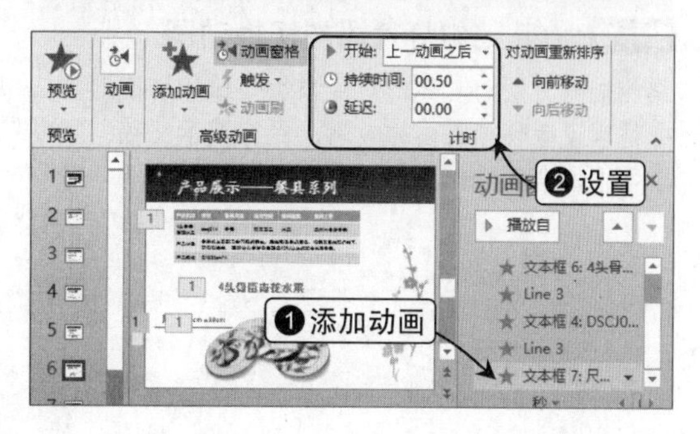

Step 10 为第一张幻灯片添加进入动画

切换到第一张幻灯片中，为标题文本添加“浮入”进入动画，为副标题文本添加“飞入”进入动画，方向“自左侧”，开始方式为“上一动画之后”，持续时间为“2”秒。

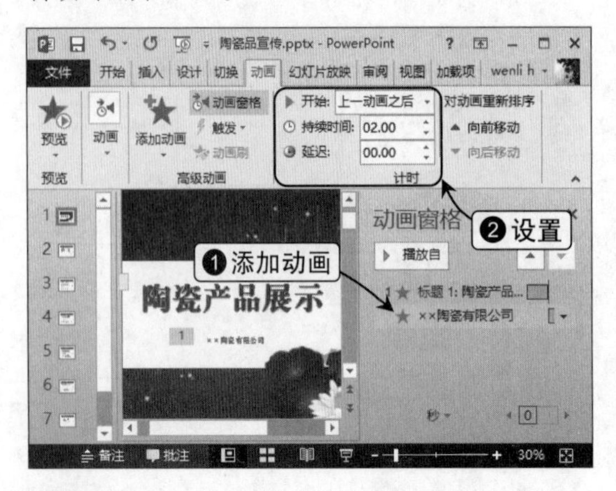

Step 11 添加强调动画

单击“添加动画”按钮，选择“波浪形”强调动画，开始方式设置为“与上一动画同时”，持续时间为“2”秒。

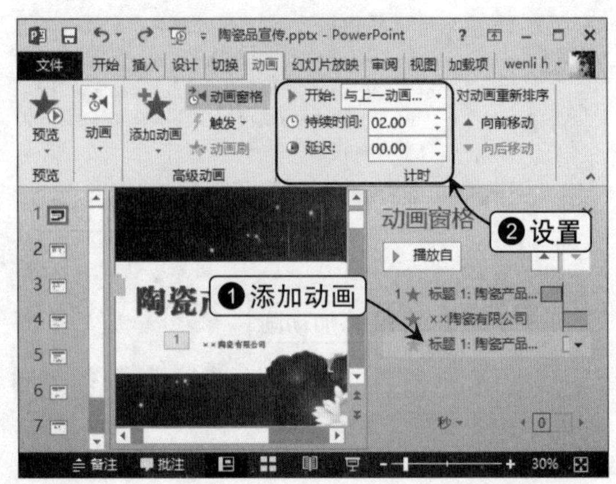

Step 12 为最后一张幻灯片添加动画

选择最后一张幻灯片，分别为标题和副标题文本添加“下拉”和“淡出”进入动画，为其设置合适的动画效果，关闭动画窗格。

Step 13 添加切换动画

选择第一张幻灯片，在“切换”选项卡的“切换样式”列表框中选择“擦除”选项，单击“效果选项”按钮，选择“自左侧”选项。

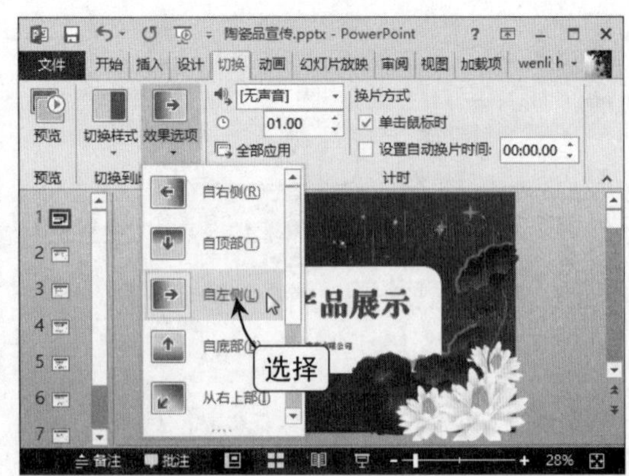

Step 14 为其他幻灯片添加切换动画

用相同的方法为其他幻灯片添加合适的切换动画，并适当设置切换动画的效果，保存演示文稿，完成本案例的全部操作。

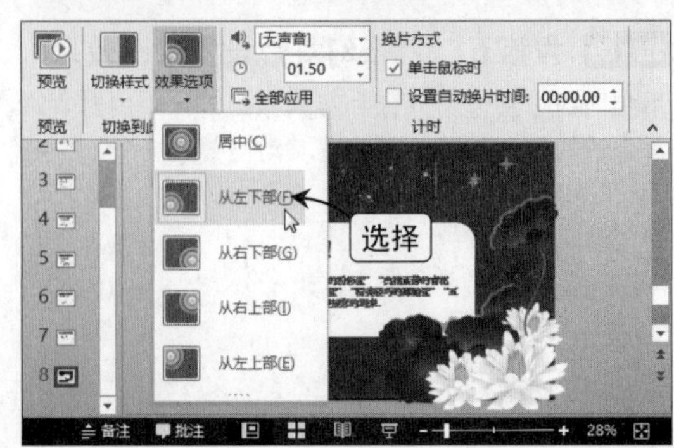

13.2.2 制作“工艺品推广销售”演示文稿

公司宣传产品的最终目的都是进行产品销售，提升销售业绩，增加公司知名度，为了达到这一目的，许多公司都会为销售人员准备一份公司产品推广的演示文稿或视频，方便销售人员展示给顾客或商家观看，提高成功合作的概率。

1. 案例制作目标

本案例制作的“工艺品推广销售”演示文稿主要对扇子、玉器、铜器3种产品进行介绍。通过对产品图片和产品介绍文本进行动画制作达到展示的目的，其制作的最终效果如图13-7所示。

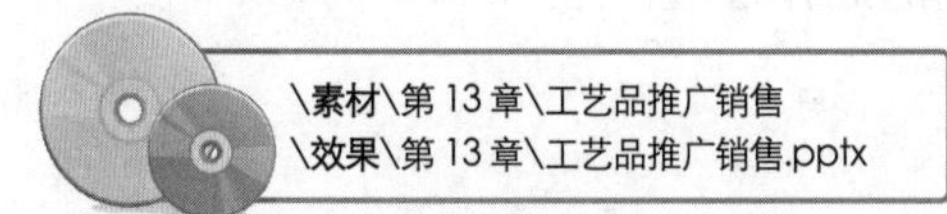

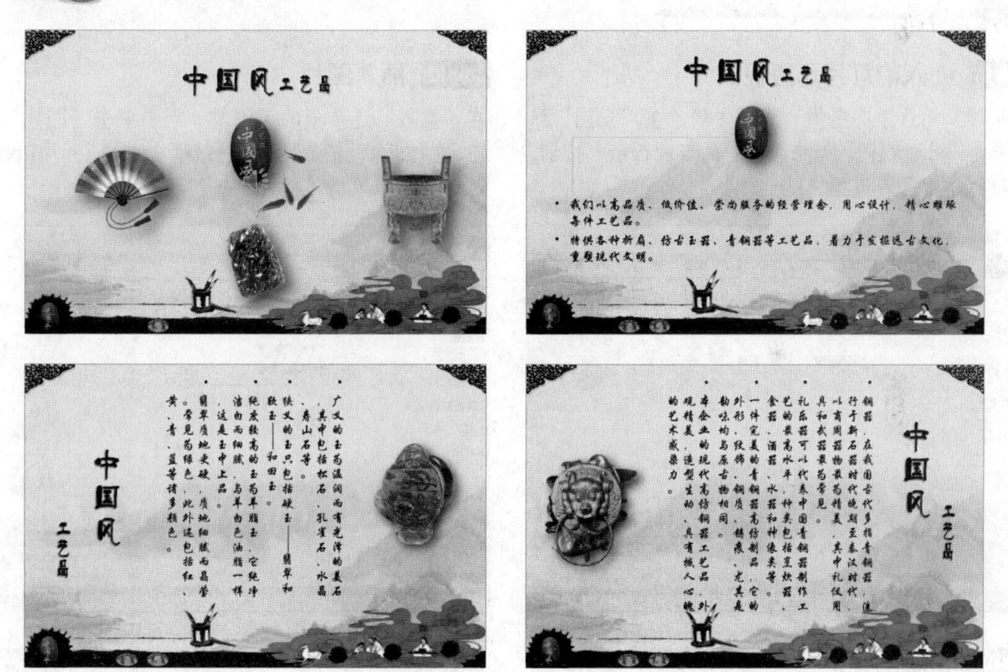

图13-7　“工艺品推广销售”演示文稿部分效果

2. 案例制作分析

在本案例的制作过程中，主要涉及图片的排列与动画的制作，由于本案例推广的产品是扇子、玉器和铜器，都是远古文化产品，所以演示文稿的背景和文本字体都要求具有古典风格。在制作动画效果时，会大量应用在同一位置放映多个对象的动画效果，本案例具体的制作流程如图13-8所示。

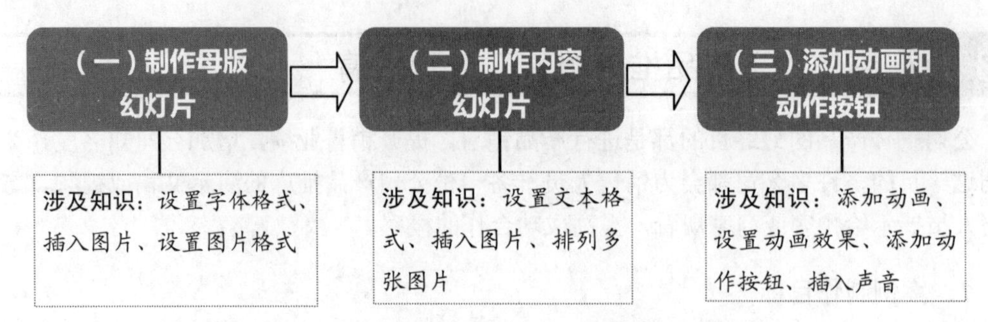

图13-8　“工艺品推广销售”演示文稿的制作流程

3. 案例制作详解

下面将具体讲解“工艺品推广销售”演示文稿的制作过程。

（一）制作母版幻灯片

Step 01 进入幻灯片母版视图

打开“工艺品推广销售”演示文稿，在“视图”选项卡的“母版视图”组中单击“幻灯片母版”按钮，进入幻灯片母版视图。

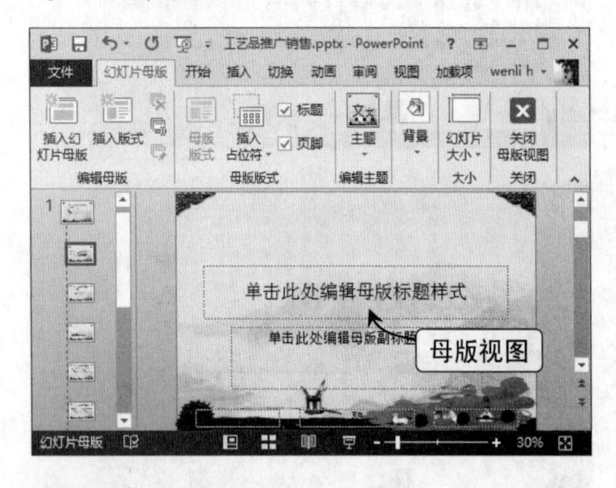

Step 02 插入图片

在“插入”选项卡的“图像”组中单击“图片”按钮，在打开的“插入图片”对话框中选择“图片1.png”素材图片，单击“插入”按钮。

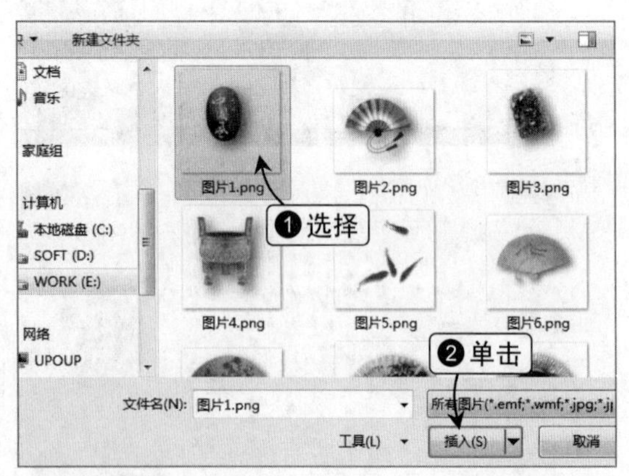

Step 03 粘贴图片

调整图片大小，将其放置在背景左下角的墨滴形状上，选择该图片并按【Ctrl+X】组合键进行剪切，切换到标题母版幻灯片中，按【Ctrl+V】组合键进行粘贴。

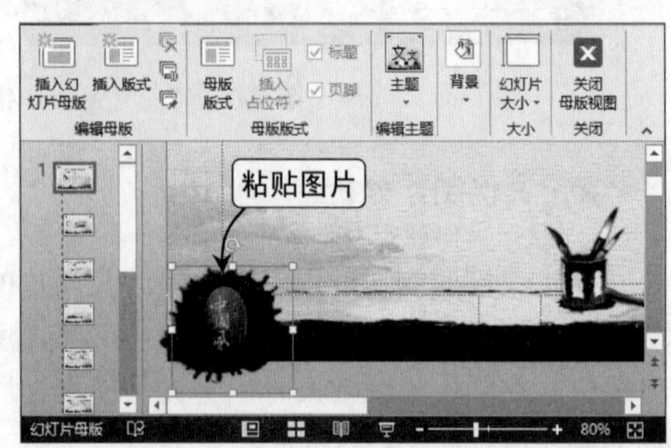

Step 04 设置字体格式

选择标题文本占位符，将其字体格式设置为“汉仪柏青体简、60号、加粗、阴影”，选择第一级文本占位符，将其字体格式设置为“华文行楷、24号”，，单击“关闭母版视图”按钮，退出幻灯片母版视图。

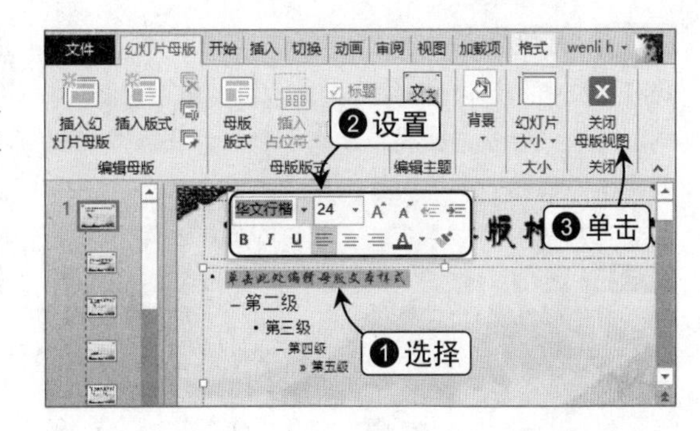

（二）制作内容幻灯片

Step 01 设置标题文本格式

输入标题文本“中国风工艺品”，并将“工艺品”文本字号设置为“36号”，删除副标题文本框。

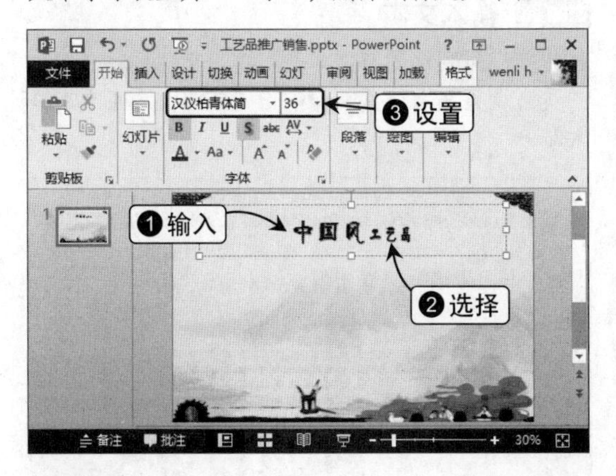

Step 02 插入图片并调整其大小和位置

同时插入“图片1”至“图片5”素材图片，调整5张图片的大小和位置。

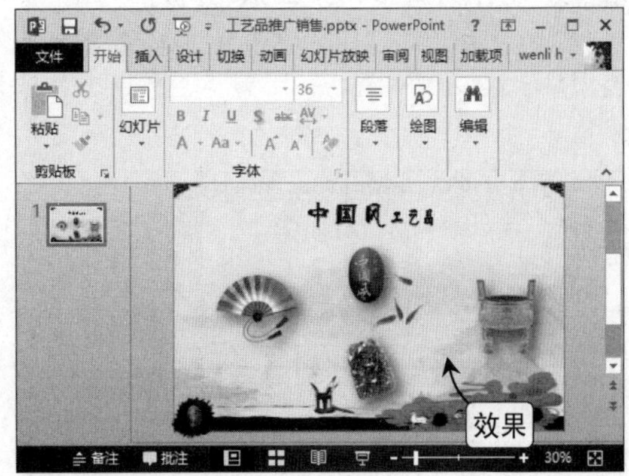

Step 03 输入文本

新建标题和内容幻灯片，复制第一张幻灯片中的标题文本，输入正文文本，调整其文本框大小和位置。

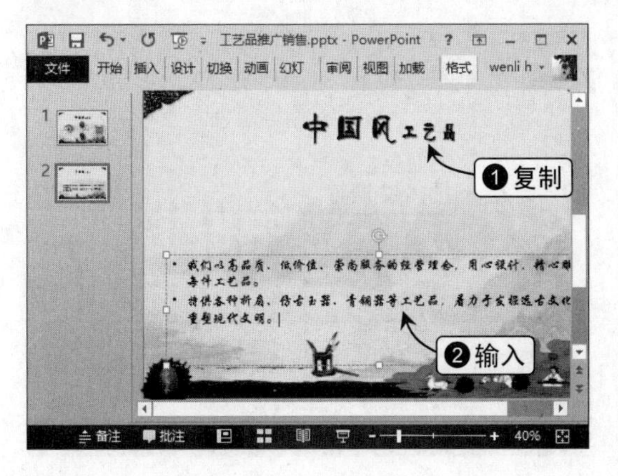

Step 04 调整插入的形状

在文本与图片之间绘制肘形连接符形状，通过拖动黄色控制点调整形状外观。

Step 05 更改图片

选择第二张幻灯片缩略图，在其右键菜单中选择“复制幻灯片”命令，创建第三张幻灯片，在图片的右键菜单中选择“更换图片”命令。

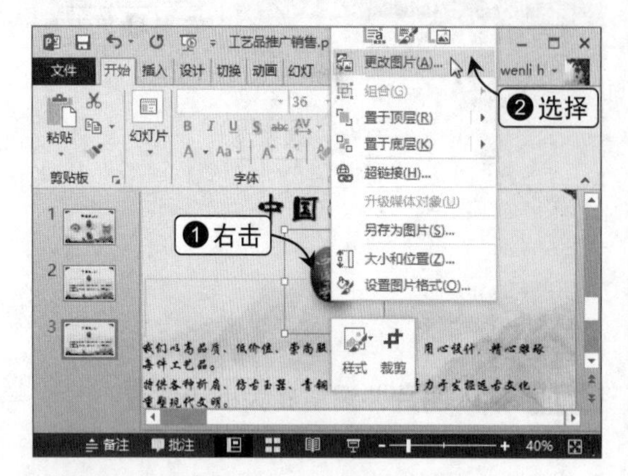

Step 06 修改幻灯片内容

将图片更换为“图片2”素材图片，适当调整其大小和位置，修改正文文本，拖动文本框，调整文本框大小和位置，并调整肘形连接符形状的长短和位置。

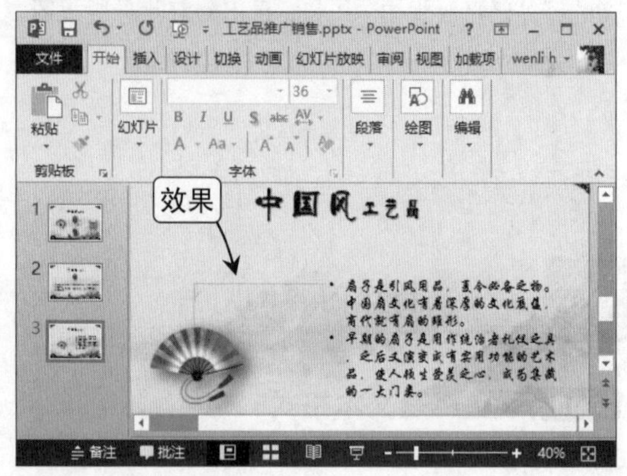

Step 07 制作第四张和第五张幻灯片

用相同的方法制作第四张和第五张幻灯片，适当调整图片与文本框的位置。

Step 08 输入文本

新建垂直排列标题与文本幻灯片，复制标题文本，并适当调整文本位置，输入正文文本，调整文本框大小。

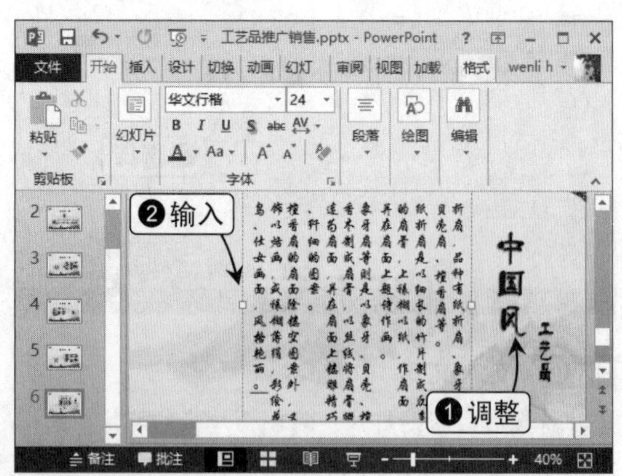

Step 09 重叠插入的图片

插图“图片6”至“图片9”素材图片，拖动图片至幻灯片左侧空白位置，适当调整4张图片的大小并将其进行重叠。

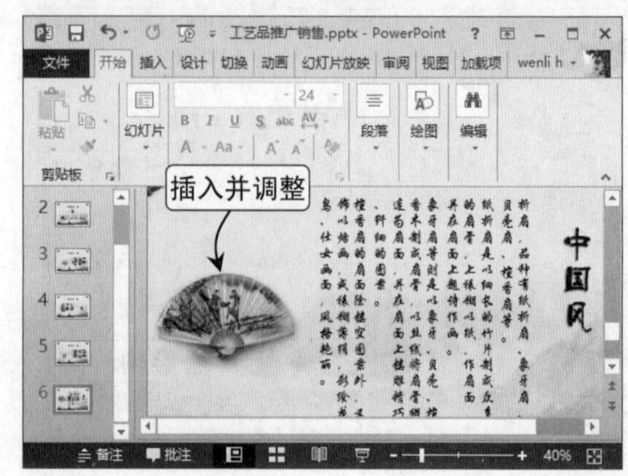

Step 10 制作第七张和第八张幻灯片

用复制幻灯片的方法分别创建第七张和第八张幻灯片，修改内容即可。

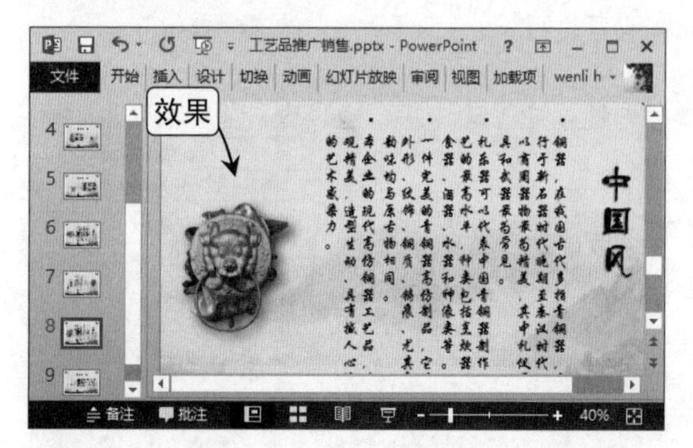

Step 11 制作第九张幻灯片

新建标题和内容幻灯片，输入文本内容，插入“图片5”素材图片，调整其大小和位置。

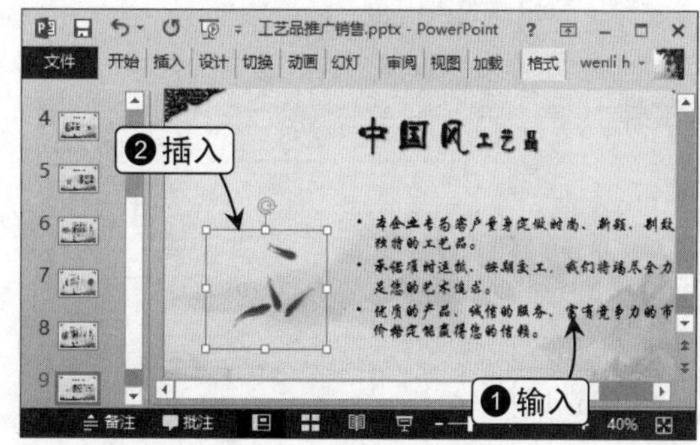

（三）添加动画和动作按钮

Step 01 添加进入动画

切换到第一张幻灯片，为标题文本添加“形状”进入动画，同时选择幻灯片中的5张图片，统一为其添加“浮入”进入动画。

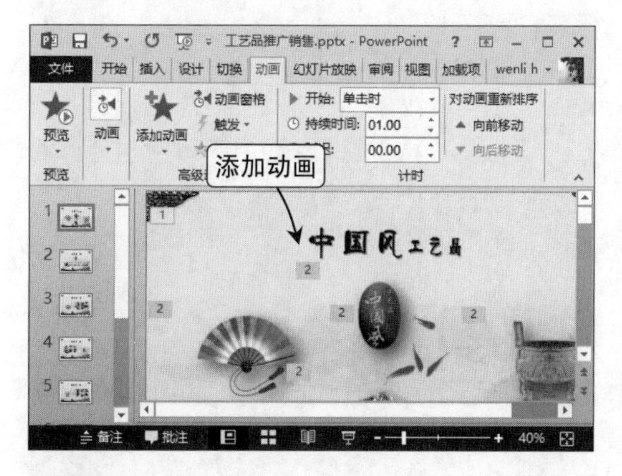

Step 02 设置动画开始方式

选择扇子图片，将其开始方式设置为“上一动画之后”，选择剩余的4张图片，将其开始方式设置为“与上一动画同时”。

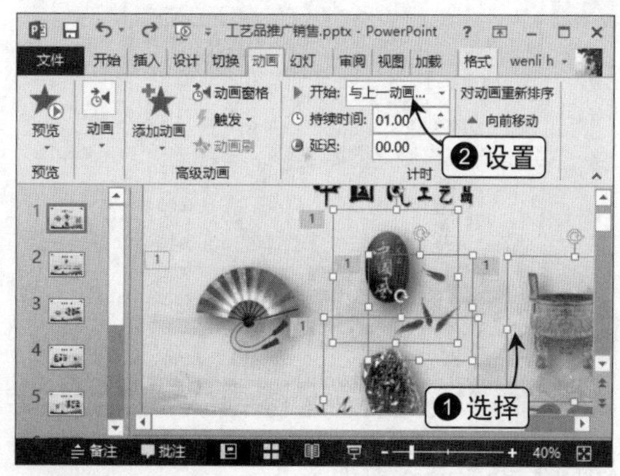

Step 03 添加强调动画

选择鲤鱼图片，单击“添加动画”按钮，选择“脉冲”强调动画，单击“动画窗格”按钮，单击强调动画选项右侧的下拉按钮，选择“计时”选项，在打开的对话框中将开始方式设置为“上一动画之后”，期间为“中速（2秒）”，重复为“3”次，单击“确定”按钮。

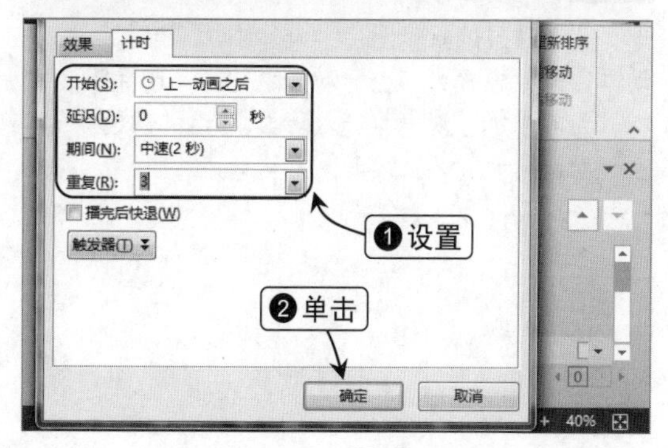

Step 04 添加进入动画

选择第二张幻灯片，为图片添加“弹跳”进入动画，为肘形连接符形状添加“飞入”进入动画，方向“自右侧”，开始方式为“上一动画之后”。

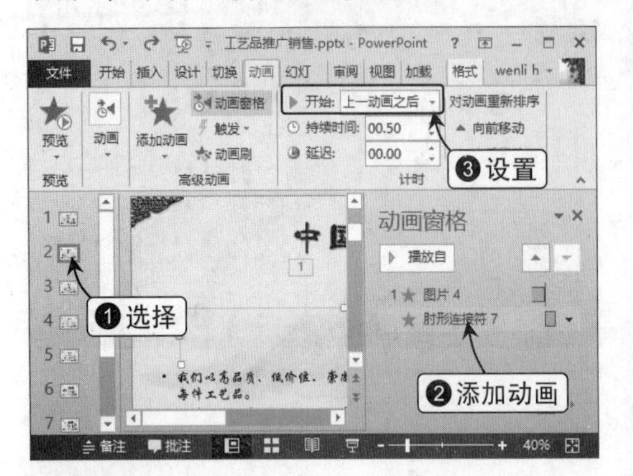

Step 05 设置动画效果

为正文文本添加“擦除”进入动画，单击“效果选项”按钮，选择“自顶部”选项，开始方式为“上一动画之后”。

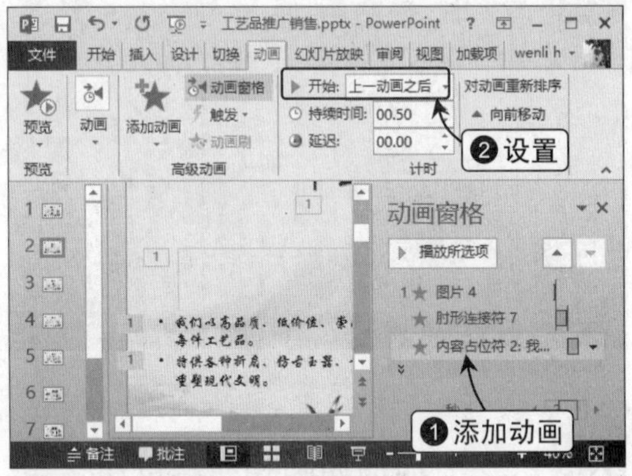

Step 06 添加动画

用相同的方法，为第三张、第四张和第五张幻灯片中的对象添加合适的进入动画，并设置相应的动画效果。

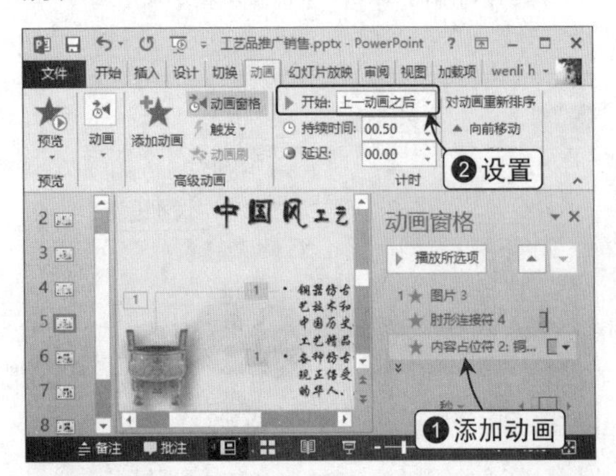

Step 07 为标题设置动画效果

选择第六张幻灯片，为其添加“飞入”进入动画，方向“自右侧”，开始方式为“与上一动画同时”，持续时间为“3”秒。

Step 08 添加进入动画

选择置于顶层的折扇图片，为其添加“浮入”进入动画，开始方式为“上一动画之后”，选择正文文本，为其添加“淡出”进入动画，开始方式为“与上一动画同时”，持续时间为“3”秒。

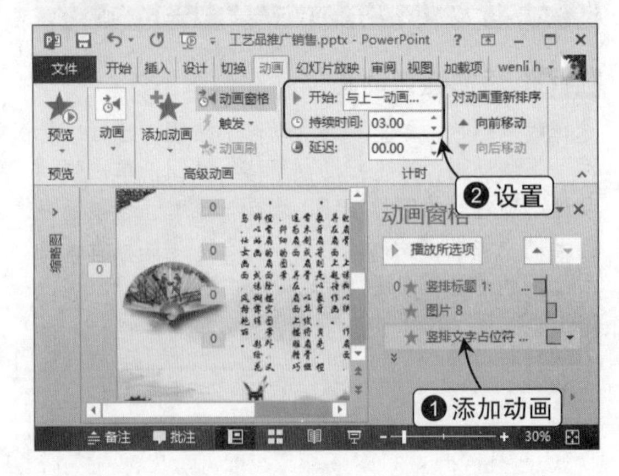

Step 09 设置动画播放后隐藏

在动画窗格中单击"图片8"动画选项右侧的下拉按钮，选择"效果选项"命令，在打开的对话框的"动画播放后"下拉列表中选择"播放动画后隐藏"选项。

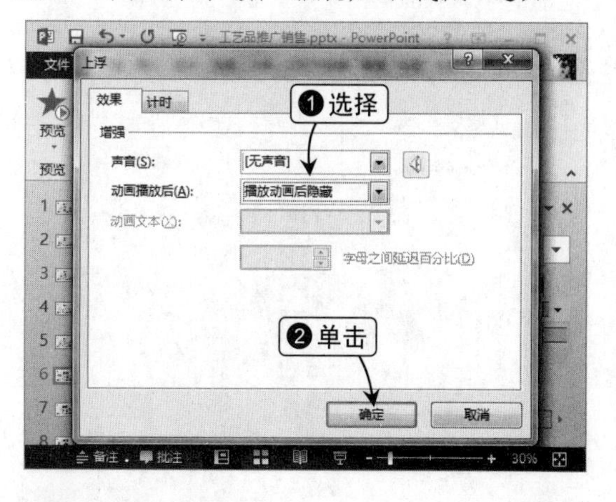

Step 10 打开选择窗格

在"开始"选项卡的"编辑"组中单击"选择"按钮，选择"选择窗格"命令，打开"选择"窗格。

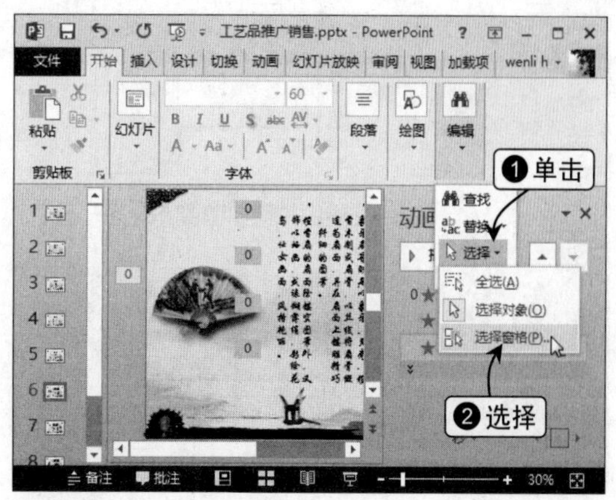

Step 11 添加动画

在选择窗格中选择"图片6"选项，为其添加"棋盘"进入动画，开始方式为"上一动画之后"，持续时间为"5"秒，设置播放动画后隐藏效果。

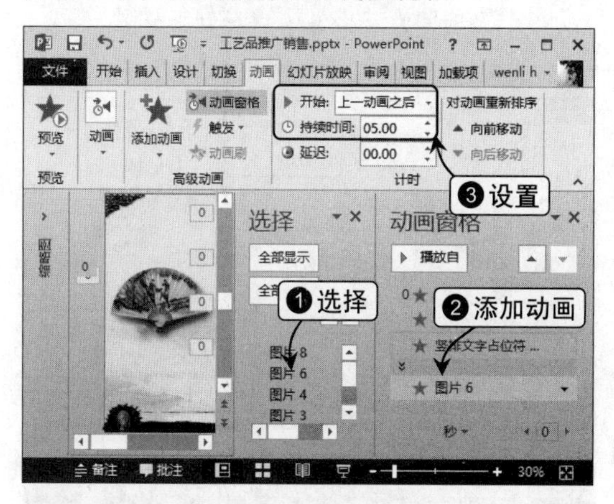

Step 12 调整动画顺序

在动画窗格中单击按钮，展开动画选项内容，将"图片6"动画选项拖动到第一段正文文本动画选项下方。

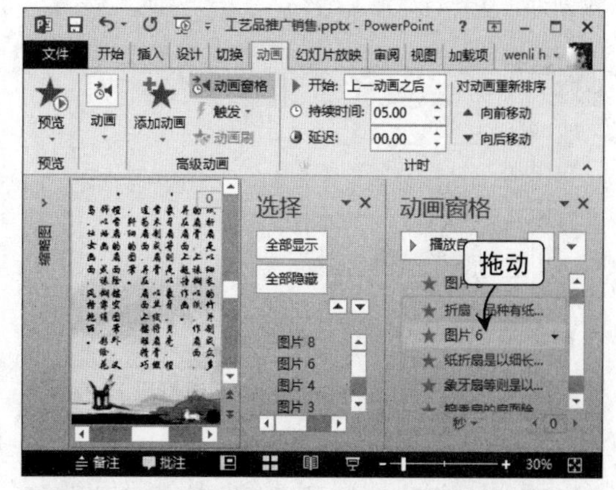

Step 13 设置图文匹配动画效果

选择"图片4"选项，为其添加"随机线条"进入动画，方向"垂直"，开始方式为"上一动画之后"，持续时间为"5"秒，并设置播放动画后隐藏效果，然后将其动画选项拖动到第二段正文文本动画选项下方。

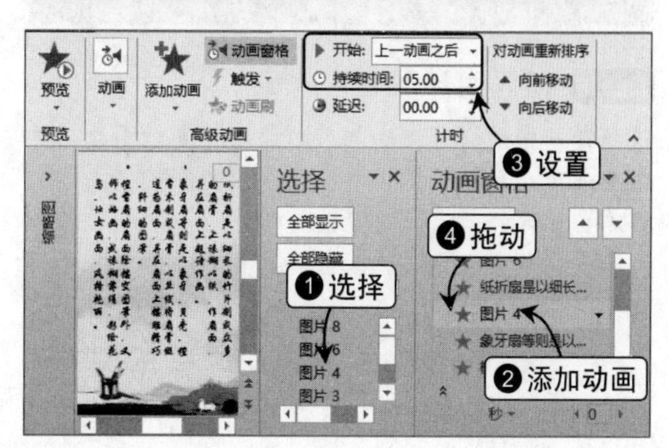

Step 14 设置图文匹配动画效果

选择“图片3”选项，为其添加“缩放”进入动画，开始方式为“上一动画之后”，持续时间为“5”秒，将其动画选项拖动到第三段正文文本动画选项下方。

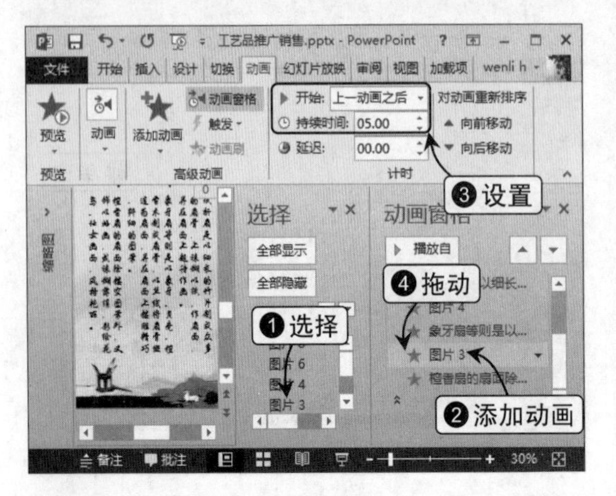

Step 15 为其他幻灯片中的对象添加动画

用上述方法，为第七张和第八张幻灯片中的对象添加合适的进入动画，并为其设置合适的动画效果，然后关闭选择窗格。

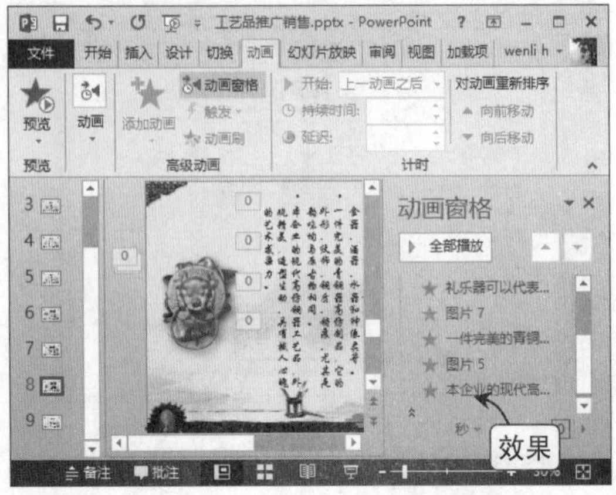

Step 16 设置强调动画效果

选择最后一张幻灯片，选择鲤鱼图片，为其添加“脉冲”强调动画，打开“脉冲”对话框，将开始方式设置为“与上一动画同时”，期间为“中速（2秒）”，重复为“直到幻灯片末尾”，单击“确定”按钮。

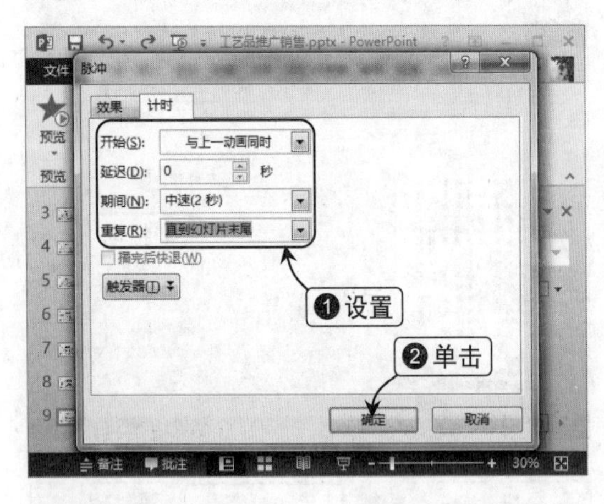

Step 17 为其他幻灯片中的对象添加动画

为标题文本设置“淡出”进入动画，开始方式为“与上一动画同时”，持续时间为“1”秒，为正文文本添加“淡出”进入动画，开始方式为“上一动画之后”，持续时间为“2”秒，关闭动画窗格。

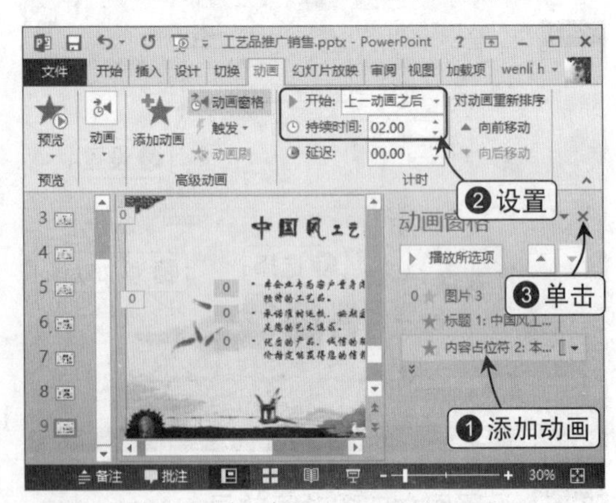

Step 18 插入图片

选择第一张幻灯片，插入“图片19”素材图片，并调整其大小和位置。

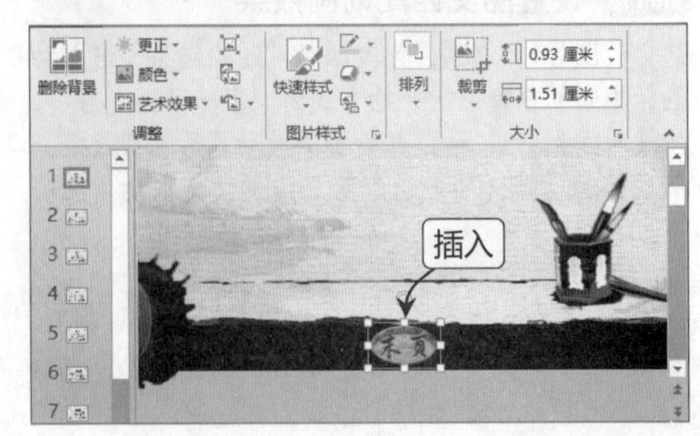

Step 19 添加动作

保持图片的选择状态，在“插入”选项卡的“链接”组中单击“动作”按钮，在打开的对话框中选中“超链接到”单选按钮，在其下拉列表框中选择“最后一张幻灯片”选项，单击“确定”按钮。

Step 20 为插入的图片添加动作

选择第二张幻灯片，插入“图片18”素材图片，调整其大小和位置，单击“动作”按钮，在打开的对话框中选中“超链接到”单选按钮，在其下拉列表框中选择“第一张幻灯片”选项，单击“确定”按钮。

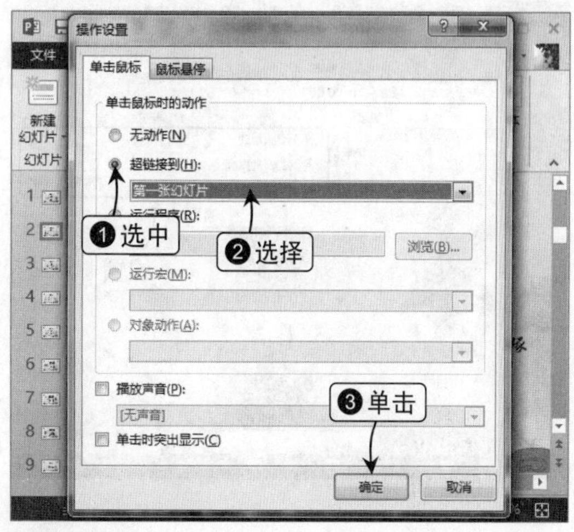

Step 21 复制动作按钮

将第一张幻灯片中的末页动作按钮复制到第二张幻灯片中，再将第二张幻灯片中的首页和末页动作按钮复制到第3~8张幻灯片中，将首页动作按钮复制到第九张幻灯片中。

Step 22 插入声音

选择第一张幻灯片，在“插入”选项卡的“媒体”组中单击“音频”按钮，选择“PC上的音频”命令，在打开的对话框中选择“春江花月夜”素材音频，单击“插入”按钮。

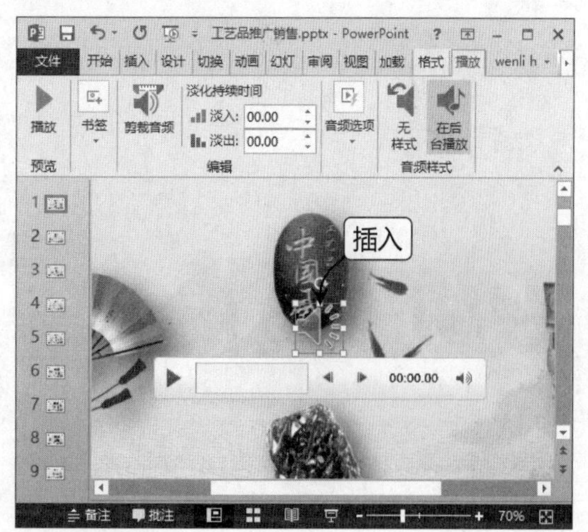

复制动作按钮的注意事项

在复制动作按钮时可以使用【Ctrl+C】和【Ctrl+V】组合键，如果要使用右键菜单的“复制”和“粘贴”命令来实现，需注意在粘贴时要选择“使用目标主题”命令，否则粘贴的按钮不能够实现幻灯片之间的交互。

Step 23 设置音频播放方式

在“音频工具 播放”选项卡的“音频选项”组中将开始方式设置为“自动”，选中“跨幻灯片播放”、“循环播放，直至停止”、“放映时隐藏”复选框。

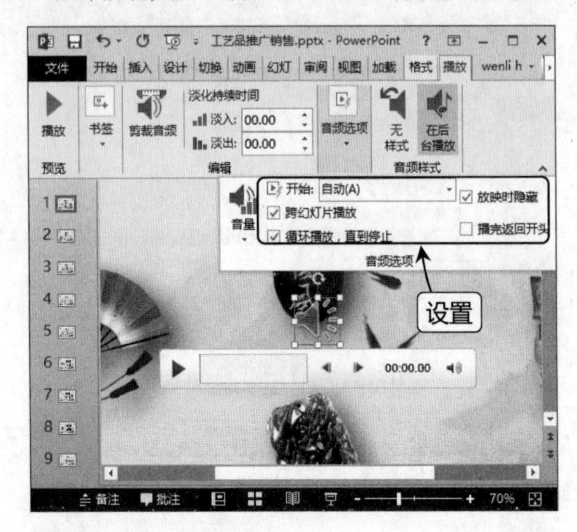

Step 24 调整音频开始播放顺序

在“动画”选项卡的“高级动画”组中单击“动画窗格”按钮，打开动画窗格，将“春江花月夜”音频选项拖动至动画窗格顶端，使其第一个播放。

读者意见反馈表

亲爱的读者：

感谢您对中国铁道出版社的支持，您的建议是我们不断改进工作的信息来源，您的需求是我们不断开拓创新的基础。为了更好地服务读者，出版更多的精品图书，希望您能在百忙之中抽出时间填写这份意见反馈表发给我们。随书纸制表格请在填好后剪下寄到：北京市西城区右安门西街8号中国铁道出版社综合编辑部 苏茜 收（邮编：100054）。或者采用传真（010-63549458）方式发送。此外，读者也可以直接通过电子邮件把意见反馈给我们，E-mail地址是：suqian@tqbooks.net。我们将选出意见中肯的热心读者，赠送本社的其他图书作为奖励。同时，我们将充分考虑您的意见和建议，并尽可能地给您满意的答复。谢谢！

所购书名：________________

个人资料：

姓名：________ 性别：________ 年龄：________ 文化程度：________

职业：________ 电话：________ E-mail：________

通信地址：________________ 邮编：________

您是如何得知本书的：

□书店宣传 □网络宣传 □展会促销 □出版社图书目录 □老师指定 □杂志、报纸等的介绍 □别人推荐

□其他（请指明）________________

您从何处得到本书的：

□书店 □邮购 □商场、超市等卖场 □图书销售的网站 □培训学校 □其他

影响您购买本书的因素（可多选）：

□内容实用 □价格合理 □装帧设计精美 □带多媒体教学光盘 □优惠促销 □书评广告 □出版社知名度

□作者名气 □工作、生活和学习的需要 □其他

您对本书封面设计的满意程度：

□很满意 □比较满意 □一般 □不满意 □改进建议

您对本书的总体满意程度：

从文字的角度 □很满意 □比较满意 □一般 □不满意

从技术的角度 □很满意 □比较满意 □一般 □不满意

您希望书中图的比例是多少：

□少量的图片辅以大量的文字 □图文比例相当 □大量的图片辅以少量的文字

您希望本书的定价是多少：

本书最令您满意的是：

1.

2.

您在使用本书时遇到哪些困难：

1.

2.

您希望本书在哪些方面进行改进：

1.

2.

您需要购买哪些方面的图书？对我社现有图书有什么好的建议？

您更喜欢阅读哪些类型和层次的计算机书籍（可多选）？

□入门类 □精通类 □综合类 □问答类 □图解类 □查询手册类 □实例教程类

您在学习计算机的过程中有什么困难？

您的其他要求：